Adobe Photoshop Lightroom Classic 2024
经典教程

［美］拉斐尔・康塞普西翁（Rafael Concepcion）◎ 著

武传海 ◎ 译

人民邮电出版社

北　京

图书在版编目（CIP）数据

Adobe Photoshop Lightroom Classic 2024经典教程 /
(美) 拉斐尔·康塞普西翁 (Rafael Concepcion) 著 ;
武传海译. -- 北京 : 人民邮电出版社, 2025. -- ISBN
978-7-115-66268-2

Ⅰ．TP391.413

中国国家版本馆 CIP 数据核字第 20255AT672 号

版权声明

◆ 著　　　　[美]拉斐尔·康塞普西翁（Rafael Concepcion）
　　译　　　　武传海
　　责任编辑　王 冉
　　责任印制　陈 犇
◆ 人民邮电出版社出版发行　　北京市丰台区成寿寺路 11 号
　　邮编　100164　电子邮件　315@ptpress.com.cn
　　网址　https://www.ptpress.com.cn
　　涿州市京南印刷厂印刷
◆ 开本：787×1092　1/16
　　印张：25.5　　　　　　　　　2025 年 7 月第 1 版
　　字数：686 千字　　　　　　　2025 年 7 月河北第 1 次印刷
　　　　著作权合同登记号　图字：01-2024-4951 号

定价：119.80 元

读者服务热线：(010)81055410　印装质量热线：(010)81055316
反盗版热线：(010)81055315

内容提要

本书由 Adobe 产品专家编写，是 Adobe Photoshop Lightroom Classic 2024 的经典学习用书。

本书共 11 课，每个重要的知识点都通过具体的示例进行讲解，步骤详细，重点明确，能帮助读者快速学会如何进行实际操作。本书主要包含认识 Lightroom Classic、导入照片、认识工作区、管理图库、修改照片、高级编辑技术、局部编辑、制作画册、制作幻灯片、打印照片、备份与导出照片等内容。

本书语言通俗易懂，配有大量的图片，特别适合新手学习，有一定 Lightroom Classic 使用经验的读者也可从本书中学到大量高级功能和 2024 版本新增功能的使用方法。本书适合作为各类院校相关专业的教材，也适合作为相关培训机构学员及广大自学人员的参考书。

前　言

Adobe Photoshop Lightroom Classic（简称 Lightroom Classic）是 Adobe 公司为数字摄影师提供的一套"黄金标准"的工作流程解决方案，涵盖从导入照片、浏览照片、组织照片、修饰照片，到发布照片、制作客户演示文稿、创建相册、创建网络画廊及输出高质量印刷品的方方面面。

Lightroom Classic 的优点是，界面简单易用，汇聚了照片处理中最常用的功能。

不论你是普通用户、专业摄影师、业余爱好者，还是商业用户，借助 Lightroom Classic，都能轻松地组织硬盘中不断增加的照片，并制作出精美的照片和演示文稿，供网络展示或印刷使用。

关于本书

本书是 Adobe 图形图像与排版软件官方培训教程之一，由 Adobe 产品专家编写。

书中的每一课都包含一系列项目，大家可以根据自己的学习进度灵活地安排学习。通过这些项目，大家能够学到大量 Lightroom Classic 的实用操作技巧。

如果你初次接触 Lightroom Classic，那么在本书中你会学到各种基础知识、概念和技巧，为熟练掌握 Lightroom Classic 打下坚实的基础。如果你用过早期版本的 Lightroom Classic，那么通过本书你会学到该软件的一些高级使用技巧，还能了解新版本中新增的功能和增强功能。

新增功能和增强功能

Lightroom Classic 2024 增加了许多新功能，包括强大的镜头模糊功能、点颜色功能（可以非常精确地对颜色进行有针对性的调整），以及预设列表的搜索功能。

此外，Lightroom Classic 2024 还强化了一些备受欢迎的工具（如蒙版工具），使其在处理图像时更加高效和精确。借助人物蒙版工具，我们能够轻松地选出照片中的人物，甚至连人物的特定部位也可以轻松选出来！ Lightroom Classic 2024 还新增了去噪对话框，使去除图像中的噪点变得更容易，效果也更好。

在本书中，我们会学习组织照片和简化工作流程的方法，以及如何建立可靠的工作流程，以确保工作有条不紊地进行。本书的第 1~8 课中，每课会介绍一位特邀摄影师，我们可以了解他们的经历，听听他们的建议，同时从他们的摄影作品中吸取经验并获得创作灵感。

📖 学前准备

正式学习本书内容之前，请根据下面的说明与指导做好准备工作。

硬盘空间

计算机硬盘至少要有 6.78 GB 的空闲空间，用来存放本书的课程文件，以及学习过程中创建的项目文件。

必备技能

学习本书内容需要对计算机的基本操作与计算机操作系统有一定了解。

例如，会使用鼠标、菜单和命令，懂得如何打开、保存和关闭文件，会拖动窗口的滚动条（水平滚动条和垂直滚动条）以显示出隐藏内容，知道如何通过鼠标右键打开与使用快捷菜单。

如果不会这些基本的计算机操作，请先阅读 macOS 或 Windows 附带的说明文档。

安装 Lightroom Classic

学习本书课程之前，请确保计算机系统设置正确，并且已经安装了所需的软件和硬件。

Lightroom Classic 软件不随书提供，需要单独购买并安装。有关下载、安装、配置 Lightroom Classic 的系统需求和指导说明，请前往 Adobe 官网阅读 Lightroom Classic 入门页面中的相关内容。

> 💡 **注意** 本书讲解的是 Lightroom Classic 2024。

课程文件

学习本书课程，需要先下载本书配套的课程文件。

❶ 在你的个人计算机中，进入【文档】文件夹 [该文件夹位于 " 系统盘（通常为 C: ）/ 用户 /[计算机用户名] " 下]，新建一个文件夹并命名为 LRC2024CIB。

❷ 下载本书所有课程文件，将解压后的文件夹重命名为 Lessons，然后将其拖入上一步创建的 LRC2024CIB 文件夹中。

❸ 在学习本书课程期间，请将这些课程文件一直保留在你的计算机中，不要随意删除。

请注意，本书课程文件中包含的所有照片仅供学习本书内容使用，未经 Adobe 公司和摄影师的书面许可，禁止一切形式的商用或传播行为。

📖 Lightroom Classic 目录文件

Lightroom Classic 目录文件相当于数字笔记本，记录了图库中所有照片的存放位置、组织照片时添加的元数据，以及用户对照片做的调整或编辑等。大多数用户喜欢使用单个目录文件记录所有照片，因为这样可以轻松管理成千上万张照片。有些用户喜欢根据不同用途分别创建目录文件，比如一个目录文件用来保存私人照片，一个目录文件用来保存客户照片。Lightroom Classic 支持创建多个目录文件，但是每次只允许打开一个目录文件，即不支持同时打开多个目录文件。

学习本书内容前，我们需要创建一个目录文件，以便统一管理学习过程中要用到的照片文件。

这样，在学习过程中我们可以在不改动默认目录的同时把课程文件集中起来，放在一个容易记住的位置。

新建目录文件

首次启动 Lightroom Classic，会自动在计算机中创建一个名为 Lightroom Catalog.lrcat 的默认目录文件，该目录文件位于"用户 /[用户名]/ 图片 /Lightroom"文件夹中。

这里不会使用默认的目录文件，我们在 LRC2024CIB 文件夹中新建一个目录文件，它与存放误程文件的 Lessons 文件夹是平级的。

❶ 启动 Lightroom Classic。

❷ 在弹出的【Adobe Photoshop Lightroom Classic - 选择目录】窗口中，单击左下角的【新建目录】按钮。

❸ 在【创建包含新目录的文件夹】对话框中进入 LRC2024CIB 文件夹。

❹ 在【存储为】（macOS）或【文件名】（Windows）文本框中输入"LRC2024CIB Catalog"，单击【创建】按钮，如下图所示。

❺ 若弹出提示信息，询问是否在加载新目录文件前备份当前目录文件，请根据实际需要做出选择。

学习本书内容时，一定要确保当前使用的是 LRC2024CIB Catalog 目录。为此，可以设置 Lightroom Classic 的首选项，使其每次启动时主动要求用户选择要使用的目录——LRC2024CIB Catalog。Lightroom Classic 首选项设置好之后，在本书学习过程中就不要再改动它了。

❻ 在菜单栏中选择【Lightroom Classic】>【首选项】（macOS），或者选择【编辑】>【首选项】（Windows）。

> 💡**注意** 本书使用向右箭头（>）表示菜单栏（位于工作区上方）或快捷菜单中菜单与命令的层级关系，例如，【菜单】>【子菜单】>【命令】。

❼ 在【首选项】对话框的【常规】选项卡的【启动时使用此目录】下拉列表中选择【启动 Lightroom 时显示提示】，如下图所示。

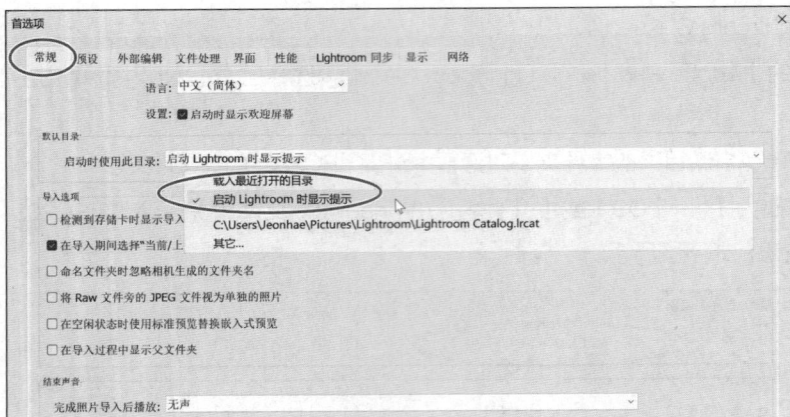

❽ 单击【关闭】（macOS）或【确定】（Windows）按钮，关闭【首选项】对话框。

重新启动 Lightroom Classic，在弹出的【Adobe Photoshop Lightroom Classic - 选择目录】窗口中选择要打开的目录。这里选择 LRC2024CIB Catalog.lrcat 文件，然后单击【打开】按钮，如下图所示，启动 Lightroom Classic。

云同步

借助 Adobe Creative Cloud（Adobe 创意云），我们能够轻松地把 Lightroom Classic 桌面版、Lightroom Classic 移动版（Lightroom Classic for Mobile）、Lightroom Classic 网页版（Lightroom Classic on the Web）整合在一起，如下图所示。也就是说，借助 Adobe Creative Cloud，我们可以轻松地在计算机和移动设备之间同步照片，做到随时随地浏览、组织和编辑照片，然后实时分享给其他人。

无论你是在计算机（包括笔记本计算机）还是移动设备上使用 Lightroom Classic，对同步收藏夹及其照片所做的修改都会更新到其他设备上。请注意，Lightroom Classic 向移动设备中同步的是高分辨率的智能预览（原始照片的小尺寸版本），而非原始照片。相比原始照片，智能预览尺寸较小，同步时间短，占用的存储空间也小。也就是说，即使你身边没有计算机，也可以使用移动设备通过编辑智能预览来处理原始照片。

在移动设备中对照片做的所有修改最终都会同步到全尺寸的原始照片上。把使用手持设备拍摄的照片添加到同步收藏夹之后，这些照片（全尺寸）同样会被同步到桌面版的 Lightroom Classic 中。借助 Lightroom Classic 移动版，你可以轻松地把移动设备中的照片分享至社交平台，或者通过 Lightroom Classic 网页版将其分享给其他人。具体操作如下。

❶ 在移动设备上下载并安装 Lightroom Classic 移动版。在苹果应用商店（iOS）或谷歌应用商店（Android）中可以免费下载该应用程序的试用版本，试用满意后，再根据实际情况选择合适的订阅计划付费使用。

❷ 在移动设备上安装好 Lightroom Classic 之后，阅读"4.4 同步照片"，了解使用 Lightroom Classic 的更多知识。

有关如何在 Lightroom Classic 网页版中编辑照片的操作，请阅读"4.4.3 使用 Lightroom Classic 网页版"的内容。

寻求帮助

你可以从以下几个渠道寻求帮助，每个渠道适用于不同的场景。请根据具体情况，选择合适的渠道。

模块提示

首次进入 Lightroom Classic 的某个模块时，你会看到模块提示，如下图所示。这些提示可以帮助你了解 Lightroom Classic 用户界面的各个组成部分，并熟悉整个工作流程。

单击提示对话框右上角的【关闭】按钮（×），可关闭提示对话框。你可以随时在菜单栏中选择【帮助】>【×××提示】（×××是当前模块名称），重新打开当前模块的提示对话框。

Lightroom Classic 的【帮助】菜单中有【×××快捷键】（×××是当前模块名称）命令，选择该命令，可显示当前模块中各个操作对应的快捷键。

Lightroom Classic 帮助

在 Lightroom Classic 的【帮助】菜单中选择【Lightroom Classic 帮助】命令，可打开 Lightroom Classic 学习和支持页面，其中包含完整的用户文档。

> ♡ **注意** 在【帮助】菜单中选择【Lightroom Classic 帮助】命令后，只有计算机处于联网状态，才能在浏览器中打开 Lightroom Classic 学习和支持页面。

❶ 在 Lightroom Classic 菜单栏中依次选择【帮助】>【Lightroom Classic 帮助】（或者按 F1 键），打开 Lightroom Classic 学习和支持页面。页面上方有一个搜索框，在其中输入关键词后按 Return 键 /Enter 键，可以快速检索到相关内容，如下页图所示。

❷ 按快捷键 Command+Optior+/ 或 Ctrl+Alt+/，可在浏览器中快速打开"Lightroom Classic 用户指南"页面。

❸ 按快捷键 Command+/ 或 Ctrl+/，可打开当前模块的快捷键列表。按任意键可关闭快捷键列表。

在线帮助与支持

无论 Lightroom Classic 当前是否处于运行状态，我们都可以轻松访问网络上的 Lightroom Classic 帮助、教程、支持和其他资源。

- 若 Lightroom Classic 当前处于运行状态，在菜单栏中选择【帮助】>【Lightroom Classic 联机】。
- 若 Lightroom Classic 当前处于未运行状态，请打开浏览器，进入 Adobe 官网的 Lightroom Classic 学习和支持页面，查找并浏览相关内容。

更多资源

本书并非用来取代软件的说明文档，因此不会详细讲解软件的每个功能，只讲解了课程中用到的菜单和命令。有关软件功能与教程的更多信息，请参考以下资源。

Lightroom Classic 学习和支持

在 Adobe 官网的 Lightroom Classic 学习和支持页面中，可以搜索并浏览有关 Lightroom Classic 的帮助与支持内容。

Adobe 支持社区

在 Adobe 支持社区中，可以与一群志趣相投的人就使用 Adobe 公司产品遇到的问题进行讨论。

Adobe Creative Cloud 教程

前往 Adobe Creative Cloud 教程页面，可以找到一些与 Lightroom Classic 相关的技术教程、跨软件工作流程、新功能更新信息，还可以获得一些启发和灵感。

Lightroom Classic 产品页面

在 Adobe 官网的产品页面中可以了解有关 Lightroom Classic 的信息。

Adobe Creative Cloud 发现

Adobe Creative Cloud 发现页面中有大量讲解有关问题的深度好文，同时，你还可以在其中看到大量优秀设计作品、摄影作品、视频等，如下图所示，相信你可以从中获得很多灵感和启发。

目　录

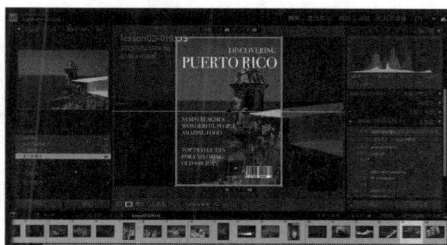

第 4 课 管理图库 106

第 5 课 修改照片 148

第 6 课 高级编辑技术 194

认识 Lightroom Classic

课程概览

本课带领大家快速认识 Lightroom Classic，了解它是如何帮助我们轻松地浏览、搜索、管理图片，以及在不破坏原始文件的前提下处理照片的。本课会通过一些练习来介绍 Lightroom Classic，在讲解典型工作流程的同时帮助大家熟悉 Lightroom Classic 的工作区。

本课主要讲解以下内容。

- 导入照片
- 分类与组织照片
- 分享照片
- 浏览与比较照片
- 修改照片

学习本课需要 *90* 分钟

无论你是新手还是资深人士，Lightroom Classic 都能为你提供一套完整的桌面工作流程解决方案。借助它，不仅可以大幅提升工作效率，还能让照片呈现很好的效果。

1.1 了解 Lightroom Classic 的工作方式

只有了解了 Lightroom Classic 的工作方式及其与其他图像处理程序的不同之处，我们才能更轻松、更高效地使用 Lightroom Classic。

1.1.1 目录文件

使用 Lightroom Classic 编辑照片之前，需要把照片导入目录文件。

Lightroom Classic 目录文件相当于数字笔记本，记录着照片的位置（硬盘、外部存储器、网络存储器），以及对照片做的处理（如标记、分类、挑选、修改等）。目录文件中记录了对照片的所有修改，这些修改不会直接应用到原始照片上。借助目录文件，你可以更快地处理照片，以及更好地组织、整理不断增加的照片。

在 Lightroom Classic 中，仅使用一个目录文件，就可以轻松管理成千上万张照片，而且 Lightroom Classic 还支持创建多个目录文件，并允许在它们之间自由切换。但是，需要注意的是，我们不能同时处理或者搜索多个目录文件中的照片。也就是说，不同目录文件中的照片是相互隔离的。因此，建议使用一个目录文件来管理所有照片。

1.1.2 导入与组织照片

在 Lightroom Classic 中，导入照片后就可以着手组织照片了。Lightroom Classic 支持 4 种导入方式，分别是【拷贝为 DNG】【拷贝】【移动】【添加】。其中，【添加】是指仅把照片添加到目录文件中但不改变它们原始的保存位置；【拷贝】是指把照片复制一份到新位置并添加到目录文件中（原始照片保持不动）；【移动】是指把照片移到新位置并添加到目录文件中，原始照片会被删除。导入照片时，如果选择【拷贝】或【移动】方式，则可以指定新位置下文件夹的组织结构，如图 1-1 所示。

图 1-1

导入照片的过程中，Lightroom Classic 支持对照片重命名、创建备份（数字底片）、添加关键字（如给照片添加"NAHJ"）等，还支持向照片应用某个预设。

注意　第 2 课 "导入照片" 将详细讲解有关导入方式的内容。

在【图库】模块中，我们可以非常方便地组织照片，给照片添加关键字与说明。例如，通过给照片添加旗标、星级、色标等，可以快速对照片进行分类和组织。在 Lightroom Classic 中，甚至可以通过地点或人物面部来对照片进行分类。这些信息都会被记录到目录文件中，需要时可以随时访问它们。

1.1.3　操作文件与文件夹

需要注意的是，当你希望重命名或移除照片或文件夹（其中包含的照片已经导入目录）时，一定要在 Lightroom Classic 中执行这些操作，这样目录文件才能把你做的改动完全记录下来。若在 Lightroom Classic 外部执行这些操作，这些操作将无法被 Lightroom Classic 的目录文件记录下来，从而导致想要恢复的时候无法恢复它们（关于如何恢复，后面课程中会讲解）。

1.1.4　非破坏性编辑

借助目录文件，我们可以把照片相关的信息集中存储起来，以便浏览、搜索、管理图库中的照片。使用目录文件最大的好处是，对照片做的所有编辑都是非破坏性的。当你修改或编辑照片时，Lightroom Classic 会把你的每一步操作都记录到目录文件中，并不会把修改直接应用到照片上，这样可以确保原始照片（RAW 数据）是绝对安全的。原始照片就像未经烹饪的食材，而目录文件则保存了将这些食材烹饪成佳肴的详细方法。

有了非破坏性编辑的保护，调整照片时，我们就可以大胆地做各种尝试，完全不用担心这些尝试会损坏原始照片，这使得 Lightroom Classic 成为一个非常强大的照片编辑工具。在 Lightroom Classic 中，你做的所有编辑都是 "活" 的，不仅可以随时撤销或重做，还可以在现有基础上进一步微调。只有在最后输出照片时，Lightroom Classic 才会把你对照片做的调整永久地应用到某个照片副本上，而且速度极快。

1.1.5　在外部程序中编辑照片

当你想在某个外部程序中编辑目录文件中的照片时，一定要在 Lightroom Classic 中启动外部程序，这样 Lightroom Classic 才能记录下对照片做的所有改动。对于 JPEG、TIFF、PSD 格式的图片，在将其发送至外部程序时，可以指定是编辑原始文件，还是编辑副本，以及是否保留在 Lightroom Classic 中所做的调整；而对于其他格式的图像，只能选择经过 Lightroom Classic 编辑后的副本。编辑好的副本会被自动添加到目录文件中。

提示　在【首选项】对话框的【外部编辑】选项卡中，可以选择自己喜欢使用的外部程序，选择的外部程序会出现在【在应用程序中编辑】菜单中。若你的计算机中安装了 Photoshop，Lightroom Classic 会默认把它作为首选编辑程序。

1.2 Lightroom Classic 用户界面

Lightroom Classic 用户界面由七大模块组成，每个模块由一系列面板，以及预览区、工作区组成，如图 1-2 所示。预览区和工作区位于中间，面板分布在左右两侧。工作区左上方显示的是身份标识。工作区右上方是各个模块选取器。工作区下方是工具栏，再往下是胶片显示窗格，胶片显示窗格从左到右横跨整个界面。

图 1-2

> **注意** 不管是在 macOS 还是 Windows 系统下，Lightroom Classic 的用户界面大致一样，仅存在一些细微差别。例如，在 Windows 系统中，菜单栏位于标题栏下方；而在 macOS 中，菜单栏则固定在屏幕顶部。

不同模块（各个模块对应工作的各个阶段，包含相应工具）下，各个面板的排列方式是一致的，只是显示的内容不同。

1.2.1 顶部面板

顶部面板包含两部分，左侧是身份标识，右侧是模块选取器。其中，身份标识支持自定义，可显示你的公司名称或 Logo。当 Lightroom Classic 进行后台处理时，身份标识会临时变成进度条（单击进度条，将打开一个菜单，显示当前任务的处理进度）。模块选取器中列出了各个模块，单击某个模块名称，即可切换到相应模块，当前活动模块的名称会高亮显示。

> **提示** 在 Lightroom Classic 中，首次进入某个模块时，会看到该模块特有的提示内容，帮助你认识该模块的各个组成部分，以及带领你熟悉该模块的使用流程。单击【关闭】按钮，可以关闭提示对话框。在【帮助】菜单中选择【×××提示】（×××是当前模块名称），可打开当前模块的提示对话框。

1.2.2　预览区和工作区

预览区和工作区位于 Lightroom Classic 用户界面中间，它们是最常用的区域。大部分照片处理工作都是在预览区和工作区中开展的，比如选片、检查、分类、比较、调整，以及预览效果等。不同模块下，这个区域显示的内容不同。

1.2.3　工具栏

工具栏位于工作区下方，不同模块下工具栏中显示的工具和控件各不相同。工具栏支持定制，你可以根据自身需求为各个模块分别定制工具栏，可选的工具与控件有用来切换视图模式的，有用来设置旗标、星级、色标的，有用来添加文字的，还有用来在不同预览页面之间导航的。你可以显示或隐藏某个工具或控件，也可以隐藏整个工具栏，并在需要时显示出来。

> 💡 提示　按 T 键可显示或隐藏工具栏。

【图库】模块下的工具栏，最左侧是【视图模式】工具，然后是一些执行特定任务的工具与控件，这些工具与控件都是可以定制的。单击工具栏最右侧的三角形，在弹出的菜单中选择或取消选择相应的工具和控件即可进行定制，如图 1-3 所示。菜单命令会随着视图变化。

图 1-3

在选择工具栏内容的菜单中，有些工具和控件名称的左侧有 ✓ 标记，有的没有，带 ✓ 标记的工具和控件是当前在工具栏中显示出来的。各工具和控件在工具栏中的显示顺序（从左到右）与其在选择工具栏内容的菜单中的显示顺序（从上到下）是一致的。工具栏中大多数工具和控件都有对应的菜单命令或快捷键。

1.2.4　胶片显示窗格

不管处在工作流程的哪个阶段，你都可以通过胶片显示窗格轻松地访问目录或收藏夹中的照片。也就是说，即使不返回【图库】模块，也可以使用胶片显示窗格快速浏览大量照片，或者在不同组照片之间切换。

> 💡 提示　若胶片显示窗格未显示在用户界面底部，请在菜单栏中选择【窗口】>【面板】>【显示胶片显示窗格】，将其显示出来，或者直接按 F6 键快速调出。

与【图库】模块下【网格视图】中的缩览图一样，可以直接对胶片显示窗格中的照片缩览图做各种操作，例如，设置旗标、星级、色标，应用元数据，修改照片设置，旋转、移动、删除照片等，如图 1-4 所示。

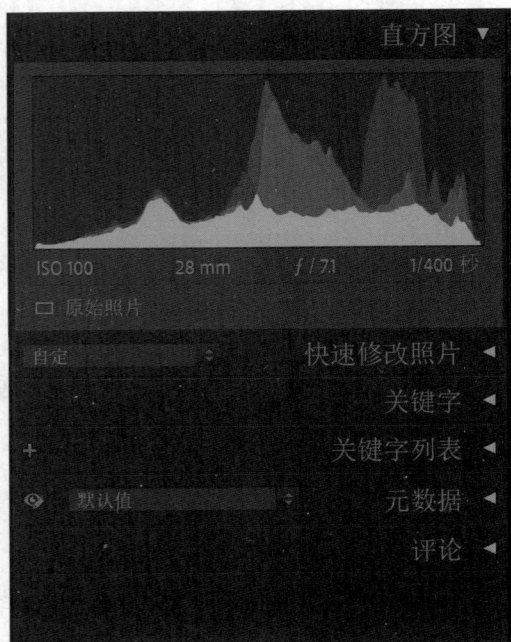

图 1-4

默认设置下，胶片显示窗格中显示的照片与【图库】模块下【网格视图】中显示的一样，但其实它既可以显示图库中的所有照片，也可以只显示所选文件夹或收藏夹中的照片，还可以只显示满足特定搜索条件的照片。

1.2.5 左右两侧面板

在不同模块之间切换时，左右两侧面板中显示的内容会随之发生相应变化，主要显示当前模块特有的一些工具。不管在哪种模块下，左右两侧面板的分工都大致相同，即左侧面板用于浏览、预览、查找、选取照片，右侧面板用于编辑所选照片或更改照片设置。

> 💡 **注意** 这里所说的左右两侧面板组的分工是指 Lightroom Classic 的默认设置。在 Lightroom Classic 2024 中，左右两侧面板其实是可以调换的，既可以选择交换所有模块的左右两侧面板，也可以只交换【修改照片】模块的左右两侧面板。具体操作为：在 Lightroom Classic 菜单下（macOS），或者在【编辑】菜单中（Windows），依次选择【首选项】>【界面】，然后在【面板】区域中勾选【仅交换修改照片左右面板组】或【交换左右面板组】复选框。

例如，在【图库】模块下，左侧面板包括【导航器】面板、【目录】面板、【文件夹】面板、【收藏夹】面板、【发布服务】面板，如图 1-5 所示，这些面板用来对要编辑或分享的照片进行查找与分组；右侧面板包括【直方图】面板、【快速修改照片】面板、【关键字】面板、【关键字列表】面板、【元数据】面板、【评论】面板，如图 1-6 所示，这些面板用来帮助我们修改所选照片。

图 1-5   图 1-6

在【修改照片】模块下，左侧面板提供现成预设，右侧面板则用来对所选预设的参数做进一步调整；类似地，在【幻灯片放映】模块、【打印】模块、【Web】模块下，左侧面板提供多种布局模板，右侧面板用来进一步调整所选布局的外观，如图 1-7 所示。

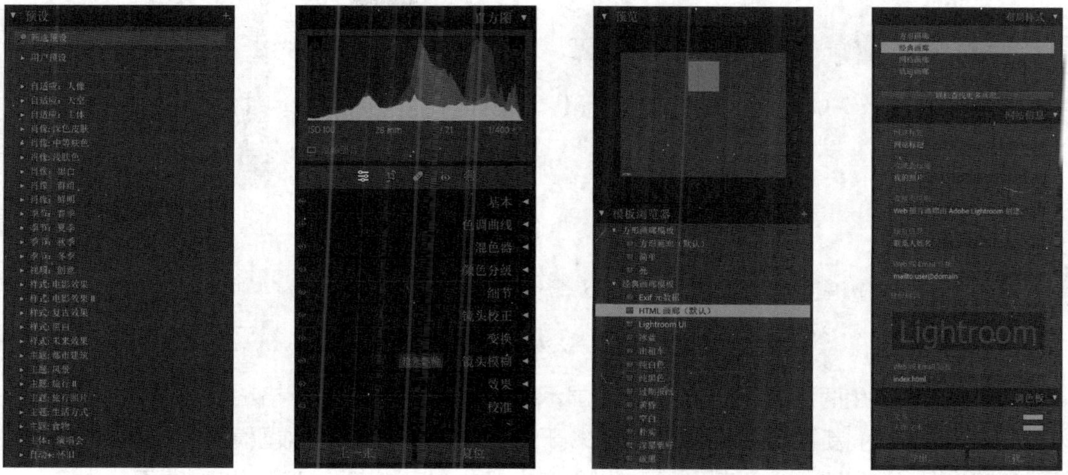

【修改照片】模块	【修改照片】模块	【Web】模块	【Web】模块
下的左侧面板	下的右侧面板	下的左侧面板	下的右侧面板

图 1-7

1.2.6　定制用户界面

使用 Lightroom Classic 一段时间后会发现，里面有些面板并不常用。Lightroom Classic 允许我们根据自己的工作流程快速调整各个面板的布局。请注意，Lightroom Classic 中的各种布局配置是以模块为单位的，这有助于我们切换至不同模块下使用不同的布局。

用户界面四周的每个边框中间都有一个灰色三角形，单击三角形，或者执行【窗口】>【面板】子菜单中的命令，或者使用快捷键，可以隐藏或显示面板。使用鼠标右键单击两侧或底部的灰色三角形，在弹出的快捷菜单中选择相应命令，如图 1-8 所示，可使两侧面板或胶片显示窗格跟随鼠标指针的移动显示或隐藏，这样可确保相关信息、工具和控件仅在需要时才显示出来。此外，左右两侧面板的宽度以及胶片显示窗格的高度也可以根据自身需要拖动调整。

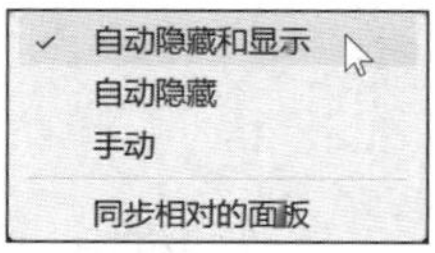

图 1-8

在左右两侧面板中，每一个面板名称旁边都有一个三角形，单击这个三角形，可把面板展开或折叠起来。使用鼠标右键单击面板标题兰，借助弹出的快捷菜单可以将很少用到的面板隐藏起来，从而为常用面板留出更多空间；若在弹出的快捷菜单中选择【单独模式】，则只有单击的那个面板会展开，其他所有面板都会自动折叠起来。

> 💡提示　Lightroom Classic 允许用户在【修改照片】模块下重新组织面板。第 5 课的"5.2【修改照片】模块"小节中会详细讲解如何（以及为何）创建自己的配置。

在【视图】>【网格视图样式】子菜单与【图库视图选项】对话框（选择【视图】>【视图选项】）中可自定义【网格视图】下照片缩览图的外观，指定缩览图是以【紧凑单元格】方式还是【扩展单元格】方式显示，以及每个视图样式显示多少照片信息，如图 1-9 所示。

图 1-9

> 💡 **提示** 使用鼠标右键单击胶片显示窗格，在【视图选项】子菜单中选择不同命令，可进一步控制胶片显示窗格中缩览图的显示方式。

如果你同时在使用两台显示器，单击【副显示器】按钮（胶片显示窗格左上角带数字 2 的矩形），可以再创建一个视图，新视图是独立的，不依赖于主显示器中的模块和视图模式。你可以使用第二个显示器顶部的视图选取器，或者使用鼠标右键单击【副显示器】按钮，在弹出的快捷菜单中自定义视图及其响应主界面中用户动作的方式。

1.3　Lightroom Classic 模块

Lightroom Classic 有 7 个模块，分别是【图库】【修改照片】【地图】【画册】【幻灯片放映】【打印】【Web】，如图 1-10 所示。不同模块有不同用途，提供的工具也不一样：【图库】模块用来导入、组织、发布照片，【修改照片】模块用来修正、调整、美化照片，其他几个专用模块用来为屏幕显示、打印、网页创建漂亮的展示作品。

图 1-10

工作过程中，使用用户界面右上角的模块选取器，或者使用【窗口】菜单中的命令（或相应快捷键），可以轻松地在这些模块之间切换。

> 💡 **提示** 同步图标位于模块选取器右侧，通过它可以了解已经使用了多少云存储空间，以及暂停把照片同步到云端等。

1.4　Lightroom Classic 工作流程

Lightroom Classic 用户界面友好易用，大大简化了工作流程中每个阶段（从导入照片到最终打印）的管理工作。

· 导入照片：在【图库】模块下，可以轻松地把照片从存储卡、硬盘等存储介质导入 Lightroom Classic 的目录文件。当然，也可以通过【联机拍摄】功能把照片从照相机实时导入 Lightroom Classic

目录文件中。

- 组织照片：导入照片的过程中，可以给照片添加关键字等元数据，这大大提高了工作效率；把照片添加到目录文件后，就可以在【图库】模块和【地图】模块中管理它们了，比如添加标记、分类、搜索、创建收藏夹（把照片分组）等；还可以把这些照片集在线分享给其他人，以获得他们对照片的反馈意见。
- 处理照片：在【修改照片】模块下，可以轻松地裁剪、调整、矫正、修饰照片，以及给照片应用各种效果，可以逐张处理，也可以批量处理。
- 设计与排版：在【画册】模块、【幻灯片放映】模块、【打印】模块、【Web】模块下，可以精心设计展示布局与排版方式，以便更好地展现照片。
- 输出：【画册】模块、【幻灯片放映】模块、【打印】模块、【Web】模块分别有各自的输出选项和导出控件。【图库】模块提供了【发布服务】面板，用来在线分享照片。借助这些输出选项、控件与面板，我们能够轻松地根据不同任务输出符合要求的照片。

接下来，我们一起走一遍上述流程，同时熟悉一下 Lightroom Classic 的用户界面。

> **提示** 如果你希望在某个外部图像处理程序中进一步处理照片，请务必在【图库】模块或【修改照片】模块中启动外部图像处理程序，以确保 Lightroom Classic 能够记录下你在外部图像处理程序中对照片所做的更改。

1.4.1 导入照片

我们可以轻松地把照片从硬盘、照相机、存储卡、外部存储设备导入 Lightroom Classic 图库（详细讲解见第 2 课）。

> **注意** 若用户界面中未显示模块选取器，请在菜单栏中选择【窗口】>【面板】>【显示模块选取器】，或者直接按 F5 键，将其显示出来。在 macOS 中，有些功能键默认分配给操作系统的某个特定功能，使用 Lightroom Classic 时，这些功能键可能无法正常发挥作用。遇到这种情况时，可以尝试先按住 Fn 键，再按功能键（如 F5），或者直接在【首选项】对话框中更改功能键。

导入照片前，请先检查是否已经创建好了用于存放本书课程文件的 LRC2024CIB 文件夹，以及 LRC2024CIB Catalog 目录文件。具体操作方法请参见本书前言中"课程文件"和"新建目录文件"板块中的内容。

❶ 启动 Lightroom Classic。弹出【Adobe Photoshop Lightroom Classic - 选择目录】窗口，在【选择打开一个最近使用的目录】列表框中选择 LRC2024CIB Catalog.lrcat 目录文件，然后单击〔打开〕按钮。

❷ 打开 Lightroom Classic 后，当前显示的是上一次退出时所使用的屏幕模式和模块。若当前模块不是【图库】模块，请在工作区右上角的模块选取器中单击【图库】，切换至【图库】模块。

❸ 在菜单栏中选择【文件】>〔导入照片和视频〕，打开【导入】对话框。若【导入】对话框当前处在紧凑模式下，单击对话框左下角的【显示更多选项】按钮，如图 1-11 所示，切换至扩展模式，该模式下提供了更多导入控制选项。

图 1-11

> **注意** 首次选择【文件】>【导入照片和视频】时，在打开【导入】对话框之前，Lightroom Classic 可能会要求你授权允许其访问计算机系统的某些部分。

【导入】对话框顶部的布局正好体现了导入照片和视频的操作步骤：从左到右，先选择源，即指定从哪里导入照片和视频，接着选择合适的导入方式，最后指定导入目的地（仅针对复制和移动），以及设置批处理选项。

❹ 在左侧的【源】面板中，选择 LRC2024CIB 文件夹中的 Lessons 文件夹。

❺ 选择 lesson01 文件夹，单击缩览图区域左下角的【全选】按钮，确保选中了 lesson01 文件夹中的所有照片。

❻ 在缩览图正上方的导入选项中选择【添加】。这样，Lightroom Classic 只会把导入的照片添加到目录文件中，而不会移动或复制原始照片。

❼ 展开右侧的【文件处理】面板，在【构建预览】下拉列表中选择【最小】，取消勾选【构建智能预览】复选框，勾选【不导入可能重复的照片】复选框。

❽ 在【在导入时应用】面板中，在【修改照片设置】下拉列表和【元数据】下拉列表中选择【无】，然后在【关键字】文本框中输入"Lesson 01,Aguada"（含英文逗号），如图 1-12 所示，单击【导入】按钮。

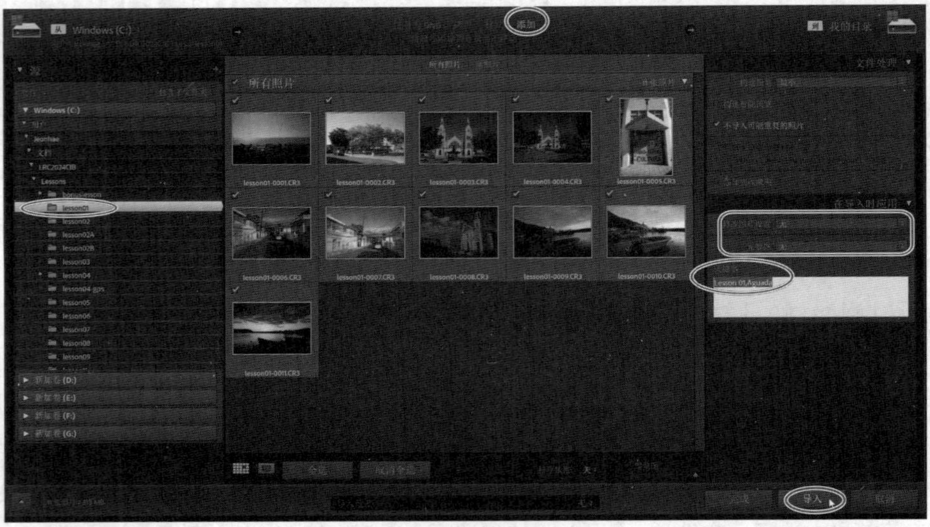

图 1-12

导入完成后，Lightroom Classic 会自动切换到【图库】模块，并以【网格视图】形式显示 lesson01 文件夹中的照片，这些照片还会显示在工作区底部的胶片显示窗格中。若胶片显示窗格未显示出来，请按 F6 键，或者在菜单栏中选择【窗口】>【面板】>【显示胶片显示窗格】，将其显示出来。

1.4.2 浏览与组织照片

随着图库中照片数量的增加，从庞大图库中快速找到需要的照片就显得尤为重要。为此，Lightroom Classic 为我们提供了多种用于浏览与组织照片的工具。

笔者的习惯是，导入照片后立即浏览照片，并把它们分门别类地放入相应的收藏夹中。花点时间好好整理一下照片，能够大大加快日后查找照片的速度。

组织照片的第一步是给照片添加关键字，前面导入照片时我们已经添加了（如 Aguada）。

给照片添加关键字是组织照片最简单、最常用的方式。通过关键字，我们不仅可以对图库中的照片进行分类，还可以对图库中的照片进行检索。有了关键字，无论你需要的照片名称是什么、位于何处，我们都能快速找到它们。

关键字

本质上，关键字就是一些标签（如 Desert、Dubai），可以把它们添加到照片上，以便查找与组织照片。通过添加相同的关键字，无论照片实际保存在哪里，我们都可以把照片关联起来，集中放入一个虚拟分组中。

给照片添加关键字时，可以添加一个或多个关键字。工作区顶部有一个图库过滤器，使用其中的【元数据】和【文本】等过滤器，可以在图库中轻松、快速地查找到所需要的照片。

在 Lightroom Classic 中，可以使用关键字把照片划分成若干类别，根据照片内容添加人名、地点、活动、事件等来组织照片。添加关键字时应遵循"由粗到细"的原则，即先添加一些概括性的关键字来标记照片，然后逐渐添加更具体的关键字。

照片上添加的关键字越多，查找起来就越容易。例如，先快速找到所有标有 Dubai（迪拜）关键字的照片，然后缩小搜索范围，又从那些同时标有 Desert（沙漠）关键字的照片中查找，如图 1-13 所示。给照片添加的关键字越多，就能越快、越准确地找到自己所需要的照片。

图 1-13

有关关键字的更多内容将在第 4 课中讲解。

1.4.3 选片

导入照片后，接下来要做的是对照片进行粗略的分类，如图 1-14 所示。这样做的目的是把拍得不好的照片排除掉，把拍得好的照片留下来。有关内容后面会详细讲解，这里先大致了解一下操作步骤。

图 1-14

> 💡 **提示** 按快捷键 Command+Return/Ctrl+Enter，以幻灯片放映方式显示照片。Lightroom Classic 会使用【幻灯片放映】模块中的设置重复播放幻灯片，按 Esc 键可返回至【图库】模块。

❶ 选择一张照片后按空格键或者直接双击该照片，放大显示照片。按快捷键 Shift+Tab，隐藏工作区周围的所有面板。隐藏所有面板后，按 L 键，可在不同背景光模式之间切换，按一次 L 键，变成【背景光变暗】（80% 黑）模式，再按一次 L 键，变成【关闭背景光】（全黑）模式。

调暗背景光有助于我们把视线集中到当前照片上，从而对照片做出更准确的评估与判断。

❷ 按 P 键可给当前照片打上【留用】旗标（⚑），按 X 键可打上【排除】旗标（⚑），按 U 键可移除所有旗标。按右箭头键，可切换到下一张照片。作为练习，请在 lesson01 文件夹中选择几张照片，给它们打上【留用】旗标，再选择几张照片打上【排除】旗标。

给某张照片添加旗标时，若无法决定是留用还是排除，可按右箭头键暂时跳过。

❸ 按 Esc 键返回【网格视图】，然后按 L 键打开背景光。

在【图库】模块下，在【图库过滤器】栏（位于照片缩览图上方）中先使用文本或元数据来搜索照片，然后再配合使用一个或多个属性（旗标、编辑、星级、颜色、类型）进一步缩小搜索范围，最终找到想要的照片，并在【网格视图】或胶片显示窗格中显示出来。例如，找出并显示不带旗标的照片，如图 1-15 所示。

图 1-15

❹ 若【图库过滤器】栏未在工作区上方显示出来，请在菜单栏中选择【视图】>【显示过滤器栏】，将其显示出来。选择【属性】，在属性过滤器栏的【旗标】中选择中间的旗标（空心旗标），把未标记旗标的照片显示出来。

❺ 隐藏面板，关闭背景光，这样有助于把注意力集中到给照片打旗标（留用、排除）上。几乎每张照片都要重复一遍这个过程。不断重复这个过程，直到黑屏（一张照片都没有了），此时通过标记旗标来分类照片的选片过程就结束了。按 L 键打开背景光，按快捷键 Shift+Tab 显示出面板，然后在属性过滤器栏的【旗标】中取消选择中间的空心旗标。通过选择相应设置，可以把旗标等信息显示在【网格视图】和胶片显示窗格中的照片缩览图上。带有【排除】旗标的照片缩览图显示为灰色，而带有【留用】旗标的照片缩览图有白色边框，如图 1-16 所示。单击带旗标的照片，按 U 键可移除旗标。

❻ 此外，根据照片的重要程度，可以给照片添加不同星级，给照片排序。给当前照片添加星级的快捷方法是按数字键 1~5（从 1 星到 5 星）。按数字键 0，可以移除星级。请注意，一张照片上只能添加一个星级，不能同时添加多个星级；每次添加新星级时，新星级会代替旧星级。请从图库中任选

3 张照片，然后分别给它们添加 3 星、4 星、5 星。

在【网格视图】和胶片显示窗格中，标注的星级会显示在照片缩览图下方，如图 1-17 所示。

图 1-16

图 1-17

当需要对某些照片做特殊处理或者将它们用在某个项目中时，色标非常有用，使用色标可以轻松地把这些照片标记出来。例如，使用红色标签标记出需要裁剪的照片，使用绿色标签标记出需要校正的照片，使用蓝色标签标记出要用在幻灯片中的照片。

❼ 给当前照片添加色标时，也可以按数字键：数字键 6 代表红色标签，数字键 7 代表黄色标签，数字键 8 代表绿色标签，数字键 9 代表蓝色标签。请注意，紫色标签没有与之对应的快捷键。再按一次某个色标对应的数字键，可将其从照片上移除。作为练习，从图库中选几张照片，分别添加不同色标，然后移除色标。

在【网格视图】（位于【图库】模块下）与胶片显示窗格中，带色标的照片在不同状态下呈现不同效果：处于选中状态时，照片周围会有一个很窄的颜色框；处于未选中状态时，照片单元格背景会变成相应的颜色，如图 1-18所示。

在【图库】模块的【图库过滤器】中，可以根据旗标、星级、色标等来查找符合指定条件的照片。那么，借助【图库过滤器】，你能从图库中快速找到标有 5 颗星，同时又带有绿色标签和【留用】旗标的照片吗？

在属性过滤器栏中单击【属性】，打开星级、色标、旗标这 3 个属性，Lightroom Classic 会从图库中找出同时符合以上 3 个条件的照片。查找之前，请先确保图库中存在同时满足以上 3 个条件的照片，否则一张都找不到。

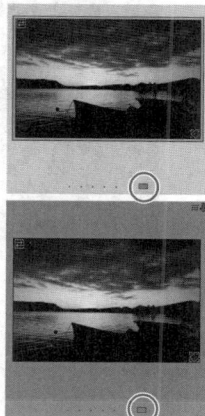

图 1-18

💡 提示 使用快捷键或菜单命令给照片添加星级、旗标或色标时，当前操作会短暂地显示在屏幕上，以便你确认操作是否正确。

1.4.4 使用收藏夹

使用旗标、星级、色标标记好照片之后，就可以把这些照片分别放入相应的收藏夹中了。在 Lightroom Classic 中，收藏夹用来分门别类地组织目录文件中的照片。收藏夹是组织照片的重要工具，越早掌握，越早用起来越好。有关收藏夹的详细内容将在后面课程中讲解，这里先简单介绍一下收藏夹的几种类型。

· 快捷收藏夹：【目录】面板中的一个临时收藏夹，用来临时存放照片。

- 普通收藏夹：又叫"标准收藏夹"，位于【收藏夹】面板中，是一种标准收藏夹，用来长久存放照片。
- 智能收藏夹：用来存放根据指定条件自动从图库中选出的一系列照片。
- 收藏夹集：收藏夹集是一个容器，其中可以存放多个收藏夹或嵌套其他收藏夹集，主要用来组织与整理现有收藏夹。

接下来，我们一起创建一个普通收藏夹。

❶ 在【目录】面板中确保【上一次导入】文件夹处于选中状态。在菜单栏中选择【视图】>【排序】>【文件名】，此时【网格视图】与胶片显示窗格中按照文件名显示出所有照片。若未显示出全部照片，请检查一下过滤器栏，确保已取消选择所有过滤器（单击【无】可关闭过滤器），如图 1-19 所示。

图 1-19

💡提示　在【网格视图】与胶片显示窗格中，选中的照片会高亮显示，此时照片周围有较粗的白色框线（若照片添加了色标，则显示彩色框线），缩览图背景呈浅灰色。若同时选中了多张照片，则当前活动照片的背景会呈现更浅的灰色。有些命令只作用于当前处于活动状态的照片，而有些命令则影响选中的所有照片。

💡注意　若选择了不同视图模式，你看到的【网格视图】中显示的信息很可能与图 1-19 不一样。有关视图模式的内容，将在后面课程中详细讲解。

每导入一批新照片，【上一次导入】文件夹中的照片就会变成最新一批的照片，这意味着我们无法在【上一次导入】文件夹中找到之前导入的某一批照片。在这种情况下，我们可以通过在【文件夹】面板中选择相应的文件夹来获取某一批照片，也可以通过搜索 lesson01 关键字来查找所有带有该关键字的照片，但是如果照片之间没有共用的关键字，或者照片散布在不同的文件夹中，查找起来也很麻烦。其实，最好的方法是在【收藏夹】面板中创建一个收藏夹（收藏夹是一个虚拟分组，总是显示在【收藏夹】面板中），然后把一批相关照片放入其中。不管什么时候，只要单击同一个收藏夹，你访问的就是同一组照片。

收藏夹可以放入收藏夹集中。当有多个收藏夹时，可以使用收藏夹集把它们组织起来。例如，创建一个名为 Portfolio（作品集）的收藏夹集，然后在其中创建 Portraits（人像）、Scenery（风景照）、Product Shots（产品照）、Black&White（黑白照）等收藏夹。每当发现一张满意的照片时，你就把它添加到相应的收藏夹中，这样慢慢地你就建立起了自己的摄影作品集。

❷ 创建收藏夹之前，先按快捷键 Command+A/Ctrl+A 选中【网格视图】中的所有照片。

❸ 单击【收藏夹】面板标题栏右端的加号图标（＋），从弹出的菜单中选择【创建收藏夹】。弹出【创建收藏夹】对话框，在【名称】文本框中输入"Lesson 01 - Aguada"。在【位置】下取消勾选【在收藏夹集内部】复选框，在【选项】下勾选【包括选定的照片】复选框，取消勾选其他复选框，单击【创建】按钮。

此时，新创建的收藏夹出现在【收藏夹】面板中。收藏夹名称右侧有一个数字，用来指示当前收藏夹中包含的照片数量。

1.4.5 重排与删除收藏夹中的照片

使用【上一次导入】与【所有照片】两个文件夹（两个文件夹都在【目录】面板中）的照片时，一个不足之处是无法灵活地组织照片。两个文件夹中缩览图的排列顺序要么依据的是拍摄时间（默认），要么依据的是工具栏的【排序依据】菜单中设定的排序标准。

相比之下，在收藏夹中，不管是【网格视图】还是胶片显示窗格，都支持自由排列照片，甚至还支持把一些照片从工作视图中移除但保留在目录文件中。

❶ 在【收藏夹】面板中，若新建收藏夹（Lesson 01 - Aguada）当前处于未选中状态，单击选中该收藏夹。在菜单栏中选择【编辑】>【全部不选】，或者按快捷键 Command+D/Ctrl+D，取消全选。

❷ 在胶片显示窗格中按住 Command 键 /Ctrl 键，单击第 4 张与第 6 张照片，将它们选中，按住鼠标左键，把它们拖动到第 1 张照片与第 2 张照片之间的分隔线上，如图 1-20 所示。当第 1 张照片与第 2 张照片之间出现黑色插入线时，释放鼠标左键。

图 1-20

拖移照片时，请直接拖移照片缩览图，不要拖移胶片显示窗格本身（缩览图外框）。

释放鼠标左键后，被拖移的照片就移动到了新的位置，这在【网格视图】和胶片显示窗格中都可以看到。

❸ 在中间的预览区中单击空白区域，取消选择照片。在【网格视图】中单击第 1 张照片，将其选中，然后按住鼠标左键，将其拖动到第 5 张照片和第 6 张照片之间。当第 5 张照片与第 6 张照片之间出现黑色插入线时，释放鼠标左键。在工具栏中，【排序依据】自动变成【自定排序】，如图 1-21 所示。

图 1-21

❹ 在菜单栏中选择【编辑】>【全部不选】，确保没有照片处于选中状态。在【网格视图】中单击第 3 张照片（lesson01-0002），将其选中。在所选照片上单击鼠标右键，从弹出的快捷菜单中选择【从收藏夹中移去】。

此时，【收藏夹】面板及胶片显示窗格的标题栏中显示当前收藏夹中只有 10 张照片，如图 1-22 所示。

图 1-22

上述操作只是把所选照片从收藏夹中移除，但照片仍然存在于目录文件中。因此，【目录】面板中的【上一次导入】和【所有照片】两个文件夹中包含的照片仍然是 11 张。收藏夹中保存的其实是指向目录文件中照片的链接，删除链接并不会删除目录文件中的照片。

> 💡 **提示** 若希望在两个收藏夹中以不同方式编辑同一张照片，首先需要创建一个虚拟副本（在目录文件中给照片再添加一个条目），然后将其放入第二个收藏夹中。有关内容将在第 5 课中讲解。

使用收藏夹中的照片有两大好处。首先，一张照片可以添加到多个收藏夹中，实际添加的都是对目录文件中某张照片的引用（链接），而非照片副本。其次，修改了某个收藏夹中的某张照片后，其他收藏夹中该照片的所有实例都会同步更新。这不仅有助于更好地管理照片，而且还为各种尝试提供了很大的方便。关于如何更高效地使用收藏夹，将在第 4 课中进一步讲解。

1.4.6　并排比较照片

选片过程中，有时需要比较照片，以便从一系列照片中挑出最好的。为此，Lightroom Classic 专门提供了一种非常有用的视图——【比较视图】。

> 💡 **提示** I 键是【切换信息显示】的快捷键，按 I 键可快速切换叠加在照片上的信息。

❶ 按快捷键 Command+D/Ctrl+D，取消选择所有照片。在胶片显示窗格中同时选中两张照片，然后在工具栏中单击【比较视图】按钮，进入【比较视图】，如图 1-23 所示。或者在菜单栏中选择【视图】>【比较】（快捷键是 C 键），进入【比较视图】。

图 1-23

❷ 在【比较视图】下，默认左侧窗格中的照片处于【选择】状态，右侧窗格中的照片处于【候选】状态。按左箭头键或右箭头键，可以不断更换【候选】窗格中的照片（处于【候选】状态的照片），如图 1-24 所示。

图 1-24

❸ 按 Tab 键，然后按 F5 键，可隐藏左右两侧及顶部的面板，这样照片就能以更大尺寸显示在【比较视图】中。

💡提示　如果你使用的是 Mac 计算机，并且搭载的不是全尺寸键盘，先按住 Fn 键，然后按 F5 键，可隐藏顶部面板。

❹ 在【候选】窗格中，若发现一张很满意的照片，并且希望用它替换左侧【选择】窗格中的照片，则只需在工具栏中单击【互换】按钮，如图 1-25 所示，即可交换左右两个窗格中的照片。再按箭头键，不断更换候选照片，把当前选择的照片（左侧【选择】窗格中的照片）与收藏夹中的其他照片进行比较。

图 1-25

❺ 找到满意的照片后，单击工具栏右端的【完成】按钮，此时左侧【选择】窗格中的照片就会在【放大视图】下显示出来。

1.4.7 同时比较多张照片

在【比较视图】下，每次只能比较两张照片，而在【筛选视图】下可以同时比较多张照片，因此【筛选视图】非常适合用来从一组照片中选出最好的一张。在【筛选视图】下比较多张照片时，可以轻松地从比较组中移除不满意的照片，不断缩小选择范围，直至得到最满意的一张照片。

> 💡提示 并排显示多张照片有助于从一组照片中挑出最好的或者选出需要编辑的照片。在【筛选视图】下，仍然可以使用旗标、星级、色标对照片进行分类。

❶ 在菜单栏中选择【编辑】>【全部不选】。在胶片显示窗格中按住 Command 键 /Ctrl 键，任选 5 张照片，然后在工具栏中单击【筛选视图】按钮（位于【比较视图】按钮右侧），或者在菜单栏中选择【视图】>【筛选】（快捷键为 N 键），进入【筛选视图】。

在【筛选视图】中，所有选中的照片都会显示出来，因此选择的照片越多，照片的预览尺寸就越小。当前活动照片（各种调整只作用于该照片）的周围有一条细细的黑线，在胶片显示窗格或预览区中单击某张照片的缩览图，即可将其变为当前活动照片。

❷ 在【筛选视图】下，如果想要比较两张不是并排放置的照片，只需要把它们拖放到一起，其他照片会自动让出位置。

❸ 把鼠标指针移动到某张照片上，此时该照片的右下角会出现取消选择图标（▣），如图 1-26 所示。单击取消选择图标，

图 1-26

Lightroom Classic 就会把相应照片从【筛选视图】中移除，如图 1-27 所示。

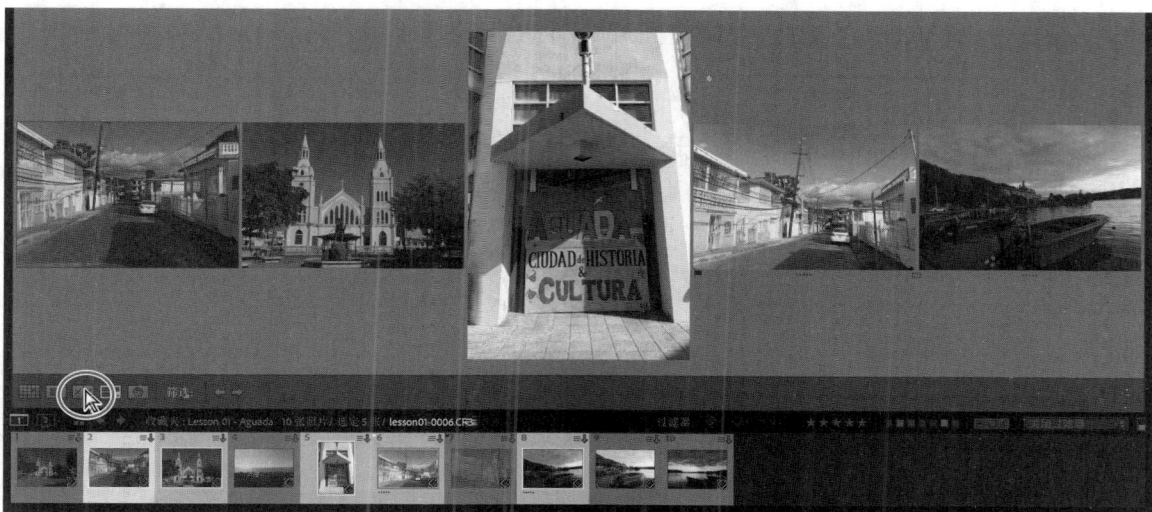

图 1-27

在【筛选视图】中移除照片后，预览区中其他照片的尺寸和位置会自动调整，以填满整个可用空间。而且从【筛选视图】中移除照片后，Lightroom Classic 只是把照片从选集（由多张被选中的照片组成的集合）中移除，并不会将其从收藏夹中移除。

> 💡 提示　如果不小心在【筛选视图】中删除了某张照片，可在菜单栏中选择【编辑】>【还原"取消选择照片"】，将照片恢复；还可以按住 Command 键 /Ctrl 键，在胶片显示窗格中单击之前删除的照片的缩览图，将其重新添加到【筛选视图】中。此外，也可以使用同样的方法向【筛选视图】中添加其他照片。

❹ 在【筛选视图】中不断移除不好的照片，逐渐缩小选择范围，直到只剩下一张满意的照片。按 E 键，快速切换至【放大视图】。

❺ 按快捷键 Shift+Tab（可能需要按两次），显示所有面板。按 G 键，返回【网格视图】。在菜单栏中选择【编辑】>【全部不选】。

▌1.5　修改照片

选好待编辑的照片之后，就可以修改与编辑照片了。为此，Lightroom Classic 专门提供了【快速修改照片】面板（位于【图库】模块下）和功能强大的【修改照片】模块。

在【快速修改照片】面板中可以对照片做一些简单的调整，比如校正颜色、调整色调、预设裁剪、调片预设等。相比之下，【修改照片】模块提供了一套更完整、更强大、更易用的照片处理工具，借助这套工具，我们能够更好地调整和控制照片细节。

1.5.1　使用【快速修改照片】面板

接下来先使用【快速修改照片】面板中的【自动】功能对照片的颜色与色调进行快速调整，然后根据自动调整结果，使用面板中的各个控件对照片做进一步调整。

❶ 在【收藏夹】面板中选择 Lesson 01 - Aguada 收藏夹，其中包含 10 张照片。

💡 注意 选择收藏夹后，若预览区中未显示任何照片，请检查【图库过滤器】，确保【无】按钮处于选中状态。

❷ 在胶片显示窗格或【网格视图】中，把鼠标指针放到第 7 张照片（lesson01-0008）上，弹出的工具提示中会显示基本的照片信息。单击照片缩览图，将其选中，此时照片名称也会显示在胶片显示窗格上方的状态栏中。按 U 键移除照片上的旗标。

💡 注意 若胶片显示窗格未显示出来，请在菜单栏中选择【窗口】>【面板】>【显示胶片显示窗格】，或者按 F6 键，将其显示出来。

❸ 在胶片显示窗格中双击选中的照片，将其在【放大视图】下显示出来。在右侧面板组中单击面板名称右侧的三角形，分别展开【直方图】与【快速修改照片】两个面板，如图 1-28 所示。

图 1-28

💡 提示 在【放大视图】【比较视图】【筛选视图】下，使用鼠标右键单击照片周围的灰色区域，从弹出的快捷菜单中选择一种颜色，可更改背景色。

不论是看照片缩览图还是直方图，你都会发现这张照片的曝光有些不足，中间调缺少对比，画面显得平淡、单调、沉闷，在颜色方面也需要做一些调整改进。接下来尝试使用【快速修改照片】面板调整照片，看看最终能改善到什么程度。

💡 提示 为了在【放大视图】下给照片留出更多展示空间，可以使用【窗口】>【面板】子菜单下的命令隐藏左侧面板、模块选取器、胶片显示窗格。此外，在【视图】菜单中选择相应命令可隐藏工具栏、过滤器栏。

❹ 在【快速修改照片】面板中单击【色调控制】右侧的【自动】按钮，然后在【直方图】面板中观察色调分布曲线的变化情况，如图 1-29 所示。

图 1-29

虽然自动调整功能无法做到尽善尽美，但照片的改善效果还是相当明显的。经过自动调整后，照片暗部区域中丢失的色调和颜色细节大部分被成功找回，这一点通过直方图可以得到证实：相比调整前，调整后的照片直方图整体向右明显偏移。虽然整张照片的色调有了很大的改善，但仍需进一步调整，以使照片呈现最佳效果。

> 💡 提示　多次单击【自动】按钮（位于【色调控制】右侧）与【全部复位】按钮（位于【快速修改照片】面板底部），在【放大视图】中比较自动色调应用前后的画面效果，评估自动色调调整结果是否令人满意。

❺ 单击【自动】按钮右侧的三角形，展开【色调控制】选项组中的所有控件。在【对比度】控件中单击两次最右侧的箭头（右双箭头），在【高光】控件中单击两次最左侧的箭头（左双箭头）。分别在【阴影】【清晰度】【鲜艳度】控件中单击一次最右侧的箭头（右双箭头）。把【白平衡】设置为【自定】，然后单击右侧的三角形，展开【白平衡】控件，在【色温】控件中单击一次最左侧的箭头（左双箭头），如图 1-30 所示。这样可以使照片画面偏冷，看上去不那么黄。

图 1-30

相比原始照片，调整后的照片在最亮与最暗的区域中有了更多细节，而且画面的整体对比度和颜色也更好了。按 D 键切换到【修改照片】模块，按反斜杠键（\）可以在调整前与调整后的效果之间切换，以便比较调整前后画面效果的变化。按 E 键返回【图库】模块。

1.5.2 使用【修改照片】模块

在【快速修改照片】面板中可以对照片做一些简单的调整，但是看不到确切的调整值。

例如，在上一小节中，单击【自动】按钮后，我们其实并不知道 Lightroom Classic 具体调整了哪些参数，以及分别调整了多少。相比【快速修改照片】面板，【修改照片】模块提供了更全面、更专业的照片编辑环境，它提供了一系列功能更强大、操作更精细的照片调整工具。

❶ 在上一小节中调整的照片仍处于选中的状态，执行以下任意一种操作，切换到【修改照片】模块。

- 在模块选取器（位于用户界面右上角）中单击【修改照片】。
- 在菜单栏中选择【窗口】>【修改照片】。
- 按快捷键 Command+Option+2/Ctrl+Alt+2。

❷ 按 F7 键显示左侧面板组，单击【历史记录】左侧的三角形，展开【历史记录】面板；在右侧面板组中单击【基本】右侧的三角形，展开【基本】面板。除了【导航器】（位于左侧面板组）和【直方图】（位于右侧面板组）面板，把当前处于展开状态的其他面板全部折叠起来。

【历史记录】面板中列出了对照片做的每一次调整（包括在【图库】模块的【快速修改照片】面板中做的调整），如图 1-31 所示，单击其中一条历史记录，Lightroom Classic 会把照片恢复到该记录前的状态。

【降低色温】是最近一次调整，所以它出现在【历史记录】面板的最上方。【历史记录】面板最底部的一条记录是导入操作，记录中同时显示执行该操作的日期与时间。单击这条记录，Lightroom Classic 会把照片恢复到原始状态。把鼠标指针移动到某条历史记录上，【导航器】面板会立即呈现照片在相应操作执行后的状态。

【基本】面板中显示的是各个调整项的具体数值，这些数值在【快速修改照片】面板中是不显示的。经过前面一系列调整，照片的当前状态如下：【曝光度】+1.71、【对比度】+47、【高光】−89、【阴影】+76、【白色色阶】+13、【黑色色阶】−29、【清晰度】+20、【鲜艳度】+32、【饱和度】−1，如图 1-32 所示。注意，此处参数数值仅供参考，实际调整时设置的数值可能与这里不一样，毕竟调整照片很多时候是非常主观的行为。

图 1-31

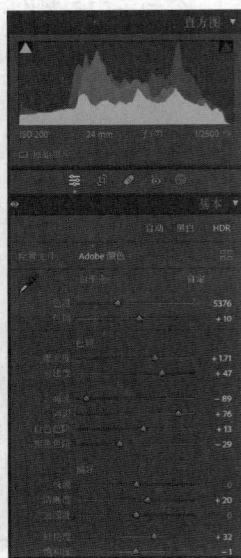

图 1-32

❸ 在【历史记录】面板中单击对照片做的第一次调整——自动设置，然后在【基本】面板中查看各个调整值的大小。

> **提示** 在 Lightroom Classic 中，可以轻松清除所选历史记录之前的记录。具体的操作方法是：使用鼠标右键单击某条历史记录，在弹出的快捷菜单中选择【清除此步骤之前的历史记录】。

就当前照片而言，单击【自动】按钮后，【色调】选项组中的绝大多数设置都会得到调整（有一项除外），而【偏好】选项组中只有【鲜艳度】和【饱和度】两个设置得到了调整；但是当向其他照片应用自动色调时，受影响的设置可能会更少，而且具体的调整数值也会有所差异。

❹ 在【历史记录】面板中单击最上方的记录，把照片恢复到最近状态。

❺ 在工具栏（【视图】>【显示工具栏】）中单击【修改前与修改后】按钮右侧的小三角形，在弹出的菜单中选择【修改前/修改后 左/右】，如图 1-33 所示。

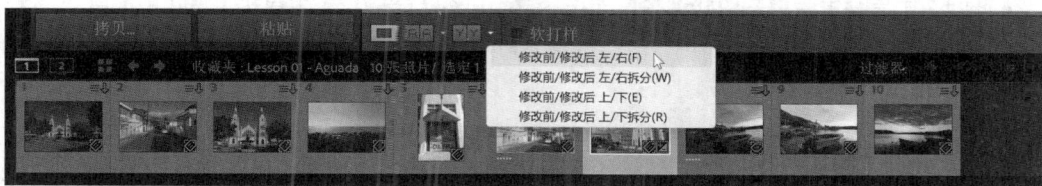

图 1-33

> **注意** 若工具栏中未显示【修改前与修改后】按钮，可单击工具栏最右侧的三角形，在弹出的菜单中选择【视图模式】。

比较【修改前】与【修改后】的两张照片，查看照片的最终调整效果。接下来看一看应用自动色调之后，在【快速修改照片】面板中做的手动调整的效果。

❻ 在【历史记录】面板中激活最近一次白平衡调整（降低色温），然后使用鼠标右键单击【降低色温】记录，在弹出的快捷菜单中选择【将历史记录步骤设置拷贝到修改前】，如图 1-34 所示。

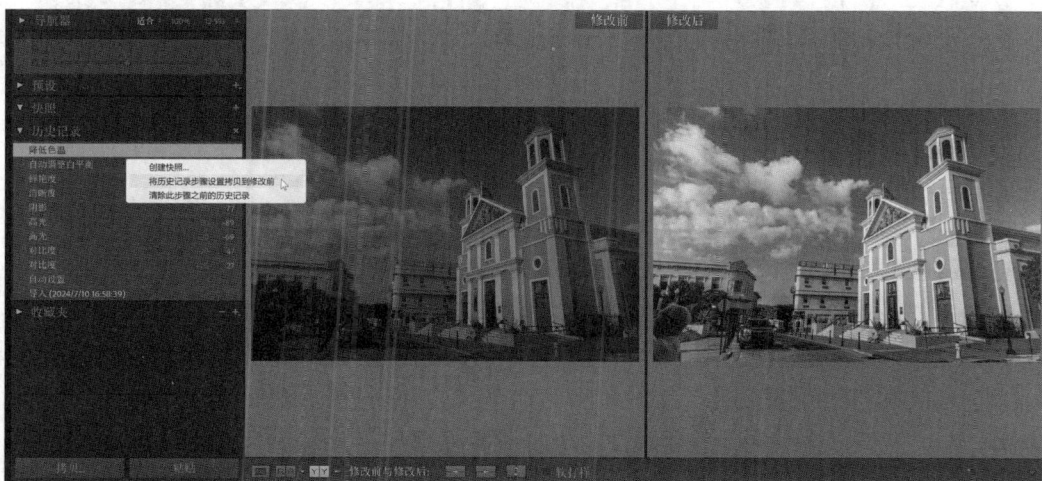

图 1-34

关于【修改照片】模块下的照片矫正和调整工具的内容还有很多，这些内容将在后面课程中讲解。

再次观察照片，发现照片有一点倾斜，稍微矫正一下，然后进行裁剪。

1.5.3 矫正与裁剪照片

❶ 在【修改照片】模块下按 D 键，切换到【放大视图】。

❷ 在【直方图】面板下方的工具条中单击【裁剪叠加】按钮（或者按 R 键），如图 1-35 所示。使用【裁剪叠加】工具可以轻松地对照片进行矫正与裁剪。

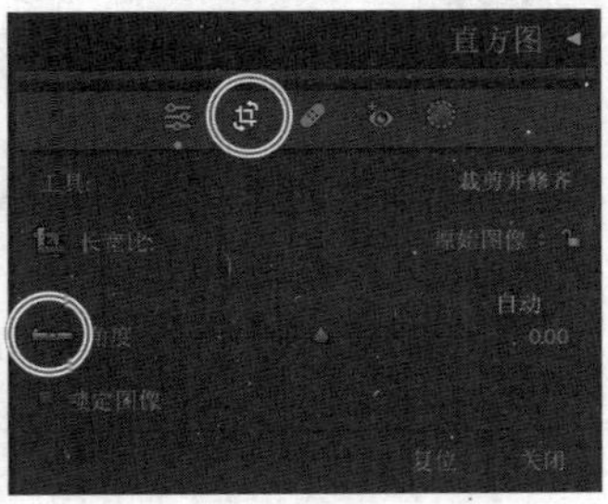

图 1-35

> 💡 **注意** 在【直方图】面板下方的工具条中，【裁剪叠加】工具左侧有一个专门的【编辑】工具。单击【编辑】按钮，可从本地调整快速返回【基本】面板，以便进一步调整照片。

❸ 此时，工具条下方显示出裁剪工具面板，其中包含【裁剪框】工具和【矫正】工具。单击【矫正】工具（图 1-35 中的水平仪图标），鼠标指针变成十字准星，而且右下角会出现水平仪，它会跟随鼠标指针一起移动。

❹ 按住鼠标左键，沿着画面左侧建筑物的上边缘拖曳，绘制一条直线段，如图 1-36 所示。释放鼠标左键后，Lightroom Classic 会旋转照片，使直线段变为水平线，同时【矫正】工具又重新出现在裁剪工具面板中。如果对矫正结果不满意，可以按快捷键 Command+Z/Ctrl+Z 撤销操作，然后重新矫正。此外，还可以通过拖动角度控制滑块，或者直接输入角度值来旋转照片。

图 1-36

Lightroom Classic 会在矫正后的照片上叠加一个裁剪矩形，自动调整位置以最大限度地保留照片内容，同时保持原始照片的长宽比，裁切掉不需要的照片边缘。这里，请确保矫正角度为 −3.4°。

> 💡 **提示** 若希望裁剪时保持原始照片的长宽比，先在裁剪长宽比菜单中选择【原始图像】，然后单击右侧的锁头图标，锁定长宽比。

拖动裁剪矩形上的 8 个控制手柄，可自由调整裁剪矩形的大小。若想改变裁剪参考线的样式，可在【工具】>【裁剪参考线叠加】菜单中选择裁剪参考线；选择【工具】>【工具叠加】>【从不显示】，可隐藏裁剪参考线。

❺ 单击【裁剪叠加】按钮，或者单击面板右下角的【关闭】按钮，或者按 Return 键 /Enter 键，应用裁剪。如果对裁剪结果不满意，可以再次单击【裁剪叠加】按钮，重新调整裁剪效果。

1.5.4 调整光线与色调

接下来介绍如何在【修改照片】模块下使用【基本】面板中的控件调整照片。

❶ 在【修改照片】模块下依次按 F6 键与 F7 键（或者使用【窗口】>【面板】子菜单），显示胶片显示窗格，隐藏左侧面板组。在胶片显示窗格中单击照片 lesson01-0009.CR3，将其选中，该照片拍摄于波多黎各瓜尼卡岛的一个小码头，如图 1-37 所示。

这张照片曝光有点不足，虽然画面中有一些非常明亮的亮点，但整体颜色有点暗淡，而且缺少细节和关注点。

❷ 在【直方图】面板（位于右侧面板组最上方）中观察照片的直方图，可以看到照片的大部分像素位于直方图的左半部分，如图 1-38 所示，这是曝光不足造成的。

图 1-37

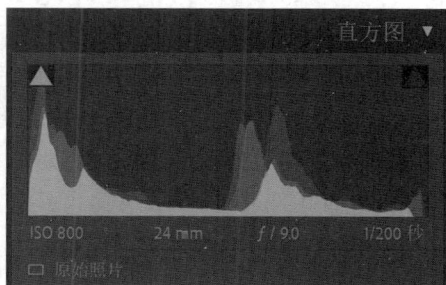

图 1-38

❸ 在【基本】面板中单击面板右上角的【自动】按钮，观察直方图和照片画面的变化，如图 1-39 所示。

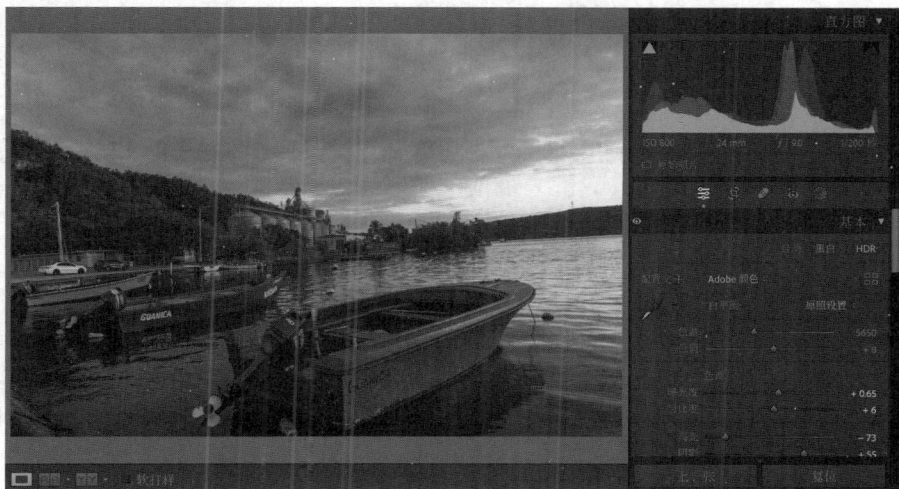

图 1-39

提示 拍摄照片时，大多数时候会选用 RAW 格式（为保护版权，这里把 RAW 格式的照片转换成了 DNG 格式，DNG 是 Adobe 公司推出的一种数字负片格式，后面会有详细介绍）。因为 RAW 格式的照片文件中包含了大量拍摄信息，这些信息为我们后期处理照片提供了很大的操作空间，但这些信息能否在 Lightroom Classic 中得到充分利用，则要看我们自己的本领了。

只单击了一次【自动】按钮，照片画面就有了很大的改善。从直方图看，首先，照片的大部分像素往直方图中间移动，整个画面变亮了；其次，像素在直方图中拉得更开了，画面的对比度提高了。在此基础上继续调整，把画面效果调整得更好。

❹ 在【基本】面板中可以看到，自动色调的调整影响到【色调】选项组中的 6 个色调控制选项，以及【偏好】选项组中的【鲜艳度】与【饱和度】两个控制选项，如图 1-40 所示。

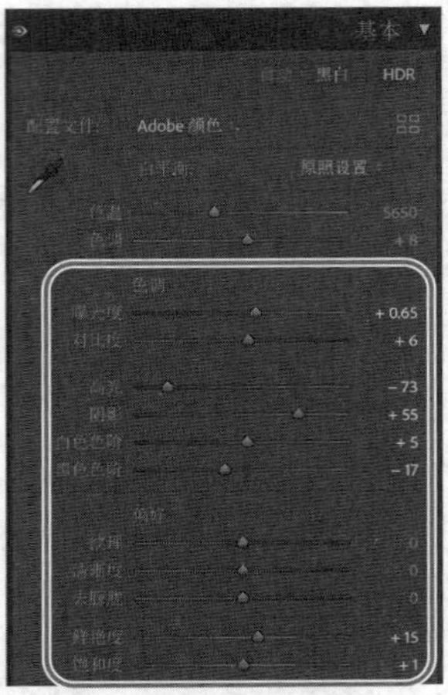

图 1-40

经过自动色调调整，当前照片画面的效果得到改善，在此基础上，我们继续进行调整，以进一步改善照片画面。

❺ 向左拖动【高光】滑块，使【高光】数值为 -100，或者直接在右侧的输入框中输入数值 -100，同时观察直方图和照片画面的变化。

减少高光似乎不符合常理，但能有效地把相片像素从直方图的两端拉向中心，从而大大缩小波谷所影响的色调范围。接下来先调整曝光度、阴影、对比度，确保影调处于可接受的范围，再进一步调整白色色阶、色温、色调。

❻ 在【色调】选项组中依次设置【曝光度】为 +0.69、【阴影】为 +54、【对比度】为 +6、【高光】为 -68、【白色色阶】为 +8、【黑色色阶】为 -17。经过调整后，照片画面的细节变得更丰富了，如图 1-41 所示。

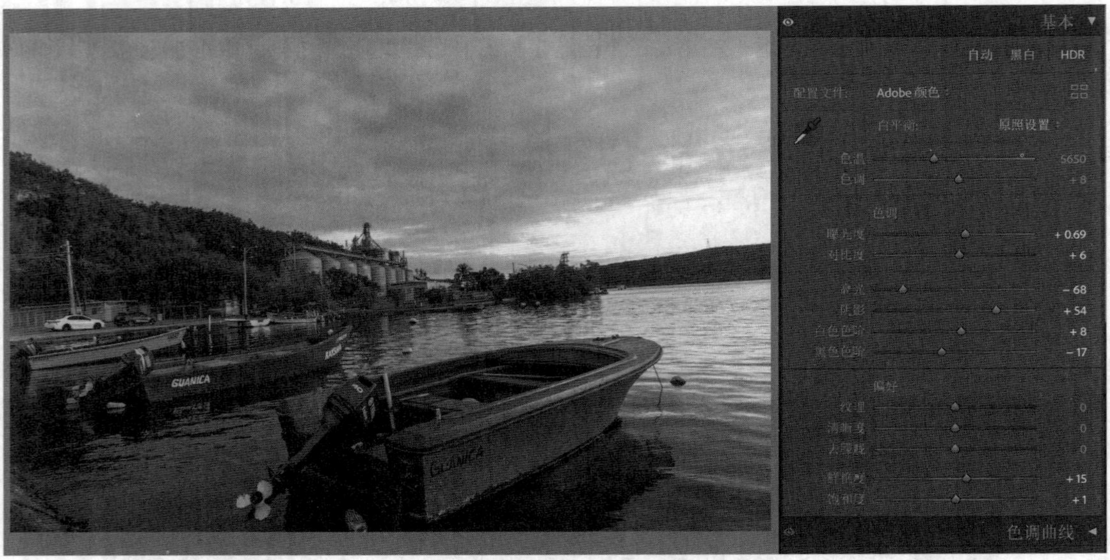

图 1-41

经过自动色调调整，照片画面效果已经很不错了，在此基础上进行手动微调后，当前照片已经达到令人满意的状态。如果你觉得照片画面太蓝了，可以向右拖动【色温】滑块，使画面变暖一些。拖动【色调】滑块，可以给照片画面添加绿色或洋红色。有关如何正确设置白平衡的内容，将在第 5 课中详细讲解。

❼ 按 F7 键，或者使用【窗口】>【面板】子菜单，将左侧面板组重新显示出来。在【历史记录】面板中，在当前状态（位于列表顶部）、导入时状态（位于列表底部）、自动设置的记录之间来回切换，观察直方图与照片画面（【放大视图】），比较调整前后有什么变化，如图 1-42 所示。比较完后，保持照片在【放大视图】中的打开状态，继续学习下一小节。

| 原始照片 | 自动色调调整 | 自动色调调整 + 手动调整 |

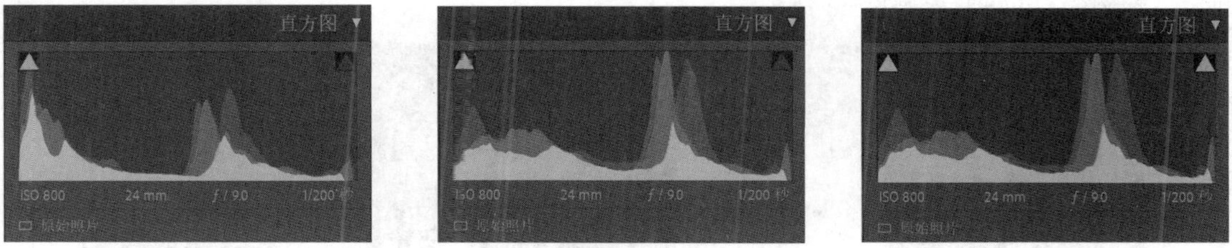

图 1-42

1.5.5 使用【径向渐变】工具添加暗角

为了使观众的注意力集中，接下来我们在照片画面中添加暗角。使用【径向渐变】工具时，可以通过带羽化的椭圆蒙版向照片指定区域应用局部调整，制作非居中的暗角效果。

【效果】面板中有一个【裁剪后暗角】效果，但它只能应用在画面中心。相比之下，使用【径向渐变】工具添加暗角时，我们可以把径向渐变的中心放到画面的任意位置，从而使观众的注意力集中到相应区域。

默认情况下，Lightroom Classic 会把局部调整应用到椭圆的外部区域，椭圆的内部区域不受影响。但是径向渐变下有一个【反相】复选框，勾选该复选框，可把局部调整应用到椭圆内部，如图 1-43 所示。

通过应用多个径向渐变，我们可以对照片的不同区域做不同处理，例如，在同一张照片中突显多个区域，或者创建非对称的暗角等。

接下来，我们将学习如何使用【径向渐变】工具制作复杂的效果，以丰富照片画面的色彩。使用【径向渐变】工具时，通常需要先

图 1-43

对径向渐变的参数做调整，然后把调整好的径向渐变应用到照片上。

❶ 在右侧面板组中单击【蒙版】按钮（位于【直方图】面板下方），然后在打开的面板中选择【径向渐变】工具，如图 1-44 所示。

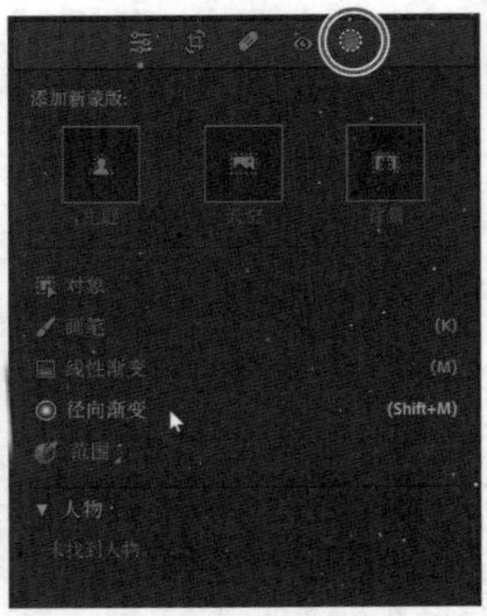

💡 **注意** Lightroom Classic 2024 为蒙版工具增加了新功能，进一步增强了蒙版工具的能力。在第 6 课中将深入讲解蒙版工具的各种新功能。

激活【径向渐变】工具后，下方会出现工具选项面板。双击【预设】标签（位于【色调】滑块上方），把所有滑块重置为 0。

图 1-44

❷ 我们希望照片中间的小船成为视觉焦点。设置【色温】为 10、【色调】为 -6、【对比度】为 27、【高光】为 51、【白色色阶】为 100，设置【羽化】为 50，如图 1-45 所示。

❸ 在【放大视图】下，把鼠标指针移动到小船的左下角，按住鼠标左键并拖动，绘制一个椭圆，如图 1-46 所示，然后释放鼠标左键。

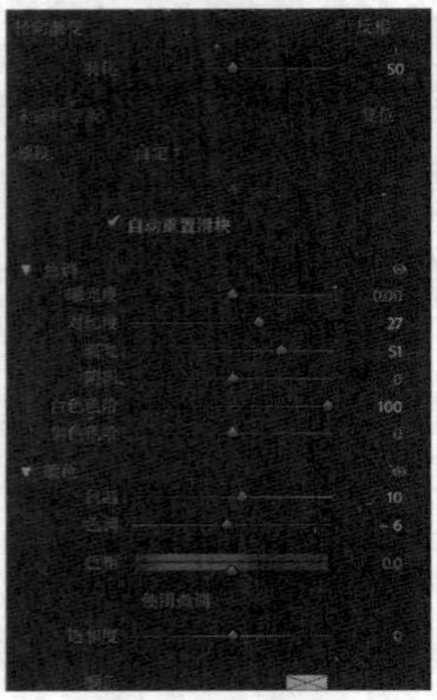

图 1-45

图 1-46

💡 **提示** 默认设置下，缩放径向渐变是以中心点为基准的。缩放时，若按住 Option 键 /Alt 键，则会以圆形的一侧为基准进行缩放。

添加好径向渐变后，照片画面中显示出一个圆环，圆环中心有一个实心点，内圆形上有一个控制点，外圆形上有 4 个圆形控制点。在【径向渐变】工具处于激活状态时，单击实心点，可从现有径向渐变中选择一个进行编辑；拖动实心点，可以调整径向渐变的位置；拖动某个圆形控制点，可以调整径向渐变的大小与形状。

默认设置下，径向渐变上的调整会均匀地应用到照片画面中未被遮罩的区域，就像叠加在上面一样。如果希望精确控制径向渐变影响的范围，可以在【点颜色】下设置【范围】选项，以指定径向渐变影响的范围，例如，可以让径向渐变只应用到具有特定亮度、色相、饱和度的区域中。相关内容将在第 6 课中详细讲解。

❹【色调】选项组下方是【颜色】选项组，调整其中的【色相】滑块可调整所选区域的整体色相。向右拖动【色相】滑块，把数值调到 +14。

💡提示 在工具选项面板中勾选【自动重置滑块】复选框后，每次新建蒙版时，Lightroom Classic 都会自动重置所有滑块。如果你希望保留上一次设置，请取消勾选【自动重置滑块】复选框。

❺ 为了进一步突显画面，增强画面效果，需要给画面添加一些细节。在【效果】选项组中，【纹理】值越大，画面对比度越高，整个画面看起来越清晰。增大【纹理】值，一方面可以增强画面中弱对比区域的对比效果，另一方面又没有放大【清晰度】所带来的副作用。向右拖动【纹理】滑块，把数值调到 35。在【细节】选项组中，向左拖动【杂色】滑块，使其数值变为 −100，为照片添加颗粒纹理效果，如图 1-47 所示。

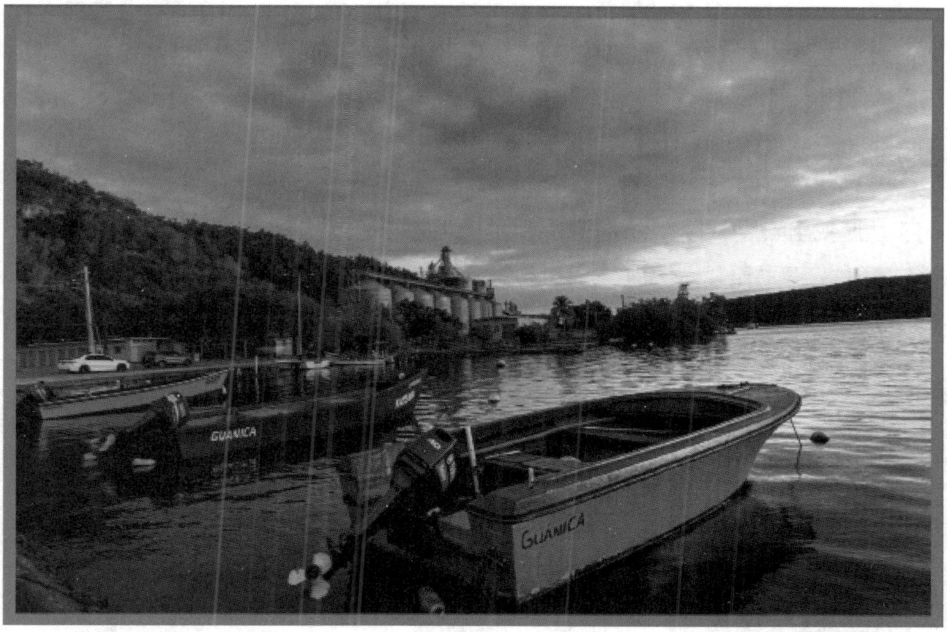

图 1-47

💡提示 如果你在自己的计算机屏幕上看到的颜色与书中插图中的颜色差别很大，可以尝试校正一下显示器的颜色。有关校正显示器颜色的方法，请阅读 macOS/Windows 帮助文档。如果颜色差别不是很大，那很有可能是色彩空间不一致造成的，例如，色彩空间从 RGB 变成了 CMYK，此时把色彩空间改回来即可。

照片的调整工作已接近尾声，但仔细观察画面会发现画面右上角有几个明显的污点，这些污点在打印时会尤为显眼。为此，Lightroom Classic 专门提供了【修复】工具来帮助去除照片画面中的污点。

1.5.6 使用【修复】工具去除污点

拍摄出来的照片中总免不了有一些污点，后期处理照片时需要把这些污点从画面中去除。这些污点可能来自相机的传感器，更换相机镜头时，会有灰尘落到相机的传感器上，还有其他许多情况也会导致照片中产生污点，例如，本例照片中的污点来自云层中的异常亮斑。除了污点外，还有一些元素我们不希望它们出现在画面中，例如，不该在画面中出现的人手、人脑袋后面的电线杆等，这些元素也是要去除的。为此，Lightroom Classic 专门提供了【修复】工具，以帮助我们快速找到并去除照片中的污点。

❶ 在【直方图】面板下方的工具条中单击【修复】按钮（第三个图标），或者按 Q 键，激活【修复】工具，如图 1-48 所示。

❷【修复】工具有 3 种模式:【仿制】【修复】【内容识别移除】。在【仿制】模式下，Lightroom Classic 只是简单地把一个区域中的内容直接复制到另外一个区域中。在【修复】模式下，Lightroom Classic 会把复制的内容与原有内容进行混合，以获得更自然的修复效果。【内容识别移除】模式依托于强大的 AI（Artificial Intelligence，人工智能）技术来移除照片画面中的污点，效果显著，表现出色。在不同模式下，【修复】工具都有【大小】【羽化】【不透明度】这几个属性，修改这些属性，可以分别改变【修复】工具的作用范围、边缘柔和程度，以及修复结果的透明程度。

图 1-48

> 💡提示 激活【修复】工具后，按 [键、] 键，可快速缩小、扩大【修复】工具的作用范围。

❸ 为了快速找出照片中的污点，在照片预览图下方的工具栏中勾选【显现污点】复选框。此时，照片变成黑白负片，有助于我们识别与找出照片中的污点，如图 1-49 所示。【显现污点】复选框右侧有一个滑块，拖动滑块，可调整黑白对比度。尝试拖动滑块，直到照片画面顶部清晰地显示出污点。

图 1-49

❹ 选择【内容识别移除】模式，根据污点大小，调整【大小】属性，然后在污点上单击，Lightroom Classic 会自动应用内容识别技术去除照片画面中的污点。单击污点后，单击的地方会出现一个圆圈，里面有内容识别图标（看上去像橡皮擦），如图 1-50 所示。若对去除结果不满意，按住 Command 键 /Ctrl 键，然后在画面中找一块你觉得合适的地方作为修复源，供【修复】工具使用。

❺【修复】工具功能强大，不仅能够轻松去除照片中的污点，还能对照片中的细节进行修复和优化。在工具栏中取消勾选【显现污点】复选框。按住鼠标左键，在希望去除污点的地方涂抹（如水中的浮标），涂抹时会有高亮框线指示涂抹过的区域。释放鼠标左键，Lightroom Classic 会使用内容识

别技术修复涂抹的区域，如图 1-51 所示。如果对修复结果不满意，可以重新指定修复源，以得到更满意的修复结果。

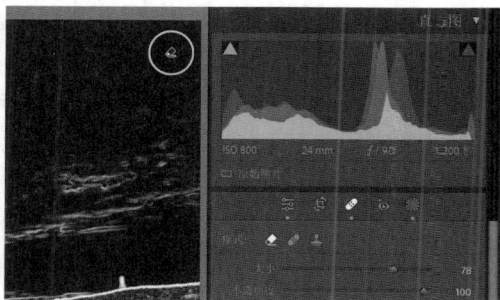

图 1-50

图 1-51

有了内容识别技术的支持，多做一些尝试，能够轻松获得前所未有的修复效果，如图 1-52 所示。

图 1-52

照片调整好了，接下来该把它分享出去了。在工具条（位于【直方图】面板下方）中单击【编辑】按钮，或者在【修复】工具选项面板底部单击【关闭】按钮，退出【修复】工具。

1.6 使用电子邮件分享照片

处理好照片之后，就可以把照片分享出去了，分享对象可以是你的客户、朋友、家人，也可以是世界各地的人（例如，你可以把照片上传到照片分享网站或展示你作品的个人网站中）。在 Lightroom Classic 中，只需要花几分钟，就能制作出漂亮的画册或幻灯片，你还可以指定排版样式，把照片发布到网上，或者生成具有个人特色的交互相册，然后将其上传到你的个人网站。

第 8 课至第 10 课将深入讲解如何制作画册、幻灯片，以及打印照片，还将详细介绍 Lightroom

Classic 提供的一系列高效工具和功能，这些工具和功能能够帮助大家快速制作出高质量的幻灯片、版面布局，以及网络相册。这里只介绍如何在 Lightroom Classic 中使用电子邮件把处理好的照片发送出去。

❶ 按 G 键返回【网格视图】，然后按快捷键 Command+D/Ctrl+D，或者在菜单栏中选择【编辑】>【全部不选】，取消选择所有照片。在胶片显示窗格中按住 Command 键 /Ctrl 键，单击 lesson01-0008.dng 与 lesson01-0009.dng 两张照片，把它们同时选中。

❷ 在菜单栏中选择【文件】>【通过电子邮件发送照片】。

> 💡 **注意** 在 Windows 系统中，若未指定默认的电子邮件程序，对话框出现的顺序可能和这里（macOS）不一样。但是基本流程是一样的，只是可能需要先参考步骤 8、9、10 设置好电子邮件账户，然后再到这一步进行操作。

Lightroom Classic 会自动检测安装在计算机中的默认电子邮件程序，并打开一个对话框，供用户设置电子邮件的地址、主题、收件人，以及照片的尺寸与质量。

❸ 单击【地址】按钮，打开【Lightroom 通讯簿】对话框。单击【新建地址】按钮，然后在【姓名】文本框和【地址】文本框中输入姓名与地址，单击【确定】按钮，如图 1-53 所示。

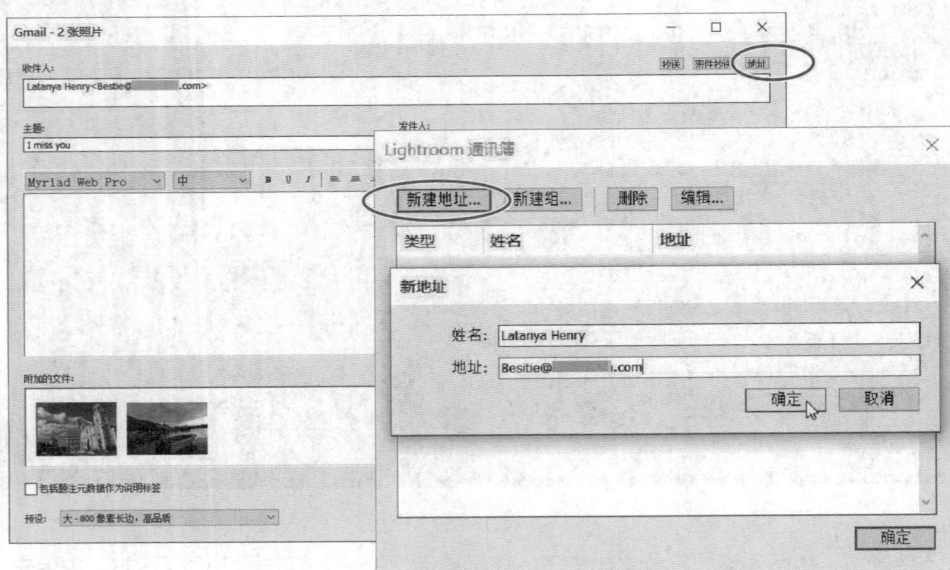

图 1-53

❹ 再次单击【地址】按钮，打开【Lightroom 通讯簿】对话框，在其中可以指定多个收件人。在【选择】列中勾选添加的收件人，单击【确定】按钮。

❺ 在【主题】文本框中输入主题。

❻ 在【预设】下拉列表（位于对话框底部）中选择照片的尺寸和质量，如图 1-54 所示。

❼ 如果希望使用默认的电子邮件程序发送邮件，只需在正文区域中输入想发送的内容，然后单击【发送】按钮。

❽ 如果想直接连接到基于网页的邮件服务，则需要先建立一个账户。在【发件人】下拉列表中选择【转至电子邮件账户管理器】，如图 1-55 所示。

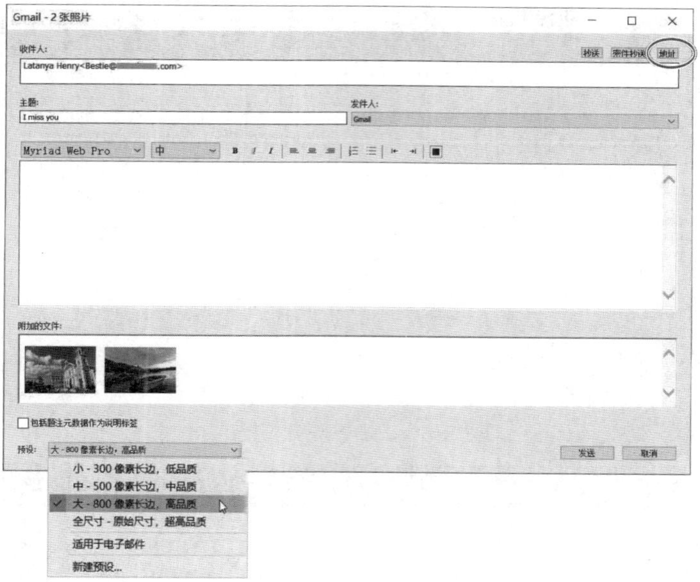

图 1-54

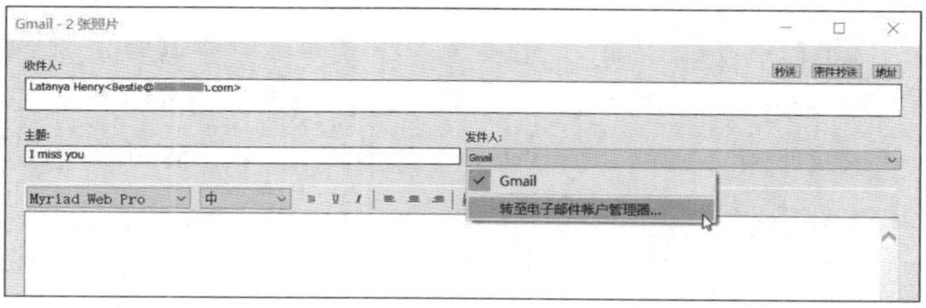

图 1-55

❾ 在打开的【Lightroom 电子邮件账户管理器】对话框中单击左下角的【添加】按钮。在【新建账户】对话框中输入电子邮件账户名称，选择服务提供商，然后单击【确定】按钮，如图 1-56 所示。

❿ 在【凭据设置】选项组中输入电子邮件地址、用户名、密码，然后单击【验证】按钮，如图 1-57 所示。

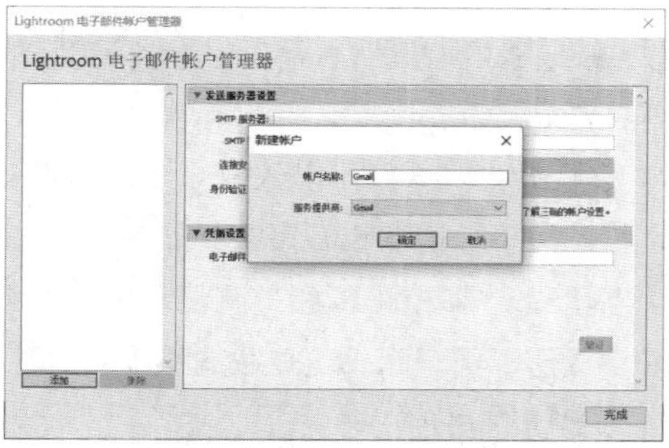

图 1-56

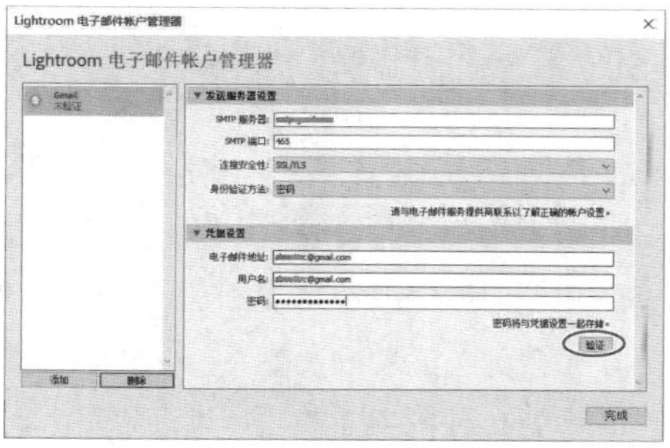

图 1-57

Lightroom Classic 会使用设置的凭据验证电子邮件账户。若左侧电子邮件账户列表中出现绿点，表示验证成功，此时 Lightroom Classic 可以访问输入的网络电子邮件账户。

⓫ 单击【完成】按钮，关闭【Lightroom 电子邮件账户管理器】对话框。在照片附件上方的文本框中输入电子邮件内容，选择合适的字体、字号和字体颜色。单击【发送】按钮，把照片发送出去。

1.7 复习题

1. 什么是非破坏性编辑？
2. Lightroom Classic 中有哪些模块？在工作流程中如何使用这些模块？
3. 在 Lightroom Classic 中，【修复】工具有几种模式？它们有什么不同之处？
4. 在不改变应用程序窗口大小的前提下，如何扩大预览区？
5. 照片分组时，相比于关键字，使用收藏夹有什么好处？
6. 在【图库】模块中（使用【快速修改照片】面板）编辑照片与在【修改照片】模块中编辑照片有什么不同？
7. 在【内容识别移除】模式下修复照片后，如何修改修复结果？

1.8 复习题答案

1. 对图库中的照片进行编辑（裁剪、旋转、矫正、润饰等）时，Lightroom Classic 会把编辑信息记录到目录文件中，而不是直接应用到原始照片上，即原始照片中的数据未发生改动，就像数字负片一样，这就是所谓的非破坏性编辑。

2. Lightroom Classic 有 7 个模块，分别是【图库】【修改照片】【地图】【画册】【幻灯片放映】【打印】【Web】。Lightroom Classic 工作流程是从【图库】模块开始的，即先把照片导入图库中，然后在【图库】模块中组织照片、分类照片、搜索照片、管理不断增加的目录文件，以及跟踪发布的照片。【修改照片】模块提供了完整的编辑环境，包含用于矫正、润色、增强、输出照片的各种工具。【画册】【幻灯片放映】【打印】【Web】模块提供了多种预设，以及一系列强大、易用的自定义控件。借助这些预设，用户能够快速创建复杂的布局和幻灯片，向其他人展示与分享作品。

3. 在 Lightroom Classic 中，【修复】工具有 3 种模式。在【仿制】模式下，Lightroom Classic 会把指定的区域复制到污点区域，以覆盖污点。在【修复】模式下，Lightroom Classic 会通过混合污点周围的像素来移除污点。在【内容识别移除】模式下，Lightroom Classic 会使用内容识别技术来移除污点。

4. 中间预览区周围的面板是可以隐藏的。隐藏某个面板后，预览区会自动扩展到空出来的区域。在 Lightroom Classic 中，预览区是唯一不能隐藏的部分。

5. 在照片分组时，相比于关键字，把照片放入某个收藏夹中，不仅可以改变照片在【网格视图】与胶片显示窗格中的显示顺序，而且还可以把照片轻松地从收藏夹中移除。

6. 在【快速修改照片】面板中只能对照片做简单的调整，比如校正颜色、调整色调、应用预设裁剪与调片预设等。相比之下，【修改照片】模块提供了更全面、更专业的照片编辑环境，里面有许多强大的照片处理工具，可以对照片进行更精细的处理与编辑。

7. 在【内容识别移除】模式下，若对修复结果不满意，可以按住 Command 键 /Ctrl 键，指定某一区域作为修复源，供【修复】工具采样。

摄影师
玛丽·贝尔（MARY BEL）

"我使用相机和 Photoshop 把自己的情感感受转化成别人可以看到的实物。"

我的摄影之旅始于离婚期间。我想把摄影作为业余爱好，而且觉得自己需要先练习一下摄影技术，才能拍摄模特或家人。为了获取摄影知识，我看了很多教程，阅读了很多杂志，还参加了各种学习班。当掌握了一定的摄影知识和技术后，我立即投身实践，开始练习自己学到的各种摄影技术。我希望通过摄影来暂时忘却生活中的烦恼与不顺。白天我要工作，晚上要给孩子做晚饭，还要辅导孩子做作业，最后还得把他们哄睡，这之后我才能进入卧室，把相机放在三脚架上，然后用遥控器按下快门。我尝试使用闪光灯，做各种试验，尝试从不同角度打光，观察光线在被摄体上的变化，这个过程中我获得了很多乐趣。随着时间的推移，我又添加和尝试了各种灯光附件，慢慢学会了如何塑造出更好的光线。

之前，我一直想成为一名画家或插画师，但一直画不好。因此，我尝试用相机和 Photoshop 以数字方式将自己的想法融入创作中，把个人情感转换成其他人能够看到的实物。后来我又在 Facebook 上分享这些作品，没想到引起了很多人的共鸣。因此，我不断地通过自拍来记录自我发现和治愈之旅，并与人分享。如今，我的自拍作品已在迈阿密艺术周上展出，我成为奥兰多美术馆的特约艺术家，获得了 Photoshop World Guru Award（Photoshop World 大师奖），还获得了 Sony Alpha Female+Award（索尼阿尔法女性奖）。现在，我很荣幸成为 KelbyOne 的讲师，同时喜欢做商业摄影。

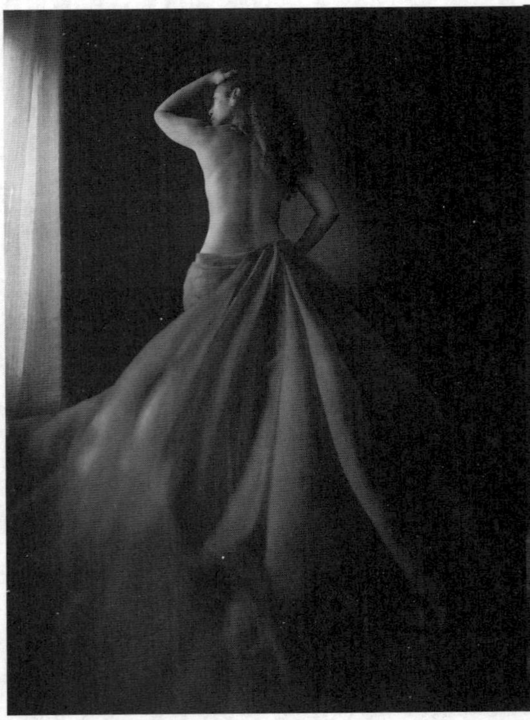

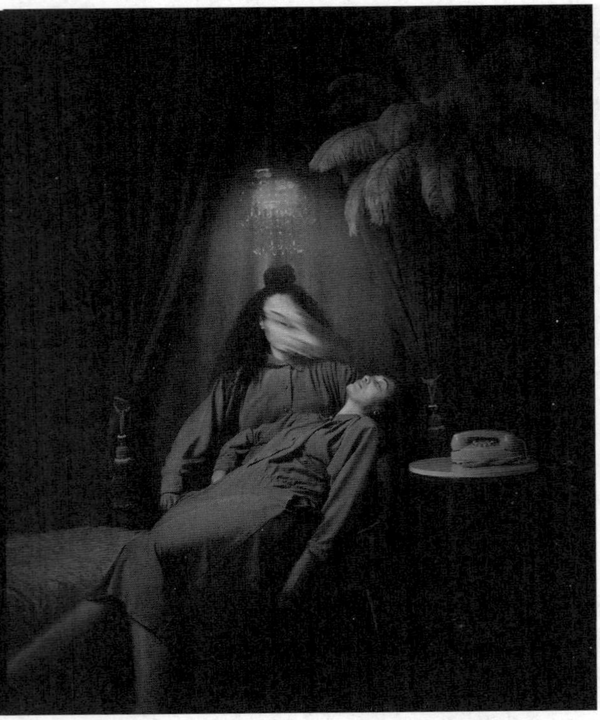

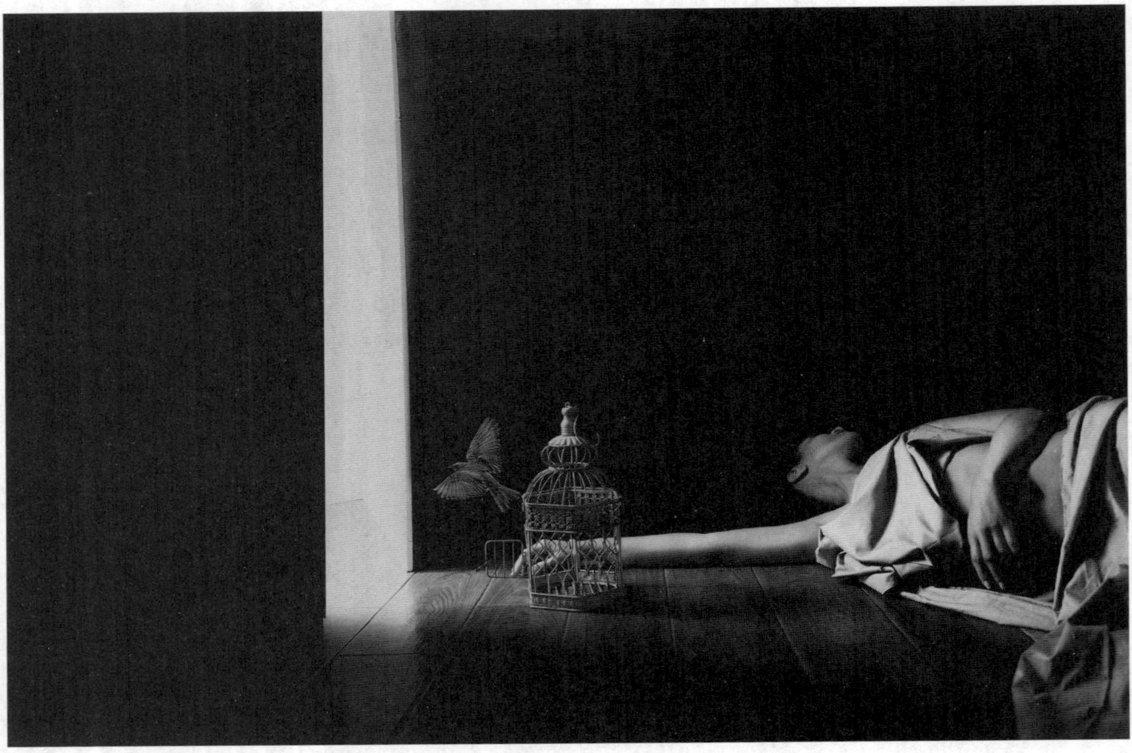

VOGUE

第 2 课

导入照片

课程概览

在导入照片方面，Lightroom Classic 展现了极强的灵活性。用户不仅可以直接从相机导入照片，还可以从外部存储器导入照片。Lightroom Classic 还支持在不同计算机的目录之间迁移照片，确保了用户的工作流程顺畅无阻。在导入照片的过程中，可以把照片放入不同的文件夹，为照片添加关键字、元数据（以便查找照片），制作备份，以及应用预设。

本课主要讲解以下内容。

- 从数码相机中导入照片
- 导入前检查照片
- 实施备份策略
- 从其他目录文件与程序中获取照片

- 从硬盘中导入照片
- 自动组织、重命名、处理照片
- 设置自动导入与创建导入预设

学习本课需要 **90** 分钟

lesson02-007.cr3
2022/12/19 13:25:23
8192 x 5464

Lightroom Classic 提供了大量实用工具，用户单击【导入】按钮后就能着手组织、管理数目不断增加的照片，例如，创建备份、创建与组织文件夹、以高放大倍率查看照片、添加关键字和其他元数据等。这些处理可以节省分类和查找照片所需要的时间，而且这些处理都是在将照片导入目录文件之前进行的。

2.1　学前准备

学习本课内容之前，请确保已经创建好 LRC2024CIB 文件夹，下载好本课的课程文件夹 lesson02，并且已放入 LRC2024CIB\Lessons 文件夹中，具体操作步骤请参阅本书前言中的相关说明。此外，还要确保已经创建好 LRC2024CIB Catalog 目录文件，用以管理本书的课程文件，具体创建方法请阅读本书前言中的相关内容。

❶ 启动 Lightroom Classic。在打开的【Adobe Photoshop Lightroom Classic - 选择目录】窗口中，选择 LRC2024CIB Catalog.lrcat 文件，单击【打开】按钮，如图 2-1 所示。

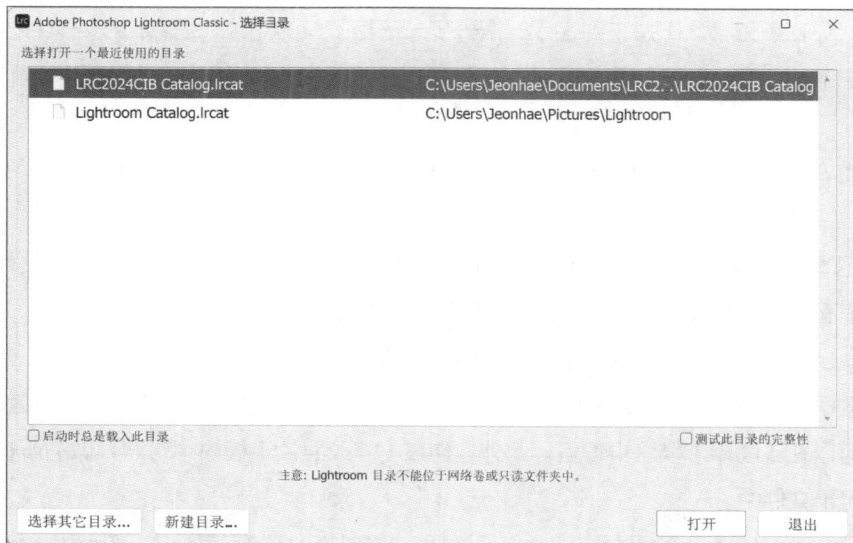

图 2-1

❷ 打开 Lightroom Classic 后，当前显示的是上一次退出时使用的屏幕模式和模块。若当前模块不是【图库】模块，在工作区右上角的模块选取器中单击【图库】，如图 2-2 所示，切换至【图库】模块。

图 2-2

> 💡提示　若用户界面中未显示模块选取器，在菜单栏中选择【窗口】>【面板】>【显示模块选取器】，或者直接按 F5 键，将其显示出来。在 macOS 中，需要同时按 Fn 键与 F5 键，才能将模块选取器显示出来。如果你不想这样做，也可以在【首选项】对话框中更改功能键的行为。

2.2　Lightroom Classic 是你的数字笔记本

开始学习之前，先打个比方，帮助大家理解 Lightroom Classic 在组织照片方面做了什么。本书会时不时地提到这个比方。

假设你现在坐在家里，有人敲门，开门后，他塞给你一箱照片，请求你妥善保管这些照片。于是，你接过箱子，把它放在客厅的桌子上。为了记住把照片放在了什么地方，你拿出一个笔记本，并在笔记本中记下：照片在客厅桌子上的箱子里。

过了一会儿，那人又给你送来一箱照片。你接过箱子，把它放在卧室的一个抽屉里。你想记住它的位置，于是也记在了笔记本中。随后，有更多箱子送上门来，你把它们分别放到房间的不同地方，并在笔记本中记下每个箱子的位置。虽然照片越来越多，但你并不想忘记其中任何一个箱子。

在这个过程中，你的笔记本逐渐变成一个专用的本子，里面集中记录着每箱照片在你家里的存放位置。

有一天，你在家无聊，于是来到客厅，摆弄了一下箱子里的照片，把它们按照某种次序重新排了一下。你想记下这个变化，于是你在笔记本中写道：客厅桌子上箱子里的照片已经按照特定顺序进行了排列。

这样，你的笔记本中不仅记录着每箱照片在家里的存放位置，还记录着你对每箱照片做的调整。

这个笔记本在 Lightroom Classic 中对应的是目录文件，Lightroom Classic 的目录文件就是一个数字笔记本，里面记录着照片的存放位置，以及你对照片做的处理。

实际上，Lightroom Classic 并不直接保存照片本身，它只在目录文件中保存照片（或视频）的相关信息（元数据），包括照片在硬盘上的位置、相机拍摄数据，以及照片相关描述、关键字、星级等，这些信息都可以在【图库】模块中设置。此外，你在【修改照片】模块中对照片做的所有编辑也都会保存到这个目录文件中。

说到 Lightroom Classic 的目录文件，你只要把它想象成一个数字笔记本，知道里面记录着照片的存放位置，以及你对照片做的处理就行了。

2.3　照片导入流程

针对导入照片，Lightroom Classic 为用户提供了多个选择。用户可以直接从数码相机、读卡器、外部存储器中导入照片，也可以从其他 Lightroom Classic 目录文件或其他程序中导入照片。执行导入照片操作时，可以直接单击【导入】按钮，也可以使用菜单命令，或者使用简单的拖放方式。当连接好相机或者把照片移动到指定的文件夹时，Lightroom Classic 会启动照片导入流程，自动导入照片。不论从哪里导入照片，导入照片之前，Lightroom Classic 都会打开【导入】对话框，要想顺利完成照片的导入，我们必须了解这个对话框。

【导入】对话框顶部给出了导入照片的基本步骤，从左到右依次是：选择导入源、选择 Lightroom Classic 导入照片的方式、指定导入目的地（仅在选择【拷贝为 DNG】【拷贝】【移动】导入方式时有效）。导入照片时，如果只想设置这些选项，则可以把【导入】对话框设置成紧凑模式，此时对话框显示的选项较少，如图 2-3 所示。如果想显示更多选项，单击对话框左下角的【显示更多选项】按钮，切换至扩展模式。

图 2-3

在扩展模式下，【导入】对话框的外观、行为与 Lightroom Classic 的用户界面类似，如图 2-4 所示。在左侧的【源】面板中可以指定要导入哪里的照片。对话框中间部分是预览区，以缩览图的形式显示导入源中的照片，可以选择以【网格视图】显示，也可以选择以【放大视图】显示。选择的导入方式不同，对话框右侧面板中显示的内容会有所不同。当选择【拷贝为 DNG】【拷贝】【移动】导入方式时，右侧面板为导入目的地面板，其中除了可以指定把照片导到哪里，还可以使用处理照片的选项，让 Lightroom Classic 在导入照片时就对照片做一些处理。

图 2-4

2.4 从数码相机中导入照片

本节详细讲解从数码相机中导入照片的流程。学习本节内容时，强烈建议大家使用自己的相机拍一些照片，然后亲自动手导入。拿起你的相机，拍 10~15 张照片，拍什么都行，保证相机存储卡中有照片，以体验从相机导入照片的流程。

首先设置 Lightroom Classic 的首选项，确保在把相机或存储卡连接到计算机，Lightroom Classic 会自动启动导入流程。

❶ 在菜单栏中选择【Lightroom Classic】>【首选项】（macOS），或者选择【编辑】>【首选项】（Windows），打开【首选项】对话框。在【常规】选项卡的【导入选项】选项组中勾选【检测到存储卡时显示导入对话框】复选框，如图 2-5 所示。

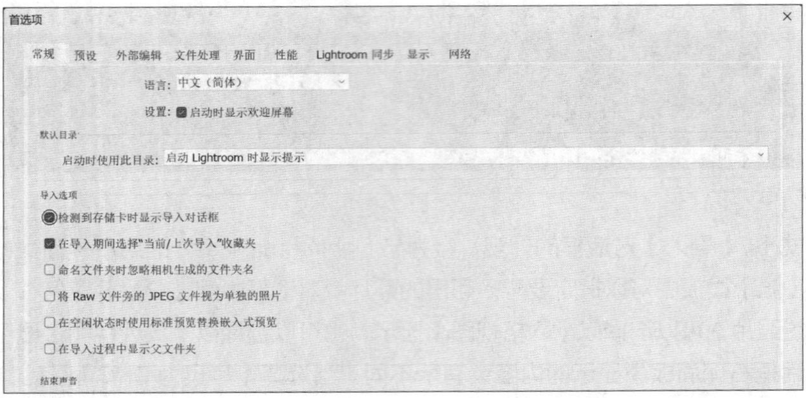

图 2-5

有些相机会在存储卡上自动生成文件夹名。如果这些文件夹名对组织照片没有帮助，可勾选【命名文件夹时忽略相机生成的文件夹名】复选框，忽略相机生成的文件夹名。有关文件夹命名的内容稍后讲解。

❷ 单击【关闭】按钮（macOS）或者【确定】按钮（Windows），关闭【首选项】对话框。

❸ 按照产品说明手册，把数码相机或存储卡连接至计算机。

❹ 在不同的操作系统和照片管理软件中，这一步可能不一样，具体如下。

a. 在 Windows 系统中，若弹出自动播放对话框或者设置面板，则选择【在 Lightroom Classic 中打开图像文件】。若你希望指定为默认设置，可在【开始】>【设置】>【蓝牙和其他设备】>【自动播放】中，把【选择自动播放默认设置】指定为【导入照片 (Adobe Lightroom 12.0)】。

b. 如果计算机中还安装了其他 Adobe 图像管理程序（如 Adobe Bridge），会打开【Adobe 下载器】对话框，单击【取消】按钮。

c. 若打开【导入】对话框，则前往步骤 5。

d. 若未打开【导入】对话框，则在菜单栏中选择【文件】>【导入照片和视频】，或者单击左侧面板组中的【导入】按钮。

❺ 若【导入】对话框处在紧凑模式下，则单击对话框左下角的【显示更多选项】按钮，如图 2-6 所示，即可在【导入】对话框中看到所有选项。

图 2-6

不管是在紧凑模式下还是扩展模式下，【导入】对话框顶部都给出了导入照片的 3 个步骤，从左到右依次如下。

- 选择要从哪里把照片导入 Lightroom Classic 的目录文件中。
- 指定照片的导入方式，导入方式决定了导入照片时 Lightroom Classic 会如何处理照片。
- 设置要把照片导入哪里，指定导入照片时要应用到照片上的预设、关键字及其他元数据。

此时，对话框左上方的【从】区域及【源】面板（位于【导入】对话框左侧）的【设备】下拉列表中将显示相机或读卡器，如图 2-7 所示。

有些计算机会把相机存储卡识别为可移动存储设备。遇到这种情况时，【导入】对话框中显示的可用选项不同，但影响不大。

> **注意** 如果存储卡被识别为可移动硬盘，导入方式中的【移动】和【添加】两个选项可能不可用，稍后会详细介绍这些导入方式。

❻ 在【源】面板中，如果存储卡被识别为 U 盘（非设备），则在【文件】选项组中将其选中，勾选【包含子文件夹】复选框，如图 2-8 所示。

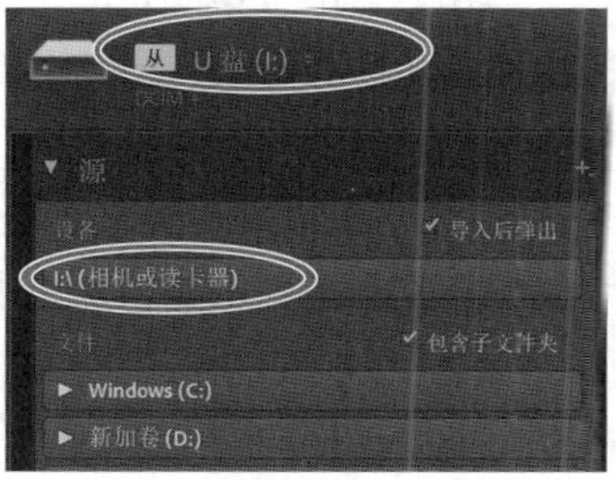

图 2-7

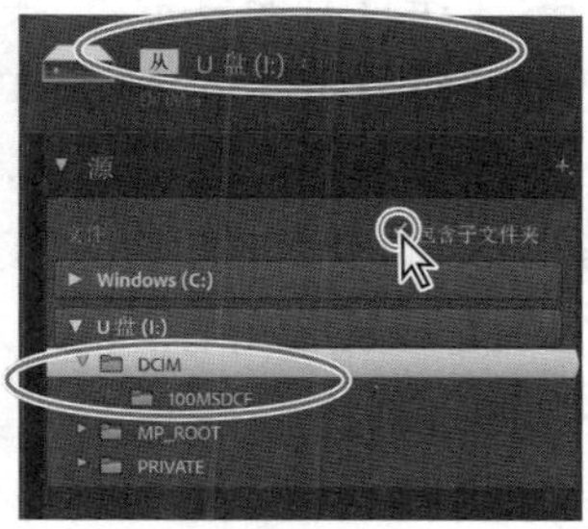

图 2-8

❼ 在位于对话框上部的导入方式中选择【拷贝】，把照片从相机复制到硬盘中，然后添加到目录文件中，原始照片仍然存储在相机的存储卡中。

在照片导入方式中，不管选择哪一个，Lightroom Classic 都会把当前选中的导入方式的简单描述显示在下方，如图 2-9 所示。

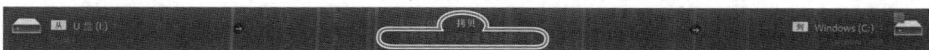

图 2-9

❽ 预览区上方有一个选项栏，里面有两个选项，把鼠标指针移到这些选项上，Lightroom Classic 会显示每个选项的功能说明。这里保持默认选项【所有照片】不变，暂且不要单击【导入】按钮，如图 2-10 所示。

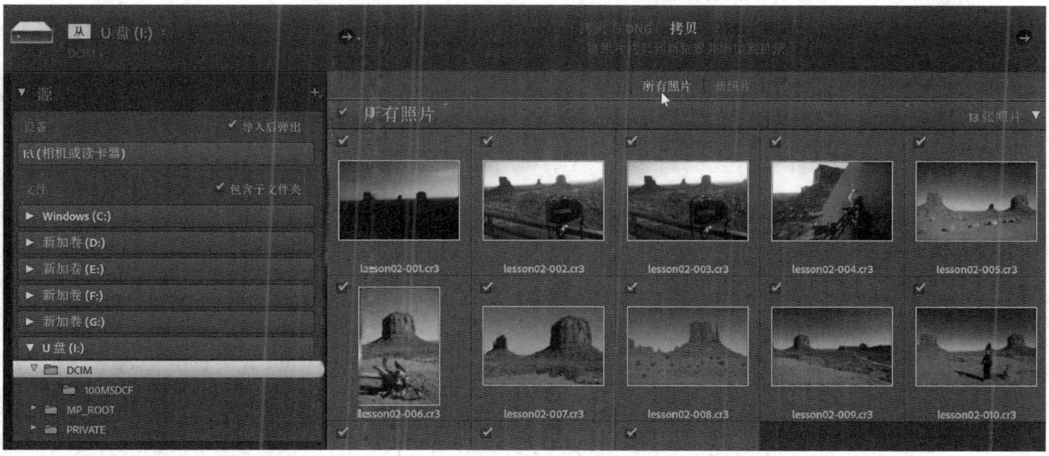

图 2-10

在预览区中，每个缩览图的左上方都有一个对钩，表示当前这张照片会被导入。默认设置下，Lightroom Classic 会选中存储卡中的所有照片并导入。如果不想导入某张照片，可单击缩览图左上角的对钩以取消，将其排除在外。

> **提示** 预览区的右下方有一个【缩览图】滑动条，拖动滑块可改变缩览图的大小。

在 Lightroom Classic 中可以同时选择多张照片，然后同时改变所有选中照片的状态（取消对钩或打上对钩）。如果想同时选中连续的多张照片，可先单击第一张照片的缩览图或其所在的预览窗格，然后按住 Shift 键单击最后一张照片，此时，位于第一张照片和最后一张照片之间的所有照片（包括第一张和最后一张照片）都会被选中。按住 Command 键 /Ctrl 键，单击照片的缩览图，单击的照片会被同时选中。当同时选中多张照片时，单击其中任意一张照片左上角的对钩，可改变所有选中照片的导入状态。

在【导入】对话框顶部选择【拷贝】，而不是【添加】。导入照片期间，Lightroom Classic 并不会导入照片本身，它只是把照片添加到 Lightroom Classic 目录文件中，并记下它们的位置。当选择【拷贝】时，还需要指定目标文件夹。

当选择【添加】而非【拷贝】时，并不需要指定目标文件夹，被添加的照片仍然存放在原来的位置。为了重复使用相机存储卡，最后一般都会把相机存储卡中的照片删除，我们不应该把相机存储卡作为照片的最终保存位置。因此，在从相机导入照片时，Lightroom Classic 不会提供【添加】与【移动】两个选项，而只提供【拷贝】选项，强制用户把照片从相机存储卡复制到另外一个能够持久保存的位置。

接下来，我们还要指定目标文件夹，用来存放复制的照片。指定目标文件夹时，可趁机考虑一下如何在硬盘上组织照片。当前，保持【导入】对话框处于打开状态，选择目标文件夹，接下来，该设置其他导入选项了。

2.4.1 使用文件夹组织导入的照片

默认设置下，Lightroom Classic 会把导入的照片放入系统的【图片】文件夹中，但也可以选择其他位置。一般会把所有照片保存到同一个位置，这个位置可以是任意的，但是要尽早确定下来，这有助于查找丢失的照片（相关内容后面会讲解）。

在前面，我们已经在计算机的【文档】文件夹（路径为 C:/ 用户 /[计算机用户名]/ 文档）中创建好了一个名为 LRC2024CIB 的文件夹。LRC2024CIB 文件夹下有 LRC2024CIB Catalog 和 Lessons 两个子文件夹，前者用于存放目录文件，后者用于存放本书的课程文件。在这里，基于学习目的，我们将在 LRC2024CIB 文件夹中再创建一个子文件夹，专门用来存放从相机存储卡中导入的照片。

❶ 在【导入】对话框右侧的面板组中折叠【文件处理】面板、【文件重命名】面板、【在导入时应用】面板，展开【目标位置】面板。

❷ 在【目标位置】面板中找到 LRC2024CIB 文件夹，然后单击【目标位置】面板左上方的加号图标（+），从弹出的菜单中选择【新建文件夹】，如图 2-11 所示。

图 2-11

❸ 在打开的【浏览文件夹】（macOS）/【新建文件夹】（Windows）对话框中打开 LRC2024CIB 文件夹，单击【新建文件夹】按钮，输入新文件夹名称"Imported From Camera"，然后单击【创建】按钮（macOS）或按 Enter 键（Windows）。

❹ 在【浏览文件夹】/【新建文件夹】对话框中，确保 Imported From Camera 文件夹处于选中状态，然后单击【选择】（macOS）/【选择文件夹】（Windows）按钮，关闭对话框。此时，【目标位置】面板中出现 Imported From Camera 文件夹，并且该文件夹处于选中状态。

【导入】对话框右上方的【到】区域中也会显示创建的 Imported From Camera 文件夹，如图 2-12 所示。

在【目标位置】面板顶部的【组织】下拉列表中，Lightroom Classic 提供了多个帮助我们把照片组织到文件夹中的选项，这些选项会在把照片复制到硬盘时发挥作用。

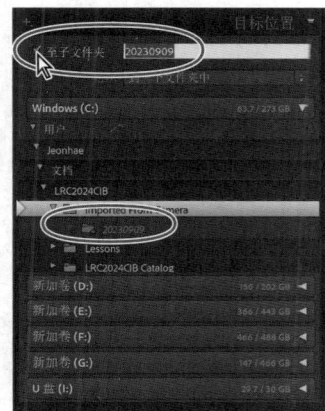

图 2-12

图 2-13

- 到一个文件夹中：选择该选项后，Lightroom Classic 会把照片复制到新创建的 Imported From Camera 文件夹中；若勾选【至子文件夹】复选框，则 Lightroom Classic 每次从相机导入照片时都会在 Imported From Camera 文件夹下新建一个子文件夹，在右侧文本框中输入子文件夹名称。这里输入日期作为子文件夹名称（不含任何标点符号），如图 2-13 所示。

> 💡 注意　如果你的计算机把相机存储卡识别成了可移动硬盘，那么在【组织】下拉列表中，你可能还会看到【按原始文件夹】选项，稍后会讲解这个选项。

- 按日期：选择该选项后，Lightroom Classic 会按拍摄日期组织照片；日期格式有多种，根据选择的日期格式，Lightroom Classic 会把照片复制到一个或多个子文件夹中。例如，选择"2023/09/09"日期格式，Lightroom Classic 会根据拍摄日期创建 3 层文件夹，第一层文件夹按年创建，第二层文件夹按月创建，第三层文件夹按日创建；选择"20230909"日期格式，Lightroom Classic 会为每一个拍摄日期创建一个文件夹。

从相机导入照片前，应考虑哪种文件夹组织方式更能满足当前需求，确定好文件夹的组织方式之后，从相机导入照片时就一直使用这种方式。这样，查找照片会更方便。

❺ 出于学习的需要，这里在【组织】下拉列表中选择【到一个文件夹中】，这是推荐的默认选项，如图 2-14 所示。

❻ 勾选面板顶部的【至子文件夹】复选框，在右侧文本框中输入"Lesson 2 Import"作为新建子文件夹的名称，按 Return 键 / Enter 键。此时，【目标位置】面板底部的 Imported From Camera 文件夹下出现了一个名为 Lesson 2 Import 的子文件夹。

图 2-14

2.4.2　备份策略

接下来要考虑的是，在 Lightroom Classic 中在指定位置创建照片主副本并添加到目录文件中时是否需要为相机中的照片创建备份。若需要，创建照片备份时，最好把照片副本存放到单独的硬盘或外部存储设备上，这样当主硬盘出现故障或不小心删除了原始照片时，仍然有备份可以使用。

关于文件格式

相机原生格式（RAW 格式）：该格式文件中包含的数据来自数码相机传感器且未经过任何处理。大多数相机厂商都会使用自己专有的相机格式来保存这些原始数据。Lightroom Classic 支持从大多数相机读取这些数据，并把数据转换成全彩照片。在【修改照片】模块下，有一些控件可用来处理和解释这些原始图像数据。

数字负片格式（DNG 格式）：该格式是数码相机生成的原始数据的公共存档格式。DNG 格式解决了 RAW 数据标准不统一的问题，提供了更好的文件保存和访问体验，确保摄影师将来能够正常访问他们的图像文件。在 Lightroom Classic 中，可以轻松地把 RAW 格式转换成 DNG 格式。

标签图像文件格式（TIF/TIFF 格式）：该格式用于在不同应用程序与计算机系统之间交换图像文件。TIFF 是一种灵活便捷的位图图像格式，广泛应用于多种平台和应用程序，几乎所有绘画、图像编辑和排版应用程序都支持它。另外，几乎所有桌面扫描仪都能生成 TIFF 格式的图像。Lightroom Classic 支持 TIFF 格式的大型文档（最长边可达 65000 像素），然而，包括 Photoshop 早期版本（Photoshop CS 之前的版本）在内的大多数程序支持的最大文档尺寸通常不超过 2GB。与 Photoshop 文件格式（PSD 格式）相比，TIFF 格式具有更高的压缩比和更好的行业兼容性，它是在 Lightroom Classic 和 Photoshop 之间交换文件的推荐格式。在 Lightroom Classic 中，可以导出每个通道 8 位或 16 位的 TIFF 格式的图像文件。

联合图像专家组格式（JPEG 格式）：该格式通常用于在网络照片库、幻灯片、演示文稿和其他在线服务中展示照片与其他具有连续色调的图像。JPEG 格式保留了 RGB 图像中的所有颜色信息，它通过有选择性地丢弃数据来压缩文件。JPEG 格式的图像在打开时会自动解压缩。大多数情况下，以"最佳质量"保存的 JPEG 图像与原始图像几乎没有区别。

Photoshop 格式（PSD 格式）：该格式是 Photoshop 的标准文件格式。要在 Lightroom Classic 中导入和使用含有多个图层的 PSD 文件，必须在 Photoshop 中保存该文件，并开启【最大兼容 PSD 和 PSB 文件】选项，可以在【文件处理】首选项中找到这个选项。Lightroom Classic 会以每个通道 8 位或 16 位保存 PSD 文件。

PNG 格式：Lightroom Classic 支持导入 PNG 格式的图像文件，但是不支持透明度设置，图像中的透明部分全部用白色填充。

CMYK 格式：Lightroom Classic 支持导入 CMYK 格式文件，但是只支持在 RGB 色彩空间中编辑和输出它。

视频文件：Lightroom Classic 支持从大多数数码相机中导入视频文件。在 Lightroom Classic 中，可以给视频设置标签、星级、过滤器，以及把视频文件放入收藏夹和幻灯片中，还可以使用大多数快速编辑控件修剪、编辑视频。单击视频缩览图上的相机图标，可启动 QuickTime 或 Windows Media Player 等外部视频播放器。

Lightroom Classic 不支持的文件类型：Adobe Illustrator 文件、Nikon Scanner NEF 文件、边长大于 65000 像素或者尺寸大于 51200 万像素的文件。

💡 **注意**　从扫描仪导入照片时，应使用扫描仪自带的软件把照片扫描成 TIFF 或 DNG 格式。

创建导入预设

如果经常向 Lightroom Classic 中导入照片，你会发现每次导入照片时使用的设置几乎都是一样的。在这种情况下，我们可以在 Lightroom Classic 中把这些设置保存成导入预设，以简化导入流程，提高导入效率。要创建导入预设，需要先在打开的【导入】对话框中指定导入设置，然后在预览区的【导入预设】下拉列表中选择【将当前设置存储为新预设】，如图 2-15 所示。

图 2-15

在【新建预设】对话框的【预设名称】文本框中输入新预设的名称，然后单击【创建】按钮，如图 2-16 所示。

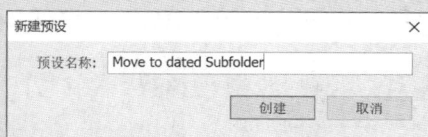

图 2-16

新预设中包含当前所有设置：导入源、导入方式（拷贝为 DNG、拷贝、移动、添加）、文件处理、文件重命名、修改照片设置、元数据、关键字、目标位置。在 Lightroom Classic 中可以为不同的任务创建不同的预设，例如，可以创建一个预设，用于把照片从存储卡导入计算机；创建另一个预设，用于把照片从存储卡导入网络附加存储设备。我们甚至还可以针对不同的相机创建不同的预设，以便在导入照片的过程中快速应用相应的降噪、镜头校正、相机校准等设置，这样就不用每次都在【修改照片】模块中进行这些设置，大大节省了时间。

在紧凑模式下使用【导入】对话框

创建好预设之后，在导入照片时，使用预设可以大大提高导入效率，即便使用紧凑模式下的【导入】对话框，照片的导入效率也会得到显著提升。使用预设时，可以以当前预设为起点，然后根据实际需要修改导入源、元数据、关键字、目标位置等设置，如图 2-17 所示。

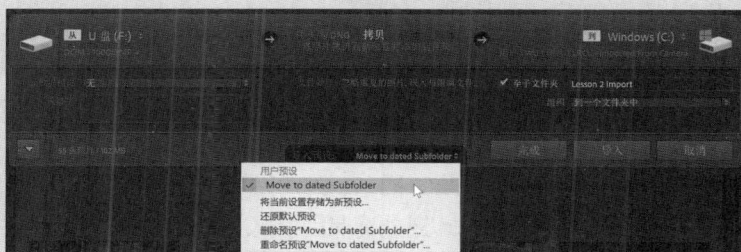

图 2-17

❶ 在【导入】对话框的右侧面板组中展开【文件处理】面板，勾选【在以下位置创建副本】复选框。

❷ 单击右侧的小三角形，从弹出的菜单中选择【选择文件夹】，如图 2-18 所示，为备份指定目标文件夹。

❸ 在【浏览文件夹】（macOS）/【选择文件夹】（Windows）对话框中选择要保存照片备份的文件夹，单击【选择文件夹】按钮。

请注意，这里的备份是作为一种预防措施，用来防止在导入照片的过程中因磁盘故障或人为错误而出现数据丢失的情况，并不能取代为硬盘文件准备的标准备份程序。

图 2-18

大多数情况下，笔者都不会开启这个备份选项，而是经常使用计算机的备份系统（如时间机器）与网络附加存储设备进行备份。

2.4.3　导入时重命名文件

对图库中的照片进行分类与搜索时，数码相机自动生成的文件名（使用数码相机拍摄时，照片名称是相机自动生成的）用处不大。在向 Lightroom Classic 中导入照片时，可以对导入的照片进行重命名，而且 Lightroom Classic 提供了一些现成的文件名模板供我们选用。如果不喜欢 Lightroom Classic 提供的现成的文件名模板，也可以自己定义文件名模板。

💡 提示　如果相机支持，可以考虑让相机在为每张照片命名时生成唯一的数字编号。这样，当清空或更换存储卡重新拍摄时，相机总是会为每张照片生成唯一的编号，而不会从头开始重新编号。如此，当把拍摄好的照片从相机存储卡导入图库时，导入的照片就会拥有唯一的文件名，而不会出现重名的现象。

❶ 在【导入】对话框的右侧面板组中展开【文件重命名】面板，勾选【重命名文件】复选框。在【模板】下拉列表中选择【自定名称 – 序列编号】，在【自定文本】文本框中输入描述性名称，然后按 Tab 键转到【起始编号】文本框中，输入数字编号。此时，【文件重命名】面板底部的【样本】文本框中会显示第一张照片的完整名称，如图 2-19 所示，其他所有照片都将按照这种格式命名。可以在【起始编号】文本框中输入 1 以外的数字。当从同一次拍摄或同系列拍摄中导入多组照片时（通常是从多个存储卡导入），添加不同的编号有助于区分不同组的照片。

图 2-19

❷ 单击【自定文本】文本框右侧的小三角形，在弹出的菜单中可以看到 Lightroom Classic 把输入的名称添加到了最近输入名称列表中。在导入同一系列的另一组照片时，可以直接从菜单中选择已经设置好的名称。这不仅能节省时间和精力，还能确保后续批次的命名格式是相同的。如果想清空列表，可以在弹出的菜单中选择【清除列表】。

❸ 在【模板】下拉列表中选择【自定名称 (x - y)】。此时，【文件重命名】面板底部的【样本】文本框中会显示更改后的文件名称。

❹ 在【模板】下拉列表中选择【编辑】，打开【文件名模板编辑器】对话框。在【预设】下拉列表中选择【自定名称 - 序列编号】。

💡 提示　有关使用【文件名模板编辑器】对话框的更多内容，请阅读 Lightroom Classic 帮助文档。

在【文件名模板编辑器】对话框中，可以使用照片文件中包含的元数据信息（如文件名、拍摄日期、ISO 设置等）创建文件名模板、添加自动生成的序列编号及自定义文本。文件名模板中有一些占位符（标记），Lightroom Classic 在重命名文件时会使用实际值替换它们。在 macOS 中，占位符是以蓝色高亮显示的；而在 Windows 系统中，占位符是使用大括号括起来的。

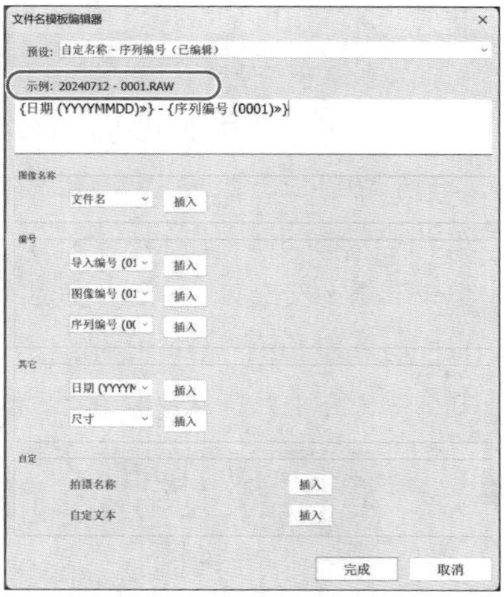

创建文件名模板时，使用短横线把日期占位符、日期、序列编号（4 位数）连起来，把照片名称指定为"20240712 - 0001"这种形式。选择并删除自定文本占位符，可将其从模板中移除。单击【日期 (YYYYMMDD)】右侧的【插入】按钮，如图 2-20 所示。

❺ 在【预设】下拉列表中选择【将当前设置存储为新预设】。

❻ 在【新建预设】对话框的【预设名称】文本框中输入"Date and 4 Digit Sequence"，如图 2-21 所示，然后单击【创建】按钮，再单击【完成】按钮，关闭【文件名模板编辑器】对话框。

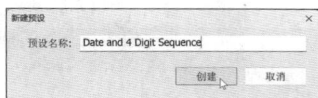

图 2-20

图 2-21

尽管导入照片时有很多重命名选项可用，但是文件名能够容纳的信息毕竟是有限的。虽然很想为照片文件指定描述性名称，但一致性是存档的关键，从这个意义上说，文件名越精简越好。实际为文件命名时，使用日期和序列编号这种简单的组织方式有助于提高工作效率。Lightroom Classic 的一大优势是它能够通过元数据、关键词和收藏夹来帮助用户迅速查找到目标照片。在给照片添加元数据、关键词，以及把照片组织到不同收藏夹中时，可以多使用描述性文字。

文件与文件夹命名的小技巧

前面讲到了文件夹命名的重要性，提到为文件夹起一个好名字有助于组织照片，而且还给出了命名的例子。下面是一些给文件与文件夹命名的技巧和建议。

- 以类似形式命名文件与文件夹，有助于查找照片。
- 给文件（照片）命名时，名称以年份开头，后面加上月份和日期。
- 给文件与文件夹命名时，字母采用小写形式。
- 若觉得有必要，可在日期后面添加描述拍摄的词语，但要尽量简短。

- 命名时，当需要在字母之间添加空白时，不要用空格，要用下画线（ _ ）。
- 在文件名的末尾可以添加 C1、C2、C3 等字样作为后缀，分别表示照片来自存储卡 1、存储卡 2、存储卡 3 等，如图 2-22 所示。当一次拍摄活动中用到了多张存储卡时，导入照片时这样标记照片很有必要。

例如，2023 年 10 月 4 日，笔者给家人拍了一些照片，导入这些照片时，笔者会按照拍摄日期创建一个名为 20231004_family 的文件夹，用于存放所有照片。如果拍摄期间只使用了一张存储卡，那么可以把照片文件按"20231004_family_C1_ 序列文件编号"格式命名。这样的文件名长吗？长。但它给出了有关拍摄的很多信息。

在照片名称中加上 C1 的真实原因是：在 Lightroom Classic 中导入照片时，有时会遇到一些有彩色条纹的照片，如图 2-23 所示，你完全认不出这些照片原来拍的是什么。乍一看这好像是一个有趣的艺术作品，实则不然。实际上，它是一张损坏的照片，相机存储卡其实并没有我们想象的那么安全、可靠。与其他东西一样，随着时间的推移，相机存储卡也可能会出现各种问题。我们可不希望因为这个导致照片损坏。在从多张存储卡导入照片后，遇到一张损坏的照片时，你怎么判断它来自哪张存储卡呢？

图 2-22

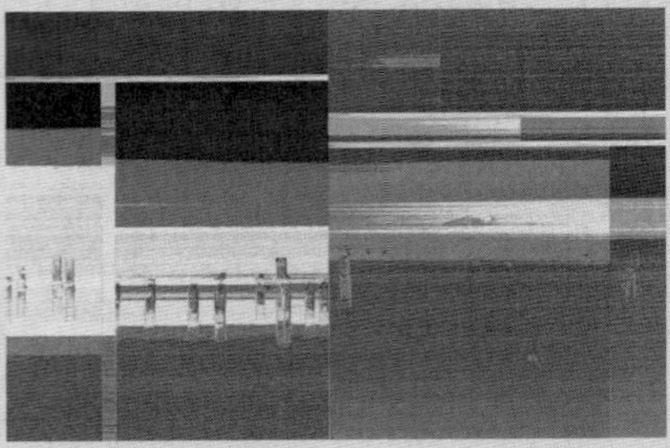

图 2-23

每当买来一张新存储卡，笔者都会给它贴一个标签，上面写着"C×"（"×"是数字编号）。而且，在导入这张存储卡中的照片时，笔者也会在照片名称中加上该存储卡的标记"C×"。当笔者发现某张照片损坏时，只要看一眼照片名称，就知道到底是哪张存储卡出了问题。像这样，只要在存储卡上贴一个标签，注明编号（如 C1、C2），然后把存储卡编号添加到照片名称中，就可以轻松确定问题所在。

在接下来的内容（以及第 4 课）中，我们会进一步学习如何使用元数据、关键字、收藏夹。

❼ 如果你想把照片导入 LRC2024CIB 目录文件中，可单击【导入】按钮；如果不想，则直接单击【取消】按钮，关闭【导入】对话框。

到这里，我们学习了如何从数码相机或存储卡中导入照片。接下来，我们学习如何从硬盘导入照片，并了解【导入】对话框中的其他选项。

2.5 从硬盘中导入照片

相比从数码相机中导入照片，从计算机硬盘或外部驱动器中导入照片时，Lightroom Classic 提供了更多照片组织选项。

从硬盘导入照片时，像上一节一样，可以选择把照片复制到新位置。除此之外，还可以选择把照片保留在原位置，而只把照片添加到目录文件中。如果照片在硬盘上已经组织得很好了，那么在导入照片时，只需要选择【添加】，然后把它们添加到目录文件。

对于那些已经存在于计算机硬盘中的照片，导入时还可以选择【移动】，即把照片从原位置转移到新位置（删除原位置中的照片），同时添加到目录文件中。当照片在硬盘中组织得不太好时，可以考虑使用【移动】导入方式。

❶ 从计算机硬盘导入照片时，可执行如下 4 种操作之一：在菜单栏中选择【文件】>【导入照片和视频】；按快捷键 Shift+Command+I/Shift+Ctrl+I；单击【图库】模块左侧面板组中的【导入】按钮；直接把包含照片的文件夹拖入 Lightrcom Classic 的【图库】模块中。

> 💡 提示　从 CD、DVD 或其他外部存储介质导入照片时，也可以执行这几种操作。

❷ 在【导入】对话框左侧的【源】面板中打开 LRC2024CIB 文件夹下的 Lessons 子文件夹。单击 lesson02 文件夹，勾选面板右上角的【包含子文件夹】复选框（除非有些照片不想导入，否则请总是勾选该复选框），如图 2-24 所示。

【导入】对话框的左下角显示了 lesson02 文件夹中包含的照片总张数（13 张）与总大小（846 MB），如图 2-25 所示。

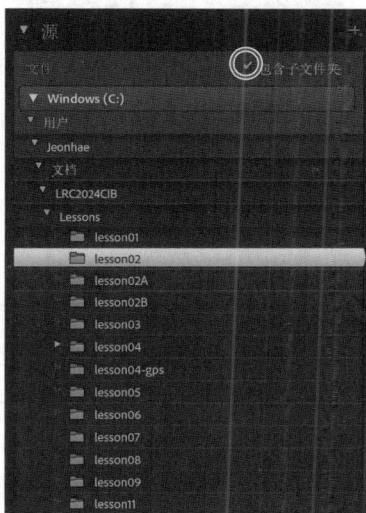

图 2-24

图 2-25

❸ 在导入方式（位于预览区上方）中选择【添加】，如图 2-26 所示。选择该方式导入照片时，Lightroom Classic 会把照片添加到目录文件中，但不会改变照片在硬盘中的存放位置。从数码相机导入照片时，【添加】方式是不可用的。先别急着单击【导入】按钮。

图 2-26

❹ 拖动预览区右侧的滚动条，浏览 lesson02 文件夹中的所有照片。预览区右下角有一个【缩览图】滑动条，向左拖动滑块，缩小缩览图尺寸，这样预览区中能显示出更多照片。

❺【源】面板中有【包含子文件夹】复选框，勾选该复选框后，Lightroom Classic 会把所选文件夹下子文件夹中的照片一起导入。导入包含在多层文件夹中的照片时，应勾选该复选框。

接下来我们一起了解预览区上方的 4 种导入方式。

❻ 在预览区上方，从左到右 4 种导入方式如下。

· 拷贝为 DNG：选择该导入方式后，导入照片时，Lightroom Classic 会以 DNG 格式把照片复制到新位置，然后把它们添加到目录文件中，如图 2-27 所示。不管是选择【拷贝为 DNG】【拷贝】，还是选择【移动】导入方式，右侧面板组中显示的面板都是一样的，分别是【文件处理】【文件重命名】【在导入时应用】【目标位置】面板。

图 2-27

· 拷贝：选择该导入方式导入照片时，Lightroom Classic 会把照片复制到新位置，然后把它们添加到目录文件中，原始照片则仍然保留在原来的位置，如图 2-28 所示。选择该方式后，可以在【目标位置】面板中指定文件夹，Lightroom Classic 会把复制的照片（照片副本）放入该文件夹中。展开【目标位置】面板和其中的【组织】下拉列表，当选择【拷贝为 DNG】【拷贝】【移动】导入方式从硬盘或外部存储介质中导入照片时，【组织】下拉列表提供了 3 个选项，分别是【按原始文件夹】（按照原始文件夹的组织结构复制）、【按日期】（按照拍摄日期把照片分别复制到相应子文件夹中）、【到一个文件夹中】（把所有照片复制到同一个文件夹中）。

💡 注意 展开【文件处理】面板与【在导入时应用】面板，看看里面都有哪些选项。

· 移动：选择该导入方式后，Lightroom Classic 会把照片移动（复制）到硬盘中的新位置，并按照在【组织】下拉列表中选择的文件夹结构来组织照片，然后删除原始照片。

· 添加：选择该导入方式后，Lightroom Classic 会把照片添加到目录文件中，但不会移动或复制原始照片，也不会改变存储照片的文件夹结构，如图 2-29 所示。选择【添加】导入方式后，右侧面板组中只有【文件处理】和【在导入时应用】两个面板，导入照片期间无法对原始照片进行重命名，也不需要指定目标位置，添加的照片会保留在原始位置。

图 2-28

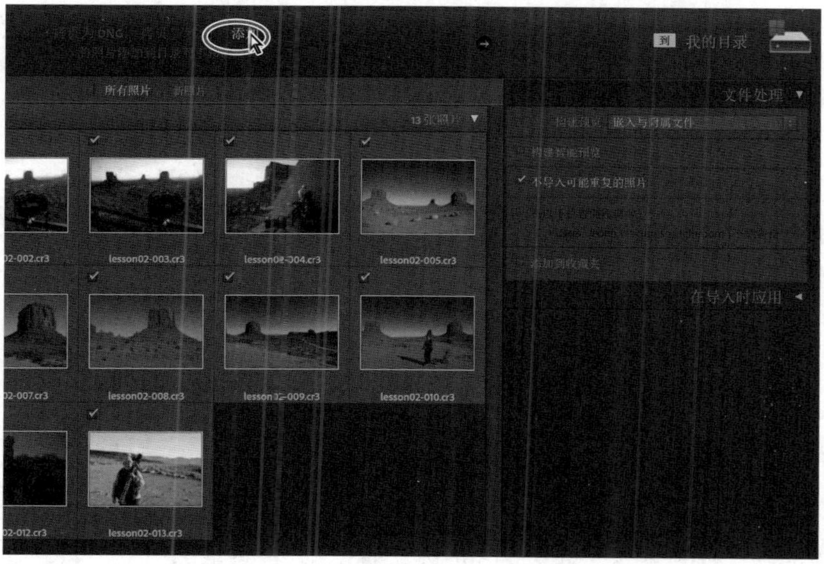

图 2-29

添加元数据

在 Lightroom Classic 中给照片添加一些信息，可以帮助我们快速查找和组织照片，这些信息也叫"元数据"。有些元数据（如快门速度、ISO、相机类型等）会在照片生成时由拍摄设备自动添加到照片中，而有些元数据（如关键字、作者名字等）是后期添加到照片中的。

在 Lightroom Classic 中查找与筛选照片时，可以使用上面这些元数据，还可以使用旗标、色标、拍摄设置，以及其他各种条件及组合。

此外，还可以从元数据中选择一些与照片息息相关的信息，然后让 Lightroom Classic 以文本的形式将其叠加到照片上，用在幻灯片、网络相册、印刷版式中。

下面把一些重要信息保存成元数据预设，这样就可以把它们快速应用到导入的照片上，而不必每次都手动添加。

❶ 在【在导入时应用】面板的【元数据】下拉列表中选择【新建】，打开【新建元数据预设】对话框。

❷ 创建一个元数据预设，其中包含版权信息。在【预设名称】文本框中输入"[year]Copyright"，其中 year 指年份，请根据需要输入具体年份。在【IPTC 版权信息】选项组中输入版权信息，在【IPTC 拍摄者】选项组中输入联系信息，如图 2-30 所示。这样就可以在网上留下足够多的信息，使对你的照片感兴趣的人能联系到你。有时确实有人会联系你。

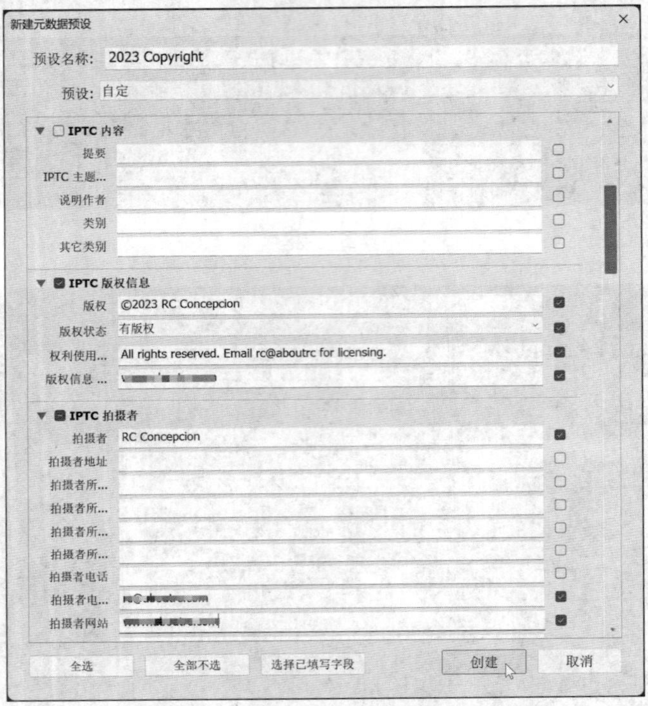

图 2-30

> **注意** 把包含元数据的照片发布到网上后，其中的元数据谁都能看见。在照片元数据中可以添加电子邮件地址、个人网站等公开信息，但请不要添加私人信息，如家庭住址、电话号码等。如果这些信息落入坏人之手，可能会带来一些可怕的后果，一定不要添加这些信息，切记！

❸ 单击【完成】按钮（macOS）或【创建】按钮（Windows），关闭【新建元数据预设】对话框。此时，【元数据】下拉列表中会列出刚刚创建的元数据预设。

❹ 在【在导入时应用】面板的【修改照片设置】下拉列表中选择【无】。在【关键字】文本框中输入"Taming West"。

❺ 在【文件处理】面板的【构建预览】下拉列表中选择【嵌入与附属文件】，然后单击【导入】按钮，如图 2-31 所示。

此时，Lightroom Classic 会把照片从 lesson02 文件夹导入图库，并且会在【图库】模块下的【网格视图】与胶片显示窗格中以缩览图的形式显示照片。

❻ 在【网格视图】中使用鼠标右键单击 lesson02-0009 照片，在弹出的快捷菜单中选择【转到图库中的文件夹】。

图 2-31

此时，在左侧面板组的【文件夹】面板中，lesson02 文件夹会高亮显示，并且其右侧会显示其中包含 13 张照片，如图 2-32 所示。

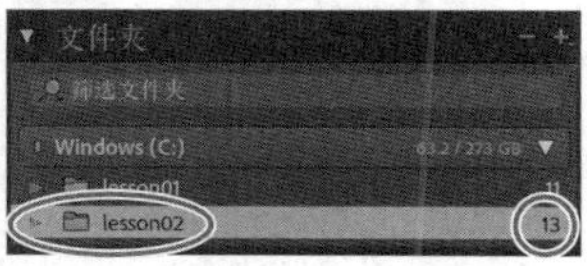

使用鼠标右键单击该文件夹，在弹出的快捷菜单中选择【更新文件夹位置】，或者【在访达中显示】（macOS）/【在文件资源管理器中显示】（Windows）显示包含照片的文件夹。当找不到文件夹时可以这样做，相关内容后面会进一步讲解。当前，我们选择【在访达中显示】（macOS）或【在文件资源管理器中显示】（Windows）来查看文件夹。

图 2-32

2.6 通过拖放导入照片

把照片添加到图库中最简单的方法是，直接把选中的照片（乃至整个文件夹）拖入 Lightroom Classic。

❶ 在访达（macOS）或文件资源管理器（Windows）中找到 lesson02A 文件夹。调整访达或文件资源管理器窗口的位置，使其位于 Lightroom Classic 预览区之上，并确保能够看到 Lightroom Classic 的【网格视图】。

❷ 把 lesson02A 文件夹从访达或文件资源管理器窗口中拖入 Lightroom Classic 的【网格视图】中，如图 2-33 所示。

在【导入】对话框的【源】面板中，lesson02A 文件夹处于选中状态，其中包含的照片会显示在预览区中。

❸ 在【在导入时应用】面板的【元数据】下拉列表中选择元数据预设，在【关键字】文本框中输入"The Valley"，如图 2-34 所示。当前，暂且不要单击【导入】按钮。

图 2-33

图 2-34

2.7 导入前检查照片

Lightroom Classic 在【导入】对话框中提供了【放大视图】功能。在【放大视图】中，我们可以仔细查看每张照片的细节，在一组类似的照片中选出最好的，或者移除存在失焦等问题的照片，从而轻松地指定要导入哪些照片。

❶ 在【网格视图】中双击某张照片的缩览图，即可将其在【放大视图】中打开。也可以先在【网格视图】中选择某张照片的缩览图，然后在预览区底部的工具栏中单击左侧的【放大视图】按钮。此时，所选照片会在预览区中最大化显示，同时鼠标指针变成放大镜形状。根据显示器和应用程序窗口大小的不同，鼠标指针可能是执行缩小功能的图标。

❷ 再次单击照片，Lightroom Classic 会以 100% 的比例显示照片。使用预览区下方的缩放滑块，可以查看照片的更多细节。在预览区中拖动照片，可以改变照片在预览区中显示的部分，这样就可以轻松查看当前未在预览区中显示出来的部分。

在【放大视图】中查看照片时，可根据实际情况在工具栏中勾选或取消勾选【包括在导入中】复选框，如图 2-35 所示。

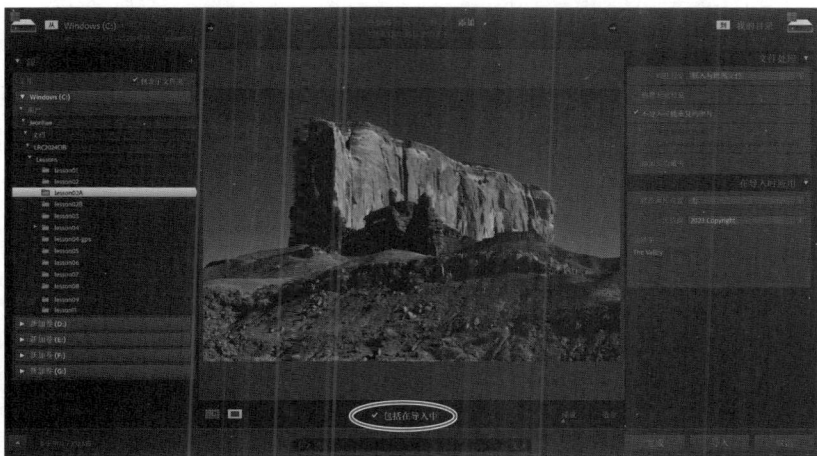

图 2-35

❸ 单击以 100% 比例显示的照片，返回【适合】视图，此时照片的整个画面都会显示出来。双击照片，或者单击【放大视图】或【网格视图】按钮，返回【网格视图】。

选择文件夹中的所有照片，继续操作。

2.8 不导入可能重复的照片

Lightroom Classic 在组织照片与防止导入重复照片方面做得很出色。导入照片时，【导入】对话框右侧的【文件处理】面板中有【不导入可能重复的照片】复选框，勾选该复选框，可防止再次导入已经添加到 Lightroom Classic 目录文件中的照片。导入照片前，最好先勾选这个复选框。

勾选【不导入可能重复的照片】复选框后，从存储卡或文件夹中导入照片时，若其中有一些照片之前已经导入过（已经存在于 Lightroom Classic 目录文件中），则这些照片在预览区中会以灰色显示，表示无法再次选择并进行导入，如图 2-36 所示。存储卡或文件夹中未导入的照片会正常显示在预览区中，而且全部处于选中状态，此时只需指定要把它们导入哪里就可以了。

图 2-36

作为一个过来人，笔者常常告诫摄影师朋友们，在用完他们手里的所有存储卡之前千万不要随便格式化任意存储卡。例如，笔者有 4 张存储卡（A、B、C、D），拍摄时使用了存储卡 A，在把存储卡 A 中的照片导入 Lightroom Classic 后，笔者不会立即格式化它，而是一直保留。下一次拍摄时，笔者会使用存储卡 B，再下一次拍摄时使用存储卡 C。

> **提示** 虽然笔者建议拍摄时轮换使用不同的存储卡，但是没有必要为此买很多张存储卡，手上有几张存储卡就用几张。拍摄时，请一定轮换使用存储卡，这是笔者的个人经验，而且这个习惯很多次帮笔者找回了丢失的照片。

如果计算机出现了问题，导入的照片全丢了，就可以再次从相应的存储卡中导入这些照片，因为那张存储卡在上次导入照片之后并未格式化，里面的照片都还在。在轮换使用存储卡时，你可能会忘记格式化某张存储卡而直接将其放入相机进行拍摄。此时，当你从存储卡中把照片导入 Lightroom Classic 时，勾选【不导入可能重复的照片】复选框，Lightroom Classic 会自动把存储卡中已经导入过的照片过滤掉。接着继续导入 lesson02A 文件夹中的照片。

导入与浏览视频

Lightroom Classic 支持从数码相机中导入多种常见格式的数字视频文件，包括 AVI、MOV、MP4、AVCHD、HEVC 等格式。在菜单栏中选择【文件】>【导入照片和视频】，或者在【图库】模块下单击【导入】按钮，然后在【导入】对话框中进行导入设置，这与导入照片是一样的。

在【图库】模块的【网格视图】中，在视频缩览图上移动鼠标指针，可以向前或向后播放视频，这有助于剪辑视频。双击视频缩览图，可在【放大视图】中显示视频；拖动播放控制条上的小圆点，可手动浏览视频。

为每个视频设置不同的海报帧，有助于从【网格视图】中迅速找到想要的视频片段。把播放滑块移动到目标帧处，然后单击播放控制条中的方块图标，从弹出的菜单中选择【设置海报帧】，可把当前帧设置成海报帧；选择【捕获帧】，可把当前帧转换成 JPEG 格式的图片并叠加到视频上。播放控制条中有一个齿轮图标（位于右端），单击它可裁切视频。单击齿轮图标，播放控制条会展开，在时间轴视图中显示视频，可以根据需要拖动左右两端的标记来裁切视频，如图 2-37 所示。

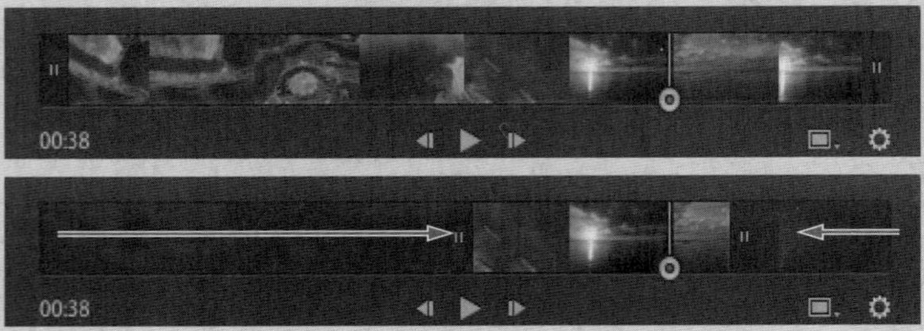

图 2-37

> **注意** 只有在 macOS High Sierra 10.13（或更新版本）与 Windows 10（或更新版本）中才能导入与播放 HEVC（MOV）格式的视频文件。

2.9　把照片导入指定文件夹

在【图库】模块下，可以直接把图库中的照片导入【文件夹】面板中指定的文件夹下，而无须在【导入】对话框中指定目标位置。

❶ 进入【图库】模块，在左侧的【文件夹】面板中使用鼠标右键单击 lesson02A 文件夹，在弹出的快捷菜单中选择【导入到此文件夹】，如图 2-38 所示。

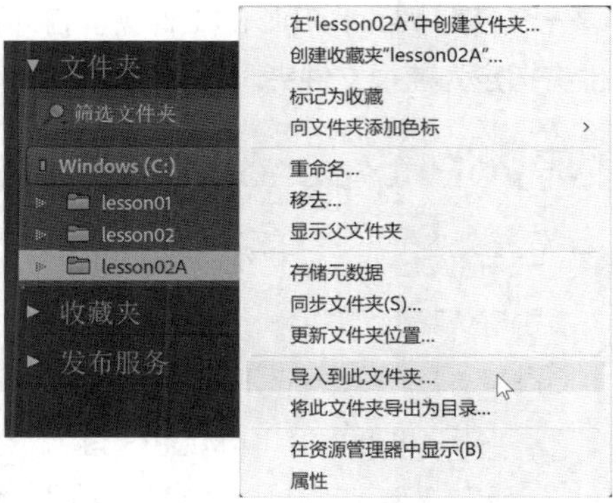

此时，Lightroom Classic 会打开【导入】对话框，自动把目标位置设置为 lesson02A，如图 2-39 所示。

❷【源】面板中列出了计算机的硬盘、连接到计算机的存储卡，以及网络存储器，这些都可以作为导入源。

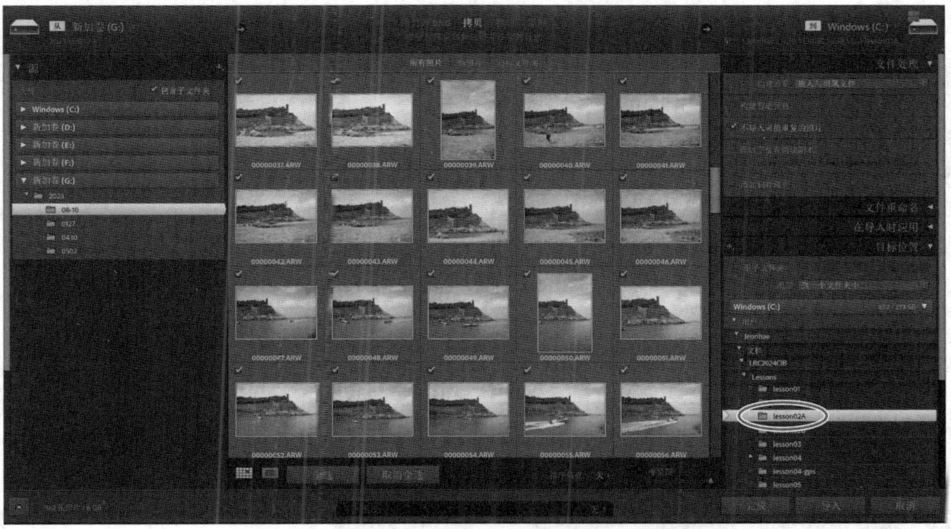

图 2-38

图 2-39

❸ 在【导入】对话框中，其他所有面板的功能都是可用的，例如，应用元数据模板、更改文件名称、添加关键字等。单击【取消】按钮。

当你有多张存储卡并希望把它们中的内容导入同一个文件夹时，【导入到此文件夹】命令会非常有用。但是，【导入到此文件夹】命令平时用得并不多，因为 Lightroom Classic 能够自动记住上一次的保存位置。

2.10　从监视文件夹中导入照片

在 Lightroom Classic 中，你可以把硬盘上的某个文件夹指定为监视文件夹，以便自动导入其中的照片。把某个文件夹指定为监视文件夹后，向监视文件夹添加新照片时，Lightroom Classic 就会监测到，然后自动把它们移动到指定的位置并添加到目录文件中。而且在这个过程中还可以重命名照片、添加元数据等。

❶ 在菜单栏中选择【文件】>【自动导入】>【自动导入设置】，在【自动导入设置】对话框中单击【监视的文件夹】右侧的【选择】按钮，打开【从文件夹自动导入】对话框。回到计算机桌面，新建一个名为 Watch This 的文件夹。在对话框中单击【选择】/【选择文件夹】按钮，把 Watch This 文件夹指定为监视文件夹。

导入 Photoshop Elements 目录

在 Windows 系统中，Lightroom Classic 能够轻松地从 Photoshop Elements 6 及更高版本中导入照片和视频；而在 macOS 中，Lightroom Classic 仅支持从 Photoshop Elements 9 及更高版本中导入照片和视频。

从 Photoshop Elements 目录中导入媒体文件（照片与视频）时，Lightroom Classic 不但会导入媒体文件本身，还会把它们的关键字、星级、标签一同导入，甚至连"堆叠"也会保留下来。Photoshop Elements 中的版本集会转换成 Lightroom Classic 中的"堆叠"，相册会变成收藏夹。

（1）在 Lightroom Classic 的【图库】模块下，在菜单栏中选择【文件】>【导入 Photoshop Elements 目录】。

Lightroom Classic 会在计算机中搜索 Photoshop Elements 目录，并在【从 Photoshop Elements 导入照片】对话框中显示最近打开过的目录。

（2）如果想要指定要导入的 Photoshop Elements 目录，而非默认选中的目录，可以在弹出的菜单中进行选择。

（3）单击【导入】按钮，把 Photoshop Elements 中的图库和所有目录信息合并到 Lightroom Classic 的目录文件中。

如果你希望把照片从 Photoshop Elements 迁移到 Lightroom Classic 中，或者想同时使用两个程序，请前往图 2-40 所示的页面，阅读相关内容。

图 2-40

❷ 在【自动导入设置】对话框中指定好监视文件夹之后，勾选【启用自动导入】复选框，启动自动导入功能，如图 2-41 所示。

❸ 单击【目标位置】选项组中的【选择】按钮，在打开的【选择文件夹】对话框中选择文件夹，Lightroom Classic 会把照片移动到选择的文件夹中，并添加到目录文件中。选择 lesson02A 文件夹，然后单击【选择】/【选择文件夹】按钮。在【子文件夹名】文本框中输入"Auto Imported Photos"。

❹ 在【信息】选项组的【元数据】下拉列表中选择前面创建的元数据预设（2023 Copyright），在【修改照片设置】下拉列表中选择【无】，在【初始预览】下拉列表中选择【最小】。单击【确定】按钮，关闭【自动导入设置】对话框。

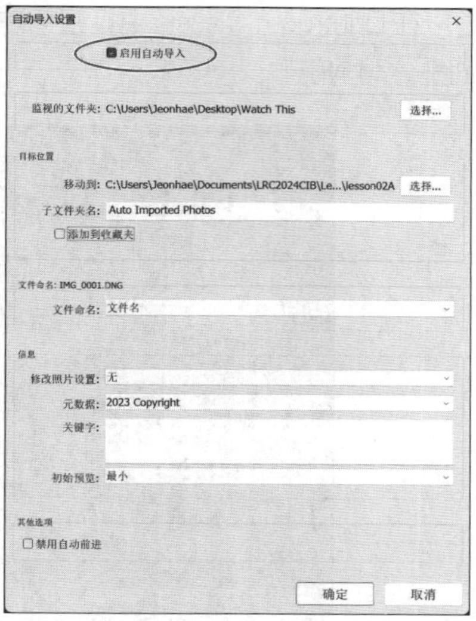

图 2-41

> 💡 **提示** 设置好监视文件夹之后，在菜单栏中选择【文件】>【自动导入】>【启用自动导入】，可以快速开启或关闭自动导入功能。开启自动导入功能之后，【启用自动导入】命令的左侧会有一个对钩。

❺ 打开访达（macOS）或文件资源管理器（Windows），转到 lesson02B 文件夹。打开 Watch This 文件夹，把照片从 lesson02B 文件夹拖入受监视的 Watch This 文件夹中，如图 2-42 所示。

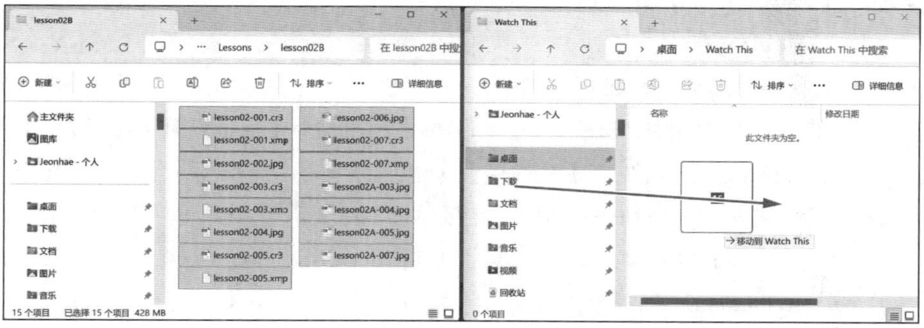

图 2-42

导入完成后，在 lesson02A\Auto Imported Photos 文件夹（该文件夹在【自动导入设置】对话框中创建）中可以找到导入的照片，此时 Watch This 文件夹变成空的，如图 2-43 所示。

图 2-43

在 Lightroom Classic 中打开 lesson02A 文件夹，会发现还有几张照片也被添加到了那个文件夹中，如图 2-44 所示。

图 2-44

有些摄影师联机拍摄时习惯使用相机厂商提供的相机控制软件，监视文件夹功能是他们非常喜欢使用的功能。作为一套面向摄影师的完整解决方案，Lightroom Classic 也支持联机拍摄。想学习更多有关联机拍摄的内容吗？下面小节中将介绍如何使用 Lightroom Classic 的联机拍摄功能。

设置导入时的初始预览

导入照片时，Lightroom Classic 可以显示照片的内嵌预览图，也可以在程序渲染照片时显示更高质量的预览图。在菜单栏中选择【Lightroom Classic】>【目录设置】或者【编辑】>【目录设置】，打开【目录设置】对话框，【文件处理】选项卡下有【标准预览大小】和【预览品质】两个下拉列表。通过这两个下拉列表，可以指定预览图的渲染尺寸和质量。请注意，内嵌预览图是相机工作时生成的，没有经过颜色管理，因此与 Lightroom Classic 对相机 RAW 文件的解释不一致。Lightroom Classic 渲染的照片预览图是经过颜色管理的。

在【导入】对话框中，【构建预览】下拉列表中包含如下 4 个选项。

• 最小：使用照片内嵌的最小预览图显示照片；需要时，Lightroom Classic 会渲染标准大小的预览图。

• 嵌入与附属文件：使用相机提供的最大预览图显示照片，其渲染速度在最小预览与标准预览之间。

• 标准：使用 Lightroom Classic 渲染的预览图显示照片，标准大小的预览图使用 ProPhoto RGB 色彩空间。

• 1∶1：以实际像素数显示照片。

此外，还可以在导入照片期间构建智能预览。智能预览是经过压缩的、拥有高分辨率的预览图，用户可以像处理原始照片一样处理它，即使原始照片处在离线状态也没问题。虽然这些高分辨率的预览图的尺寸远不及原始照片，但同样可以在【放大视图】中编辑它们。当导入的照片数量很多时，创建智能预览会花一些时间，但能够为整个工作流程带来很多便利和灵活性。

2.11 联机拍摄

大多数现代数码相机都支持联机拍摄，允许用户把数码相机直接连接到计算机，相机拍摄的照片会直接保存到计算机硬盘中，而非相机存储卡中。联机拍摄时，每拍一张照片，我们都可以立即在计算机显示器中查看，这与在相机的 LCD（Liquid Crystal Display，液晶显示器）上查看照片的感觉完全不一样。

> 💡 **提示** 可阅读 Lightroom Classic 帮助文档，查看其支持的联机拍摄设备。

对于大多数 DSLR（Digital Single Lens Reflex，数码单反）相机（包括佳能和尼康的许多型号），Lightroom Classic 都支持直接导入其拍摄的照片，而无须使用第三方软件。如果相机支持联机拍摄，并且是 Lightroom Classic 支持的联机拍摄设备，则可以使用相机附带的照片拍摄软件或者第三方软件把照片导入 Lightroom Classic 的图库中。

联机拍摄时，用户可以轻松地在 Lightroom Classic 中重命名照片、添加元数据、应用照片修改设置，以及组织照片等。若需要，可以在进行下一次拍摄之前调整相机设置（白平衡、曝光值、焦点、景深等）或者更换相机。拍摄的照片质量越好，后期调整照片所花费的时间就越少。

联机拍摄实操

❶ 把相机连接至计算机。

> 💡 **注意** 有时可能需要先安装相机驱动程序，系统才能识别到相机。

❷ 在【图库】模块下，在菜单栏中选择【文件】>【联机拍摄】>【开始联机拍摄】，打开【联机拍摄设置】对话框。

❸ 在【联机拍摄设置】对话框中为拍摄设置名称，如图 2-45 所示。Lightroom Classic 会在选择的目标文件夹下用这个名称创建一个文件夹，而且会将其显示在【文件夹】面板中。

❹ 为拍摄的照片选择命名方式和目标文件夹；设置元数据和关键字，Lightroom Classic 导入拍摄的新照片时会添加这些信息。

❺ 单击【确定】按钮，关闭【联机拍摄设置】对话框。此时，Lightroom Classic 中会出现联机拍摄控制栏，如图 2-46 所示。

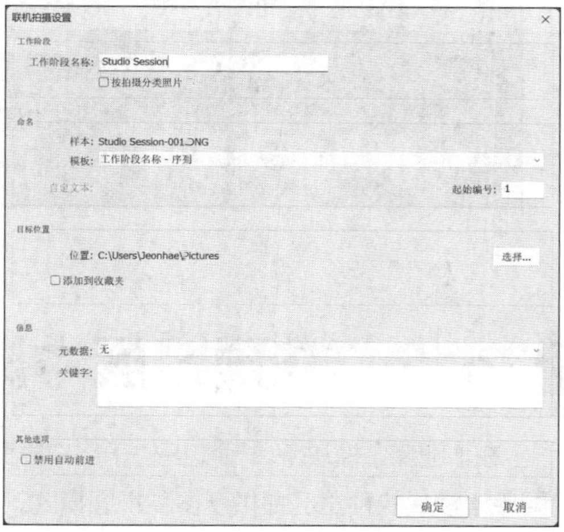

图 2-45

图 2-46

按住 Option 键 /Alt 键单击联机拍摄控制栏右上方的【关闭】按钮，如图 2-47 所示，可以把联机拍摄控制栏折叠起来，只显示拍照按钮。使用同样的方法再次单击，可以把联机拍摄控制栏展开。

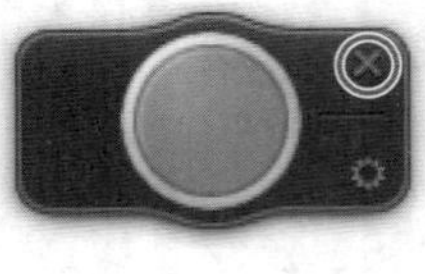

联机拍摄控制栏中显示了相机型号、拍摄名称、当前相机设置，这些都是可以更改的。在右侧的【修改设置】菜单中，可以从多种预设中选择一种使用。拍摄时，单击联机拍摄控制栏右侧的圆形按钮，或者直接按 F12 键，可以触发相机快门拍摄。

图 2-47

拍摄时，照片会同时在【网格视图】和胶片显示窗格中显示出来，如图 2-48 所示。浏览照片时，照片尺寸越大越好，为此可以先切换到【放大视图】，再隐藏无关面板；或者在菜单栏中选择【窗口】>【屏幕模式】>【全屏并隐藏面板】，全屏显示照片并隐藏面板。

图 2-48

2.12 在预览区中浏览导入的照片

在【图库】模块下，预览区位于用户界面中间，可以在其中选择、分类、搜索、浏览、比较照片。【图库】模块的预览区提供了多种视图模式，可以满足组织照片、选片等多种任务的需要。

❶ 若当前不在【图库】模块下，在模块选取器中单击【图库】，进入【图库】模块。在【目录】面板中选择【所有照片】文件夹，查看所有已导入的照片。

有关【图库过滤器】的更多内容，将在第 4 课中讲解。

默认设置下，预览区顶部有一个过滤器栏，使用过滤器可以控制【网格视图】和胶片显示窗格中显示哪些照片，例如，只显示有指定星级、旗标或包含特定元数据的照片。

工具栏位于预览区下方，所有模块都有工具栏，但其中包含的工具和控件各不相同。

❷ 当预览区上方未显示过滤器栏时，按反斜杠键（\），或者在菜单栏中选择【视图】>【显示过滤器栏】，可将其显示出来。再次按反斜杠键（\），或者在菜单栏中再次选择【视图】>【显示过滤器栏】，可将过滤器栏隐藏起来。

❸ 若工具栏未显示，按 T 键，将其显示出来。再次按 T 键，可把工具栏隐藏起来。切换至【修改照片】模块。若工具栏未显示，按 T 键，将其显示出来。切换至【图库】模块，在【图库】模块中，工具栏仍处于隐藏状态。Lightroom Classic 会记住每个模块工具栏的设置状态。按 T 键，在【图库】模块中把工具栏显示出来，如图 2-49 所示。

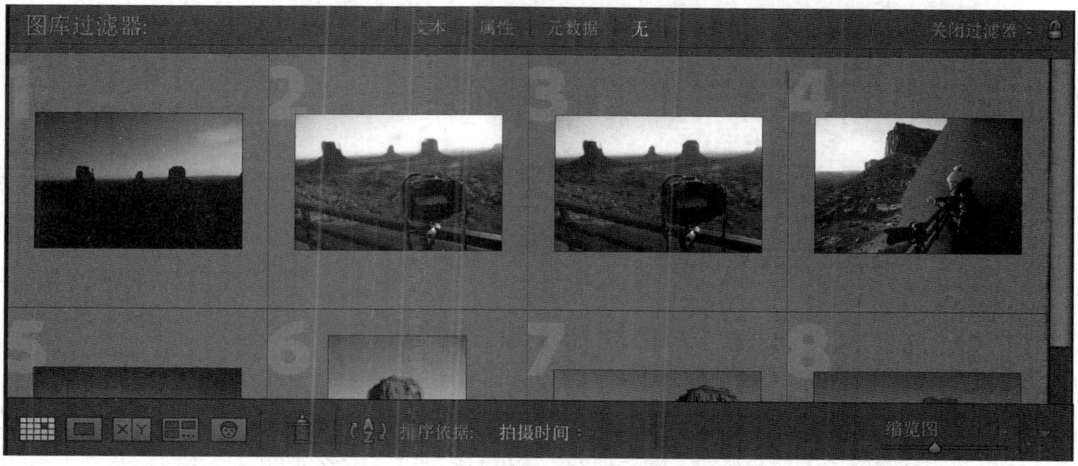

图 2-49

❹ 在【网格视图】中双击任意照片，在【放大视图】中显示它。【图库】模块和【修改照片】模块下都有【放大视图】，但是这两个模块下的【放大视图】工具栏中的工具是不一样的。

> 💡 提示　若显示的工具超出了工具栏的宽度，可以隐藏两侧的面板组，或者通过关闭暂时不需要的工具来增加工具栏的宽度。

❺ 单击工具栏右端的白色三角形，在弹出的菜单中选择某个工具名称，即可在工具栏中隐藏或显示该工具。在弹出的菜单中，有些工具名称左侧有对钩，这表示该工具当前显示在工具栏中。

图库视图选项

【图库视图选项】对话框中提供了很多视图选项，通过这些视图选项，可以指定 Lightroom Classic 在【网格视图】和【放大视图】下显示照片时显示哪些信息。对于【放大视图】叠加和缩览图工具提示，可以激活两套选项，然后使用快捷键在它们之间进行切换。

❶ 在【图库】模块下，按 G 键切换到【网格视图】。按快捷键 Shift+Tab 隐藏所有面板，以最大化照片网格视图。

❷ 在菜单栏中选择【视图】>【视图选项】，在打开的【图库视图选项】对话框中，【网格视图】选项卡处于选中状态。移动【图库视图选项】对话框，使其尽量不遮挡【网格视图】中的照片。

❸ 在【网格视图】选项卡中取消勾选【显示网格额外信息】复选框，这样会禁用其他大多数选项，如图 2-50 所示。

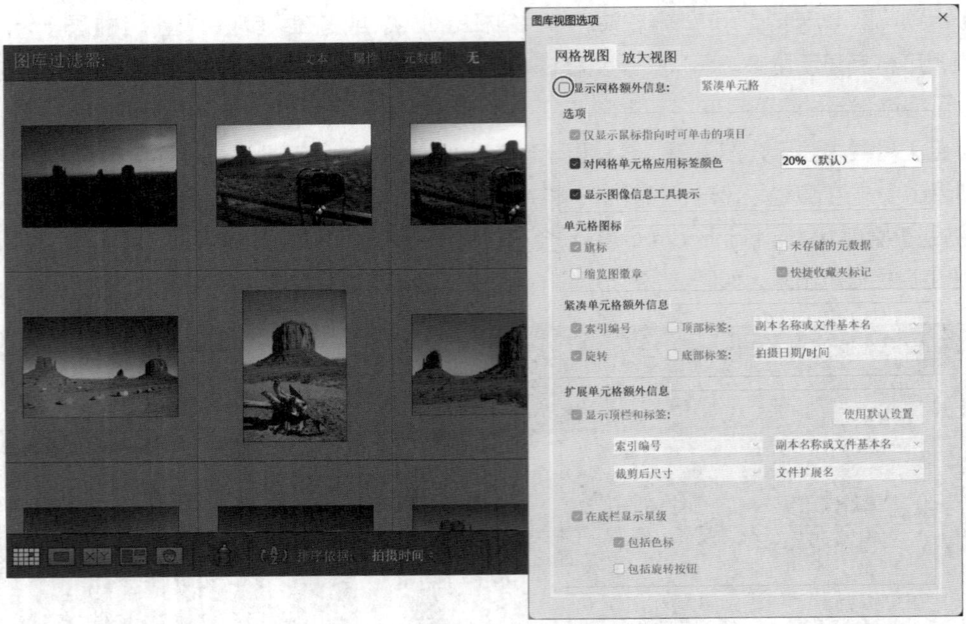

图 2-50

❹ 此时，唯一可用的两个复选框是【对网格单元格应用标签颜色】和【显示图像信息工具提示】。若这两个复选框当前处于未勾选状态，先勾选它们。由于本课照片尚未添加色标，因此是否勾选【对网格单元格应用标签颜色】复选框对【网格视图】中展示的效果没什么影响。使用鼠标右键单击任意照片（在【图库视图选项】对话框处于打开状态时也可以这样做），在弹出的快捷菜单的【设置色标】子菜单中选择一种颜色。

在【网格视图】和胶片显示窗格中，当带色标的照片处于选中状态时，其缩览图周围会有带颜色的边框。当带色标的照片处于未选中状态时，其单元格背景颜色就是选择的色标颜色，如图 2-51 所示。

图 2-51

❺ 在【网格视图】或胶片显示窗格中，把鼠标指针移动到某张照片的缩览图上，弹出工具提示

信息。在 macOS 中，需要单击 Lightroom Classic 预览区中的某个地方，将其激活，才能看到工具提示信息。

默认情况下，工具提示信息中包含照片名称、拍摄日期和时间，以及照片尺寸。在【图库视图选项】对话框的【放大视图】选项卡中可以设置在工具提示中显示的信息。

❻ 在 macOS 中，若【图库视图选项】对话框当前隐藏在主程序窗口之后，可以按快捷键 Command+J，重新将其激活。

❼ 在【网格视图】选项卡中勾选【显示网格额外信息】复选框，在右侧的下拉列表中选择【紧凑单元格】，如图 2-52 所示。勾选或取消勾选【选项】【单元格图标】【紧凑单元格额外信息】选项组中的各个复选框，观察【网格视图】中的变化。把鼠标指针移动到某张照片的缩览图上，查看工具提示和额外信息。

图 2-52

❽ 在【紧凑单元格额外信息】选项组中勾选【顶部标签】复选框，其下拉列表中有许多可供选择的选项。对于某些选项，如标题或题注，如果不向照片的元数据中添加相关信息，就什么都不会显示。

❾ 在【显示网格额外信息】下拉列表中选择【扩展单元格】。在【扩展单元格额外信息】选项组中选择不同的选项，观察【网格视图】中的变化以及显示在单元格顶栏中的信息的变化。

❿ 在【图库视图选项】对话框中切换到【放大视图】选项卡。此时，预览区切换到【放大视图】，在【图库视图选项】对话框中做的任何修改都能立马看到，如图 2-53 所示。

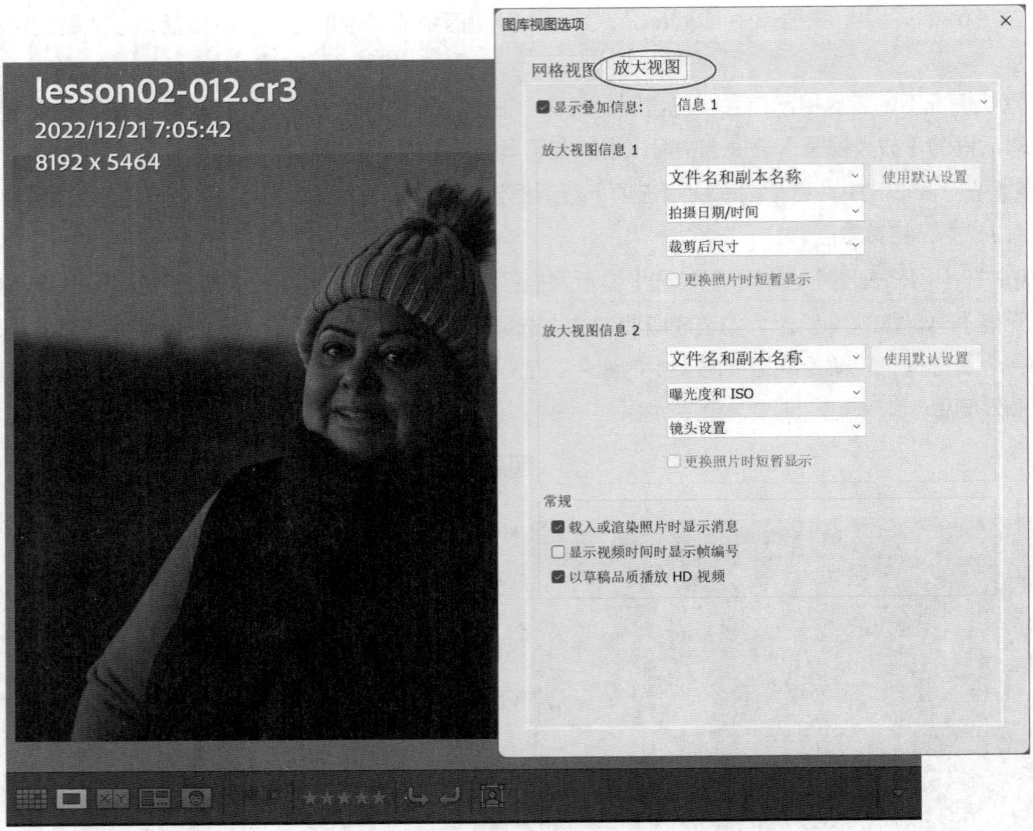

图 2-53

　　勾选【显示叠加信息】复选框，使照片的相关信息显示在照片缩览图的左上角，显示的信息可在【放大视图信息 1】或【放大视图信息 2】选项组中设置，这是两套不同的信息。设置好这些信息之后，在【显示叠加信息】下拉列表中选择【信息 1】或【信息 2】选项即可。

> 💡 **注意**　选择信息项（如拍摄日期与时间）之后，Lightroom Classic 会尝试从照片元数据中提取这些具体信息。若照片元数据中不包含需要的信息，将不会显示任何内容。不论是在【网格视图】还是【放大视图】下，我们都可以选择【常见属性】信息项，其中包括旗标、评级、色标等。

　　在【放大视图信息 1】或【放大视图信息 2】选项组中单击【使用默认设置】按钮，可恢复成默认设置。取消勾选【显示叠加信息】复选框，勾选【更换照片时短暂显示】复选框，当【放大视图】中显示新照片时，叠加信息会短暂显示一会儿。勾选【载入或渲染照片时显示消息】复选框，当照片预览图更新时，Lightroom Classic 会在预览图底部显示通知。

　　⓫ 单击【关闭】按钮，关闭【图库视图选项】对话框。

　　⓬【视图】>【放大视图信息】子菜单中有多个命令，通过选择其中的命令，可以控制要显示哪一套信息；或者按 I 键，在【信息 1】【信息 2】和不显示叠加信息之间循环切换。

　　⓭ 切换到【网格视图】。在【视图】>【网格视图样式】子菜单中可选择是否显示额外信息，以及是使用【紧凑单元格】布局还是【扩展单元格】布局。按 J 键，可以在不同的单元格布局之间循环切换。

2.13 复习题

1. 什么时候选择把导入的照片复制到硬盘上？什么时候选择把照片添加到图库目录中但不改变它们的位置？
2. 什么是 DNG 格式？
3. 什么时候使用紧凑模式下的【导入】对话框？
4. 使用 Lightroom Classic 进行联机拍摄有什么好处？
5. 如何设置【网格视图】与【放大视图】中显示的信息？

2.14 复习题答案

1. 从相机或存储卡中导入照片时，需要把照片复制到能够长久保存照片的地方，因为存储卡经常会清空以备重用。当 Lightroom Classic 在导入照片期间使用有层次顺序的文件夹结构来组织照片时，会选择复制或移动照片。对于按一定方式存放在硬盘或可移动设备中的照片，可以在保持其位置不变的前提下把它们添加到图库目录中。

2. DNG 格式是数码相机原始数据的公共存档格式，用来解决相机生成的原始数据文件缺乏开放标准的问题。在 Lightroom Classic 中把 RAW 格式（原始数据文件格式）转换成 DNG 格式，这样即使原始专用格式不受支持，用户也仍然能够正常访问原始数据文件。

3. 在创建了符合自身工作流程的导入预设之后，使用紧凑模式下的【导入】对话框能够大大加快照片的导入进程。在导入预设的基础上可以根据实际需要做一定的调整，而且可以将其直接应用到照片导入流程中。

4. 使用 Lightroom Classic 进行联机拍摄时，可以直接在计算机屏幕上浏览大图，这比在相机的 LCD 上浏览好得多。联机拍摄时，还可以边拍摄边调整相机设置，以拍出符合要求的照片，从而大大减少后期工作量。

5. 借助【图库视图选项】对话框（【视图】>【视图选项】）中提供的大量选项，可以指定 Lightroom Classic 在【网格视图】与【放大视图】中显示照片时呈现的信息。对于【放大视图】与缩览图工具提示，可以定义两套信息，然后按 I 键在它们之间快速切换。通过【视图】>【网格视图样式】子菜单，可以在【紧凑单元格】布局与【扩展单元格】布局之间切换，激活或禁用每种样式的信息显示。

摄影师
格雷戈里·海斯勒（GREGORY HEISLER）

感谢父母给了我一双眼睛，让光线把外界的人和事带入我的大脑，送入我的内心。

光线是如何做到这一点的？它是如何让我们对外界的人与事产生情感的？我总是对此痴迷不已。光线不是中性的，带有明显的个人色彩。捕捉现有光线，根据记忆重现光线，或者从零创建光线，引发观者的即时情感，这是我乐于接受的挑战，也是我创作影像的方法。一旦我设想好光线，然后落到实处，我就知道照片会是什么样子的。

相机能够如实地捕获光线，但是它不知道我是如何理解光线的。我必须充当翻译的角色，把光线的语言翻译成相机能够理解的语言，否则，最终得到的影像就会与我所见、所想产生巨大差异。

以前，相机是解释光线的主要工具。我们还可以使用传统暗房技术在后期对光线做进一步的调整。后来，在拍摄中用到了闪光灯、连续照明设备，这使得我们能够重新解释、塑造、创建光线。现在，Lightroom Classic 和 Photoshop 为我们提供了许多用来处理光线的强大工具，我们可以使用这些工具在拍摄完成后根据创作意图继续处理照片中的光线。

在 Lightroom Classic 和 Photoshop 中，我们可以使用它们提供的各种工具轻松地创建虚无缥缈的幻境，也可以忠实地还原自己看到或经历过的景象（纪实）。因此，我一直主张摄影师应该学习和掌握这些软件。在影像的后期处理过程中，摄影师最主要的任务是做处理决策，这不是纯粹的美学决策，这些决策会直接、强烈地影响影像的叙事方式。只有摄影师知道他们看到了什么、感受到了什么，以及经历了什么，也只有摄影师知道影像的拍摄动机。

只有摄影师才是影像的真正创作者，而在整个创作过程中，光线是关键！

第 3 课

认识工作区

课程概览

不论你喜欢使用菜单命令、快捷键还是按钮、滑块，无论你使用一台显示器还是两台显示器，你都可以根据自己的工作方式来设置 Lightroom Classic 工作区。通过自定义模块，我们可以把一些常用的工具与控件放在手边，并按自己喜欢的方式排列它们。在本课中，我们一起学习【图库】模块、各种视图模式，以及浏览照片和目录的相关工具和使用技巧。在学习过程中，我们也会一起了解各个模块都有的一些界面元素和使用技巧。

本课主要讲解以下内容。

- 调整工作区布局，使用【寻航器】面板和胶片显示窗格，使用第二台显示器
- 使用不同的视图模式
- 使用快捷键
- 比较、标记、删除照片
- 使用【快捷收藏夹】对照片进行分组

学习本课需要 90 分钟

通过定制工作区，我们可以更便捷地取用自己常用的工具，这不仅大大提升了使用 Lightroom Classic 的舒适度，也大大提高了工作效率。

3.1 学前准备

导入照片前，请先检查是否已经创建好了用于存放本书课程文件的 LRC2024CIB 文件夹，以及 LRC2024CIB Catalog 目录文件。具体操作方法请参见本书前言中"课程文件"和"新建目录文件"板块的内容。

> **💡 注意** 在学习本课内容之前，需要对 Lightroom Classic 的工作区有基本了解。如果对 Lightroom Classic 的工作区一点也不了解，请先阅读 Lightroom Classic 帮助文档或前面课程中的内容。

将下载好的 lesson03 文件夹放入 LRC2024CIB\Lessons 文件夹中。

❶ 启动 Lightroom Classic。

❷ 在打开的【Adobe Photoshop Lightroom Classic - 选择目录】窗口中选择 LRC2024CIB Catalog.lrcat 文件，单击【打开】按钮，如图 3-1 所示。

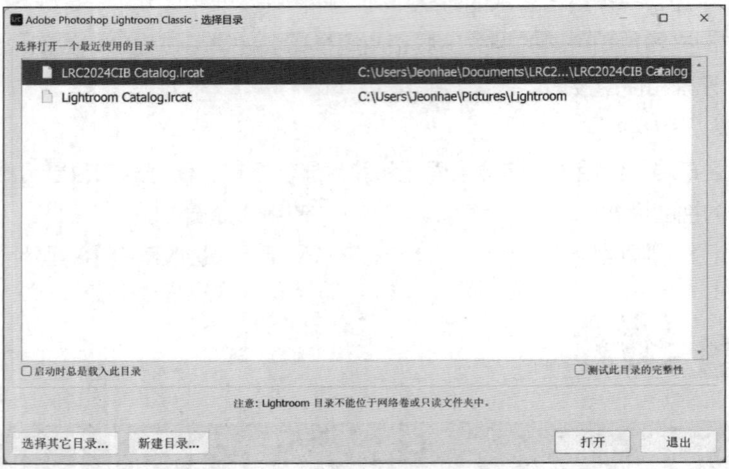

图 3-1

❸ 打开 Lightroom Classic 后，当前显示的是上一次退出时使用的屏幕模式和模块。若当前模块不是【图库】模块，在工作区右上角的模块选取器中单击【图库】，切换至【图库】模块，如图 3-2 所示。

图 3-2

> **💡 注意** 若用户界面中未显示模块选取器，在菜单栏中选择【窗口】>【面板】>【显示模块选取器】，或者直接按 F5 键，将其显示出来。在 macOS 中，需要同时按 Fn 键与 F5 键，才能将模块选取器显示出来。如果你不想这样做，也可以在【首选项】对话框中更改功能键的行为。

把照片导入图库

学习本课之前，把本课用到的照片导入 Lightroom Classic 图库中。

❶ 在【图库】模块下单击左侧面板组左下角的【导入】按钮，如图
3-3 所示，打开【导入】对话框。

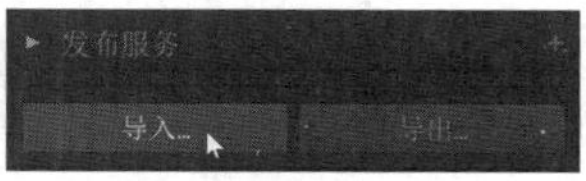

❷ 若【导入】对话框处在紧凑模式下，单击对话框左下角的【显示
更多选项】按钮，如图 3-4 所示，即可在展开的【导入】对话框中看到所有选项。

图 3-3

图 3-4

> **💡 提示** 在 Lightroom Classic 中，首次进入某个模块时，你会看到该模块特有的提示内容，以帮助你认识该模块的各个组成部分，以及带领你熟悉使用该模块的流程。单击【关闭】按钮，可以关闭提示对话框。在【帮助】菜单中选择【×××提示】（××× 是当前模块名称），可以打开当前模块的提示对话框。

❸ 在【导入】对话框左侧的【源】面板中找到并选择 LRC2024CIB\Lessons\lesson03 文件夹，确保其中除 mag cover.png 之外的 20 张照片全部处于选中状态。

❹ 在预览区上方的导入方式中选择【添加】，Lightroom Classic 会把导入的照片添加到目录文件中，但不会移动或复制原始照片。在右侧的【文件处理】面板的【构建预览】下拉列表中选择【嵌入与附属文件】，勾选【不导入可能重复的照片】复选框。在【在导入时应用】面板的【修改照片设置】下拉列表中选择【无】，在【元数据】下拉列表中选择元数据预设（2023 Copyright），在【关键字】文本框中输入"Lesson 03 - Mayaguez"，如图 3-5 所示。确认设置无误后，单击【导入】按钮。

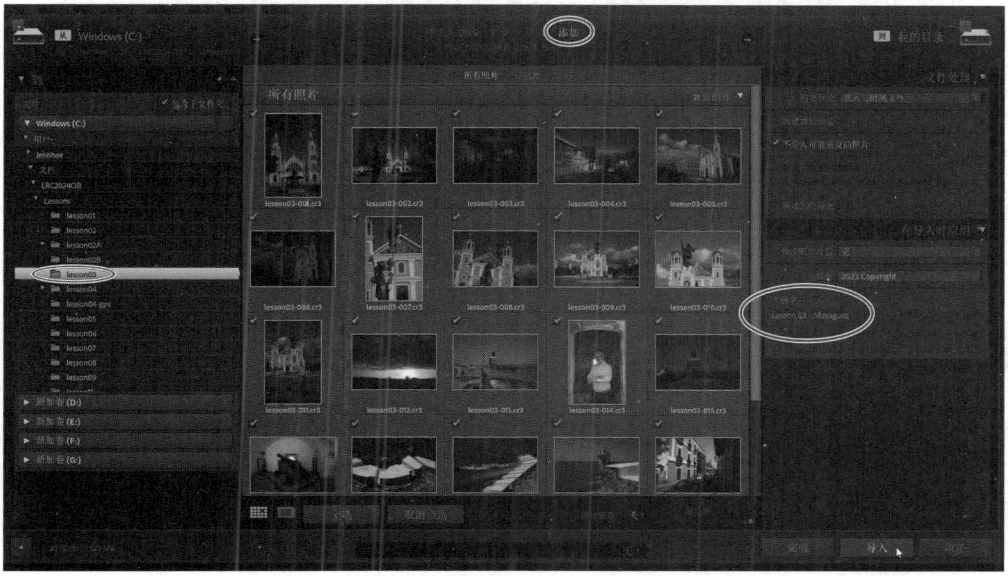

图 3-5

Lightroom Classic 会把 20 张照片全部导入，并在【图库】模块的【网格视图】和胶片显示窗格中显示这些照片。

3.2　浏览与管理照片

　　【图库】模块是一切任务的起点，导入照片、在目录文件中查找照片等任务都是在【图库】模块中执行的。【图库】模块提供了多种视图模式和各种工具、控件，有助于我们对照片进行评估、排序、分类等操作。导入照片期间，可以把通用关键字整体应用到一组照片上；首次浏览导入的新照片时，可以在目录文件中应用多种照片组织方式，例如，给照片添加【留用】或【排除】旗标，添加星级、标记和色标等。

　　在 Lightroom Classic 中，借助搜索与过滤功能可以轻松地使用添加到照片上的元数据。通过照片的属性和关联，我们可以对图库中的照片进行搜索和排序，然后创建收藏夹，把它们分组。这样不管目录文件有多大，我们都能轻松、准确地找到需要的照片。

　　在【图库】模块左侧的面板组中，有一些面板可以帮助我们访问、管理含有照片的文件夹与收藏夹。右侧面板组中有大量控件，可以用来调整照片、应用关键字和元数据等。工作区上方是过滤器栏，在其中可以设置过滤条件。工作区下方是工具栏，在其中可以轻松找到需要使用的工具和控件。不管工作区当前处于哪种视图，胶片显示窗格中显示的总是所选源文件夹或收藏夹中的照片，如图 3-6 所示。

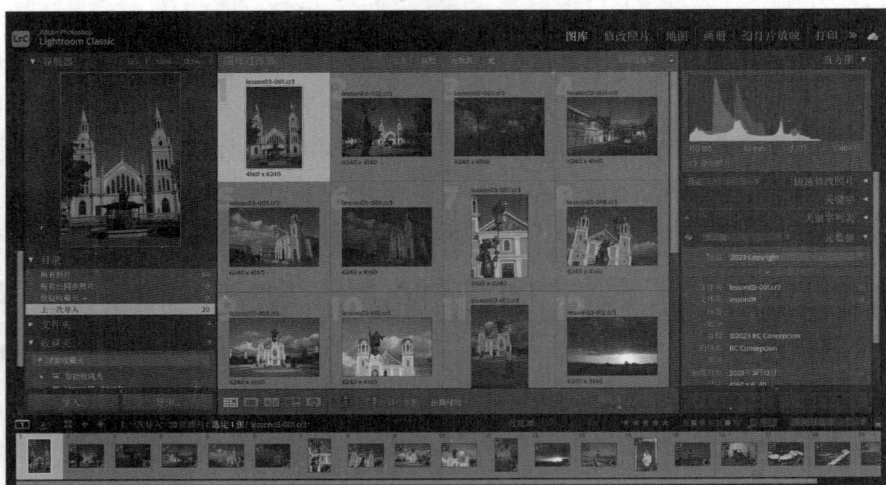

图 3-6

3.3　调整工作区布局

　　在 Lightroom Classic 中可以自定义工作区布局，以满足自己的工作需要和喜好，以及根据需要腾出屏幕空间，放置常用的各种工具和控件。接下来，我们一起学习如何调整工作区布局，如何使用各种屏幕模式，以及 Lightroom Classic 各个模块通用的使用技巧。

3.3.1　调整面板大小

　　通过调整两侧面板组的宽度和胶片显示窗格的高度（简单拖曳），或者隐藏某些面板，可以调整各区域的大小。

❶ 把鼠标指针移动到左侧面板组的右边缘上，此时鼠标指针变成水平双向箭头形状。按住鼠标左键，向右拖动鼠标，当面板组宽度达到最大时，释放鼠标左键，如图 3-7 所示。

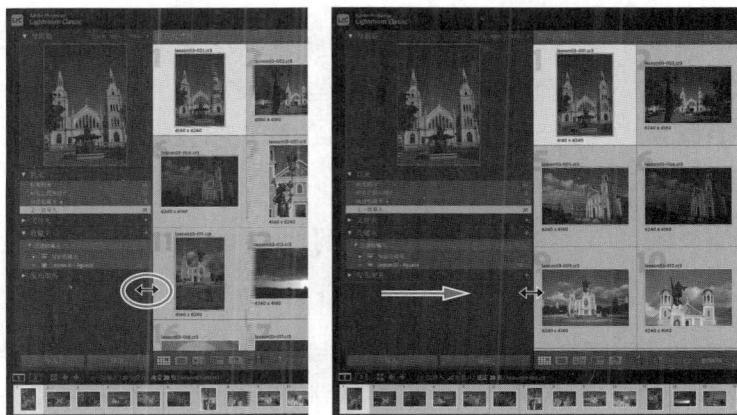

图 3-7

左侧面板组宽度增加的同时，中间预览区会变小。有一些收藏夹的名字很长，如果想查看完整的名称，可以把左侧面板组的宽度调大一些。

❷ 在模块选取器中单击【修改照片】，进入【修改照片】模块。你会发现左侧面板组又恢复为上一次使用【修改照片】模块时的宽度。

Lightroom Classic 会记住用户对模块工作区的布局做的调整。在不同模块之间切换时，相应模块的工作区会自动调整，以契合用户在不同阶段的工作方式。

❸ 在【图库】模块下按 G 键，返回【网格视图】。

❹ 在【图库】模块下向左拖动左侧面板组的右边缘，使其宽度变小。

❺ 把鼠标指针移动到胶片显示窗格的上边缘，当鼠标指针变成双向箭头形状时，按住鼠标左键并向下拖动，使其高度变小，如图 3-8 所示。

图 3-8

💡 提示　顶部面板的尺寸无法改变，但是可以像隐藏或显示两侧面板组和胶片显示窗格一样把它隐藏起来或显示出来。有关隐藏与显示面板的内容将在下一小节讲解。

此时，整个胶片显示窗格上方的部分都会往下扩展。在选择照片，或者在【放大视图】【比较视图】【筛选视图】中浏览照片时，这样做既能保证胶片显示窗格可见，又能增加【网格视图】的可用空间。

❻ 切换回【修改照片】模块。在不同模块之间切换时，胶片显示窗格会保持不变。不论切换到哪个模块，只要不主动调整，胶片显示窗格会一直保持当前高度。

❼ 把鼠标指针移动到胶片显示窗格的上边缘上，当鼠标指针变成双向箭头形状时双击，把胶片显示窗格恢复成之前的高度，然后切换回【图库】模块。

> 💡 提示 对于两侧面板组，双击面板组边缘会出现不同的结果。有关显示与隐藏面板或面板组的内容将在下一小节讲解。

❽ 向上拖动胶片显示窗格的上边缘，使其高度达到最大。此时，胶片显示窗格中的缩览图会变大，且胶片显示窗格底部会出现水平滚动条。左右拖动水平滚动条，查看所有缩览图。再次把鼠标指针移动到胶片显示窗格的上边缘上，当鼠标指针变成双向箭头形状时，双击上边缘，使胶片显示窗格恢复至之前的高度。

3.3.2　显示或隐藏面板或面板组

调整两侧面板组和胶片显示窗格的大小，可以腾出更多空间来显示常用的控件，降低非常用功能的曝光率。根据个人喜好设置好工作区之后，还可以根据需要临时隐藏周围的面板（部分或全部），尽可能最大化工作区。

❶ 左侧面板组的左边框中间有一个三角形图标，用来显示或隐藏左侧面板组。单击三角形图标（朝左），如图 3-9 所示，可以把左侧面板组隐藏起来，此时三角形反转方向变为朝右。

> 💡 提示 单击工作区外边框的任意位置也可以隐藏或显示面板组。

❷ 再次单击三角形图标（朝右），可把左侧面板组重新显示出来。

图 3-9

其实，用户界面上、下、左、右边框中都有这样的三角形图标，分别用来隐藏或显示上、下、左、右的面板或面板组，以及胶片显示窗格。

❸ 在菜单栏中选择【窗口】>【面板】>【显示左侧模块面板】（选择后命令名左侧的对钩消失），或者按 F7 键，也可以隐藏左侧面板组。再次按 F7 键，或者选择【窗口】>【面板】>【显示左侧模块面板】（选择后命令名左侧出现对钩），可把左侧面板组重新显示出来。在菜单栏中选择【窗口】>【面板】>【显示右侧模块面板】（选择后命令名左侧的对钩消失），或者按 F8 键，可以隐藏右侧面板组。再次按 F8 键，或者选择【窗口】>【面板】>【显示右侧模块面板】（选择后命令名左侧出现对钩），可把右侧面板组重新显示出来。

> 💡 注意 在 macOS 中，有些功能键已经被分配给操作系统的某个特定功能，使用 Lightroom Classic 时，这些功能键可能无法正常发挥作用。遇到这种情况时，可以先按住 Fn 键（有些键盘无 Fn 键），再按功能键，或者在系统【首选项】中更改功能键的行为。

❹ 在菜单栏中选择【窗口】>【面板】>【显示模块选取器】（选择后命令名左侧的对钩消失），

或者按 F5 键，可以隐藏顶部面板。再次按 F5 键，或者选择【窗口】>【面板】>【显示模块选取器】（选择后命令名左侧出现对钩），可把顶部面板重新显示出来。类似地，在菜单栏中选择【窗口】>【面板】>【显示胶片显示窗格】（选择后命令名左侧的对钩消失），或者按 F6 键，可以隐藏底部的胶片显示窗格。再次按 F6 键，或者选择【窗口】>【面板】>【显示胶片显示窗格】（选择后命令名左侧出现对钩），可把底部的胶片显示窗格重新显示出来。

❺ 按 Tab 键，或者在菜单栏中选择【窗口】>【面板】>【切换两侧面板】，可以同时隐藏或显示两侧面板组。按快捷键 Shift+Tab，或者在菜单栏中选择【窗口】>【面板】>【切换所有面板】，可同时隐藏或显示上下左右的面板。

为了更方便、更灵活地调整工作区布局，Lightroom Classic 还提供了自动显示或隐藏面板或面板组的功能，该功能会对鼠标指针的移动产生响应，只有需要时，才会显示出相应的信息、工具、控件。

❻ 使用鼠标右键单击工作区左侧边框中的三角形图标，在弹出的快捷菜单中选择【自动隐藏和显示】（命令名左侧有对钩），如图 3-10 所示。

❼ 单击工作区左侧边框中的三角形图标，把左侧面板组隐藏起来。然后移动鼠标指针到工作区左侧边框中的三角形图标上，此时，左侧面板组会自动弹出，盖住下面一部分工作区。在弹出的面板组中选择目录、文件夹、收藏夹，只要鼠标指针位于左侧面板组上，面板组就会一直处于展开状态。把鼠标指针移动到左侧面板组之外，左侧面板组就会隐藏起来。不管当前设置如何，都可以按 F7 键，把左侧面板组显示出来或隐藏起来。

❽ 使用鼠标右键单击工作区左侧边框中的三角形图标，在弹出的快捷菜单中选择【自动隐藏】（命令名左侧有对钩）。使用完左侧面板组后，左侧面板组会自动隐藏起来。此时，即使把鼠标指针移动到工作区左边框上，左侧面板组也不会显示出来。单击工作区左边框，或者按 F7 键，可将左侧面板组显示出来。

❾ 使用鼠标右键单击工作区左侧边框中的三角形图标，在弹出的快捷菜单中选择【手动】，关闭自动显示和隐藏功能。

图 3-10

❿ 使用鼠标右键单击工作区左侧边框中的三角形图标，在弹出的快捷菜单中选择【自动隐藏和显示】，把左侧面板组重置为默认行为。若左侧面板组或右侧面板组仍处于隐藏状态，可分别按 F7 键或 F8 键，将其显示出来。

Lightroom Classic 能够记住各个模块的面板布局，以及显示和隐藏设置。不过，在不同模块之间切换时，在胶片显示窗格和顶部面板中做的设置会保持不变。

3.3.3　展开与折叠面板

接下来介绍如何使用面板组中的各个面板。

❶ 在模块选取器中单击【图库】，进入【图库】模块。参考上一小节中的步骤 4，隐藏顶部面板和胶片显示窗格，为两侧面板组留出更多空间。

在【图库】模块下，左侧面板组中有【导航器】面板、【目录】面板、【文件夹】面板、【收藏夹】面板、【发布服务】面板。面板组中的每个面板都能单独展开或折叠（折叠后只显示面板标题栏），以显示或隐藏其中的内容。面板名称旁边有三角形图标，用来指示当前面板的状态（展开或折叠）。

❷ 单击面板名称旁边的三角形图标，三角形方向变为朝下，面板展开，显示出其中的内容，如图 3-11 所示。再次单击三角形图标，面板被折叠起来。

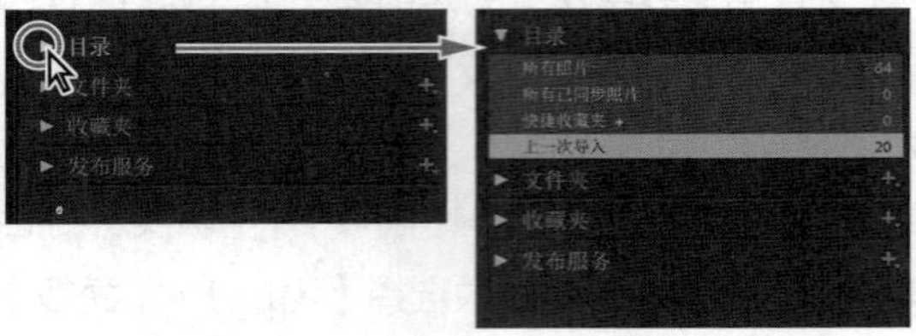

图 3-11

> **💡 提示** 单击面板标题栏的任意位置也可以展开或折叠面板。但是，千万不要单击面板标题栏中的控件，如【收藏夹】面板标题栏中的加号图标（+），这些控件一般都是有特定功能的。

单击文件夹名称旁边的三角形图标，可以把面板中的文件夹（如【收藏夹】面板中的【智能收藏夹】文件夹）展开或折叠起来。

❸ 在菜单栏中选择【窗口】>【面板】，在弹出的子菜单中，一些面板名称的左侧有对钩，表示这些面板当前处于展开状态，并且在面板组中是完全可见的。在【面板】子菜单中选择任意面板，改变其显示状态，如图 3-12 所示。

图 3-12

❹ 在【窗口】>【面板】子菜单中，每个面板名称右侧都会显示对应的快捷键，这些快捷键用来快速展开和折叠相应的面板。

• 对于左侧面板组中的面板，快捷键以 Control+Command/Ctrl+Shift 开头，后面为面板编号。面板从上往下进行编号，因此 Control+Command+0/Ctrl+Shift+0 对应【导航器】面板，Control+Command+1/Ctrl+Shift+1 对应【目录】面板。

• 对于右侧面板组中的面板，快捷键以 Command/Ctrl 开头，后面为面板编号。面板也是从上往下进行编号的，例如，Command+0/Ctrl+0 对应【直方图】面板。这些快捷键都是开关键，按一次展开面板，再按一次折叠面板。请注意，在其他模块中，这些快捷键可能会被指派给其他面板，但是，只要记住不论在哪个模块中，面板总是从上往下从 0 开始编号，就不会引起太多混乱。

• 使用快捷键能够大大提高工作效率，各个菜单命令旁边的快捷键最好留心记一下。

❺ 按快捷键 Command+/Ctrl+，可以打开当前模块的快捷键列表。单击快捷键列表，将其关闭。

此外，Lightroom Classic 还提供了【全部展开】和【全部折叠】两个命令，用于同时展开或折叠面板组中的所有面板（面板组中最上方的面板除外）。在面板组中，最上方的面板很特殊，不受这两个命令的影响。

❻ 使用鼠标右键单击面板组（左侧面板组或右侧面板组）中任意面板（最上方的面板除外）的标题栏，在弹出的快捷菜单中选择【全部折叠】，如图 3-13 所示，可以把面板组中的所有面板折叠起来。若面板组中最上方的面板最初处于展开状态，即使执行【全部折叠】命令，它仍然会保持展开状态。

❼ 使用鼠标右键单击面板组（左侧面板组或右侧面板组）中任意面板（最上方的面板除外）的标题栏，在弹出的快捷菜单中选择【全部

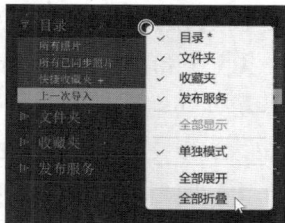

图 3-13

展开】，可以把面板组中的所有面板展开。若面板组中最上方的面板最初处于折叠状态，即使执行【全部展开】命令，它仍然会保持折叠状态。

❽ 使用鼠标右键单击面板组（左侧面板组或右侧面板组）中任意面板（最上方的面板除外）的标题栏，在弹出的快捷菜单中选择【单独模式】，可以把面板组中除单击面板之外的所有面板折叠起来，只让单击的面板处于展开状态。开启【单独模式】后，面板名称旁边的三角形会从实心变成虚点。单击已折叠面板的标题栏，可以将其展开，之前展开的面板会自动折叠起来。

💡 提示　按住 Option 键 /Alt 键单击任意面板的标题栏，可快速开启或关闭【单独模式】。

3.3.4　隐藏与显示面板

在面板组中，有些面板常用，有些面板不常用，我们可以把那些不常用的面板隐藏起来，把空间留给那些常用的面板。

❶ 使用鼠标右键单击面板组（左侧面板组或右侧面板组）中任意面板（最上方的面板除外）的标题栏，在弹出的快捷菜单中选择某个面板名称，Lightroom Classic 会把这个面板显示或隐藏起来，如图 3-14 所示。在弹出的快捷菜单中，当前处于显示状态的面板的名称左侧有对钩。

❷ 使用鼠标右键单击面板组（左侧面板组或右侧面板组）中任意面板（最上方的面板除外）的标题栏，在弹出的快捷菜单中选择【全部显示】，可以把当前处于隐藏状态的所有面板重新显示出来。

请注意，使用鼠标右键单击【导航器】面板或【直方图】面板的标题栏，无法打开面板组菜单。在面板组（左侧面板组或右侧面板组）中，除了最上方的面板，若全部的面板都处于隐藏状态，可以在【窗口】>【面板】子菜单中选择某个面板的名称，将其再次显示出来。

图 3-14

3.4　切换屏幕模式

在 Lightroom Classic 中，无论处在哪个模块下，用户都可以根据自己的需要切换屏幕模式。在默认屏幕模式下，工作区位于程序窗口中，可以随意调整程序窗口的大小及其在屏幕上的位置。通过切换屏幕模式，可以让工作区充满整个屏幕，也可以显示菜单栏或隐藏菜单栏，还可以大图形式浏览照片，而不用担心工作区中的元素会分散注意力。

❶ 在菜单栏中选择【窗口】>【屏幕模式】>【正常】，确保当前处在默认屏幕模式下。

在【正常】屏幕模式下，Lightroom Classic 工作区位于程序窗口中。用户可以正常地调整程序窗口的大小和位置，这与其他应用程序没什么不同。

❷ 把鼠标指针移动到程序窗口的某条边或某个角上，当鼠标指针变成水平双向箭头、垂直双向箭头或者斜向双向箭头形状时，按住鼠标左键拖动，改变程序窗口的大小，如图 3-15 所示。

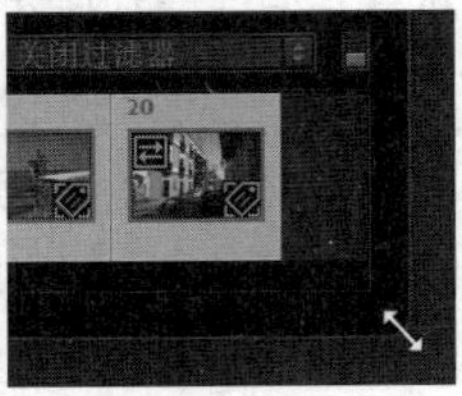

❸ 在 macOS 中，单击标题栏左侧的绿色缩放按钮；在 Windows 系统中，单击窗口右上角的【最大化】按钮。程序窗口扩展并充满整个屏幕后，仍然可以看见标题栏。在把窗口最大化之后，我们就不能像步骤 2 那样随意调整窗口大小了，也不能通过拖动标题栏来调整窗口的位置了。

图 3-15

❹ 单击绿色缩放按钮或【向下还原】按钮，把窗口恢复成步骤 2 中的大小。

❺ 在菜单栏中选择【窗口】>【屏幕模式】>【全屏】，工作区会充满整个屏幕，菜单栏也会隐藏起来，就像 macOS 中的 Dock 栏或者 Windows 系统中的任务栏一样。把鼠标指针移动到屏幕上边缘，会自动弹出菜单栏。也可以在菜单栏中选择【窗口】>【屏幕模式】>【全屏并隐藏面板】，或者按快捷键 Shift+Command+F/Shift+Ctrl+F，左右两侧的面板也会隐藏起来。

无论是在【网格视图】中，还是在【放大视图】中，都可以通过进入【全屏并隐藏面板】模式，快速地为工作区留出最大的空间。根据实际需要，可以使用快捷键或鼠标（相关操作请参考前文）在不更改视图的情况下展开处于隐藏状态的面板。

❻ 反复按快捷键 Shift+F，或者在菜单栏中选择【窗口】>【屏幕模式】>【下一个屏幕模式】，可以在不同屏幕模式之间切换。在不同屏幕模式之间切换时，工作区周围的面板仍处于隐藏状态。按快捷键 Shift+Tab，可以显示所有面板。按 T 键，可以显示或隐藏工具栏。

❼ 按 F 键，进入【全屏预览】模式，在最高放大倍率下浏览所选照片，而不用担心工作区中的元素分散注意力。再次按 F 键，返回【正常】屏幕模式。

3.5　切换视图模式

在 Lightroom Classic 的不同模块下，可以根据当前所处的工作阶段选择合适的视图模式。切换视图模式的方法有 3 种：一是使用菜单栏中的【视图】菜单；二是使用快捷键；三是在工具栏左侧单击视图模式按钮。

在【图库】模块下，可在【网格视图】【放大视图】【比较视图】【筛选视图】4 种视图模式之间切换。按 G 键，或者单击工具栏中的【网格视图】按钮，可在预览区中以缩览图的形式浏览照片，同时可以搜索照片，向照片中添加旗标、星级、色标，以及创建收藏夹。按 E 键，或者单击工具栏中的【放大视图】按钮，可以按一定比例放大并查看照片。按 C 键，或者单击工具栏中的【比较视图】按钮，可以并排查看两张照片。按 N 键，或者单击工具栏中的【筛选视图】按钮，可以同时评估多张照片。在不同的视图模式下，工具栏中显示的控件不一样。除了上面 4 种视图模式，工具栏中还有【人物】视图模式，主要用来对照片中的人脸做标记，相关内容将在第 4 课中讲解，这里暂且不讲。

❶ 单击【网格视图】按钮，切换至【网格视图】。工具栏右端有一个【缩览图】滑动条，拖动其中的滑块可调整缩览图的大小，如图 3-16 所示。

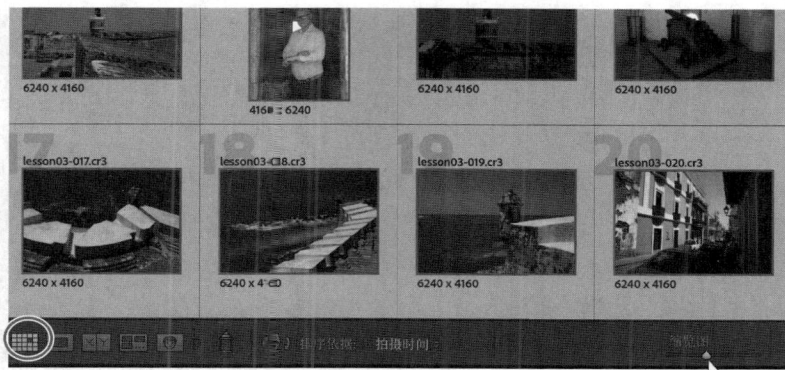

图 3-16

❷ 工具栏最右端有一个三角形图标，单击该图标，在弹出的菜单中确保【视图模式】处于启用状态（命令名左侧有对钩）。如果你使用的是小屏，在学习本课的过程中，可以只启用【缩览图大小】，禁用其他所有命令。

> 💡 注意　在工具栏的弹出菜单中，工具和控件自上而下的排列顺序与它们在工具栏中从左到右的排列顺序是一致的。

在弹出的菜单中，有些工具和控件名称左侧带有对钩，这表示它们当前已经显示在工具栏中，如图 3-17 所示。

图 3-17

❸ 回顾第 2 课"图库视图选项"的内容，指定希望在【网格视图】的单元格中每张照片上显示的信息项。

3.6　使用视图模式

在【放大视图】中，Lightroom Classic 会以符合预览区大小的缩放比例来显示照片。照片在高放大比例下更容易修改，所以在【修改照片】模块下，默认的视图模式是【放大视图】。在【图库】模块下，在对照片进行评估与排序时，会使用【放大视图】。在【导航器】面板中可以设置照片的缩放级别，当照片放大到超出预览区时，可以借助【导航器】面板在照片画面中导航。

❶ 在【网格视图】或胶片显示窗格中选择一张照片，然后在工具栏中单击【放大视图】按钮，如图 3-18 所示，放大显示照片。也可以直接按 E 键，或者双击【网格视图】或胶片显示窗格中的缩览图，放大显示照片。

图 3-18

❷【导航器】面板位于左侧面板组的最上方。若【导航器】面板当前处于折叠状态，单击标题栏左侧的三角形图标，展开【导航器】面板。【导航器】面板右上角有一组缩放控件，如图 3-19 所示。使用这些缩放控件，可以快速在不同的缩放级别之间切换。例如，可以选择【适合】【填满】【100%】【200%】，或者在缩放菜单中选择缩放级别。

图 3-19

> 💡 **提示** 在【图库视图选项】对话框中勾选【显示信息叠加】复选框，Lightroom Classic 会把详细信息叠加到【放大视图】中的缩览图上。

在菜单栏中选择【视图】>【切换缩放视图】，或者按 Z 键，或者单击工作区中的照片，可在不同缩放级别之间切换。缩放控件有两组：【适合】与【填满】是第一组，各种缩放百分比是第二组。【切换缩放视图】命令在每一组中最后使用的缩放级别之间切换放大视图。

❸ 在【导航器】面板右上角的缩放控件中选择【适合】，然后选择【100%】。在菜单栏中选择【视图】>【切换缩放视图】，或者按 Z 键，缩放级别会恢复成【适合】，再按一次 Z 键，缩放级别会变成 100%。

> 💡 提示　Lightroom Classic 中还有拖动缩放功能，可以在【修改照片】模块下使用它。相关内容将在第 4 课中讲解。

❹ 在【导航器】面板标题栏的【适合】下拉列表中选择【填满】，然后在最右侧的下拉列表中选择【300%】，如图 3-20 所示。

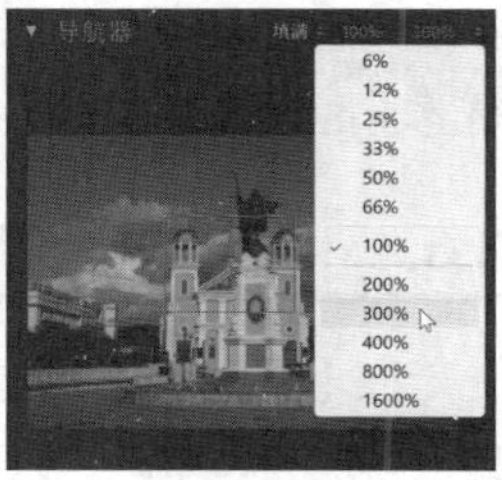

❺ 单击处于【放大视图】的照片，缩放级别恢复为【填满】。这种通过单击切换缩放级别的方式与使用【切换缩放视图】命令的不同是，Lightroom Classic 会把单击的区域置于视图中心。按 Z 键，把缩放级别切换为 300%。在【填满】下拉列表中选择【适合】。

此外，Lightroom Classic 还有一种放大照片的方式：按住 Command 键 / Ctrl 键，在希望放大的区域绘制一个矩形框。这样做可以把第三组变为自定义的百分比，可以按 Z 键来回切换。

图 3-20

❻ 按住 Command 键 /Ctrl 键，此时鼠标指针变为虚线矩形框，在照片中希望放大的区域按住鼠标左键并拖动，可绘制一个虚线矩形选框（缩放矩形），其内部就是想放大的区域，如图 3-21 所示。释放鼠标左键，照片会被放大到指定百分比，这个百分比显示在【导航器】标题栏右侧的第三组中。按 Z 键，可在【适合】/【填满】与指定的缩放百分比之间切换。按快捷键 Command+Option+0/Ctrl+Alt+0，可把缩放级别修改为 100%。

图 3-21

❼ 放大照片查看细节时，使用快捷键浏览照片会非常便捷。按 Home 键（在 macOS 中为 Fn 键 + 左箭头键），可以把缩放矩形移动到照片左上角。按 Page Down 键（在 macOS 中为 Fn 键 + 下箭头键），缩放矩形会沿着照片从上往下移动，每按一次，缩放矩形就往下移动一点。当把缩放矩形移动到照片底部时，再按 Page Down 键，它会移动到另一列的上端（照片顶部）。按 End 键（在 macOS 中为 Fn 键 + 右箭头键），缩放矩形会直接移动到照片右下角。按 Page Up 键（在 macOS 中为 Fn 键 + 上箭头键），可使缩放矩形自下而上、自右向左移动。

❽ 在胶片显示窗格中选择另一张有相同朝向的照片，然后单击【导航器】面板中的预览画面，把缩放矩形移动到画面的不同部分。返回上一张照片，缩放矩形会回到原来的位置。在菜单栏中选择【视图】>【锁定缩放位置】，然后重复刚才的步骤，会发现上一张照片中缩放矩形的位置也跟着变了。比较相似照片的细节时，这个命令会非常有用。

❾ 再次在菜单栏中选择【视图】>【锁定缩放位置】，解除锁定，然后在【导航器】面板的标题栏中选择【适合】。

不管是在【图库】模块下，还是在【修改照片】模块下，就【放大视图】来说，缩放控件和【导航器】面板的工作方式是一样的。

3.6.1　使用放大叠加

在【图库】模块或【修改照片】模块下，以及在联机拍摄期间，使用【放大视图】时，可以在照片上叠加一些东西，以帮助我们创建布局、对齐元素、进行变换。

❶ 在胶片显示窗格中选择照片 lesson03-019.cr3，在菜单栏中选择【视图】>【放大叠加】>【网格】，然后选择【视图】>【放大叠加】>【参考线】。在菜单栏中选择【视图】>【放大叠加】>【显示】，可同时隐藏网格和参考线，再次选择【显示】，可把网格和参考线显示出来，如图 3-22 所示。

图 3-22

当需要选择一张照片（或者在联机拍摄模式下拍摄一张），并将其应用到打印、网页设计、幻灯片中时，【放大叠加】子菜单中的【布局图像】命令很有用。可以先创建 PNG 格式的带透明背景的布局草图，然后在【放大叠加】子菜单中选择【布局图像】。

例如，想浏览一些照片，查看它们在杂志封面上的效果。

❷ 在菜单栏中选择【视图】>【放大叠加】>【选取布局图像】，如图 3-23 所示。

❸ 在打开的【选择 PNG】对话框中打开 lesson03 文件夹，从中选择 mag cover.png 文件，单击【选择】按钮，如图 3-24 所示。这张照片是带透明背景的 PNG 文件，能够看到叠加在图像上的布局。

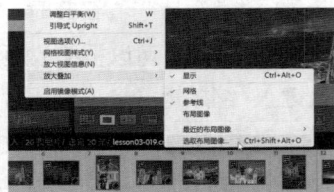

图 3-23

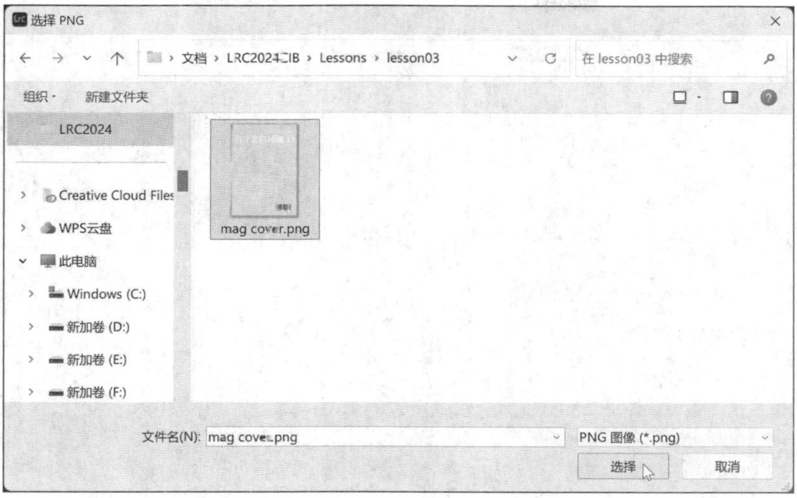

图 3-24

> **注意** 只有在【放大叠加】>【布局图像】模式下，Lightroom Classic 才支持 PNG 格式的透明图层。除此之外，PNG 格式的透明图层都显示为白色。

❹ 按 Command 键 /Ctrl 键，显示叠加控件，如图 3-25 所示。借助这些控件可以调整布局图像的位置、布局或蒙版（布局周围的区域）的不透明度，还可以利用垂直参考线与水平参考线对齐画面中的文本。在菜单栏中选择【视图】>【放大叠加】>【显示】，把布局图像隐藏起来。

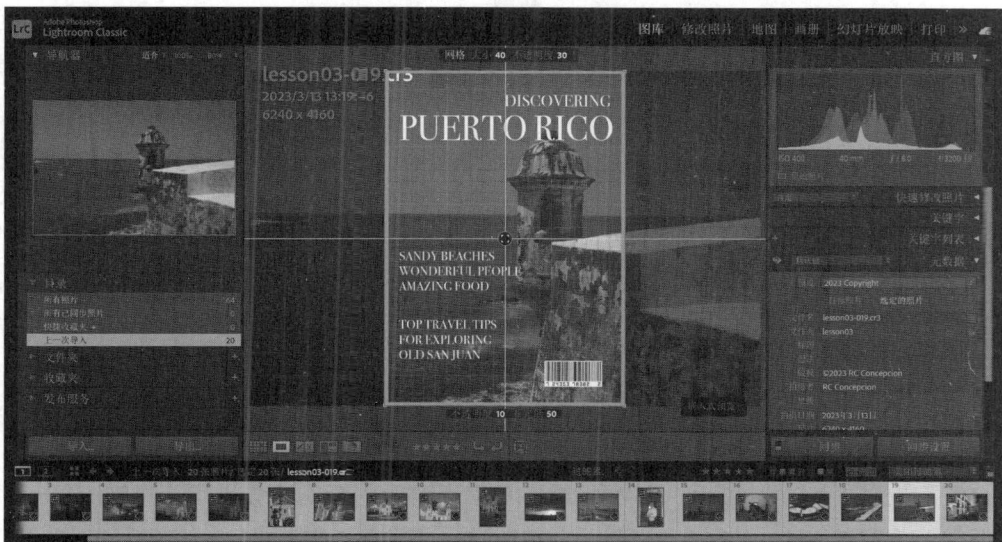

图 3-25

3.6.2 比较照片

【比较视图】用来并排查看和评估多张照片，它也是查看与评估照片的最佳视图。

❶ 在胶片显示窗格中任选几张类似的照片，然后单击工具栏中的【比较视图】按钮，如图 3-26 所示，或者按 C 键，进入【比较视图】。

图 3-26

　　选择的第一张照片处于【选择】状态，显示在【比较视图】的左侧窗格中；右侧窗格中显示的是第二张照片，其处于【候选】状态。在胶片显示窗格中，处于【选择】状态的照片的右上角有一个白色钻石图标，而处于【候选】状态的照片的右上角有一个黑色钻石图标。

　　使用【比较视图】时，若待选照片有很多张（多于两张），可先选择一张最喜欢的照片，使其处于【选择】状态，然后按住 Command 键 /Ctrl 键单击其他照片（非连续选择多张），或者按住 Shift 键单击最后一张照片（连续选择多张），把选择的多张照片添加到候选集合中。在工具栏中单击【选择上一张照片】（左箭头）和【选择下一张照片】（右箭头）按钮，或者按左箭头键与右箭头键，可更换候选照片。如果觉得当前候选照片好于当选照片，可以单击工具栏中的【互换】按钮，把两者互换。

> ♀ 提示　按 F5 键与 F7 键，或者单击工作区顶部与左侧的三角形，隐藏模块选取器和左侧面板组，可为预览区腾出更大空间，使照片以更大尺寸显示。

　　❷ 向右拖动工具栏中的【缩放】滑块，可以把当选照片和候选照片放大，以便比较照片细节。拖动【缩放】滑块时，当选照片和候选照片的缩放是同步进行的。拖动【比较视图】中的任意照片，另一张照片也会跟着一起移动。【缩放】滚动条左侧有一个锁头图标，处于锁定状态时，两张照片的焦点链接在一起，移动任意一张照片，另一张照片也会跟着移动，如图 3-27 所示。

　　某些情况下，这样很不方便。例如，两张照片虽然记录的是同一个对象，但是焦点不同，或构图不同。此时，最好单击锁头图标，使其处于解锁状态，取消两张照片的焦点链接。

　　❸ 在工具栏中单击锁头图标，取消两张照片的焦点链接，拖动【比较视图】中的任意一张照片，另一张照片不会跟着移动，如图 3-28 所示。也就是说，取消焦点链接之后，可以分别移动当选照片和候选照片。

　　在【比较视图】中，如果窗格有白色细边框，则窗格中的照片当前处于活动状态，拖动【缩放】滑块或者调整右侧面板组中的控件，当前处于活动状态的照片会受到影响。

　　❹ 单击右侧照片，使其处于活动状态，然后调整缩放比例。

　　❺ 按两次快捷键 Shift+Tab，显示所有面板。在工具栏中单击锁头图标，重新链接左右两张照片的焦点。在【导航器】面板的标题栏中选择【适合】。

图 3-27

图 3-28

❻ 单击左侧窗格中的照片，将其变为活动照片（修改会作用到该照片上）。展开【快速修改照片】面板。在【色调控制】选项组中，尝试调整各个控制选项，提升照片画面质量。这里先单击【高光】的右双箭头 3 次，再分别单击【曝光度】和【鲜艳度】的右双箭头一次，结果如图 3-29 所示。

在【比较视图】中比较照片时，使用【快速修改照片】面板中的控件调整照片，有助于从多张照片中选出最好的照片。把预设应用到照片上，或者快速修改照片，可以帮助我们评估照片修改后的效果。选好照片之后，如果觉得效果不好，可以撤销之前的快速调整操作，然后进入【修改照片】模块重新进行调整，或者在快速调整的基础上做进一步调整。

图 3-29

3.6.3 使用【筛选视图】缩小选择范围

【筛选视图】是【图库】模块的第 4 个视图，在该视图中可以同时浏览多张照片，然后把不满意的照片从选集中删除，最终把满意的照片选出来。

❶ 在【目录】面板中，确保【上一次导入】文件夹处于选中状态，将其作为图像源。在胶片显示窗格中选择 4 张城市照片，在工具栏中单击【筛选视图】按钮（从左往右数第 4 个），如图 3-30 所示，或者按 N 键。如果希望中间预览区更大一些，可隐藏左侧面板组。

图 3-30

❷ 按箭头键，或者单击工具栏中的【选择上一张照片】（左箭头）和【选择下一张照片】（右箭头）按钮，在不同的照片之间切换，被激活的照片周围有黑色细框线。

❸ 把鼠标指针移动到不喜欢的照片上，然后单击照片缩览图右下角的叉号（取消选择照片），如图 3-31 所示，将其从【筛选视图】中移除。

图 3-31

> 💡提示　如果不小心在【筛选视图】中移除了某张照片，可在菜单栏中选择【编辑】>【还原"取消选择照片"】，将照片恢复，还可以按住 Command 键 /Ctrl 键，在胶片显示窗格中单击被移除照片的缩览图，将其重新添加到【筛选视图】中。也可以使用同样的方法向【筛选视图】中添加新照片。

在【筛选视图】中移除照片后，其他照片的大小和位置会自动调整，以填满可用的预览区。

在【筛选视图】中移除照片时，Lightroom Classic 并不会把它从文件夹中删除，也不会把它从目录文件中删除，在胶片显示窗格中仍然能够看到被移除的照片，只是照片处于取消选择状态。【筛选视图】中显示的是胶片显示窗格中处于选中状态的照片，如图 3-32 所示。

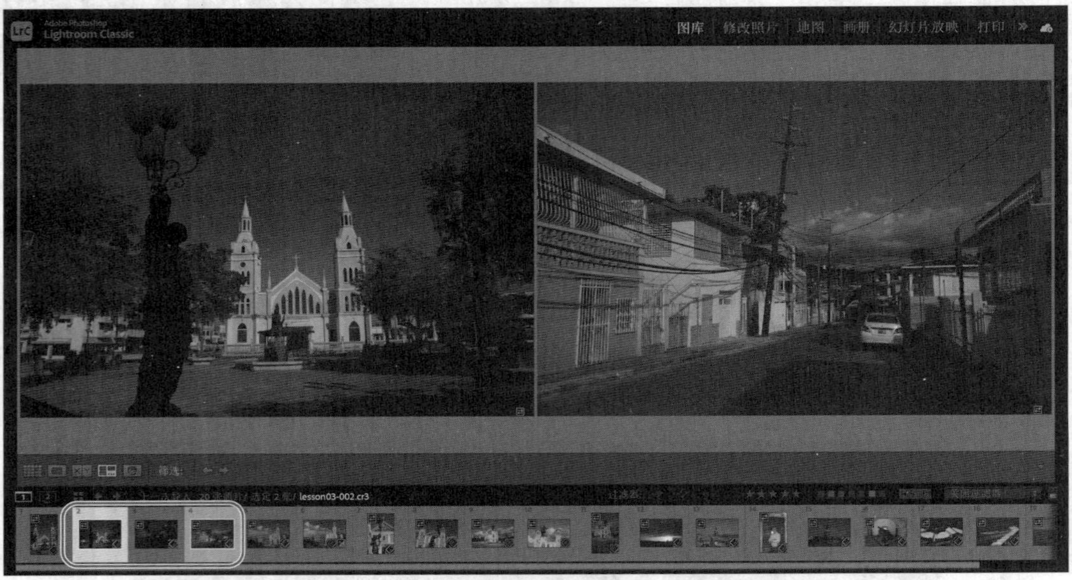

图 3-32

❹ 继续在【筛选视图】中移除照片。这里，我们只保留一张照片，将其他照片全部移除。在【筛选视图】中选中仅剩的一张照片，继续学习下一节的内容。

3.7　添加旗标与删除照片

当前【筛选视图】中只剩下一张照片。接下来，我们要给这张照片添加【留用】旗标。

浏览照片时，在照片上添加旗标（留用或排除）是对照片进行快速分类的有效方法；旗标状态是一种过滤条件，可以通过旗标状态过滤图库中的照片。此外，还可以使用菜单命令或快捷键从目录文件中快速删除标记了【排除】旗标的照片。

在【筛选视图】中，黑色旗标（在胶片显示窗格中显示为白色）代表留用，黑色带叉号的旗标代表排除，灰色旗标代表无旗标。

> 💡 **提示** 按 P 键，可为选择的照片添加【选取】旗标；按 X 键，可为照片添加【留用】旗标；按 U 键，可移除照片上的所有旗标。

❶ 在【筛选视图】中把鼠标指针移动到照片上，照片左下角会显示两个旗标。灰色旗标表示当前照片尚未添加旗标，如图 3-33 所示。单击左侧旗标，将其变成黑色旗标，表示留用该照片。此时，在胶片显示窗格中，这张照片缩览图的左上角会出现白色旗标。

❷ 在胶片显示窗格中选择一张照片，然后按 X 键。在【筛选视图】中，照片的左下角会出现【排除】旗标；在胶片显示窗格中，这张照片缩览图的左上角也会出现【排除】旗标，并且照片缩览图呈灰色显示，如图 3-34 所示。

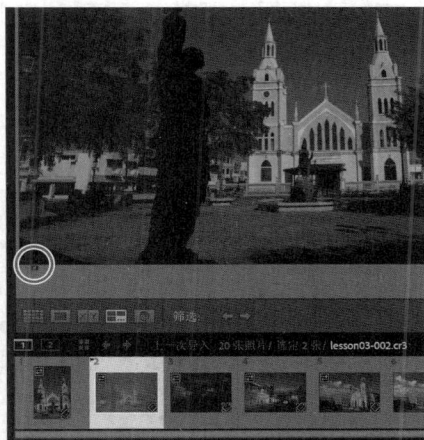

图 3-33   图 3-34

❸ 在菜单栏中选择【照片】>【删除排除的照片】，或者按快捷键 Command+Delete/Ctrl+Back-Space。在【确认】对话框中单击【从 Lightroom 中删除】按钮，如图 3-35 所示，可把排除的照片从图库目录中删除，但不会从磁盘上删除。

从 Lightroom Classic 的图库目录中删除被排除的照片后，这些照片不会再显示在胶片显示窗格中。按快捷键 Command+Z/Ctrl+Z，可恢复照片。按 P 键，恢复到【留用】状态。

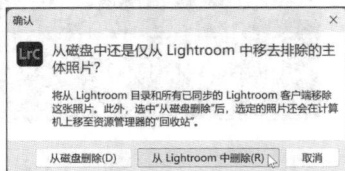

图 3-35

❹ 按 G 键，或者单击工具栏中的【网格视图】按钮，在【网格视图】中以缩览图的形式查看所有照片。按 F7 键，再次显示左侧面板组。

3.8 使用【快捷收藏夹】组织照片

使用收藏夹组织 Lightroom Classic 目录文件中的照片是一种非常便捷的方式，可以轻松地把一组照片组织在一起，即使这些照片存放在硬盘的不同文件夹中。例如，可以为某个特定的幻灯片新建收藏夹，也可以使用不同的收藏夹按类别或其他标准对照片进行分组。不论何时，你都可以在【收藏夹】面板中找到你的收藏夹，并快速访问它们。

【快捷收藏夹】用于临时存放照片。当浏览和整理导入的新照片时，或者从目录文件不同的文件夹中挑选一类照片时，都可以暂时把照片放入这个收藏夹。

在【网格视图】或胶片显示窗格中，只需要单击就可以把照片添加到【快捷收藏夹】中，从【快捷收藏夹】移除照片也一样简单。只要不把照片从【快捷收藏夹】中清除，或者不把照片转移到【收藏夹】面板中某个持久的收藏夹中，照片就会一直存放在【快捷收藏夹】中。在【目录】面板中可以快速访问【快捷收藏夹】，你可以随时返回处理同一批照片。

3.8.1 把照片移入或移出【快捷收藏夹】

❶ 在左侧面板组中展开【目录】面板，在其中可以看到【快捷收藏夹】，如图 3-36 所示。

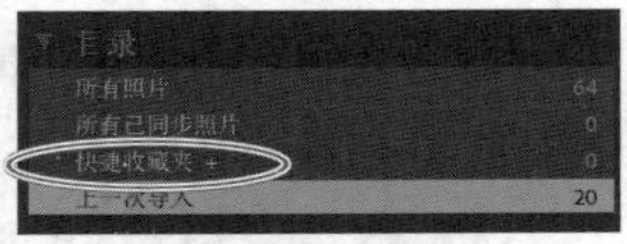

图 3-36

❷ 在【网格视图】或胶片显示窗格中选择第 6、8、9、14 张照片，如图 3-37 所示。

注意 在预览区中，若照片上未显示编号，可按 J 键切换视图样式。

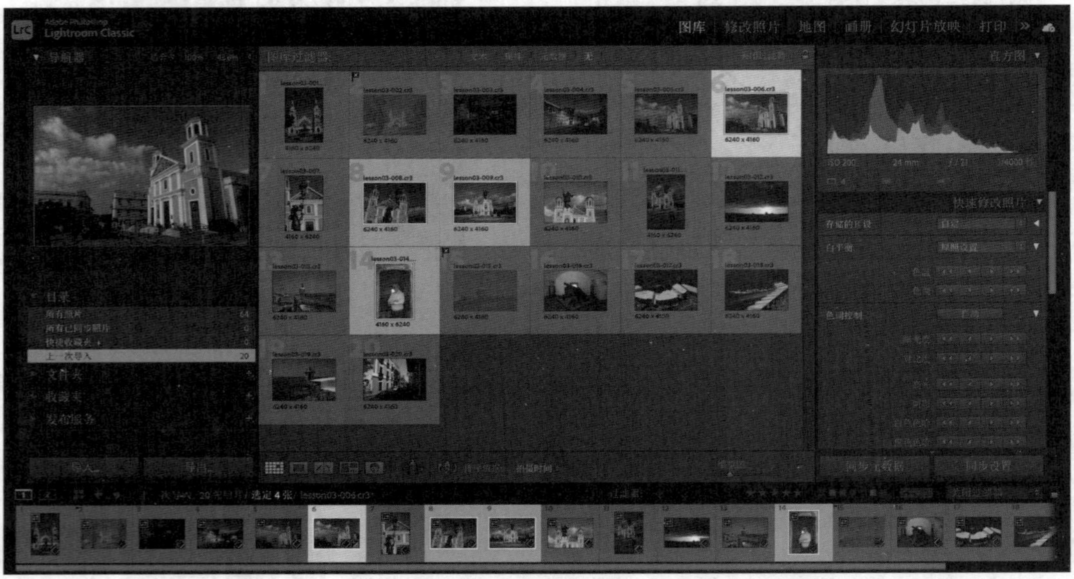

图 3-37

❸ 按 B 键，或者在菜单栏中选择【照片】>【添加到快捷收藏夹】，把选择的照片添加到【快捷收藏夹】中。

在【目录】面板中，【快捷收藏夹】右侧的数字为 4，表示其中已经有 4 张照片。选择【快捷收藏夹】，预览区中会显示【快捷收藏夹】中的 4 张照片。若在【图库视图选项】对话框中勾选了【缩览图徽章】复选框和【快捷收藏夹标记】复选框，会在【网格视图】中每张缩览图的右上角看到灰色圆点（快捷收藏夹标记），如图 3-38 所示。在胶片显示窗格中，每张缩览图的右上角也有灰色圆点，前提是缩览图尺寸不能太小。

图 3-38

> 💡 提示　把鼠标指针移动到照片缩览图上时，若看不见灰色圆点，在【视图】>【网格视图样式】子菜单中选择【显示额外信息】，并在菜单栏中选择【视图】>【视图选项】，在打开的【图库视图选项】对话框的【单元格图标】选项组中勾选【快捷收藏夹标记】复选框。

选中某张照片，然后单击照片缩览图右上角的灰色圆点，或者按 B 键，可以把选中的照片从【快捷收藏夹】中移除。

❹ 从【快捷收藏夹】中移除第 4 张照片。取消选择其他 3 张照片，只选择第 4 张照片，然后按 B 键。此时，【快捷收藏夹】右侧的数字变为 3。

3.8.2　清空【快捷收藏夹】

❶ 在【目录】面板中选择【快捷收藏夹】，当前【网格视图】中只有 3 张照片，如图 3-39 所示。只要不清空【快捷收藏夹】，这 3 张照片就会一直存在，可以随时浏览这组照片。

图 3-39

假设这 3 张照片是精选后的照片，接下来，我们需要把它们转移到永久收藏夹（普通收藏夹）中。

❷ 在菜单栏中选择【文件】>【存储快捷收藏夹】，打开【存储快捷收藏夹】对话框。

❸ 在【存储快捷收藏夹】对话框中，把【收藏夹名称】设置为 Old Town，勾选【存储后清除快捷收藏夹】复选框，然后单击【存储】按钮，如图 3-40 所示。

❹ 在【目录】面板中可以看到【快捷收藏夹】被清空了，右侧的数字变为 0。展开【收藏夹】面板，在收藏夹列表中可以看到创建的收藏夹，其中包含 3 张照片，如图 3-41 所示。

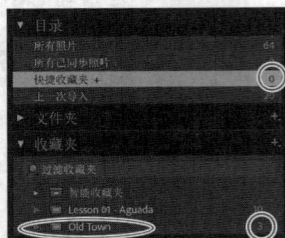

图 3-40   图 3-41

❺ 在【文件夹】面板中单击 lesson03 文件夹，【网格视图】中会再次显示出本课的所有照片，包括添加到新收藏夹中的照片。

3.8.3　指定目标收藏夹

默认设置下，Lightroom Classic 会把【目录】面板中的【快捷收藏夹】指定为目标收藏夹，因此【快捷收藏夹】名称右侧会有一个加号（+）。选择某张照片之后，按 B 键，或者单击照片缩览图右上角的圆圈，Lightroom Classic 会把所选照片添加到目标收藏夹中。

在 Lightroom Classic 中，你可以把自己的某个收藏夹指定为目标收藏夹，这样就可以使用相同的方法轻松、快捷地把照片添加到指定的收藏夹中，或者从指定收藏夹中移除。

❶ 在【收藏夹】面板中使用鼠标右键单击新建的 Old Town 收藏夹，在弹出的快捷菜单中选择【设为目标收藏夹】。此时，Old Town 收藏夹名称右侧出现加号（+），如图 3-42 所示。

❷ 在【目录】面板中选择【上一次导入】文件夹，然后单击第 10 张照片（或者按住 Command 键 /Ctrl 键选择多张照片）。

❸ 展开【收藏夹】面板，按 B 键，观察 Old Town 收藏夹的变化，添加所选照片之后，Old Town 收藏夹中的照片数目增加。再次按 B 键，可从收藏夹中移除照片。

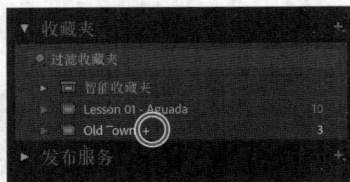

图 3-42

❹ 在【目录】面板中使用鼠标右键单击【快捷收藏夹】，在弹出的快捷菜单中选择【设为目标收藏夹】。此时，【快捷收藏夹】名称右侧再次出现加号（+）。

▌3.9　使用胶片显示窗格

不论在哪个模块下使用哪种视图，都可以通过胶片显示窗格（位于 Lightroom Classic 的工作区下方）访问所选文件夹或收藏夹中的照片。

与在【网格视图】中一样，在胶片显示窗格中，也可以使用箭头键快速浏览照片。若照片数量很多，超出了胶片显示窗格的显示区域，导致某些照片显示不出来，可使用如下几种方法把隐藏的照片显示出来：拖动照片缩览图下方的滚动条；把鼠标指针放到缩览图框架的上边缘处，当鼠标指针变成手形时，按住鼠标左键左右拖动；单击胶片显示窗格左右两端的箭头；单击胶片显示窗格左右两端带阴影的缩览图。

在胶片显示窗格顶部，Lightroom Classic 提供了一组控件，用来简化工作流程。

胶片显示窗格顶部最左侧有两个标有数字的按钮，用来切换主副显示器，把鼠标指针移动到其中一个按钮上，按住鼠标左键，可在弹出的菜单中为各个显示器设置视图模式，如图 3-43 所示。

图 3-43

紧接在数字按钮右侧的是图库网格按钮和箭头按钮（后退、前进），其中箭头按钮用来在最近浏览过的文件夹和收藏夹之间切换，如图 3-44 所示。

图 3-44

箭头按钮右侧是胶片显示窗格源指示器。通过它，我们可以知道当前浏览的是哪个文件夹或收藏夹，其中包含多少张照片，当前选中了多少张照片，以及当前鼠标指针所指照片的名称。单击源指示器中的三角形图标，弹出的菜单中列出了最近访问过的所有照片源，如图 3-45 所示。

图 3-45

3.9.1　隐藏胶片显示窗格与调整其大小

与两侧面板组一样，可以轻松地隐藏或显示胶片显示窗格，以及调整其大小，以便把更多工作空间留给正在处理的照片。

❶ 在【目录】面板中选择【所有照片】。胶片显示窗格的底部边框上有一个三角形图标，如图 3-46 所示，单击该图标，或者按 F6 键，可以隐藏或显示胶片显示窗格。也可以使用鼠标右键单击三角形图标，在弹出的快捷菜单中选择【自动隐藏和显示】。

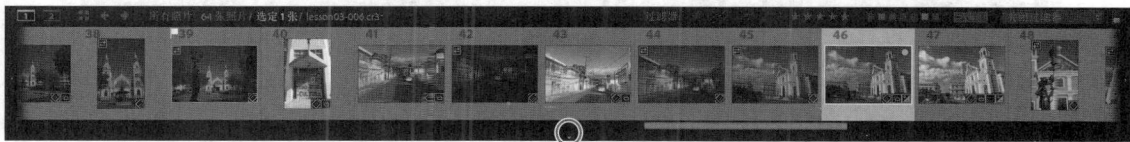

图 3-46

❷ 把鼠标指针移动到胶片显示窗格的上边缘处，当鼠标指针变成双向箭头形状时，如图 3-47 所示，按住鼠标左键向上或向下拖动，可调整胶片显示窗格的大小，以放大或缩小照片缩览图。胶片显示窗格越小，其中显示的照片缩览图就越多。

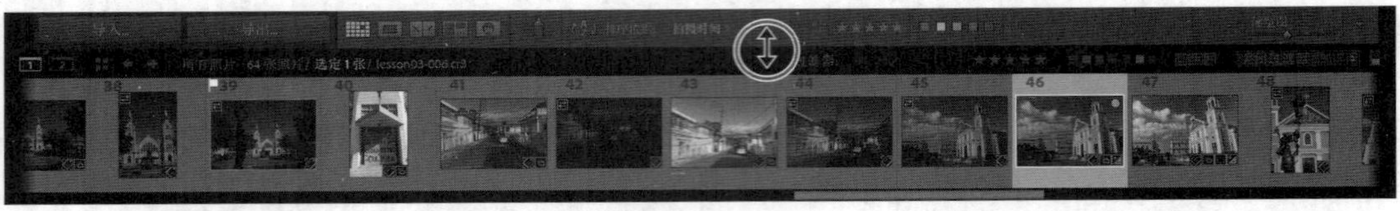

图 3-47

3.9.2 在胶片显示窗格中使用过滤器

当文件夹中只包含几张照片时，可以很轻松地在胶片显示窗格中看到所有照片。但是，当文件夹中包含大量照片时，将会有很多照片无法显示在胶片显示窗格的可视区域中。

此时，只有手动拖动胶片显示窗格底部的滚动条，才能从大量照片中找到需要的照片，这样操作不是很方便。

❶ 在胶片显示窗格中，【所有照片】文件夹中有 3 张照片带有白色旗标。打开胶片显示窗格菜单，浏览其他可用命令。菜单中有很多命令，其中有些命令针对的是当前选中的照片，有些命令针对的则是胶片显示窗格本身。

> 💡注意　若看不见旗标，请使用鼠标右键单击照片单元格中的任意位置，在弹出的快捷菜单中选择【视图选项】>【显示星级和旗标状态】。

❷ 胶片显示窗格的右上角有一个下拉列表框，单击该列表框，在打开的下拉列表中选择【留用】。此时，胶片显示窗格中只显示标记了白色旗标的照片，如图 3-48 所示。

图 3-48

❸ 同时，胶片显示窗格右上角的【过滤器】文字右侧出现高亮显示的白色旗标。单击【过滤器】文字，以图标形式显示所有过滤器，包括旗标、星级、色标、编辑状态等，如图 3-49 所示。

图 3-49

单击某个过滤器图标，可快速激活或禁用过滤器下拉列表（位于胶片窗格右上角）中的相应过滤器。单击胶片显示窗格右上角的下拉列表框，在打开的下拉列表中选择【将当前设置存储为新预设】，把当前过滤器组合存储为自定义预设，以便以后使用。

❹ 单击白色旗标，取消旗标过滤器，或者单击胶片显示窗格右上角的下拉列表框，在打开的下拉列表中选择【关闭过滤器】，禁用所有过滤器。此时，胶片显示窗格再次显示出文件夹中的所有照片。在胶片显示窗格中再次单击【过滤器】文字，隐藏过滤器图标。

有关过滤器的更多内容，将在第 4 课中讲解。

3.9.3　调整缩览图的排列顺序

使用工具栏中的【排序方向】和【排序依据】功能，可以改变【网格视图】和胶片显示窗格中缩览图的排列顺序。

❶ 若当前工具栏中未显示排序控件，请在工具栏右侧的【选择工具栏的内容】菜单中选择【排序】，将其在工具栏中显示出来。

❷ 在【排序依据】下拉列表中选择【选取】，如图3-50所示，并确保排序方向是从A到Z，而不是从Z到A。

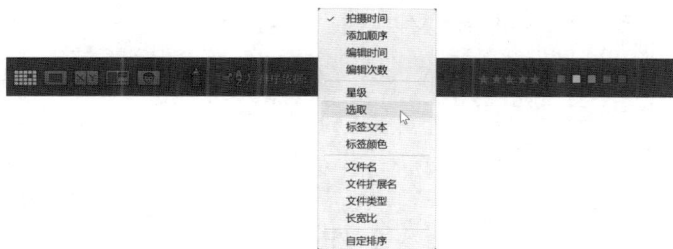

图 3-50

此时，【网格视图】和胶片显示窗格中的照片缩览图被重排，先显示的是标记了【排除】旗标的照片，然后是无旗标的照片，最后是标记了白色旗标的照片。

❸ 单击【排序方向】按钮，把照片缩览图的排序方向由从A到Z变为从Z到A。此时，标记了白色旗标的照片显示在最前面，然后是无旗标照片，最后是标记了【排除】旗标的照片。

把一组照片放入收藏夹并组织其中的照片时，可以随意指定照片的排列顺序。这在进行作品展示（如幻灯片、网络画廊）或者进行印刷排版时非常有用，因为这个过程中用到的照片会按照排列顺序被放入收藏夹中。

❹ 展开【收藏夹】面板，单击前面创建的 Old Town 收藏夹，如图3-51所示。在工具栏的【排序依据】下拉列表中选择【拍摄时间】。

❺ 在胶片显示窗格中按住鼠标左键向左拖动第3张照片，在第1张照片之后出现黑色插入条时，释放鼠标左键，如图3-52所示。

图 3-51

图 3-52

> 💡提示　在【网格视图】中，可以通过拖动照片缩览图调整照片的顺序，也可以更改收藏夹中照片的排列顺序。

此时，在胶片显示窗格和【网格视图】中，第3张照片移动到了新位置。同时，工具栏中的【排序依据】变成【自定排序】，如图3-53所示，Lightroom Classic 会把手动调整的顺序保存下来，并以【自定排序】的形式显示在【排序依据】下拉列表中。

图 3-53

❻ 在【排序依据】下拉列表中选择【文件名】，然后选择【自定排序】，如图 3-54 所示，切换为手动调整的顺序。

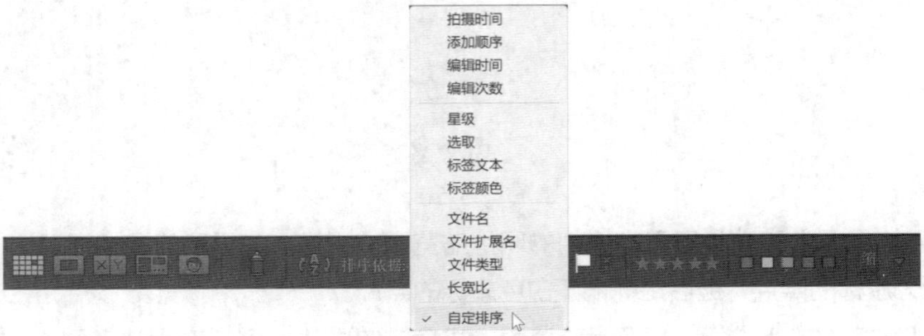

图 3-54

3.9.4　使用第二台显示器

在【文件夹】面板中单击 lesson03 文件夹，显示其中的所有照片。如果计算机连接着第二台显示器，可以在第二台显示器上使用不同的视图（副视图）显示照片，这个视图独立于主显示器上当前激活的模块和视图模式（主视图）。既可以让副视图显示在自己的窗口（该窗口的大小、位置可以调整）中，也可以让它填满第二台显示器。第二台显示器（或窗口）顶部有一排视图选取器，单击它们，可以在【网格视图】【放大视图】【比较视图】【筛选视图】之间切换，如图 3-55 所示。

图 3-55

如果计算机只连接了一台显示器，可以打开一个浮动窗口进行辅助显示，且可以随时调整该浮动窗口的尺寸和位置，如图 3-56 所示。

图 3-56

❶ 不管计算机连接一台还是两台显示器，单击胶片显示窗格左上角的【副显示器】按钮，打开独立窗口。

❷ 在副显示器窗口的顶部面板中单击【网格】，或者按快捷键 Shift+G，更改副显示器窗口视图，如图 3-57 所示。

💡 提示　副显示器窗口中的视图一般都有对应的快捷键：【网格视图】——Shift+G、【放大视图】——Shift+E、【比较视图】——Shift+C、【筛选视图】——Shift+N、【幻灯片放映视图】——Ctrl+Shift+Alt+Enter。若副显示器窗口未打开，可以使用这些快捷键在指定的视图模式下快速打开它。

❸ 拖动副显示器窗口右下角的【缩览图】滑块，可以调整照片缩览图的大小，如图 3-58 所示。拖动窗口右侧的滚动条，可以上下滚动【网格视图】。

图 3-57

图 3-58

虽然主显示器窗口与副显示器窗口可显示尺寸不同的照片，但是副显示器窗口中的【网格视图】与主显示器窗口中的【网格视图】、胶片显示窗格中显示的照片是完全一样的。

副显示器窗口左下角有源指示器和菜单，它们与胶片显示窗格中的源指示器和菜单一样。与主显示器窗口一样，副显示器窗口中的顶部面板和底部面板也是可以显示或隐藏的。

❹ 在副显示器窗口的【网格视图】中单击任意照片缩览图，然后在顶部面板左侧的视图选取器中单击【放大】。检查顶部面板右侧的模式选取器，确保当前处在【正常】屏幕模式下，如图 3-59 所示。

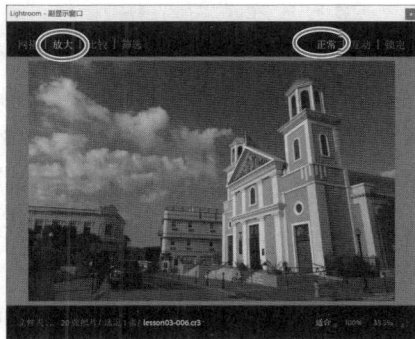

图 3-59

当副显示器窗口处在【正常】屏幕模式下时，【放大视图】中显示的是主显示器窗口中【网格视图】和胶片显示窗格中当前选中的照片。

> 💡 **注意**　如果副显示器窗口是在第一台显示器而非在第二台显示器中打开的，可能需要在主窗口内或标题栏上单击，才能改变键盘输入焦点。

❺ 按左右箭头键，在【网格视图】中选择另外一张照片，新选择的照片会成为当前活动照片，副显示器窗口中显示的照片随之更新。

❻ 在副显示器窗口顶部面板右侧的模式选取器中单击【互动】。

在【互动】屏幕模式下，在主显示器窗口中，无论是在【网格视图】、胶片显示窗格中，还是在【放大视图】【比较视图】【筛选视图】中，鼠标指针指到哪张照片，副显示器窗口中就显示哪张照片，如图 3-60 所示。

图 3-60

副显示器窗口的右下角有几个缩放控件，使用这些控件可以为副显示器窗口中的照片指定不同的缩放级别。

❼ 在胶片显示窗格中选择一张照片，然后进入副显示器窗口，在顶部面板右侧的模式选取器中单击【锁定】。此时，不管主显示器窗口中显示哪张照片，只要不选择【正常】或【互动】屏幕模式，副显示器窗口中显示的照片就会一直保持不变。

❽ 使用副显示器窗口右下角的缩放控件，可以为副显示器窗口中的照片指定不同的缩放级别。这些控件有【适合】/【填充】、100%、缩放百分比菜单。

❾ 在副显示器窗口中把照片放大后，拖动照片，调整其在副显示器窗口中的位置。单击照片，返回之前的缩放级别。

❿（可选）使用鼠标右键单击照片，在弹出的快捷菜单中选择背景颜色。这些设置会应用到副显示器窗口中，与主显示器窗口中的设置无关。

⓫ 在副显示器窗口顶部面板左侧的视图选取器中单击【比较】。此时，在主显示器窗口的【网格视图】或胶片显示窗格中选中的照片及其下一张照片就会变成当选照片和候选照片，但可以选择两张或两张以上的照片替换它们。

⓬ 与主显示器窗口一样，在副显示器窗口中，【比较视图】左侧窗格中的照片是当选照片，右侧窗格中的照片是候选照片。变更候选照片时，先单击候选照片窗格，然后单击【选择上一张照片】和【选择下一张照片】按钮。若同时选择了两张以上的照片，则只有被选中的照片才被视为候选照片。单击副显示器窗口右下角的【互换】按钮，可以把当选照片与候选照片互换，如图 3-61 所示。

图 3-61

⓭ 在主显示器窗口中选择 3 张以上的照片，然后在副显示器窗口的顶部面板中单击【筛选】。使用【筛选视图】可同时比较两张以上的照片。把鼠标指针移动到希望移除的照片上，单击照片右下角的叉号图标（取消选择照片），可把相应照片从【筛选视图】中移除，如图 3-62 所示。

图 3-62

⓮ 在菜单栏中选择【窗口】>【副显示窗口】>【显示】，或者单击胶片显示窗格左上角的【副显示器】按钮，关闭副显示器窗口。

3.10 复习题

1. 请说出【图库】模块中的 4 种视图，并说明如何使用它们。
2. 什么是【导航器】面板？
3. 如何使用【快捷收藏夹】？
4. 什么是目标收藏夹？

3.11 复习题答案

1. 【图库】模块中的 4 种视图分别是【网格视图】【放大视图】【比较视图】【筛选视图】。按 G 键，或者单击工具栏中的【网格视图】按钮，可在预览区中以缩览图的形式浏览照片，同时可以搜索照片，向照片中添加旗标、星级、色标，以及创建收藏夹。按 E 键，或者单击工具栏中的【放大视图】按钮，可以按一定比例放大并查看照片。按 C 键，或者单击工具栏中的【比较视图】按钮，可以并排查看两张照片。按 N 键，或者单击工具栏中的【筛选视图】按钮，可以同时评估多张照片。

2. 【导航器】面板是一个交互式的全图预览工具，可以帮助用户在放大后的照片（【放大视图】下）内轻松移动鼠标指针，以查看照片画面的不同区域。在【导航器】面板的预览图中单击或拖动鼠标，照片会在预览区中移动。【导航器】面板的预览图上有一个白色矩形框，矩形框内的部分就是当前照片在预览区中显示的部分。【导航器】面板中还有一些用来调整照片缩放级别的控件。在【放大视图】中单击照片，可以在不同缩放级别之间切换。

3. 选择一张或多张照片，然后按 B 键，或者在菜单栏中选择【照片】>【添加到目标收藏夹】，即可把所选照片添加到【快捷收藏夹】中。【快捷收藏夹】用于临时存放照片，用户可以不断向【快捷收藏夹】中添加照片，也可以从中移除照片，还可以把【快捷收藏夹】中的照片保存到永久收藏夹中。在【目录】面板中可以找到【快捷收藏夹】。

4. 选择一张照片后按 B 键，或者单击照片缩览图右上角的圆圈图标，Lightroom Classic 会把所选照片添加到目标收藏夹中。默认设置下，Lightroom Classic 会把【目录】面板中的【快捷收藏夹】指定为目标收藏夹，因此【快捷收藏夹】名称右侧会有一个加号（+）。在 Lightroom Classic 中，你可以把自己的某个收藏夹指定为目标收藏夹，这样就可以使用相同的方法轻松、快捷地把照片添加到指定的收藏夹中，或者从指定收藏夹中移除。

摄影师
拉坦娅·亨利（LATANYA HENRY）

"摄影使我有机会与世界各地的人建立联系，这种联系跨越了语言的障碍。"

我十岁那年有了人生的第一台相机——Kodak 110，一有时间我就带着它到处拍照。

从小我就喜欢通过相机来探索世界，喜欢记录周围重要的人和时刻。我喜欢用相机拍摄时间切片，留作岁月的记忆。

我从事过人像摄影工作，因此我认识了形形色色的人，并帮助他们看到了自己独特的美。我还从事过婚礼摄影工作，婚礼摄影重新点燃了我捕捉人物故事的热情。在与客户合作的过程中，我有幸了解了他们的个性和家庭，记录了他们一些最珍贵的时刻，帮他们把爱情故事一直保留下去。

时至今日，无论走到哪里，我都会带着相机。摄影使我有机会与世界各地的人建立联系，这种联系跨越了语言的障碍。摄影让我能够捕捉到生活中的一些美妙瞬间，把美好记忆定格。从婚礼到旅行，再到与家人在一起的普通日子，我总能从记录美好瞬间的过程中体会到快乐。

Butter Pecan
Strawberry
Cookies & Cream
Peanut Butter Swirl
Follow Us
@urbancreamerystpete

管理图库

课程概览

随着照片数量的增多，照片组织变得越来越重要，照片组织得好，查找照片的效率就能大大提高。Lightroom Classic 提供了大量组织照片的工具，不论是在单击【导入】按钮把照片导入之前，还是把照片导入目录之后，你都可以使用这些工具来组织照片。在【图库】模块下，你可以管理文件夹和文件，添加关键字、旗标、星级、色标，然后把照片放入相应的收藏夹，同时不必在意它们具体保存在什么位置。

本课主要讲解以下内容。

- 认识与使用收藏夹
- 使用关键字、旗标、星级、色标标记照片
- 在【人物】视图中标记人脸并按名字组织照片
- 编辑元数据，使用【喷涂】工具加快工作流程
- 查找与过滤照片

学习本课需要 **90** **分钟**

Lightroom Classic 提供了功能强大的工具来帮助我们组织照片。在 Lightroom Classic 中，我们可以使用人物标签、关键字、旗标、色标、星级、GPS 数据对照片进行分类，然后通过某种关联关系把它们放入虚拟收藏夹中；还可以把不同的条件轻松地组合在一起，从而迅速找到需要的照片。

4.1 学前准备

导入照片前，检查是否已经创建好用于存放本书课程文件的 LRC2024CIB 文件夹，以及 LRC-2024CIB Catalog 目录文件。具体操作方法参见本书前言"课程文件"和"新建目录文件"板块中的内容。

> **⎙ 注意** 学习本课内容之前，需要对 Lightroom Classic 的工作区有基本了解。如果对 Lightroom Classic 的工作区一点也不了解，请先阅读 Lightroom Classic 帮助文档或前面课程中的内容。

将下载好的 lesson04 和 lesson04-gps 文件夹放入 LRC2024CIB\Lessons 文件夹中。

❶ 启动 Lightroom Classic。

❷ 在打开的【Adobe Photoshop Lightroom Classic - 选择目录】窗口中选择 LRC2024CIB Catalog.lrcat 文件，单击【打开】按钮，如图 4-1 所示。

图 4-1

❸ 打开 Lightroom Classic 后，当前显示的是上一次退出时使用的屏幕模式和模块。若当前模块不是【图库】模块，请在工作区右上角的模块选取器中单击【图库】，切换至【图库】模块，如图 4-2 所示。

图 4-2

> **⎙ 提示** 在 Lightroom Classic 中，首次进入某个模块时，会看到该模块特有的提示内容，以帮助你认识该模块的各个组成部分，以及带领你熟悉使用该模块的流程。单击【关闭】按钮，可以关闭提示对话框。在【帮助】菜单中选择【×××提示】（×××是当前模块名称），可打开当前模块的提示对话框。

把照片导入图库

学习本课之前，把本课用到的照片导入 Lightroom Classic 图库。

❶ 在【图库】模块下，单击左侧面板组左下角的【导入】按钮，如图 4-3 所示，打开【导入】对话框。

❷ 若【导入】对话框当前处在紧凑模式下，单击对话框左下角的【显示更多选项】按钮（向下三角形），如图 4-4 所示，进入扩展模式，【导入】对话框中会显示所有可用选项。

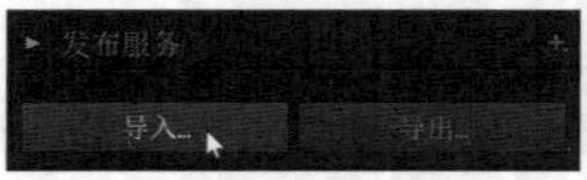

图 4-3

图 4-4

❸ 在左侧【源】面板中找到并选择 LRC2024CIB\Lessons\lesson04 文件夹，勾选右上角的【包含子文件夹】复选框。此时，Lightroom Classic 会选中 lesson04 文件夹中的 36 张照片，准备导入它们。

❹ 在预览区上方的导入方式中选择【添加】，Lightroom Classic 会把导入的照片添加到目录文件中，但不会移动或复制原始照片。在右侧【文件处理】面板的【构建预览】下拉列表中选择【嵌入与附属文件】，勾选【不导入可能重复的照片】复选框。在【在导入时应用】面板的【修改照片设置】和【元数据】下拉列表中选择【无】，在【关键字】文本框中输入"Lesson 04 Collections"，如图 4-5所示。确认设置无误后，单击【导入】按钮。

图 4-5

此时，Lightroom Classic 会弹出对话框，询问是否启用地址查询，可以选择启用，也可以选择不启用。当从 lesson04 文件夹中把 36 张照片导入 Lightroom Classic 之后，可以在【图库】模块下的【网格视图】和工作区底部的胶片显示窗格中看到它们。

4.2 文件夹与收藏夹

每导入一张照片，Lightroom Classic 就会在目录文件中新建一个条目，记录照片文件在硬盘上的地址。这个地址包括存放照片的文件夹及文件夹所在的硬盘，可以在左侧面板组的【文件夹】面板中找到它。

> 💡 **提示**　在菜单栏中选择【图库】>【同步文件夹】，在打开的【同步文件夹】对话框中勾选【导入新照片】复选框。此时，Lightroom Classic 会自动导入已经添加到文件夹但尚未添加到图库中的照片。勾选【导入前显示导入对话框】复选框，选择希望导入的新照片文件。勾选【扫描元数据更新】复选框，检查元数据在其他应用程序中被修改的照片文件。

为了方便处理日益增加的照片，我们需要把照片保存到文件夹中，并让这些文件夹拥有某种组织结构。但其实文件夹不是一种组织信息的高效方式，尤其是用来组织照片时，因为在一大堆文件中找到某一张照片并不是一件容易的事。在这种情况下，我们可以使用收藏夹来高效地组织照片。

文件夹用于保存而非组织照片

假设有一张照片笔者觉得很棒，认为它是最好的一张照片，不论做什么项目，笔者都希望用上

它。例如，图 4-6 所示为笔者的女儿（Sabine），这是笔者拍儿童拍得最好的一张照片，也是笔者女儿最具代表性的一张照片。笔者想在不同时间、不同情况下都能把它轻松地拿给不同人看，该怎么做呢？笔者会给每个美好的瞬间分别创建相册（文件夹），然后把这张照片分别放入这些文件夹中。

这个办法看起来不错，每个文件夹中都包含这张照片，如图 4-7 所示。如果照片大小为 10MB，那它总共就占用了 50MB 的硬盘空间（假设共有 5 个文件夹）。把同一张照片放入 5 个不同的文件夹中，只是为了在不同情况下能够快速找到它。从硬盘占用量来看，这么做显然是在浪费硬盘空间。

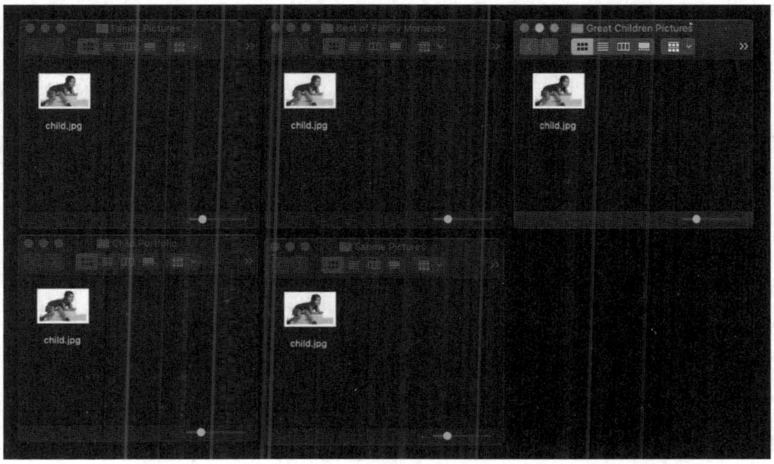

图 4-6

图 4-7

如果笔者还想修改一下这张照片，又会怎么样呢？首先笔者必须记住照片都放入了哪些文件夹，然后分别去那些文件夹中重复修改照片。这么做效率实在太低了。为了解决这个问题，Lightroom Classic 专门提供了收藏夹这个工具。

■ 4.3 使用收藏夹组织照片

收藏夹是虚拟文件夹，用来把多个物理文件夹中的照片组织在一起，这些物理文件夹可以在硬盘上，也可以在移动存储设备或者网络存储设备上。在 Lightroom Classic 中，可以把一张照片放入多个收藏夹，这样做不会增加空间占用量，而且有助于灵活地组织所有照片。回到 4.2 节中的例子，我们不创建文件夹，而是在 Lightroom Classic 中创建 5 个收藏夹，分别应对不同的情况，然后把那张照片放入这些收藏夹中。放入收藏夹中的并不是照片真实的物理文件，而是对物理文件的引用。

> ♀ 提示　如果你是 Apple iTunes 用户，那一定熟悉"播放列表"，其实我们可以把收藏夹看作照片的"播放列表"。你可以把同一张照片放入不同的"播放列表"中。

收藏夹是在 Lightroom Classic 中做一切工作的基础，掌握使用收藏夹组织照片这个方法会使 Lightroom Classic 的使用变得更简单、更轻松。

> ♀ 提示　有关发布收藏夹的更多内容，请阅读本书的附赠课程。附赠课程位于本书配套的课程文件中，有关下载本书课程文件的方法，请参考前言中的相关说明。

Lightroom Classic 中有几类收藏夹，按照重要性排序（笔者个人观点）为快捷收藏夹、收藏夹（也称标准收藏夹或普通收藏夹）、收藏夹集、智能收藏夹。

任何收藏夹都可以作为输出收藏夹使用。在保存排版版面、相册或网络画廊等创意项目时，Lightroom Classic 会自动创建输出收藏夹，用来把用到的照片、指定的项目模板与个人设置链接在一起。

收藏夹也可以充当发布收藏夹，它会自动记录用户通过在线服务分享出去的照片，以及通过 Adobe Creative Cloud 同步到移动版 Lightroom Classic 中的照片。

> ♀ 提示　在【图库视图选项】对话框中勾选【缩览图徽标】复选框后，打开任意收藏夹，每张照片缩览图的右下角都会显示其所在收藏夹的徽标，如图 4-8 所示。
> 单击收藏夹徽标，弹出的菜单中列出了收录了该照片的收藏夹。在菜单中选择某个收藏夹，可以切换到相应的收藏夹。

图 4-8

接下来，我们将逐一学习前面提到的 4 种收藏夹，掌握它们的用法，然后把它们尽快应用到自己的实际工作中。

4.3.1　快捷收藏夹

快捷收藏夹用于临时存放照片，它可以把来自不同文件夹的照片收集起来。在【目录】面板中能找到【快捷收藏夹】，无论何时，你都可以通过它轻松地打开同一组照片并进行处理。在把照片放入【快捷收藏夹】之后，只要没有主动把照片转移到永久收藏夹（位于【收藏夹】面板）中，这些照片就会一直待在【快捷收藏夹】中。

Lightroom Classic 允许用户创建多个收藏夹和智能收藏夹，但是【快捷收藏夹】只能有一个。若当前【快捷收藏夹】中已经有一组照片，但你想用它存放一组新照片，此时，需要先清空【快捷收藏夹】，或者把之前存放的那组照片转移到其他标准收藏夹（永久收藏夹）中，然后再把新照片放入其中。

有关使用【快捷收藏夹】的内容已经在第 3 课中讲过了，这里不赘述。接下来，我们讲讲 Lightroom Classic 中另外两个常用的工具——收藏夹和收藏夹集。

4.3.2　创建收藏夹

可能你已经发现了本课用到的照片并非直接放在 lesson04 文件夹的根目录下，而是放在了各个子文件夹中。这是笔者有意为之的，目的在于讲解收藏夹的作用。事实证明，这样做对认识与理解收藏夹的作用非常有帮助。顺便提一下，这些照片拍摄的都是笔者的家人，希望大家喜欢她们。

❶ 在左侧【文件夹】面板中单击 lesson04 文件夹下的 20230109 子文件夹，Lightroom Classic 会把其中的照片显示在预览区中（【网格视图】模式）。按快捷键 Command+A/Ctrl+A，选中所有照片。

❷ 单击【收藏夹】面板标题栏右端的加号图标（+），在弹出的菜单中选择【创建收藏夹】，弹出【创建收藏夹】对话框。在【名称】文本框中输入"Jenn Organizing"，在【选项】选项组中勾选【包括选定的照片】复选框，然后单击【创建】按钮，如图 4-9 所示。

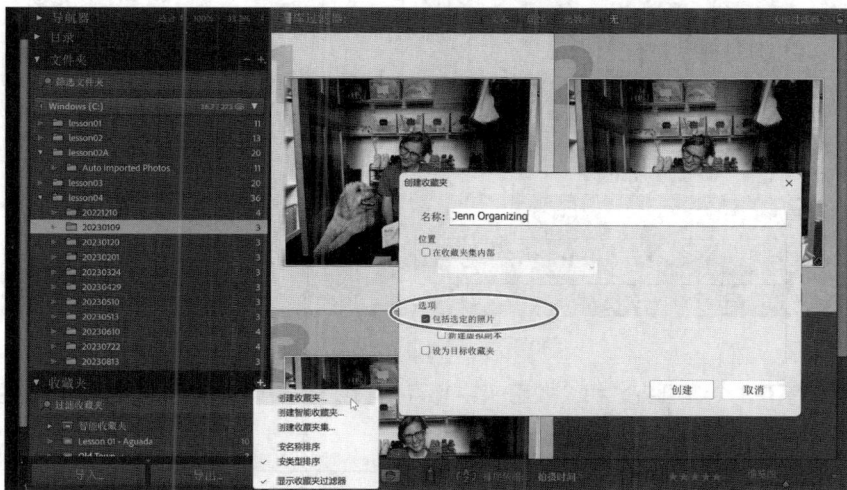

图 4-9

> 💡 提示　把一组照片放入某个收藏夹之后，可以在【网格视图】或胶片显示窗格中重新排列它们，改变它们在幻灯片和打印布局中的排列顺序。Lightroom Classic 会记住这些照片在收藏夹中的排列顺序。

此时，Lightroom Classic 会新建一个名为 Jenn Organizing 的收藏夹，并把它显示在【收藏夹】面板中，里面包含 3 张照片（若照片是反序排列的，单击工具栏中【排序依据】左侧的【排序方向】按钮），如图 4-10 所示。请注意，收藏夹中的照片不是原始照片的副本，更不是原始照片本身，它们都是对原始照片的引用，类似 Windows 系统中桌面上的快捷方式，原始照片还在原来的位置。

图 4-10

接下来介绍收藏夹的其他功能。

❸ 再创建两个收藏夹，分别是 Jenn and Dixie 和 Jenn MFP。把照片 IMG_5546.jpg 分别放入这两个收藏夹中，如图 4-11 所示。

图 4-11

当前，我们有了 3 个收藏夹，每个收藏夹中都存放着我妻子（Jenn）的一张照片，这些照片引用的是同一张原始照片。接下来，更加激动人心。

❹ 在【收藏夹】面板中单击 Jenn and Dixie 收藏夹，选择其中的照片。

❺ 在右侧【快速修改照片】面板中找到【曝光度】控件，单击右单箭头；在【高光】控件中单击左双箭头两次，找回细节，如图 4-12 所示。

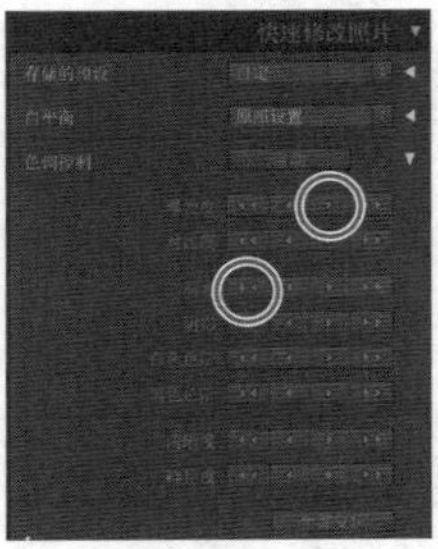

在【收藏夹】面板中单击每个收藏夹，你会发现 3 个收藏夹中的照片都应用了刚才的调整，如图 4-13 所示。这是因为 3 个收藏夹中的照片引用的是同一张原始照片，在其中一个收藏夹中调整原始照片时，其他收藏夹中的照片会同步发生改变。

智能化的文件管理、更小的文件尺寸、即时版本控制是收藏夹的三大优点，这也是人们喜欢使用它的原因。

图 4-12

图 4-13

4.3.3 从所选文件夹创建收藏夹

接下来，为本课所有文件夹分别创建对应的收藏夹。

❶ 在【文件夹】面板中找到并展开 lesson04 文件夹，按以下指引，更改各个文件夹的名称。

20221210：Jenn Polar。

20230109：Jenn Organizing。

20230120：Jenn Desk Setup。

20230201：Jenn Greenscreen。

20230324：Sabine Syd Hot Sauce。

20230429：Jenn Library。

20230510：Sabine Dixie Car。

20230513：Sabine Theater Buds。

20230610：Sabine Christy。

20230722：Sabine and Bear。

20230813：Sabine and Snake。

单击第一个文件夹，然后按住 Shift 键单击最后一个文件夹，选中所有文件夹。按住 Command 键 /Ctrl 键，单击 Jenn Organizing 文件夹，将其从选集中移除。在所选文件夹上单击鼠标右键，在弹出的快捷菜单中选择【从所选文件夹创建收藏夹】，如图 4-14 所示。

图 4-14

❷ 在【收藏夹】面板中，可以看到 Lightroom Classic 基于所选文件夹创建了一系列收藏夹，每个收藏夹都对应 lesson04 文件夹下的某一个子文件夹，如图 4-15 所示。

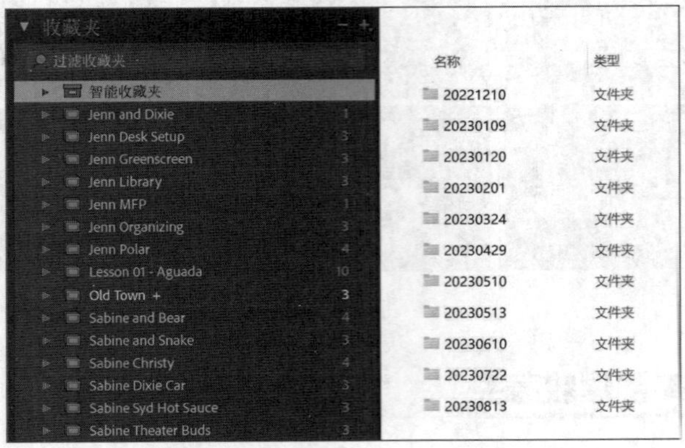

图 4-15

这里，笔者特意把每个文件夹的名称改成了有意义的名称（这些名称更适合用来命名收藏夹）。但在实际工作中，笔者建议大家在文件夹名称中保留日期，在给文件夹创建好对应的收藏夹后，再在【收藏夹】面板中给收藏夹改名。

4.3.4　新建收藏夹

下面继续创建收藏夹，用来存放从多个文件夹中挑选出来的照片。

❶ 单击【收藏夹】面板右上角的加号图标（+），在弹出的菜单中选择【创建收藏夹】，打开【创建收藏夹】对话框，在【名称】文本框中输入"Lightroom Book Highlights"，取消勾选【包含选定的照片】复选框，单击【创建】按钮。

❷ 在【文件夹】面板中单击 lesson04 文件夹，显示导入的所有照片。在预览区右下角向左拖动【缩览图】滑块，缩小照片缩览图，以显示出所有照片。

❸ 按住 Command 键 /Ctrl 键，从中选择你最喜欢的 4 张照片，把它们拖入 Lightroom Book Highlights 收藏夹中，如图 4-16 所示。在 lesson04 文件夹中选择照片时，请保证所选照片来自多个子文件夹，不要从一个子文件夹中选取。

图 4-16

当前 Lightroom Book Highlights 收藏夹中的照片来自不同的文件夹，如图 4-17 所示，并且这些照片只是对原始照片的引用，原始照片仍然保存在原来的文件夹中。随着照片数量不断增加，你会发现收藏夹数量也在增加，这个时候就得用某个工具组织收藏夹，以便把最好的照片迅速分享出去。接下来我们就讲讲这个工具——收藏夹集。

图 4-17

4.3.5　使用收藏夹集

显而易见，随着添加的收藏夹越来越多，【收藏夹】面板中的收藏夹列表会越来越长，如图 4-18 所示。在使用 Lightroom Classic 管理商拍照片和私人照片的过程中，随着用到的收藏夹越来越多，你会发现在这些收藏夹之间来回切换是很难的，而且也不太容易记住照片都放在了哪里。

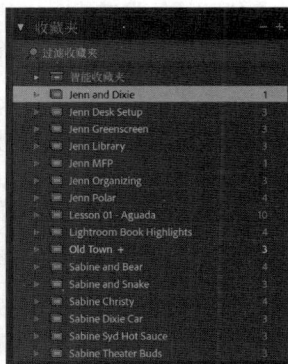

💡提示　使用 Lightroom Classic 时经常会根据现有文件夹创建收藏夹，两者的名称默认是一样的，但笔者习惯对它们的名称加以区分。创建收藏夹时，笔者通常会给它们取一个描述性的名称，尽量避免使用没有实际意义的名称。因此，在基于现有文件夹创建收藏夹之后，笔者一般都会给收藏夹重命名，改为让人一看就能明白的名字。

图 4-18

这时，就需要好好整理并组织一下收藏夹，给它们分类，这样收藏夹集就派上用场了。收藏夹集是虚拟的文件夹，不仅能存放普通收藏夹，还能存放其他收藏夹集。

我们已经创建好多个收藏夹，浏览这些收藏夹，你可以发现它们之间存在一些相同点。

例如，有些收藏夹中存放的全是笔者妻子（Jenn）的照片，有些收藏夹存放的全是笔者女儿（Sabine）的照片。下面我们使用收藏夹集把相关收藏夹组织在一起，从包含笔者妻子照片的收藏夹开始。

❶ 单击【收藏夹】面板右上角的加号图标（＋），在弹出的菜单中选择【创建收藏夹集】，如图 4-19 所示，打开【创建收藏夹集】对话框。

❷ 在【名称】文本框中输入"Jenn Images"，取消勾选【在收藏夹集内部】复选框，如图 4-20 所示。

图 4-19　　　　　　　　　　　　　　　　　　图 4-20

❸ 单击【创建】按钮，然后把所有含有 Jenn 照片的收藏夹拖入 Jenn Images 收藏夹集中。这样，我们就把所有包含 Jenn 照片的收藏夹组织在一起了。

❹ 再创建一个收藏夹集，把名称设置为 Sabine Images。把所有包含 Sabine 照片的收藏夹拖入其中。最终收藏夹的组织结构如图 4-21 所示。

❺ 看看刚刚创建的两个收藏夹集，它们之间有共同点吗？有，它们存放的都是家人的照片。接着再创建一个收藏夹集，把这两个收藏夹集组织在一起。打开【创建收藏夹集】对话框，在【名称】文本框中输入"Family Pictures"。把 Jenn Images 与 Sabine Images 两个收藏夹集拖入其中，如图 4-22 所示。

这样组织收藏夹的最大好处是可以提高照片查找效率。例如，单击 Family Pictures 收藏夹集，立即就能看到所有家庭成员的照片；单击某个人的收藏夹集，就可以马上找到这个人的所有照片；而要找出记录某些特定时刻的照片，单击相应收藏夹即可。使用这种方式组织照片能够大大提高组织照片与查找照片的效率。

在工作中笔者时常会拍摄一些人像，所以特意创建了一个名为 Model Shoots 的收藏夹集来存放拍摄的人像作品，同时在这个收藏夹集中为每位模特单独创建一个收藏夹集，而在每个模特的收藏夹集中，笔者又会为每次拍摄活动单独创建一个收藏夹集（当为同一个模特多次拍摄时，这么做很有意义）。在每次拍摄活动的收藏夹集中，笔者还会从不同角度为照片创建多个收藏夹，如 All Images、Picked Images 等，如图 4-23 所示。

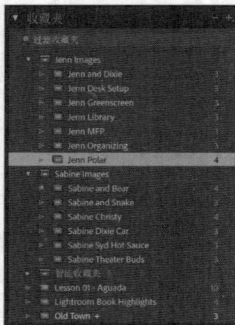

图 4-21

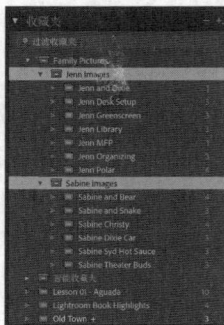

图 4-22

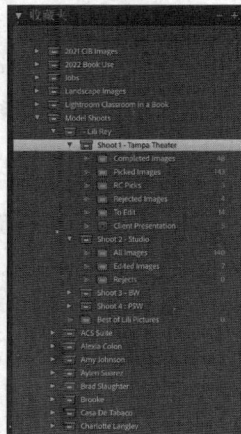

图 4-23

就个人工作习惯而言，笔者喜欢为每件事单独创建收藏夹集，然后在这个收藏夹集中进一步创建一些常用的收藏夹。

在以前版本的 Lightroom Classic 中，实现上面这种做法往往需要很多步操作，而随着 Lightroom Classic 的不断升级与改进，实现起来变得非常容易。

4.3.6　复制收藏夹集

❶ 创建一个名为 Dummy Collection Set 的收藏夹集，然后根据工作需要，在其中创建一系列收藏夹。这里创建 All Images、Picked Images、Rejected Images、The Final Set 4 个收藏夹。同时，确保 Dummy Collection Set 收藏夹集不在其他任意收藏夹集中，如图 4-24 所示。

> 💡 **提示**　在收藏夹集中创建多个收藏夹时，这些收藏夹会按照字母顺序排列。所以，在为最后一个收藏夹命名时，笔者使用了 The Final Set 而非 Final Set。如果不加 The，那 Final Set 收藏夹就会出现在 All Images 收藏夹之下，而非最后。当然，把 Final Set 收藏夹放在最后只是笔者个人的工作习惯。

❷ 导入拍摄的照片之后，使用鼠标右键单击 Dummy Collection Set 收藏夹集，在弹出的快捷菜单中选择【复制收藏夹集】，如图 4-25 所示。

❸ 此时，Lightroom Classic 新建了一个名为"Dummy Collection Set 副本"的收藏夹集，其中包含 Dummy Collection Set 收藏夹集中的所有收藏夹，如图 4-26 所示。

图 4-24

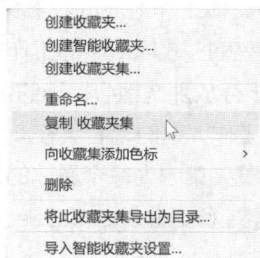

图 4-25

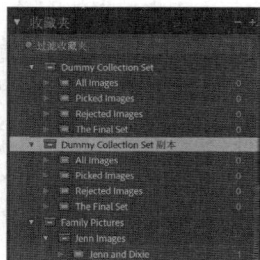

图 4-26

> 💡 **注意**　以前版本的 Lightroom Classic 支持复制收藏夹集，但并不会把源收藏夹集中的收藏夹一同复制到复制得到的收藏夹集中。而新版本的 Lightroom Classic 增加了这个功能，这大大方便了用户。

❹ 使用鼠标右键单击复制得到的收藏夹集，在弹出的快捷菜单中选择【重命名】，将其重命名为指定的名称，如图 4-27 所示。

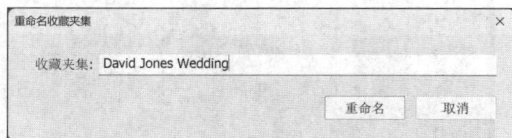

图 4-27

❺ 重命名后的收藏夹集出现在【收藏夹】面板顶部，如图 4-28 所示。接下来可以根据需要把重命名后的收藏夹集移动到其他收藏夹集中。在【目录】面板中选择【上一次导入】文件夹，把上一次导入的照片移动到 All Images 收藏夹中。在为某个任务挑选合适的照片时，可以把选好的照片移动到你已经设置好的收藏夹中。

收藏夹集的灵活度非常高，你可以使用自己喜欢的方式组织收藏夹集。

我们可以把收藏夹、收藏夹集想象成存放袜子的抽屉。这个抽屉的功能极其强大，组织方式也有很多种，而且不同的组织方式适合不同的人，如图 4-29 所示。这里给出的建议一方面基于笔者个人处理照片及使用 Lightroom Classic 的经验，另一方面则基于其他摄影师的建议。无论如何，在组织收藏夹和收藏夹集之前，一定要有一个计划，做到心里有数，这样才能更好地组织它们。

图 4-28

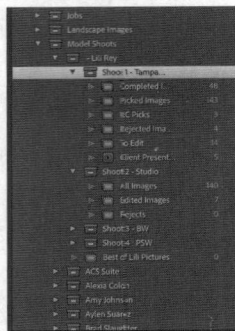

图 4-29

4.3.7 使用收藏夹集组织照片

借助收藏夹集，我们可以轻松地把照片分成几大类，当照片变得越来越多时，这么做能够大大提高照片的检索效率，如图 4-30 所示。对于拍摄工作，笔者会创建一个 Jobs 收藏夹集，如图 4-31 所示，用于存放所有的拍摄作品。在这个收藏夹集中，笔者还会为每次拍摄工作创建一个收藏夹集，用来存放每次工作拍摄的照片。而在每项具体工作对应的收藏夹集中，笔者会创建若干收藏夹。例如，5DSR Howie Shoot 收藏夹集对应的是笔者拍摄 Howie 的工作，其中一个收藏夹 All Images 用于存放拍摄的所有照片，另一个收藏夹 llyn 用于存放那些精心挑选的照片。

又比如，笔者接到一个拍摄婴儿的工作，这时笔者会在 Jobs 收藏夹集下创建 Baby Shots 收藏夹集，如图 4-32 所示。在 Baby Shots 收藏夹集中为每个具体的拍摄工作（每个婴儿）创建一个收藏夹集，再在这些收藏夹集中创建多个收藏夹（All Images、Selects、Final Pictures 等）来对拍摄的照片进行进一步分组。

图 4-30

图 4-31

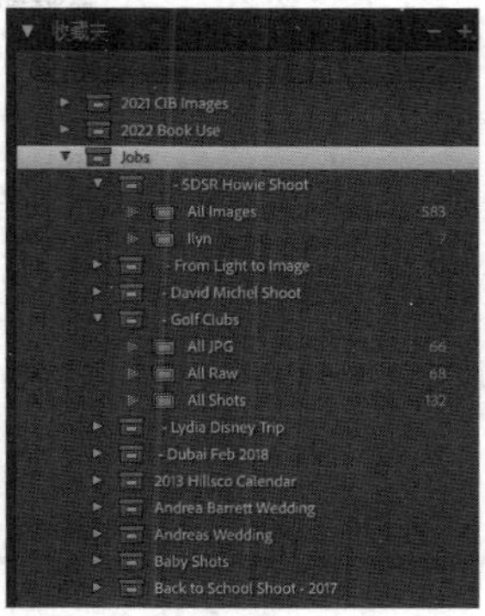

图 4-32

4.3.8　智能收藏夹

智能收藏夹会搜索照片的元数据，并把所有符合指定条件的照片收集在一起。当导入的新照片符合为智能收藏夹设定的条件时，Lightroom Classic 就会自动把它添加到智能收藏夹中。

在菜单栏中选择【图库】>【新建智能收藏夹】，在打开的【创建智能收藏夹】对话框中根据添加的条件输入描述性名称。在规则下拉列表中选择一些规则，为智能收藏夹指定搜索条件，如图 4-33 所示。如果希望搜索所有照片，请取消勾选【在收藏夹集内部】复选框。

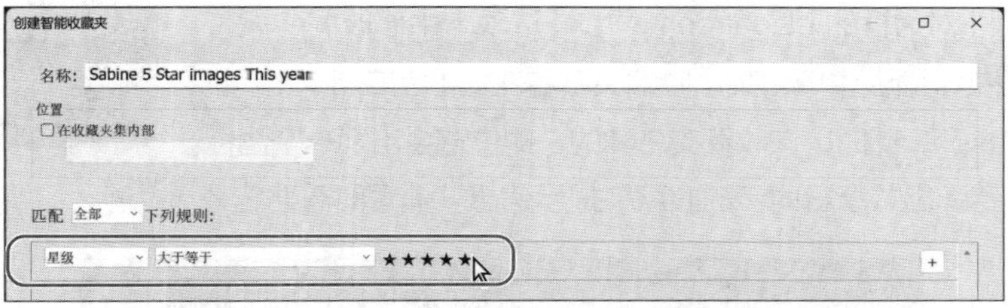

图 4-33

单击规则右侧的加号图标（+），可添加搜索条件。按住 Option 键 /Alt 键单击加号图标（+），可进一步调整规则。下面添加一条搜索规则，要求在任何可搜索的文件中搜索包含 Sabine 这个词的照片；再添加一条搜索规则，要求照片带有【留用】旗标；再添加一条搜索规则，要求编辑日期在今年之内，如图 4-34 所示。

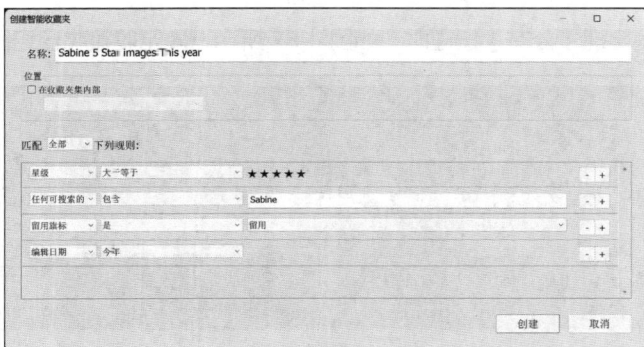

图 4-34

4.4　同步照片

借助 Lightroom Classic，我们可以轻松地在台式计算机与移动设备之间同步照片收藏夹，以便随时随地访问、组织、编辑、分享照片。不论 Lightroom Classic 是运行在台式计算机、iPad、iPhone 上，还是运行在安卓设备上，在对收藏夹中的照片做出修改之后，Lightroom Classic 都会自动把修改同步更新到其他设备中。

4.4.1　在 Lightroom Classic 中同步照片

Lightroom Classic 只允许用户从一个目录同步照片。在前面的学习过程中，我们一直使用 LRC2024CIB Catalog 目录，这里笔者不建议切换到自己的个人目录来同步照片。但为了演示照片同步过程，笔者会切换到个人目录中。请大家先学完本书内容，再切换到自己的目录中，在线上同步和分享照片。

> ♡ **注意** 本小节假定已使用 Adobe ID 登录 Lightroom Classic。若未登录，请先在菜单栏中选择【帮助】>【登录】，完成登录。

❶ 单击界面右上角的云朵图标，打开【云存储空间】面板，然后单击面板左下角的【开始同步】按钮。可单击右侧齿轮图标，如图 4-35 所示，在【首选项】对话框的【Lightroom 同步】选项卡中修改同步设置。

❷ 在【收藏夹】面板中单击某个收藏夹名称左侧的空白处，将其同步到 Lightroom Classic，此时，该收藏夹名称的左侧位置会出现一个图标，如图 4-36 所示。若弹出共享已同步的收藏夹提示信息，请暂时忽略它。

图 4-35

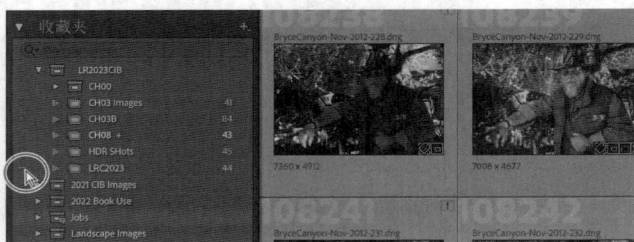

图 4-36

当用户界面右上角出现【公有】按钮时，如图 4-37 所示，表示收藏夹已经同步到云端。

图 4-37

默认设置下，线上收藏夹是私有的。单击【公有】按钮，Lightroom Classic 会将收藏夹变为私有的，此时按钮会变为【私有】按钮，并生成一个统一资源定位符（Uniform Resource Locator，URL），如图 4-38 所示，单击该 URL 可访问线上收藏夹，也可以把这个 URL 分享给其他人，让他们访问你的线上收藏夹。

把 Lightroom Classic 生成的 URL 发送给其他人之后，他们就可以浏览、评论你收藏夹中的照片了，如图 4-39 所示。此外，Lightroom Classic 还在移动 App 与浏览器中提供了一些选项，供用户管理线上收藏夹。

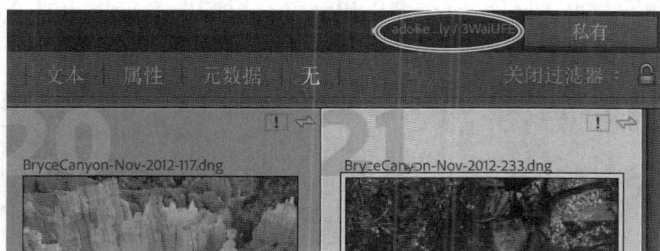

图 4-38

图 4-39

4.4.2　在移动设备中浏览云端照片

❶ 在移动设备上点击 Lightroom Classic App 图标，然后使用 Adobe ID、Facebook 或 Google 账号登录 Lightroom Classic 移动版。

登录成功后，首先看到的是【Library】，里面列出了从台式计算机中同步过来的收藏夹，以及在 Lightroom Classic 移动版中创建的项目，其中也有一些内置的视图供用户选用，如图 4-40 所示。第一个是【All Photos】视图，在这个视图中，可以浏览同步过来的照片、相机设备拍摄的照片，以及导入 Lightroom Classic 中的照片。此外，还有几个视图，分别用来显示 Lightroom Classic 中拍摄的照片、最近添加的照片、最近编辑过的照片，以及有人物面孔的照片。

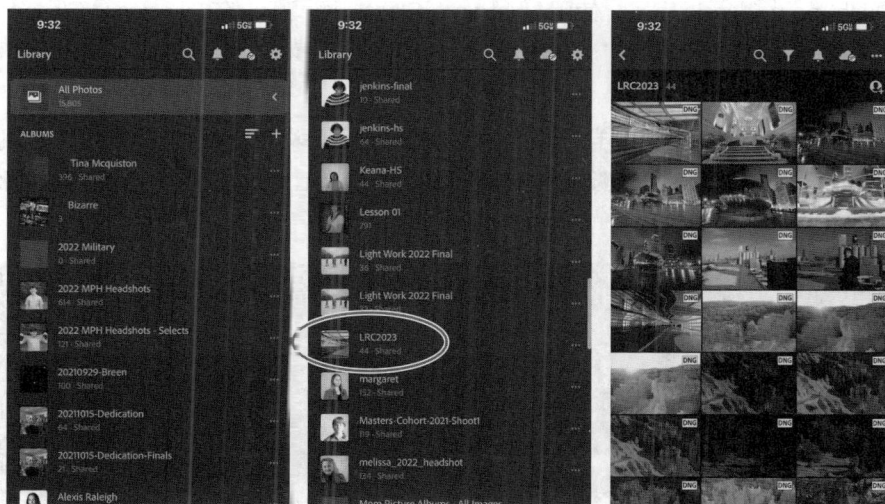

图 4-40

向下滑动页面，找到已同步的在线相册，点击查看。

❷ 关于 Lightroom Classic 移动版，笔者最喜欢的一个功能是，可以对线上收藏夹中的照片进行

编辑。点击线上收藏夹中的任意照片，照片底部（竖屏）或右侧（横屏）会显示一组编辑工具，如图 4-41 所示。

第 5 课会介绍多个编辑工具的用法，其实这些编辑工具在 Lightroom Classic 移动版中也有，用法也一样。你可以轻松地导入、同步照片，然后使用编辑工具快速编辑照片。轻点工具组，将其打开。

在 Lightroom Classic 移动版中修改照片之后，这些修改会自动同步到台式计算机的 Lightroom Classic 中（要求台式计算机联网），如图 4-42 所示。这为多设备、多人协同编辑提供了强大的支持。

图 4-41

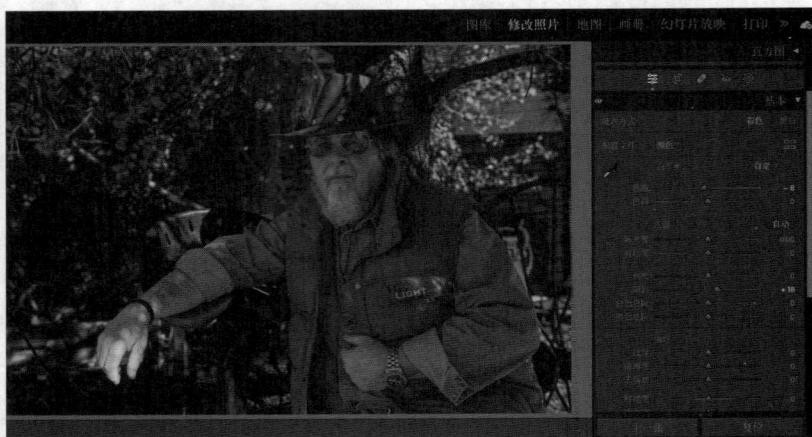
图 4-42

4.4.3　使用 Lightroom Classic 网页版

在无法使用 Lightroom Classic 移动版时，如果设备可以正常联网，可以打开浏览器，进入 Adobe Photoshop Lightroom Classic 官网，使用 Lightroom Classic 网页版。在 Lightroom Classic 网页版中，可以访问所有线上收藏夹，而且除了浏览照片外，还能做很多事情。Lightroom Classic 网页版页面如图 4-43 所示。

与 Lightroom Classic 移动版一样，Lightroom Classic 网页版也提供了一系列控件，如图 4-44 所示，这些控件和 Lightroom Classic 移动版中的控件功能类似。借助这些控件，我们可以轻松地实现在线编辑和分享照片。

图 4-43　　　　　　　　　　　　　　　　　　　　图 4-44

在学完本书内容之后，建议打开 Lightroom Classic 网页版，登录后分享几个收藏夹。尝试使用一下 Lightroom Classic 网页版，你会惊奇地发现它的功能十分强大。

给收藏夹添加色标

在 Lightroom Classic 中，不仅可以给照片添加色标（在【图库】模块的【网格视图】下），还可以给收藏夹、收藏夹集添加色标，如图 4-45 所示。色标是很好的视觉辅助工具，借助它我们能更快地找到需要的照片。

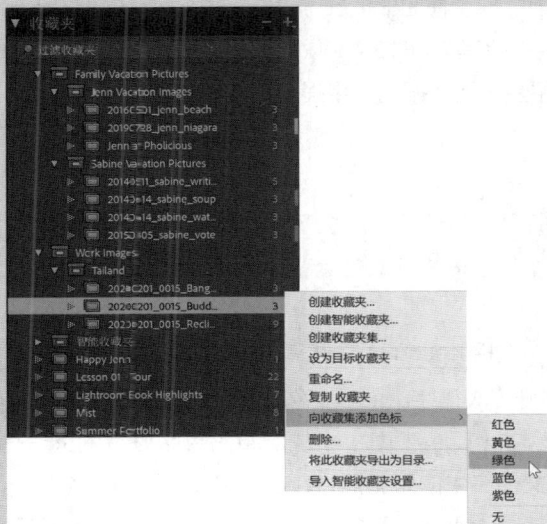

图 4-45

使用鼠标右键单击某个收藏夹，在弹出的快捷菜单中选择【向收藏集添加色标】，即可为收藏夹指定一种颜色，可供选择的颜色有红色、黄色、绿色、蓝色、紫色。选择某种颜色后，Lightroom Classic 会把这种颜色显示在收藏夹名称的最右边。

当带有色标的收藏夹嵌套在收藏夹集中时，可以按指定的颜色筛选收藏夹。【收藏夹】面板顶部有一个搜索框，单击放大镜图标，在弹出的菜单的【色标】子菜单中选择颜色，即可按色标对收藏夹进行筛选，如图 4-46 所示。

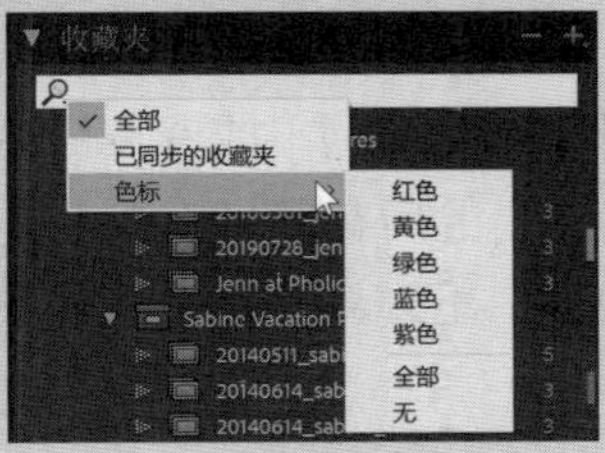

使用鼠标右键单击某个带有色标的收藏夹，在弹出的快捷菜单的【向收藏集添加色标】子菜单中选择【无】，即可移除收藏夹上的色标。在菜单栏中选择【元数据】>【色标集】>【编辑】，在打开的【编辑色标集】对话框的【收藏夹】选项卡中可以更改色标名称，例如，把【红色】更改为【进行中】，把【蓝色】更改为【最终照片】。

图 4-46

4.5 使用关键字

标记照片最便捷的方式是给照片添加关键字，关键字是附着在照片上的文本元数据。通过关键字按照主题或关联关系把照片分类，可以加快查找照片的速度。

例如，导入如图 4-47 所示的照片时，为其添加了 Jenn、library、books 等关键字，在图库中查找这张照片时，可以使用这些关键字中的一个或几个快速找到它。在【图库视图选项】对话框中勾选【缩览图徽章】复选框后，Lightroom Classic 会在照片缩览图的右下角显示【照片上有关键字】图标，以便把带关键字的照片和不带关键字的照片区分开。

向照片添加关键字时，可以逐张添加，也可以一次向多张照片同时添加某些通用的关键字。通过关键字在照片之间建立联系，可以方便我们从图库的大量照片中快速找到它们。在 Lightroom Classic 中，添加到照片上的关键字可以被其他 Adobe 应用程序（如 Adobe Bridge、Photoshop、Photoshop Elements）及其他支持 XMP（可扩展元数据平台）元数据的应用程序正常读取。

图 4-47

4.5.1 查看关键字

导入本课照片时，我们已经在照片上添加了一些关键字，因此【网格视图】和胶片显示窗格中的照片缩览图上都有【照片上有关键字】图标。接下来，我们一起查看一下已经添加到照片上的关键字。

❶ 在【文件夹】面板中选择 lesson04 文件夹，进入【网格视图】。

❷ 在右侧面板组中展开【关键字】面板，然后展开位于面板顶部的【关键字标记】文本框。在【网格视图】中依次单击每张照片的缩览图，你会发现 lesson04 文件夹中的所有照片都有两个共同的关键字 "Collections,Lesson 04"，如图 4-48 所示。

图 4-48

> ♀ 提示　在【网格视图】中单击某张照片的缩览图右下角的【照片上有关键字】图标，Lightroom Classic 会自动展开【关键字】面板。

❸ 在 lesson04 文件夹中选择任意一张照片。在【关键字】面板顶部的【关键字标记】文本框中选择关键字 Lesson 04，然后按 Delete 键 /BackSpace 键，将其删除。

❹ 在【网格视图】中单击任意位置，然后在菜单栏中选择【编辑】>【全选】，或者按快捷键 Command+A/Ctrl+A，选中 lesson04 文件夹中的所有照片。在【关键字标记】文本框中，关键字 Lesson 04 右上角出现星号，表示该关键字不再是所有照片共有的，如图 4-49 所示。

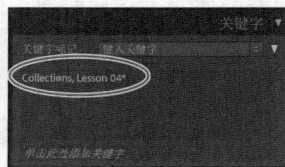

图 4-49

> ♀ 提示　【关键字】面板中有一个【建议关键字】选项组，单击其中的某个关键字，可以将其添加到所选照片上。要从某一张或多张选中的照片上删除关键字，既可以从【关键字】面板的【关键字标记】文本框中删除它，也可以在【关键字列表】面板中取消勾选关键字左侧的复选框以禁用它。

❺ 展开【关键字列表】面板。

在关键字列表中，关键字 Collections 左侧有一个对钩，表示它是所有照片共有的关键字，而关键字 Lesson 04 左侧有一条短横线，表示在所选照片中只有部分照片有这个关键字，如图 4-50 所示。

关键字 Collections 右侧有数字 36，这个数字表示本课所有 36 张照片都有这个关键字。关键字 Lesson 04 右侧的数字是 35，表示在 36 张照片中只有 35 张照片有这个关键字。

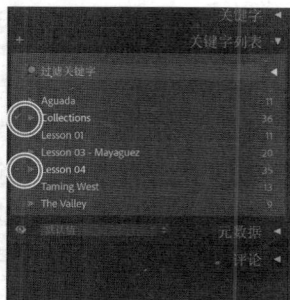

图 4-50

⑥ 在 36 张照片都处于选中的状态下，单击关键字 Lesson 04 左侧的短横线，此时短横线变成对钩，表示当前 36 张照片都有 Lesson 04 这个关键字。

4.5.2 添加关键字

前面我们学习了在把照片导入 Lightroom Classic 图库时如何向照片添加关键字。其实，在把照片导入 Lightroom Classic 图库之后，我们仍然可以使用【关键字】面板向照片添加更多关键字。

> 💡 **注意** 添加多个关键字时，不同关键字之间要用逗号分隔。Lightroom Classic 会把使用空格或圆点分隔的多个关键字看作一个关键字，例如，在 Lightroom Classic 看来，Copenhagen Denmark 是一个关键字，Copenhagen.Denmark 也是一个关键字。

❶ 在【收藏夹】面板中单击 Sabine and Snake 收藏夹，然后单击第 1 张照片，将其选中。

❷ 在【关键字】面板的【关键字标记】选项组底部单击【单击此处添加关键字】，输入"Snake,Python"，如图 4-51 所示。请注意，关键字之间一定要用逗号（英文）分隔。

图 4-51

❸ 输入关键字后，按 Return 键 /Enter 键。此时，Lightroom Classic 会把新添加的关键字按首字母排序显示在【关键字】面板和【关键字列表】面板中，如图 4-52 所示。

❹ 选择收藏夹中的第 2 张照片，按住 Command 键 /Ctrl 键，单击第 3 张照片，同时选中两张照片。

❺ 在【关键字】面板中单击【关键字标记】选项组中的文本框，输入"Pets"，按 Return 键 /Enter 键。

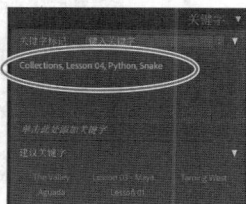

图 4-52

❻ 在菜单栏中选择【编辑】>【全部不选】，或者按快捷键 Command+D/Ctrl+D。

❼ 向 Sabine Syd Hot Sauce 文件夹中的照片添加关键字 Hot Sauce。

4.5.3 使用关键字集和嵌套关键字

关键字集是一组有特定用途的关键字。在 Lightroom Classic 中，可以通过【关键字】面板中的【关键字集】选项组来使用关键字集。我们可以针对不同情况创建不同的关键字集，例如，为某个特定项目创建一组关键字，为某个特殊情况创建一组关键字，为朋友、家人创建一组关键字，等等。Lightroom Classic 提供了 3 种基本的关键字集预设。如果合适，我们可以原封不动地使用这些关键字集预设，也可以基于这些关键字集预设创建一套关键字集。

> 💡 **提示** 使用图库中的不同收藏夹时，关键字集提供了快速获取所需关键字的简便方法。一个关键字可以出现在多个关键字集中。若【关键字集】下拉列表中不存在可用预设，请打开 Lightroom Classic 的【首选项】对话框，在【预设】选项卡的【Lightroom 默认设置】选项组中单击【还原关键字集预设】按钮。

❶ 在【关键字】面板中展开【关键字集】选项组，然后在【关键字集】下拉列表中选择【婚礼摄影】。这组关键字在组织婚礼照片时非常有用。请读者自行查看其他关键字集预设中包含的关键字。用户可以基于这些关键字集预设根据自身需要创建关键字集，并把创建好的关键字集保存成预设，供以后使用。

关键字集是一种组织关键字的方式，组织关键字时，可以把关键字放入相应的关键字集中，对关键字进行分类。另一种组织关键字的方法是把相关关键字嵌套进关键字的层次结构中。

❷ 在【关键字列表】面板中单击 Python 关键字，然后将其拖动到 Pets 关键字上。此时，Lightroom Classic 会把 Python 关键字（子关键字）放到 Pets 关键字（父关键字）之下，形成嵌套关系。

❸ 在关键字列表中，把 Lesson 01、Lesson 03 - Mayaguez、Lesson 04 这 3 个关键字拖动至 Collections 关键字上。此时，Collections 关键字下会出现 3 个嵌套在其中的关键字。

❹ 接下来，在 The Valley 关键字（第 2 课中的某些照片上添加了该关键字）下创建 Utah 关键字。在【关键字列表】面板中单击 The Valley 关键字，单击面板左上角的加号图标（＋），如图 4-53 所示，打开【创建关键字标记】对话框。

❺ 在【创建关键字标记】对话框的【关键字名称】文本框中输入"Utah"。在【关键字标记选项】选项组中勾选前 3 个复选框，然后单击【创建】按钮，如图 4-54 所示。

图 4-53

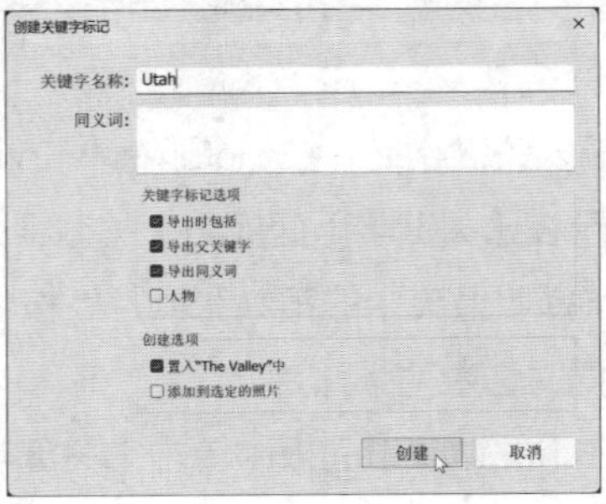

图 4-54

> 💡 **提示** 如果想在不同计算机之间传送关键字列表，或者在同事之间共享关键字列表，可以使用【元数据】菜单中的【导出关键字】和【导入关键字】这两个命令。

- 导出时包括：导出照片时，关键字随照片一同导出。

- 导出父关键字：导出照片时，连同父关键字一起导出。

- 导出同义词：导出照片时，把与关键字有联系的同义词一同导出。

❻ 在【文件夹】面板中选择 lesson02A 文件夹，将排序依据设置为【文件名】，然后选择文件夹中的最后 9 张照片。在【关键字列表】面板中把 Utah 关键字拖动至【网格视图】下所选的任意一张照片上。

在关键字列表中勾选 Utah 和 The Valley 两个关键字左侧的复选框，从每个关键字右侧的照片数目来看，Lightroom Classic 已经把这两个关键字添加到了所选照片上，如图 4-55 所示。

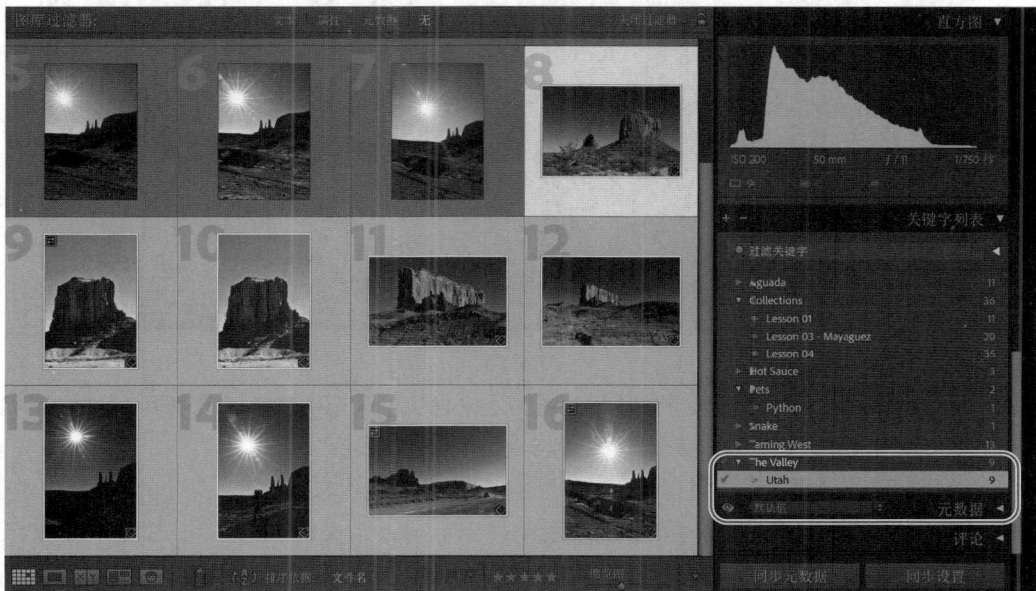

图 4-55

4.5.4 通过关键字查找照片

组织照片时，添加关键字、星级、旗标、色标等元数据之后，可以轻松地使用这些元数据构建出复杂、详细的筛选条件，进而准确地找到需要的照片。

下面我们先学习如何通过关键字在图库中找到需要的照片。

❶ 在菜单栏中选择【图库】>【显示子文件夹中的照片】。在左侧面板组中展开【目录】面板和【文件夹】面板，折叠其他面板。在【目录】面板中单击【所有照片】文件夹，然后在菜单栏中选择【编辑】>【全部不选】，或者按快捷键 Command+D/Ctrl+D。

> 💡注意 不论是在哪个面板组中，当两个面板无法同时展开时，可使用鼠标右键单击面板组中某个面板的标题栏，然后在弹出的快捷菜单中取消选择【单独模式】。

❷ 向左拖动工具栏中的【缩览图】滑块，缩小照片缩览图，以便在【网格视图】中显示出更多照片。若【网格视图】上方未显示过滤器栏，请在菜单栏中选择【视图】>【显示过滤器栏】，或者按反斜杠键（\），将其显示出来。

❸ 在右侧面板组中折叠其他所有面板，展开【关键字列表】面板，显示其中的所有内容。

❹ 在【关键字列表】面板中把鼠标指针移动到 Aguada 关键字上，然后单击照片数量右侧的白色箭头图标，显示包含此关键字的照片，如图 4-56 所示。

图 4-56

在左侧面板组中，【目录】面板下的【所有照片】文件夹处于选中状态，这表明 Lightroom Classic 搜索了整个目录文件来查找包含 Aguada 关键字的照片。

同时，预览区上方的过滤器栏中，【元数据】过滤器处于激活状态，且第 1 列中的 Agauda 关键帧处于选中状态。此时，【网格视图】中将只显示图库中带有 Aguada 关键字的照片，如图 4-57 所示。

图 4-57

【网格视图】中的照片经过过滤，只有 11 张带有 Aguada 关键字的照片显示出来。接下来，尝试用另外一种方法搜索照片。

❺ 在【关键字】栏顶部单击【全部】，然后按住 Ctrl 键在过滤器栏中单击【文本】。在文本过滤

器栏中选择【任何可搜索的字段】和【包含所有】，查看每个选项都有哪些可用的子选项。在右侧文本框中输入"Hot Sauce"，按 Return 键 /Enter 键，如图 4-58 所示。

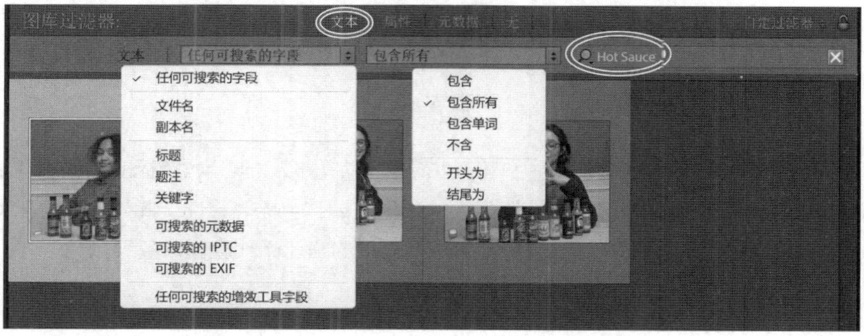

图 4-58

> 💡 **提示** 单击过滤器栏右端的锁头图标，可把当前过滤器设置锁定，这样在【目录】面板、【文件夹】面板、【收藏夹】面板中选择不同的照片时，Lightroom Classic 仍会应用同样的过滤器设置。

此时，只有 3 张照片在【网格视图】中显示出来，它们是本课开始时添加的照片。当然，【图库过滤器】的强大之处不止如此，当组合多个条件创建复杂的过滤器时，【图库过滤器】的"威力"才能真正显现出来。

❻ 在过滤器栏中单击【无】，取消过滤器。在【文件夹】面板中选择 lesson04 文件夹，然后在菜单栏中选择【编辑】>【全部不选】，或者按快捷键 Command+D/Ctrl+D。

4.6 使用旗标和星级

过滤器栏中有一个【属性】过滤器。借助它，我们可以根据旗标、星标等属性来搜索和分类照片。单击【属性】，Lightroom Classic 会显示出属性过滤器栏，里面有旗标、编辑、星级、颜色、类型等属性，如图 4-59 所示，通过这些属性（一个或若干个的组合），我们可以快速对照片进行分类。

图 4-59

4.6.1 添加旗标

组织照片时，给照片添加旗标是对照片进行分类的好方法。借助旗标，我们可以把所有照片大致分成 3 类：好照片、不好的照片、一般的照片。旗标有 3 种状态：留用、排除、无旗标。

❶ 在过滤器栏中单击【属性】，Lightroom Classic 会显示出属性过滤器栏。

❷ 若工具栏未在【网格视图】中显示，请按 T 键将其显示出来。单击工具栏右端的三角形，在弹出的菜单中选择【旗标】。此时，工具栏中会显示出【留用】和【排除】两个旗标，如图 4-60 所示。

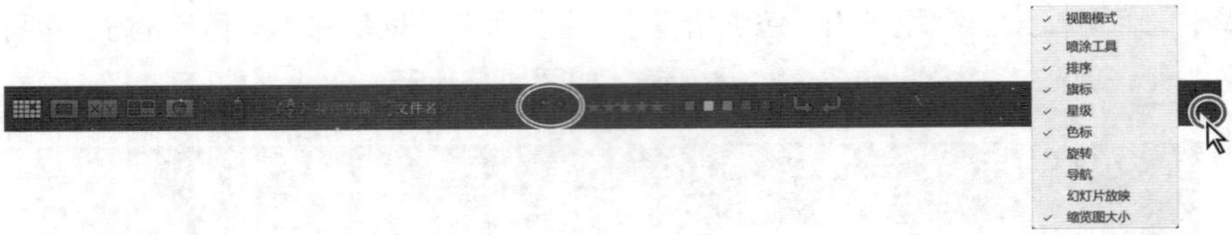

图 4-60

💡 提示　在【网格视图】和【放大视图】中，工具栏中有添加星级、旗标、色标的工具。在【比较视图】和【筛选视图】中，可以使用照片下方的控件更改星级、旗标、色标等属性。此外，还可以使用【照片】菜单中的【设置旗标】【设置星级】【设置色标】命令给选定的照片添加旗标、星级和色标。

③ 在【收藏夹】面板中选择 Sabine Christy 收藏夹。

④ 在【网格视图】下单击其中任意一张照片。打开【图库视图选项】对话框，在【单元格图标】选项组中勾选【旗标】复选框。在【网格视图】中把鼠标指针移动到某张照片上，照片缩览图单元格的左上角会显示灰色旗标，代表该照片无旗标，如图 4-61 所示。当把鼠标指针从照片缩览图上移走后，旗标会消失。在菜单栏中选择【视图】>【视图选项】，或者按快捷键 Command+J/Ctrl+J，打开【图库视图选项】对话框，取消勾选【仅显示鼠标指向时可单击的项目】复选框，这样旗标就会一直显示在缩览图单元格中。

图 4-61

⑤ 单击照片缩览图单元格左上角的旗标，或者在工具栏中单击【留用】旗标。此时，照片缩览图单元格左上角的旗标变成白色旗标，表示当前照片被留用。

⑥ 在属性过滤器栏中单击白色旗标。此时，【网格视图】中只显示带有【留用】旗标的照片，如图 4-62 所示。经过过滤，Sabine Christy 收藏夹中只有带有【留用】旗标的照片才会显示出来。

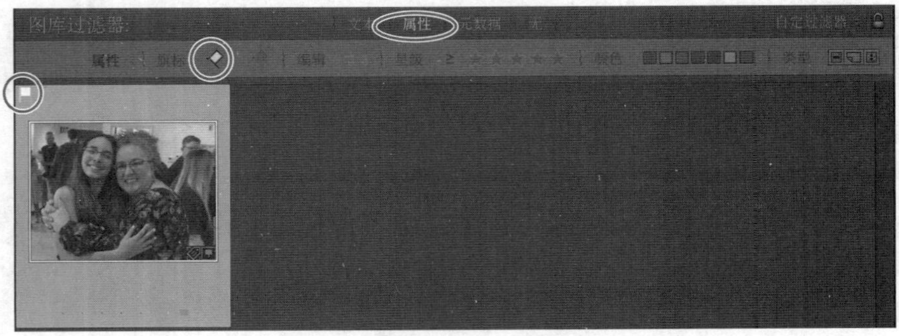

图 4-62

提示 在菜单栏中选择【图库】>【清简显示照片】，Lightroom Classic 会根据旗标状态快速对照片进行分类。在菜单栏中选择【图库】>【精简显示照片】，在弹出的【精简显示的照片】对话框中单击【精简】按钮，Lightroom Classic 会把无旗标的照片标记为排除，把带有【留用】旗标的照片重置为无旗标状态。

Lightroom Classic 提供了多种给照片添加旗标的方式。在菜单栏中选择【照片】>【设置旗标】>【留用】，或者按 P 键，可以把照片标记为留用。单击缩览图单元格左上角的旗标，可在无旗标和带有【留用】旗标两种状态之间切换。在菜单栏中选择【照片】>【设置旗标】>【排除】，或者按 X 键，或者按住 Option 键 /Alt 键单击缩览图单元格左上角的旗标，可以把照片标记为排除。在菜单栏中选择【照片】>【设置旗标】>【无旗标】，或者按 U 键，可移除照片上的旗标。使用鼠标右键单击缩览图单元格左上角的旗标，在弹出的快捷菜单中选择【留用】【无旗标】或【排除】，可改变照片的旗标状态。

❼ 当前在属性过滤器栏中选择的是白色旗标，单击中间的灰色旗标。此时，【网格视图】中显示的是带有【留用】旗标和无旗标的照片，因此 Sabine Christy 文件夹中的所有照片都会显示出来。

❽ 在过滤器栏中单击【无】，关闭【属性】过滤器。

4.6.2 设置星级

在 Lightroom Classic 中，我们可以一边浏览照片一边给照片设置星级（一星到五星），这是一种对照片快速分类的简便方法。

❶ 在【收藏夹】面板中单击 Sabine Syd Hot Sauce 收藏夹。在二具栏的【排序依据】下拉列表中选择【拍摄时间】，然后单击第 2 张照片，将其选中。

❷ 按数字键 3，弹出"将星级设置为 3"的提示信息，同时照片缩览图单元格的左下方会出现 3 颗星，如图 4-63 所示。

图 4-63

注意 若缩览图单元格左下方未显示星级图标，请在菜单栏中选择【视图】>【视图选项】，在打开的【图库视图选项】对话框的【紧凑单元格额外信息】选项组中勾选【底部示签】复选框，并从其下拉列表中选择【星级和标签】；或者在【扩展单元格额外信息】选项组中勾选【在底栏显示星级】复选框。

❸ 单击工具栏右端的三角形图标，在弹出的菜单中选择【星级】。此时，工具栏中显示的星级是应用到所选照片上的星级。如果选中了多张不同星级的照片，工具栏中显示的星级是第一张被选中的

照片的星级。

❹ 若想更改所选照片的星级，操作也很简单，只要按数字键（1~5），即可向选中的照片应用新星级；按数字键 0，可删除照片上的星级。这里按数字键 0，删除星级。

使用色标

组织照片时，色标也是一种非常有用的工具。与旗标、星级不同，色标本身没有什么特定含义，我们可以自行为某种颜色指定某种含义，并为特定任务定制一套色标。

设置打印作业时，可以把红色色标指派给希望打校样的照片，把蓝色色标指派给需要润饰的照片，把绿色色标指派给已批准的照片。而在另一个项目中，可以使用不同的色标来表示不同的紧急程度。

应用色标

用户可以使用工具栏中的色标按钮为照片应用某种色标。若工具栏中无色标按钮，单击工具栏右端的三角形图标，然后在弹出的菜单中选择【色标】，即可将其显示出来。在【网格视图】中，当把鼠标指针移动到某个缩览图单元格上时，缩览图单元格的右下角会显示灰色矩形，单击它，在弹出的菜单中选择一种颜色，即可向所选照片应用一种色标；或者在菜单栏中选择【照片】>【设置色标】，在子菜单中选择一种颜色。色标总共有 5 种颜色，其中 4 种颜色有对应的快捷键。

若希望在【网格视图】的缩览图单元格中显示色标，请在菜单栏中选择【视图】>【视图选项】，或者使用鼠标右键单击某个缩览图，在弹出的快捷菜单中选择【视图选项】，打开【图库视图选项】对话框。在【网格视图】选项卡中勾选【显示网格额外信息】复选框，在【紧凑单元格额外信息】选项组的【顶部标签】或【底部标签】下拉列表中选择【标签】或【星级和标签】，在【扩展单元格额外信息】选项组中勾选【包括色标】复选框。

编辑色标与使用色标集

工作中，用户可以根据需要重命名色标，并为工作流程中的不同部分定制单独的色标集。在 Lightroom Classic 默认设置下，在【照片】>【设置色标】子菜单中有【红色】【黄色】【绿色】【蓝色】【紫色】【无】几个命令。在菜单栏中选择【元数据】>【色标集】，然后选择【Bridge 默认设置】、【Lightroom 默认设置】或【审阅状态】，可以改变色标集。

通过【审阅状态】色标集，可以了解如何指派自己的色标名称，从而确保色标组织有序。在【审阅状态】色标集中，可用选项有【可删除】【需要校正颜色】【可以使用】【需要修饰】【可打印】【无】。用户可以直接使用这套色标集，也可以在其基础上创建自己的色标集。在菜单栏中选择【元数据】>【色标集】>【编辑】，打开【编辑色标集】对话框，选择一种预设，进入【图像】选项卡，为每种颜色输入自定义的名称，然后在【预设】下拉列表中选择【将当前设置存储为新预设】。

4.7 添加元数据

在 Lightroom Classic 中，我们可以使用附加在照片上的元数据来组织和管理照片库。大部分元数据（如拍摄时间、曝光时间、焦距等相机设置）是由相机自动生成的，但其实我们可以主动给照片添加一些元数据，以便更轻松地对照片进行搜索和分类。前面我们向照片添加关键字、星级、色标，其实就是在给照片添加元数据。此外，Lightroom Classic 还支持给照片添加 IPTC（International Press Telecommunications Council，国际出版电讯委员会）元数据，包括描述、关键字、分类、版权、作者等。

在右侧面板组中，我们可以使用其中的【元数据】面板来查看、编辑所选照片上已有的元数据。

> ♀ **注意** 在【元数据】面板中，当【元数据集】下拉列表框中显示的是【默认值】时，面板底部有【自定义】按钮，单击该按钮，打开【自定义元数据默认面板】，在其中可以指定【默认值】中显示的信息。

❶ 选择 Sabine Syd Hot Sauce 收藏夹，在【网格视图】下选择第 1 张照片，如图 4-64 所示。

❷ 在右侧面板组中展开【元数据】面板，折叠其他面板或隐藏胶片显示窗格，使【元数据】面板中显示更多内容。在【元数据】面板标题栏的【元数据集】下拉列表中选择【默认值】，如图 4-65 所示。

默认元数据集中包含大量照片的相关信息，单击【自定义】按钮，可以添加更多信息。大部分元数据是由相机自动生成的，有些对照片分类很有帮助，例如，可以按拍摄日期筛选照片，搜索使用特定镜头拍摄的照片，或轻松地将用不同相机拍摄的照片分开。不过，默认元数据集也只显示了照片元数据的一部分。

❸ 在【元数据集】下拉列表中选择【EXIF 和 IPTC】。向下拖动面板组右侧的滚动条，在【元数据】面板中查看照片上都附带了哪些信息。

❹ 在【元数据集】下拉列表中选择【简单描述】，如图 4-66 所示。

图 4-64

图 4-65

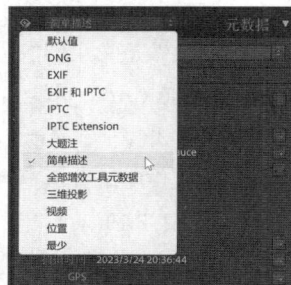

图 4-66

在【简单描述】元数据集中,【元数据】面板中会显示文件名、副本名(虚拟副本)、文件夹、星级,以及 EXIF(Exchangeable Image File,可交换图像文件)与 IPTC 元数据。用户可以在【元数据】面板中向照片添加标题和题注、版权声明、有关拍摄者与拍摄地的详细信息,以及改变照片星级等。

❺ 在【元数据】面板中的【星级】右侧单击第三颗星,把照片星级设置为 3 星,然后在【标题】文本框中输入 "Sabine and Syd complete the Hot Ones hot sauce challenge.",按 Return 键 /Enter 键,如图 4-67 所示。

❻ 按住 Command 键 /Ctrl 键,单击另外两张类似照片中的任意一张,将其添加到选定的照片中。在【元数据】面板的【目标照片】中选择【选定的照片】,可以看到两张照片共有的元数据有文件夹名、相机型号、版权、拍摄者,两张照片非共享的元数据显示为【< 混合 >】,如图 4-68 所示。在【元数据】面板中修改元数据(包含显示为【< 混合 >】的元数据),会同时影响两张选定的照片。

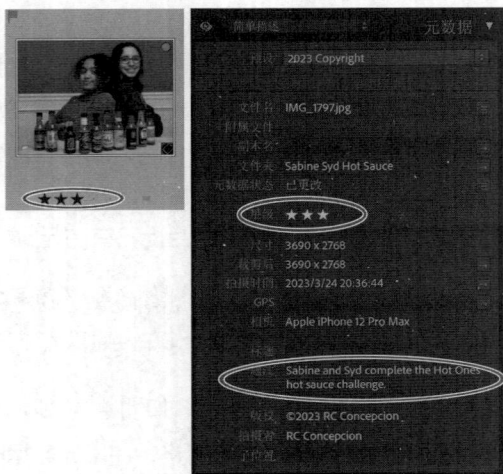

图 4-67

图 4-68

💡 提示　如果需要给照片添加很长的题注(如新闻摄影师和体育摄影师),请在【元数据集】下拉列表中选择【大题注】,这样会出现一个很大的题注输入框,输入长文本时非常方便。

存储元数据

　　照片元数据存储在 XMP 格式的文件中,XMP 是一种基于 XML(Extensible Markup Language,可扩展标记语言)的文件格式。对于使用专用文件格式的 Camera Raw 照片文件,Lightroom Classic 不会直接把 XMP 元数据写入照片文件,而是保存在名为"附属文件"的独立文件中,这么做是为了保护照片文件,防止其损坏。对于其他格式(JPEG、TIFF、PSD、DNG)的照片文件,Lightroom Classic 会把 XMP 元数据写入指定位置的文件中。

　　XMP 格式便于在 Adobe 应用程序之间及发布工作流程之间交换元数据。例如,用户可以把某个照片文件中的元数据存储为模板,然后将其导入其他照片文件中。以其他格式,如 EXIF、IPTC (IIM) 和 TIFF 存储的元数据是用 XMP 进行同步和描述的,因此可以方便地对其进行查看和管理。更多有关元数据的内容,请阅读 Lightroom Classic 帮助文档。

4.8 在【人物】视图中标记人脸

　　毋庸置疑，你的图库中肯定有大量家人、朋友、同事的照片。在 Lightroom Classic 中，利用各种强大的功能，你可以快速、轻松地从大量照片中找出那些对你来说非常重要的照片，这不仅大大减少了对照片进行分类、组织的工作量，而且能够让你更轻松、更准确地找到要找的照片。

　　人脸识别就是其强大功能之一，它能够帮助我们在照片中找到某个人，轻松地为其添加标签。标记的人脸越多，Lightroom Classic 能越熟练地识别指定的人，而且只要这个人在新照片中出现，Lightroom Classic 就会自动识别出来。

　　本节内容没有提供配套照片，开始学习之前，请先导入你自己的一些照片，里面可以包含你、你的朋友、你的家人等。

❶ 使用【导入】对话框或第 2 课介绍的拖放方法，导入一些含有你或你认识的人的照片。请确保照片里面有单人照，也有集体照（各张集体照中的人数不同），人物有大量重复的同时又有几个陌生面孔。

> 💡 **提示** 当导入包含 GPS 数据的照片时，Lightroom Classic 会打开【启用地址查询】对话框，单击【启用】按钮即可。

　　默认设置下，人脸识别功能是关闭的。因此我们需要先让 Lightroom Classic 分析一下照片，为包含人脸的照片建立索引。

❷ 在【目录】面板中把照片源从【上一次导入】更改为【所有照片】，以便 Lightroom Classic 为整个目录文件建立索引。按快捷键 Command+D/Ctrl+D，或者在菜单栏中选择【编辑】>【全部不选】。

❸ 按 T 键显示出工具栏，单击【人物】按钮，如图 4-69 所示。

图 4-69

❹ Lightroom Classic 中会显示【欢迎使用人物视图】信息。单击【开始在整个目录中查找人脸】按钮。此时，用户界面左上角出现进度条，同时打开活动中心菜单，提示在哪里可以关闭与打开人脸识别，如图 4-70 所示。请先等待索引建立完成，再继续操作。

图 4-70

　　此时，预览区进入【人物】视图。Lightroom Classic 会把相似面孔堆叠在一起，并显示有多少张照片包含某个面孔。默认的排序方式是按字母排序，但是由于当前未标记任何面孔，因此按堆叠数量排序。目前，所有面孔都出现在【未命名的人物】类别中，如图 4-71 所示。

图 4-71

❺ 单击某组照片左上角的堆叠图标，将其展开。按住 Command 键 /Ctrl 键，单击组中的所有照片（并排放在一起），然后单击缩览图下面的问号，输入人物名称，按 Return 键 /Enter 键。

Lightroom Classic 会把选择的照片移到【已命名的人物】类别下，同时更新两个类别下的照片数量。

> 💡提示　也可以从【未命名的人物】类别中直接把照片拖入【已命名的人物】类别中，把照片添加到【已命名的人物】类别中。

❻ 使用同样的方法为其他几组照片中的人物命名。在这个过程中，Lightroom Classic 一直在学习，并在尚未命名的几组照片上显示相应的人名，如图 4-72 所示。移动鼠标指针到建议的人名上，单击同意或不同意。

图 4-72

❼ 继续上面的操作，至少为 5 个人命名，并为每个人标记若干张照片。在【已命名的人物】类别中双击某个面孔，进入【单人视图】。在该视图中，上半部分区域是【已确认】类别，显示标记了所选人名的所有照片；下半部分区域是【相似】类别，只显示有类似人脸的照片，如图 4-73 所示。

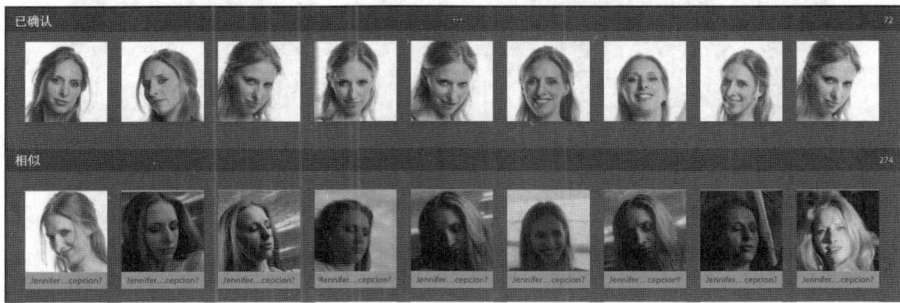

图 4-73

❽ 从【相似】类别中选择更多有相同面孔的照片，并添加到【已确认】类别中。全部找完之后，单击【已确认】类别上方的【人物】，从【单人视图】返回【人物】视图。

❾ 为所有已命名的人物照片重复上面的操作，不断在【人物】视图和【单人视图】之间切换，直到未标记的照片全是不认识的人或者是面部识别有误的。在剩余照片上忽略不正确的人名建议，然后单击删除图标，把照片从【未命名的人物】类别中删除，如图 4-74 所示。

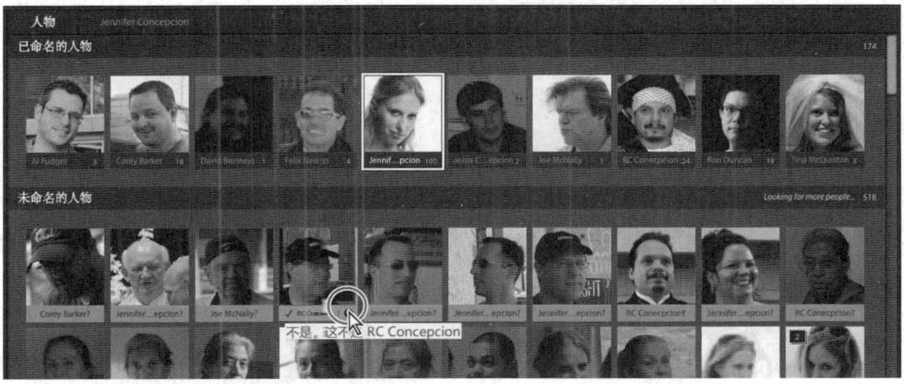

图 4-74

> 💡 **提示** 在【关键字列表】面板中展开关键字列表顶部的过滤器选项，单击【人物】，可把【已命名的人物】类别中的人名全部列出来，如图 4-75 所示。

图 4-75

❿ 在工具栏中单击【网格视图】按钮，然后双击包含多个人物的照片，将其在【放大视图】中显示出来。在工具栏中单击【绘制人脸区域】按钮，查看照片中的人脸标记，如图 4-76 所示。当发现照片中有人脸未识别出来时，可以使用【绘制人脸区域】工具把人脸框出来，然后输入人名。

图 4-76

⓫ 查看【关键字列表】面板，会发现新人名已经出现在列表中。用户可以使用【关键字列表】面板、【文本】过滤器、【元数据】过滤器查找人脸标记（人名），这与查找关键字是一样的。

使用【喷涂】工具

Lightroom Classic 提供了大量的照片组织工具，在这些工具中，【喷涂】工具用起来最灵活。在【网格视图】中，使用【喷涂】工具拖扫某些照片，可以把关键字、标签、星级、旗标添加到照片上；使用该工具还可以应用与修改照片设置、旋转照片，或把照片添加到目标收藏夹。

> 💡 提示　在关键字模式下，【喷涂】工具可以"喷涂"整个关键字集或选择的关键字。在【喷涂】工具的关键字模式下按住 Shift 键，可以打开【关键字集】面板，此时鼠标指针变成吸管形状，可以吸取需要的关键字。

在工具栏中单击【喷涂】工具，打开【喷涂】菜单，如图 4-77 所示。在【喷涂】菜单中可以选择希望应用到照片上的设置或属性。选择好之后，【喷涂】工具右侧会显示相应控件。

图 4-77

接下来使用【喷涂】工具为照片添加色标。

❶ 在【图库】模块下单击左侧面板组左下角的【导入】按钮，打开【导入】对话框。

❷ 在【导入】对话框左侧的【源】面板中打开 LRC2024CIB\Lessons\lesson04-gps 文件夹，选中该文件夹中的所有照片。在预览区上方的导入方式中选择【添加】，在【在导入时应用】面板的【关键字】文本框中输入"Lesson 04,Jade Mountain"，单击【导入】按钮，如图 4-78 所示。

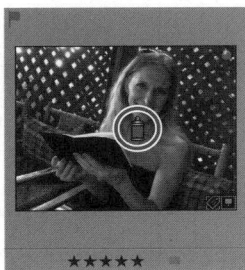

图 4-78

❸ 在【文件夹】面板中单击 lesson04-gps 文件夹，切换至【网格视图】，确保当前没有照片处于选中状态。若工具栏中未显示【喷涂】工具，请单击工具栏右端向下的三角形图标，在弹出的菜单中选择【喷涂工具】，将其显示出来。

❹ 在工具栏中单击【喷涂】工具，将其拾起，在【喷涂】菜单中选择【标签】，再单击【红色】色标，如图 4-79 所示。

图 4-79

❺ 在【网格视图】中把鼠标指针移动到某张照片的缩览图上，鼠标指针会变成红色油漆桶，如图 4-80 所示。

❻ 单击【网格视图】中的照片，【喷涂】工具会把红色色标添加到照片上，如图 4-81 所示。能否在照片缩览图单元格中看见颜色，取决于图库视图选项设置，以及当前照片是否处于选中状态。若缩览图右下角未显示红色色标，请在菜单栏中选择【视图】>【网格视图样式】>【显示额外信息】。

❼ 再次把鼠标指针移动到同一个缩览图上，然后按住 Option 键 /Alt 键，此时，鼠标指针会从油漆桶形状变成橡皮擦形状，如图 4-82 所示。单击照片缩览图，即可移除红色色标。

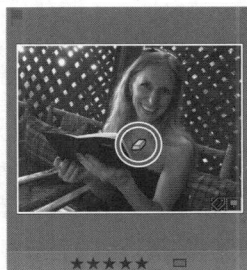

图 4-80   图 4-81   图 4-82

❽ 释放 Option 键 /Alt 键，单击某个照片缩览图，按住鼠标左键不放，移动鼠标指针使其扫过多张照片，可把红色色标同时添加到多张照片上。按住 Option 键 /Alt 键，移除照片上的红色色标，只让一张照片带有红色色标。

❾ 在工具栏右端单击【完成】按钮，或者单击【喷涂】工具的空槽，将【喷涂】工具放回工具栏中。

4.9 查找与过滤照片

前面学习了多种对照片进行分类和添加标记的方法，给照片分好类、添加好标记后，对照片进行搜索和排序就非常简单了。现在，我们可以轻松地通过星级、色标、关键字、GPS 数据等元数据来搜索和筛选照片。在 Lightroom Classic 中，查找照片的方法有很多，其中最简单的是使用【网格视图】上方的过滤器栏。

4.9.1 使用过滤器栏查找照片

❶ 若【网格视图】上方未显示过滤器栏，请按反斜杠键（\），或者在菜单栏中选择【视图】>【显示过滤器栏】，将其显示出来。在【文件夹】面板中选择 lesson04 文件夹。此时，文件夹中有 36 张照片。若照片数目不对，请在菜单栏中选择【图库】>【显示子文件夹中的照片】。

过滤器栏中有 3 种过滤器：文本、属性、元数据。选择任意一种过滤器，过滤器栏都会展开以显示与该过滤器相关的设置与控件，可以使用它们创建过滤搜索。这些过滤器既可以单独使用，也可以组合在一起使用，以组成复杂的搜索。

【文本】过滤器用来搜索照片附带的文本信息，如文件名称、关键字、标题、EXIF、IPTC 元数据。【属性】过滤器用来通过旗标、星级、色标、编辑状态搜索照片。在【元数据】过滤器下，最多可以创建 8 列条件来缩小搜索范围；从列标题右端的菜单中可以选择添加一列或移去一列，如图 4-83 所示。

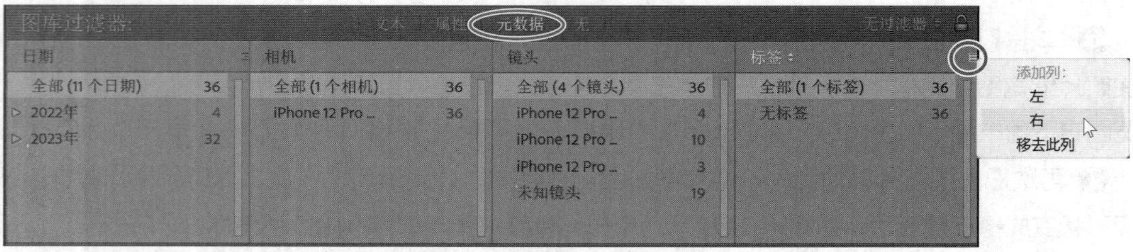

图 4-83

❷ 激活【文本】过滤器或【元数据】过滤器后，单击【无】，可禁用它们。单击【属性】过滤器，将其激活。若当前有旗标处于激活状态，单击旗标来取消它，或者在菜单栏中选择【图库】>【按旗标过滤】>【复位此过滤器】。

❸ 在【星级】控件中单击第三颗星，如图 4-84 所示，可搜索星级在三星及三星以上的照片。此时，【网格视图】中仅显示星级是三星、四星、五星的照片。

❹ Lightroom Classic 提供了许多选项用于缩小搜索范围。在【目录】面板中选择【所有照片】文件夹，然后按住 Shift 键，在过滤器栏中单击【文本】，追加一个过滤器。在文本过滤器栏中打开第一个下拉列表，从中选择搜索目标，包括文件名、副本名、标题、题注、可搜索的 IPTC、可搜索的 EXIF 元数据等。这里选择【关键字】。打开第二个下拉列表，在其中选择【包含所有】，如图 4-85 所示。

图 4-84

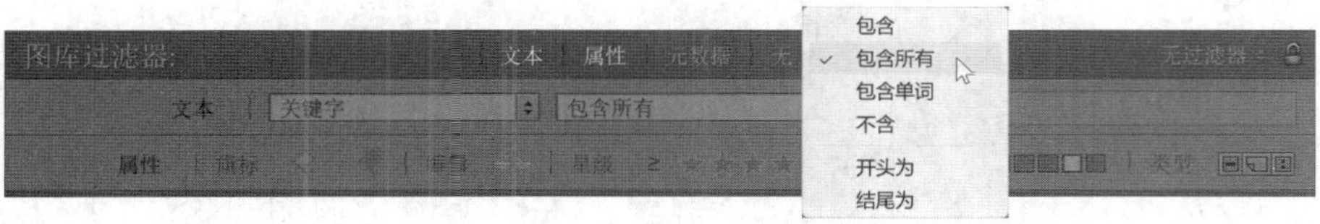

图 4-85

❺ 在搜索框中输入"Aguada"。缩小搜索范围后，【网格视图】中只显示出 1 张照片，如图 4-86 所示。

图 4-86

❻ 在【星级】控件中单击第三颗星，禁用当前星级过滤器，或者在菜单栏中选择【图库】>【按星级过滤】>【复位此过滤器】。在过滤器栏中单击【属性】，关闭【属性】过滤器。

❼ 在文本过滤器栏中单击搜索框右端的叉号，清空搜索文本，然后输入"Jade Mountain'。

此时，【网格视图】中会显示 lesson04-gps 文件夹中的 8 张照片，如图 4-87 所示。

图 4-87

4.9.2　使用胶片显示窗格中的过滤器

除了【图库过滤器】，胶片显示窗格中也有【属性】过滤器控件，如图 4-88 所示。与属性过滤器栏一样，胶片显示窗格的过滤器菜单中也列出了大量过滤属性，同时还提供了把当前过滤器设置存储为预设的命令，存储好的预设也会显示在菜单中。

图 4-88

选择【默认列】预设，Lightroom Classic 会在过滤器栏中打开【元数据】过滤器的 4 个默认列：日期、相机、镜头、标签。

提示 若过滤器菜单中无任何过滤器预设，请打开【首选项】对话框，在【预设】选项卡的【Lightroom 默认设置】选项组中单击【还原图库过滤器预设】按钮。

选择【关闭过滤器】，可关闭所有过滤器，并折叠过滤器栏。选择【留用】，只显示带【留用】旗标的照片。

选择【有星级】，只显示符合当前星级条件的照片。单击不同位置上的星星可改变星级，单击星星左侧的符号，可选择大于等于、小于等于、等于，或只显示符合指定星级条件的照片。选择【无星级】，显示所有不带星级的照片。

这里设置为大于等于三星，这样 Lightroom Classic 就只显示星级是三星或三星以上的照片。此时，你会看到 3 张照片。

在过滤器菜单中选择【关闭过滤器】，或者单击胶片显示窗格标题栏最右端的开关图标，可关闭所有过滤器，重新显示导入的所有照片。

硬件推荐：MONOGRAM 创意控制台

选片过程中，笔者一般只使用【留用】【排除】【上一张】【下一张】这几个按钮，除此之外，其他什么地方都不碰。这是我多年使用 Lightroom Classic 得来的经验，建议大家也这么做。

但是很多摄影师在选片时还会做一些照片编辑方面的工作，因此需要在各种模块、工具、面板之间来回切换，这浪费了大量时间。他们经常把时间的浪费错误地归咎于选片。严格来说，选片并不属于编辑照片的范畴，只有把选片与编辑照片两个过程分开，才能节省时间，提高工作效率。

笔者发现有家名叫 MONOGRAM（以前叫 Palette Gear）的公司推出了一套模拟控件，如图 4-89 所示，你可以把它们连接到计算机上，然后把应用程序中的某个命令指派给某个控件。当你想使用某个命令时，可以直接操纵相应的控件，而不用再到应用程序中到处找了，这无疑会大大节省查找命令的时间。这套控件支持很多应用程序，笔者在 InDesign 中编写本书时就用到了它们。笔者最喜欢的套装只包括两个按钮、一个拨盘。

选片时，笔者用的就是这个简单套装。笔者会把一个按钮指派为【留用】，把另一个按钮指派为【排除】，然后使用拨盘来切换照片。

如果你想了解如何把这套控件纳入自己的工作流程中，请观看官方制作的教学视频，如图 4-90 所示。笔者觉得这个视频非常有用，如果想学习，建议好好看看这个视频。

图 4-89

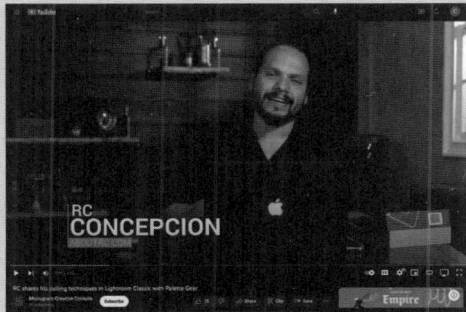

图 4-90

4.10 复习题

1. 何时使用收藏夹？收藏夹集有何作用？
2. 智能收藏夹有什么作用？
3. 什么是关键字？
4. 过滤器栏中有哪 3 种过滤器？
5. 当自己的计算机不在身边时，应该如何访问收藏夹中的照片？

4.11 复习题答案

1. 遇到下面几种情况时，可考虑使用收藏夹：把一些位于不同文件夹中的照片集中在一起，把同一张照片放入不同的分组中，按照自己定义的顺序整理照片。借助收藏夹集，我们可以把多个收藏夹或收藏夹集放入同一个分组中，以进一步组织照片。
2. 用户可以对智能收藏夹进行配置，使其从图库中搜索并收录满足指定条件的照片。智能收藏夹会自动更新，当导入的新照片符合指定的条件时，Lightroom Classic 会自动把它添加到智能收藏夹中。
3. 关键字是添加到照片元数据中的一些文本，用来描述照片内容，或者以某种方式对照片进行分类。我们可以使用共享关键字，依据主题、日期等关联关系把照片组织在一起。使用关键字有助于对目录文件中的照片进行查找、识别、分类等操作。类似于其他元数据，Lightroom Classic 会把关键字保存在照片文件或者 XMP 附带文件（针对专用 Camera Raw 文件）中。在 Lightroom Classic 中，添加到照片上的关键字可以被其他 Adobe 应用程序（如 Adobe Bridge、Photoshop、Photoshop Elements）及其他支持 XMP 元数据的应用程序正常读取。
4. 过滤器栏中包含 3 种过滤器：文本、属性、元数据。组合使用这些过滤器，可以在图库中搜索带有指定元数据或文本的照片，也可以根据旗标、星级、色标、复制状态过滤搜索照片，以及指定自定义的元数据搜索条件。
5. 在 Lightroom Classic 中选择当自己的计算机不在身边时仍希望能访问的收藏夹，然后同步这些收藏夹中的全部内容。同步完成后，无论使用手机还是平板设备，打开 Lightroom Classic 移动版即可轻松浏览和管理收藏夹中的照片。若需要在其他计算机上查看这些照片，登录 Lightroom Classic 网页版即可。此外，还可以轻松地把收藏夹中的照片在线分享给客户或朋友。

摄影师
乔·康佐（JOE CONZO）

"摄影拯救了我。"

我在南布朗克斯区长大，那里的人可做的事不多，他们连"摄影"这个词都没怎么听过，更别说去从事摄影工作了。我妈妈独自抚养我们5个孩子，她不允许我们从事那些非法的营生。我是一个小胖子，还留着非洲式圆形爆炸头，很显然，我没有搞体育的天赋。后来，我搞到了一台胶片相机，不管去哪儿都带着，这让我觉得自己与众不同。我用相机记录下周围的一切，想留住那逝去的时光。那时，我还是个孩子，买一卷胶卷很不容易，因此我会为每次拍摄制订计划，虽说不是多么详细，但大致框架是有的。在胶片的帮助下，我尝试在胶片中融入自己的想法，试着模仿毕加索的光绘摄影作品。对我来说，用相机记录南布朗克斯区人们的生活很重要，也很有意义，因为那里有我的家人，也是我成长的地方。在那里生活的孩子们创造出了一种新的音乐形式——嘻哈音乐，我用相机记录了嘻哈音乐诞生的过程。

一晃40多年过去了，摄影已经成为我的最爱，是我所有的激情所在。多亏了摄影，我才得以在世界各地见到与记录下形形色色的人和事，并把它们展示出来，跟大家分享。我告诉今天的一些年轻人，这个来自南布朗克斯区的孩子去过保加利亚——没错，保加利亚！我从来没想到，有一天我的档案也能在康奈尔大学进行展示。我可以很自豪地告诉人们：我的照片与《葛底斯堡演说》摆在同一个书架上。这些年，摄影有了很多变化，我一直敦促自己努力，跟上这些变化。但不管怎么变，我的初衷不改：尊重人、记录生活、玩得开心。

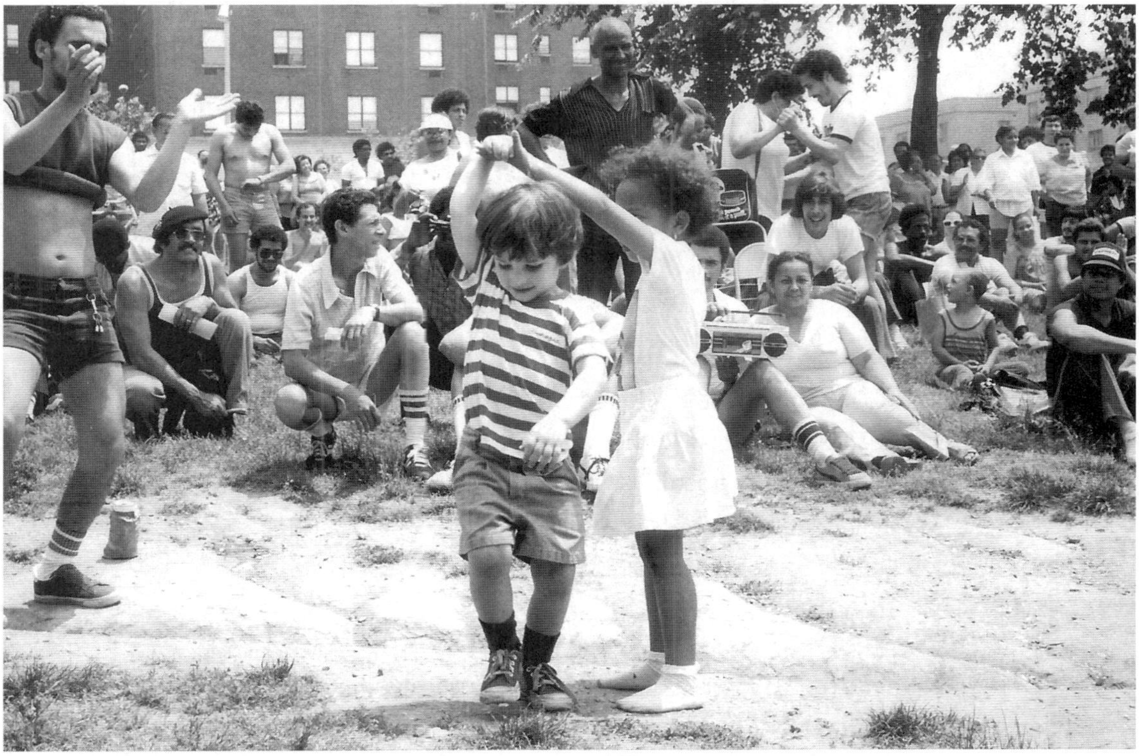

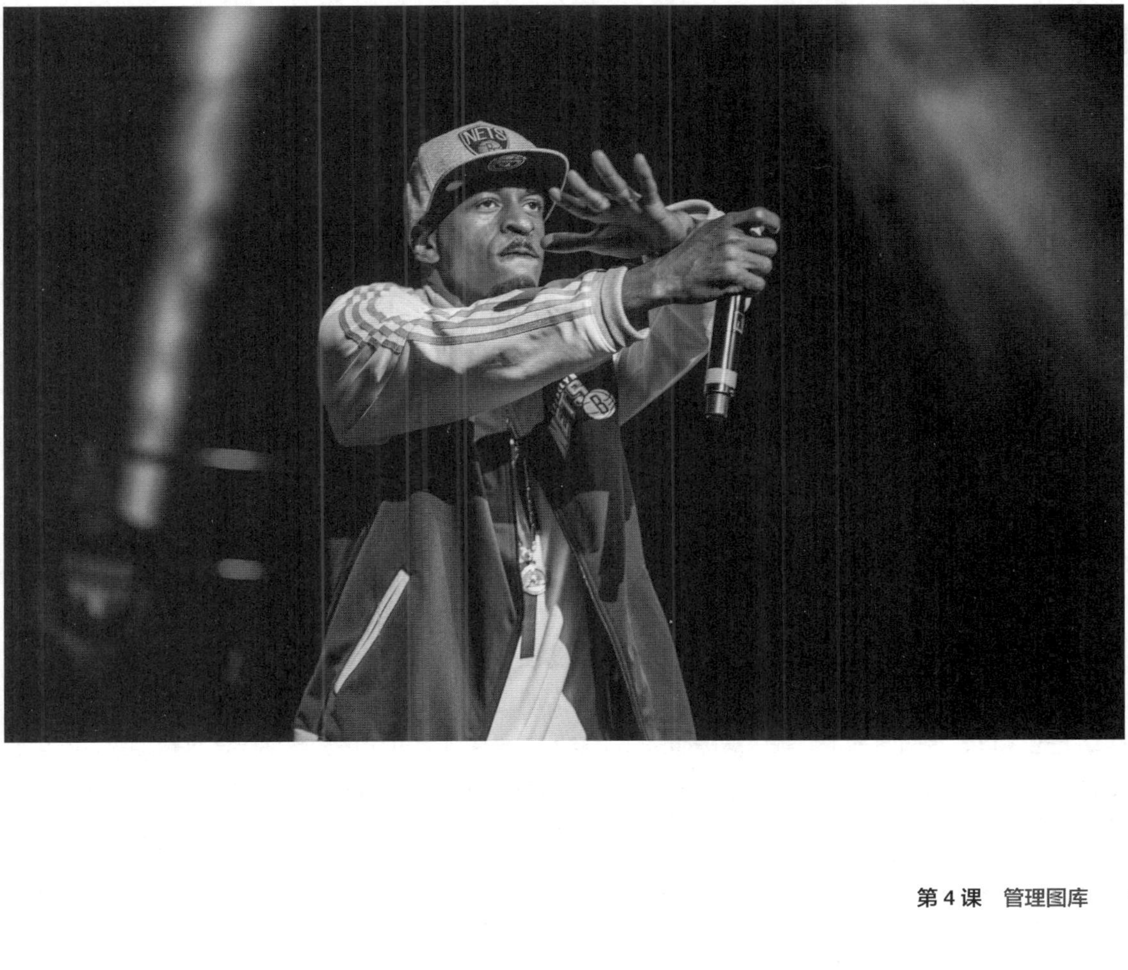
NETS

修改照片

课程概览

Lightroom Classic 提供了一套功能强大且易于使用的照片修改工具。借助这些工具，我们可以最小的代价让照片呈现最佳效果。即使照片有各种各样的问题，比如曝光不准、拍摄角度有问题、构图不好、画面中有无关事物，使用 Lightroom Classic 进行修改调整后，照片也能呈现不俗的效果。

本课介绍【修改照片】模块下修改照片要用到的基本功能，包括自动调整、修片预设、裁剪、拉直、精调工具等。本课还会介绍数字影像处理的基本知识以及一些基本操作。

本课主要讲解以下内容。

- 根据需要裁剪照片
- 在【修改照片】模块中做基本调整
- 高效锐化与去噪
- 使用直方图并正确设置白平衡
- 向照片应用相机配置文件
- 创建虚拟副本与快照

学习本课需要 2.5 小时

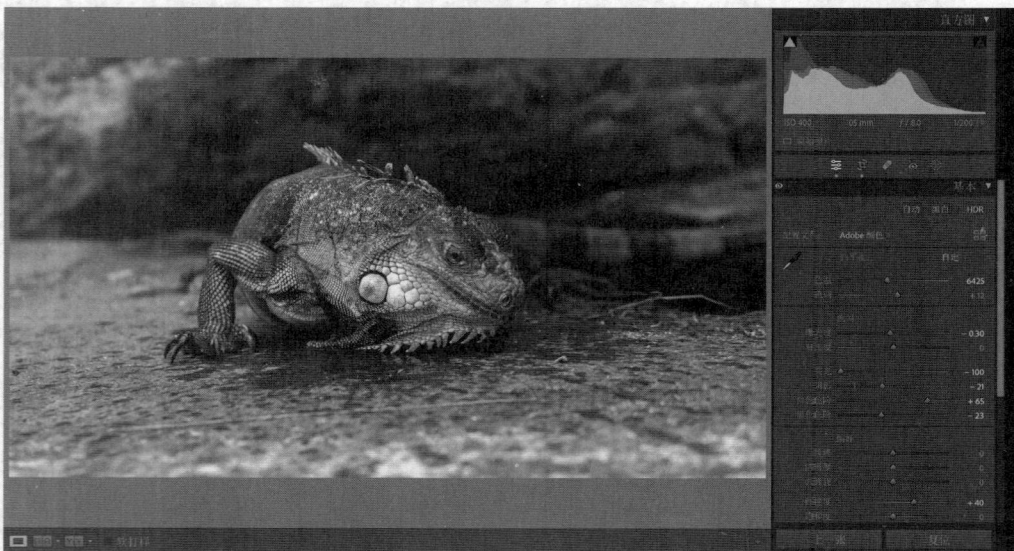

在把照片导入 Lightroom Classic 并进行组织之后，就该使用 Lightroom Classic 中的各种工具（如自动调整工具、专门修饰工具等）编辑照片了。学习过程中，大家可以放心地尝试这些工具，不用担心会造成严重的后果。在 Lightroom Classic 中，一切编辑都是非破坏性的，做出的任何修改都不会破坏原始照片。

5.1 学前准备

导入照片前，请先检查是否已经创建好用于存放本书课程文件的 LRC2024CIB 文件夹，以及 LRC2024CIB Catalog 目录文件。具体操作方法请参见本书前言"课程文件"和"新建目录文件"板块中的内容。

> **注意** 学习本课内容之前，需要对 Lightroom Classic 的工作区有基本了解。如果对 Lightroom Classic 的工作区一点也不了解，请先阅读 Lightroom Classic 帮助文档或前面课程中的内容。

将下载好的 lesson05 文件夹放入 LRC2024CIB\Lessons 文件夹中。

❶ 启动 Lightroom Classic。

❷ 在打开的【Adobe Photoshop Lightroom Classic - 选择目录】窗口中选择 LRC2024CIB Catalog. lrcat 文件，单击【打开】按钮，如图 5-1 所示。

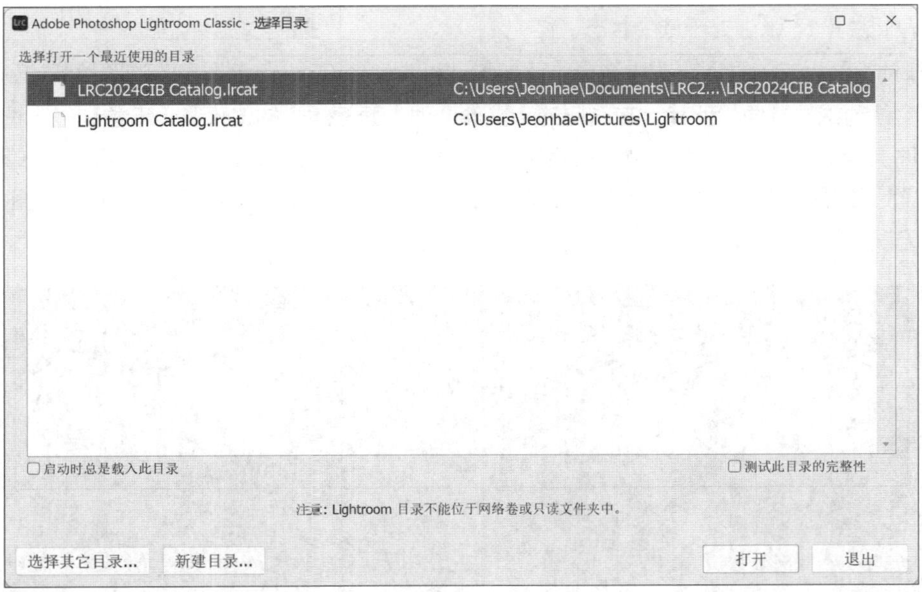

图 5-1

❸ 打开 Lightroom Classic 后，当前显示的是上一次退出时使用的屏幕模式和模块。若当前模块不是【图库】模块，请在工作区右上角的模块选取器中单击【图库】，切换至【图库】模块，如图 5-2 所示。

图 5-2

> **注意** 若用户界面中未显示模块选取器，请在菜单栏中选择【窗口】>【面板】>【显示模块选取器】，或者直接按 F5 键，将其显示出来。在 macOS 中，需要同时按 Fn 键与 F5 键，才能将模块选取器显示出来。如果你不想这样做，也可以在【首选项】对话框中更改功能键的行为。

把照片导入图库

学习本课之前，请先把本课用到的照片导入 Lightroom Classic 图库中。

❶ 在【图库】模块下，单击左侧面板组左下角的【导入】按钮，如图 5-3 所示，打开【导入】对话框。

❷ 若【导入】对话框当前处在紧凑模式下，请单击对话框左下角的【显示更多选项】按钮（向下的三角形图标），如图 5-4 所示，使【导入】对话框进入扩展模式，显示所有可用选项。

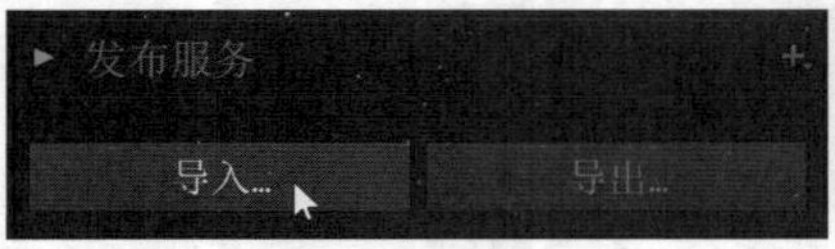

图 5-3

图 5-4

❸ 在左侧【源】面板中找到并选择 LRC2024CIB\Lessons\lesson05 文件夹。确保 lesson05 文件夹中的所有照片（17 张）处于选中状态。

❹ 在预览区上方的导入方式中选择【添加】，Lightroom Classic 会把导入的照片添加到目录文件中，但不会移动或复制原始照片。在右侧的【文件处理】面板的【构建预览】下拉列表中选择【嵌入与附属文件】，勾选【不导入可能重复的照片】复选框。在【在导入时应用】面板的【修改照片设置】和【元数据】下拉列表中选择【无】，在【关键字】文本框中输入"Lesson 05,Develop"，如图 5-5 所示。确认设置无误后单击【导入】按钮。

图 5-5

稍等片刻，Lightroom Classic 会把 17 张照片全部导入，并在【图库】模块的【网格视图】和胶片显示窗格中显示出这些照片。

5.2 【修改照片】模块

　　使用【图库】模块下的【快速修改照片】面板只能对照片做基本调整。如果希望对照片做更精细、更深入的调整，需要进入【修改照片】模块。【修改照片】模块提供了完整的照片编辑环境，其中包含调整与改善照片所需的一切工具。这些工具简单易用且功能强大，无论是初学者还是经验丰富的用户都能使用。

> 💡 **提示**　在 Lightroom Classic 中，首次进入某个模块时，你会看到该模块特有的提示内容，帮助你认识该模块的各个组成部分，以及带领你熟悉使用该模块的流程。单击【关闭】按钮，可以关闭提示对话框。在【帮助】菜单中选择【×××提示】（×××是当前模块名称），可以打开当前模块的提示对话框。

　　【修改照片】模块中有3种视图：放大视图（聚焦于单张照片）、参考视图（比较当前照片与参考照片）、修改前后视图（提供几种布局方式，方便比较编辑前后的照片）。预览区底部有一个工具栏，里面有用于切换视图的按钮，不同视图下显示的控件略有不同，如图 5-6 所示。

图 5-6

　　左侧面板组中有【导航器】面板（可折叠但无法隐藏）、【预设】面板、【快照】面板、【历史记录】面板、【收藏夹】面板。除【导航器】面板之外，其他面板都可以根据需要显示或隐藏。

　　【导航器】面板位于左侧面板组的顶部，把照片放大后，可借助面板中的白色矩形框在画面中导航；应用修片预设之前，可在【导航器】面板中预览修片预设效果；【导航器】面板中可显示照片修改历史中的某一阶段。【导航器】面板标题栏的右端有一个缩放选取器，用来设置工作视图的缩放级别，如图 5-7 所示。

　　【直方图】面板位于右侧面板组的顶部，其下方是工具条，里面的工具用于裁剪照片、去除画面污点、应用局部调整（渐变蒙版或径向蒙版），以及直接在画面上有选择性地进行绘制与调整等，如图 5-8 所示。单击其中的任意工具，可展开工具选项面板，里面包含相应工具的控件和设置选项。

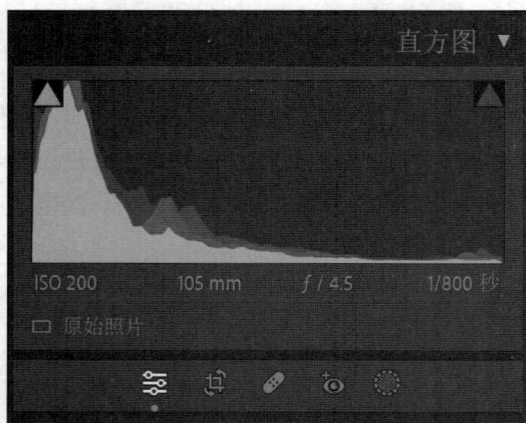

图 5-7　　　　　　　　　　　　　　　　　　　图 5-8

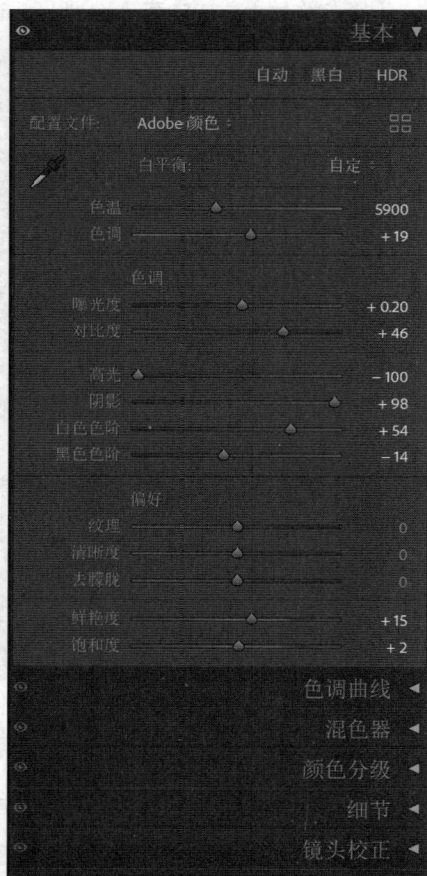

💡提示　在【修改照片】模块的右侧面板组中，工具和控件是按照常用顺序从上往下排列的，这种布局方式可以直观地引导用户完成整个编辑流程。用户也可以调整它们的排列方式，相关内容后面讲解。

工具条下方是【基本】面板，如图 5-9 所示，可在其中对照片进行颜色校正和色调调整。很多情况下，只使用这一个面板就能得到想要的结果。其他面板中包含的大多是针对照片某个方面进行调整的工具。

例如，用户可以使用【色调曲线】面板微调色调范围的分布，提高中间调的对比度；可以使用【细节】面板中的控件对照片进行锐化，或者去除照片中的噪点。

请注意，调整照片时，这些工具并不是每个都会用到。很多情况下，我们只需要对照片进行细微的调整。当希望精细调整某张照片或者调整拍得有问题的照片（如设置的拍摄参数不理想）时，可以进入【修改照片】模块，里面有调整所需要的所有控件。

自定义【修改照片】模块

【修改照片】模块中各个面板的排列顺序是可以改变的。在右侧面板组中，使用鼠标右键单击任意一个面板的标题栏，在弹出的快捷菜单中选择【自定义"修改照片"面板】，打开【自定义"修改照片"面板】对话框，里面包含右侧面板组中

图 5-9

所有面板的名称，如图 5-10 所示。拖动面板名称，可改变面板的排列顺序。取消勾选或勾选面板名称右侧的复选框，可以隐藏或显示相应的面板。单击【Save】按钮，会提示重启 Lightroom Classic。重启 Lightroom Classic 之后，右侧面板组中的面板会按照指定的顺序显示。

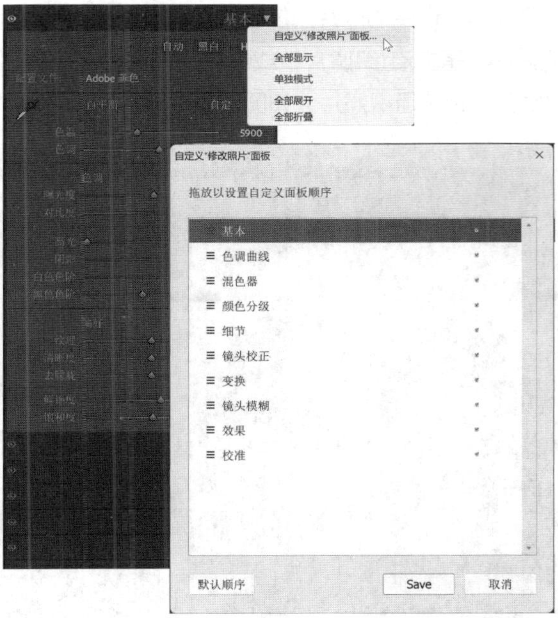

图 5-10

回到【自定义"修改照片"面板】对话框，单击左下角的【默认顺序】按钮，再单击【Save】按钮，重启 Lightroom Classic，右侧面板组中的面板恢复为默认顺序。

5.3 从【上一次导入】文件夹中创建收藏夹

前面学习了如何在 Lightroom Classic 中创建收藏夹，接下来，我们要为待处理的照片创建收藏夹。这是一个好习惯，希望大家都能养成这样的习惯。

❶ 把照片导入图库之后，所有照片都存放于【目录】面板的【上一次导入】文件夹中。按快捷键 Command+A/Ctrl+A，选择其中所有照片。

❷ 单击【收藏夹】面板右上角的加号图标（＋），在弹出的菜单中选择【创建收藏夹】。在打开的【创建收藏夹】对话框的【名称】文本框中输入"Develop Module Practice"，勾选【包括选定的照片】复选框，单击【创建】按钮，如图 5-11 所示。

图 5-11

❸ Lightroom Classic 会自动把选中的照片添加到 Develop Module Practice 收藏夹中，如图 5-12 所示。接下来可以根据自己的喜好重新组织照片，或者在工作区底部工具栏的【排序依据】下拉列表中选择【文件名】，按照文件名的顺序组织照片，如图 5-13 所示。

图 5-12

图 5-13

> 💡 注意 若工作区底部未显示工具栏，请按 T 键将其显示出来。

组织好照片之后，我们一起从上到下认识一下【修改照片】模块中常用的工具。

5.4 裁剪与旋转照片

在 Lightroom Classic 中，我们可以使用【裁剪叠加】工具调整照片构图、裁掉多余的边缘、矫正照片等。

❶ 在【网格视图】或胶片显示窗格中选择一张照片（lesson05-017），按 D 键进入【修改照片】模块。

❷ 隐藏左侧面板组，扩大预览区。【窗口】>【面板】子菜单中显示了隐藏或显示各个面板的快捷键，使用这些快捷键有助于提高工作效率。若当前不在【放大视图】中，可以按 D 键，或者单击工具栏中的【放大视图】按钮，切换到【放大视图】。按 T 键，可显示出工具栏。

❸ 在【直方图】面板下方的工具条中单击【裁剪叠加】按钮，或者按 R 键。此时，在【放大视图】中，照片上会出现一个裁剪矩形，同时工具条下方会显示【裁剪叠加】工具选项面板，如图 5-14 所示。

图 5-14

❹ 向内拖动裁剪矩形的 4 个角，裁剪矩形外部区域会变暗，指示这些区域会被裁剪掉，如图 5-15 所示。拖动照片，可改变裁剪矩形中显示的照片内容。把鼠标指针移动到裁剪矩形之外，鼠标指针会变成弯曲的双向箭头，按住鼠标左键拖动，可沿顺时针或逆时针方向旋转照片。

图 5-15

❺【裁剪叠加】工具带有裁剪参考线，借助裁剪参考线，可以把照片的构图调得更好。默认设置下，裁剪矩形中显示的裁剪参考线是【三分法则】。按 O 键，可切换为不同类型的裁剪参考线。图 5-16 中显示的裁剪参考线是【黄金螺线】。

图 5-16

5.4.1　切换裁剪参考线

在矫正与裁剪照片的过程中，我们可以把裁剪参考线用作参考辅助线。图 5-17 中使用的是【长宽比】裁剪参考线叠加。选择这种裁剪参考线后，用户能够直接在画面上观察到有哪些可用的裁剪比例，以及每种裁剪比例会形成什么样的构图。

图 5-17

💡注意　Lightroom Classic 中的裁剪参考线有网格、三分法则、第 5 张、对角线、居中、三角形、黄金分割、黄金螺线、长宽比等类型。

实际工作中，我们并不需要使用所有裁剪参考线，可以使用如下方法限制看到的裁剪参考线数目。在菜单栏中选择【工具】>【裁剪参考线叠加】>【选择要切换的叠加】，在打开的【切换叠加】对话框中取消勾选不需要的裁剪参考线，如图 5-18 所示。单击【确定】按钮，这样，再次打开【裁剪参考线叠加】子菜单时，只会看到被选择的裁剪参考线。

> 💡 **注意**　按快捷键 Shift+O 可改变裁剪参考线的叠加方向。

图 5-18

5.4.2　使用【矫正】工具

【矫正】工具位于【裁剪叠加】工具选项面板中，其图标是一个水平仪。当照片画面倾斜时，可以使用【矫正】工具把照片拉正。

> 💡 **提示**　无论是使用【矫正】工具还是手动旋转把照片拉正，单击【裁剪叠加】工具或者双击【放大视图】中的照片应用裁剪时，Lightroom Classic 都会自动把裁剪矩形之外的部分裁掉。裁剪时，Lightroom Classic 会根据指定的长宽比最大限度也保留照片内容。改变长宽比或者解锁长宽比，可把照片裁剪掉的部分减到最少。

❶ 切换至照片 lesson05-010，在【裁剪叠加】工具选项面板中单击【矫正】工具。此时，鼠标指针变成十字准星形状，且右下角有一个水平仪。

❷ 把鼠标指针移动到照片上，在画面中找一个应该保持水平或垂直的对象，沿着它拖动鼠标。这里选择画面底部的墙体上边缘作为参考。沿着墙体上边缘从左往右拖动鼠标，绘制一条参考线，如图 5-19 所示，Lightroom Classic 会根据这条参考线拉正照片。此外，还可以直接拖动【角度】右侧的滑块来旋转照片，直到照片变正。这里把照片旋转 2.02° 即可。

图 5-19

5.4.3　按指定尺寸裁剪

裁剪照片时，我们常常希望裁剪框的长宽比与原始照片的长宽比保持一致（如 3∶2，即 DSLR 传感器的长宽比）。但有时需要改变裁剪框的长宽比，以便把裁剪后的照片顺利发布到某个社交平台。

在【裁剪叠加】工具选项面板中单击【长宽比】右侧区域，弹出常用的照片尺寸列表，其中包括 1×1（正方形）、4×5/8×10、16×9 等选项。这里，我们选择 16×9 选项，如图 5-20 所示，让照片画面有影片画面的感觉。【裁剪叠加】工具会自动调整裁剪矩形的长宽比，将其约束为 16×9。

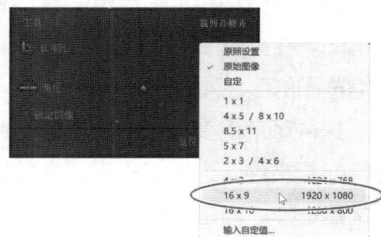

图 5-20

5.4.4　裁剪时隐藏无关面板

回到照片 lesson05-017。裁剪照片时，为了保证裁剪效果，最好把无关面板隐藏起来，以便对裁剪结果做出准确的判断。按快捷键 Shift+Tab，可隐藏用户界面中的所有面板、模块选取器，以及胶片显示窗格，从而最大化照片显示区域，以便更加细致地观察画面，获得最佳裁剪效果。

隐藏面板之后，按两次 L 键。第一次按 L 键，背景光变暗（变暗 80%）；第二次按 L 键，关闭背景光，如图 5-21 所示。这样可以消除所有干扰视线的用户界面元素，让我们能把视线全部集中到待裁剪的照片上。

> 💡 提示　在 Lightroom Classic 中，所有的编辑都是非破坏性的，包括裁剪照片。无论何时，都可以返回，重新激活【裁剪叠加】工具以调整裁剪尺寸或照片角度。此时，照片中被裁剪掉的部分会再次显示出来，可以根据需要旋转照片，或改变裁剪的区域和大小。

按 Return 键 /Enter 键，完成裁剪，如图 5-22 所示。按 L 键，打开背景光；再按快捷键 Shift+Tab，重新显示所有面板、模块选取器，以及胶片显示窗格。

图 5-21

图 5-22

5.5　什么是相机配置文件

使用 JPEG 格式拍摄照片时，相机会自动向拍摄的照片应用颜色、对比度、锐化效果。当使用 RAW 格式拍摄照片时，相机会记录下所有原始数据，同时创建小尺寸的 JPEG 预览图（包含所有颜色、对比度、锐度），我们可以在相机的 LCD 上看见它。

当把照片导入 Lightroom Classic 时，最初 Lightroom Classic 会把照片的 JPEG 预览图作为缩览图显示出来，随后 Lightroom Classic 会把原始数据渲染成像素（这个过程叫"去马赛克"），以便我们在屏幕上查看和处理照片。这个过程中，Lightroom Classic 会查看照片的元数据（白平衡以及相机颜色菜单中设置的参数），并尽其所能进行解释。

但是，有些相机的专用设置 Lightroom Classic 解释不了，导致在 Lightroom Classic 中看到的照片缩览图与在相机 LCD 上看到的 JPEG 预览图不太一样。因此，你会经常发现照片在导入期间或导入之后缩览图的颜色发生了一定变化。

这种颜色的变化让许多摄影师懊恼不已。为了解决这个问题，Lightroom Classic 开发者们加入了相机配置文件，这些相机配置文件其实是一些预设，用来模拟相机 JPEG 照片中的设置。虽然不是百分之百一样，但是使用它们可以让缩览图与你在相机 LCD 上看到的效果最为接近。以前这些相机配置文件都存放在【相机校准】面板中。

随着时间的流逝，越来越多的摄影师开始使用相机配置文件，甚至有些摄影师还专门为一些艺术效果创建了配置文件。为了色彩保真和艺术表现的需要，摄影师们经常要添加配置文件，Adobe 意识到了这一点，为方便使用，就把配置文件放到了【基本】面板中。

5.5.1 使用配置文件

Lightroom Classic 为摄影师提供了各种各样的配置文件，有如下 3 种类型。

- Adobe Raw 配置文件：这些配置文件不依赖于具体相机，旨在为摄影师拍摄的照片提供一致的外观和感觉。

- Camera Matching 配置文件：这些配置文件用来模拟相机内置的配置文件，不同相机厂商提供的配置文件不一样。

- 创意配置文件：这些配置文件是专为艺术表现而创建的，它使 Lightroom Classic 拥有了使用 3D LUTs 获得更多着色效果的能力。

> **💡提示** 颜色查找表（Look-Up Table，LUT）是重新映射或转换照片颜色的表格。LUT 最初用在视频领域，用来使不同来源的素材拥有一致的外观。随着 Photoshop 用户开始使用它们为图像上色（作为一种效果），LUT 逐渐流行了起来。这些效果有时被称为【电影色】。

了解了各种配置文件的功能之后，接下来学习如何使用它们来改善我们拍摄的照片。下面继续使用前面裁剪过的照片进行操作。若当前不在【修改照片】模块下，请按 D 键进入【修改照片】模块。为了便于观察应用效果，单击用户界面左侧和底部边框中间的灰色三角形，隐藏左侧面板组和胶片显示窗格。

【配置文件】选项组位于【基本】面板顶部，【自动】【黑白】【HDR】按钮下方，如图 5-23 所示。在其右侧单击，弹出的菜单中列出了一些 Adobe Raw 配置文件（仅在处理 RAW 文件时显示），用于模拟相机设置，如图 5-24 所示。此外，还可以使用【配置文件浏览器】面板把自己喜欢的配置文件添加到这个菜单中，以便快速访问。

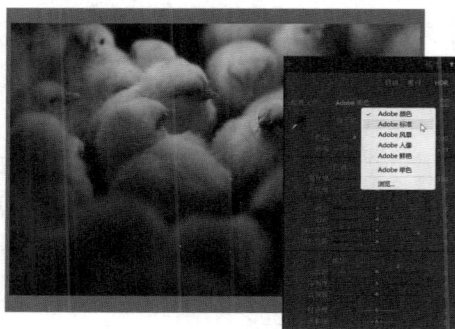

图 5-23　　　　　　　　　　　　　　　　图 5-24

在【基本】面板中，单击【配置文件】右侧的四个正方形图标，打开【配置文件浏览器】面板，其中包含各种配置文件，包括 Adobe Raw 配置文件。

> **💡注意** 拍摄照片时，若使用了相机内置的某种预设，如单色，在显示照片时，Lightroom Classic 会默认给照片应用单色。许多用户已经习惯使用 RAW 格式拍摄黑白照片，然后让 Lightroom Classic 自动将照片转换为彩色照片。但在当前版本的 Lightroom Classic 中，这种做法已经不适用了。

- 【Adobe 颜色】：新的标准颜色配置文件，用来向照片应用中性色调，类似于相机内部呈现的颜色效果。

- 　【Adobe 单色】：经过精心调校，制作黑白照片时最好先应用该配置文件，然后做进一步调整。相比于在【Adobe 标准】下把照片转换成黑白照片，应用【Adobe 单色】能够产生更好的色调分离和对比效果。
- 　【Adobe 人像】：针对所有肤色做了优化，它能更好地控制和还原肤色，而且向肤色应用的对比度和饱和度较低，这使得我们可以更精确、更自由地控制关键人像。
- 　【Adobe 风景】：专为风景照片打造，能够把天空、树叶等表现得更鲜艳、更漂亮。
- 　【Adobe 鲜艳】：能显著提升饱和度。如果你希望照片画面鲜艳、色彩强烈，不妨试试它。

虽然 Adobe 公司把 Adobe Raw 配置文件做得很好，但还是有很多摄影师更喜欢使用 Camera Matching 配置文件。这些配置文件是针对特定相机的，是根据相机中可选用的配置文件制作的。可以打开【配置文件浏览器】面板查看 Camera Matching 配置文件。

5.5.2　使用【配置文件浏览器】面板

在【配置文件浏览器】面板中，你可以找到 Adobe 公司制作的所有配置文件，如图 5-25 所示。【配置文件浏览器】面板顶部是 Adobe Raw 配置文件，前文已经介绍过了。Camera Matching 配置文件包含针对特定相机的配置文件，不同相机类型有不同数量的配置文件。

【配置文件浏览器】面板底部是创意配置文件，包含黑白、老式、现代、艺术效果等类型。展开其中任意一类，你会看到一系列缩览图，它们用来展现每种配置文件应用到照片上的效果。

强烈建议你亲自动手试一试每种配置文件，看看它们都是什么样的效果。使用 Camera Matching 配置文件，可以一键获得类似于在相机 LCD 上看到的效果。而使用创意配置文件可以向照片添加特殊效果，把自己的一些想法融入画面中。

此外，还有一个功能我很喜欢。当你选择一种创意配置文件时，Lightroom Classic 会在【配置文件浏览器】面板顶部显示【数量】滑动条，拖动滑块，可以控制效果应用的强弱。选好配置文件并设置好【数量】之后，单击【配置文件浏览器】面板右上角的【关闭】按钮，返回【基本】面板。

创意配置文件中还有黑白预设，使用这些预设能够明显地增强照片画面效果，有助于创建吸引人的黑白照片。此外，还可以在这些预设的基础上根据需要进行进一步调整。有关如何创建黑白照片的内容将在后面课程中详细讲解。

这里选择【老式 01】预设，单击【关闭】按钮。观察照片，可以看到照片画面变得更柔和，中间色调也压缩得更厉害。

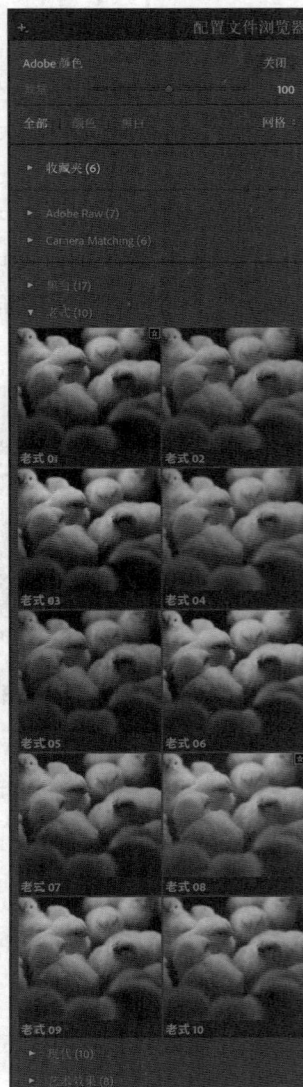

图 5-25

5.6 调整照片白平衡

白平衡是指照片中光线的颜色。不同的光线（如荧光灯光、钨丝灯光、阴天光线等）会让照片画面有不同的颜色偏向。白平衡调整的是照片的色温和色调，通过调整两者，可以把照片颜色变成你想要的样子。选择 lesson05-003 照片，以此为例进行调整。【白平衡】位于【基本】面板中，单击白平衡右侧，在弹出的菜单中选择【原照设置】，如图 5-26 所示。尝试在白平衡菜单中选择其他白平衡预设，观察照片画面有什么变化。

图 5-26

如果照片是 RAW 格式，在白平衡菜单中可以看到更多选项，这些选项通常在相机中也有，但是并不适用于 JPEG 格式的照片。根据照片中的光线，选择最合适的白平衡预设。也可以通过调整【色温】和【色调】来手动调整照片的白平衡。

> **提示** 对于 RAW 格式的照片，设置照片的白平衡时，可以在白平衡菜单中找到多个白平衡预设，但是设置照片白平衡更便捷的方法是使用【白平衡选择器】。对于 JPEG 格式的照片，相机会把白平衡应用到照片上，所以白平衡菜单中可用的预设并不多。

在为照片设置白平衡时，如果你对白平衡菜单中的所有预设都不满意，可以使用【白平衡选择器】手动设置白平衡。首先单击【白平衡选择器】（吸管图标），或者按 W 键，如图 5-27 所示；然后把鼠标指针移动到照片上，在中性色（如浅灰或中性灰）区域中单击。寻找中性色区域时，可以使用放大镜工具把照片放大，这样寻找起来相对容易。

示例照片是笔者在波多黎各拍摄的几串香蕉，使用【白平衡选择器】对背景墙取样。在画面中单击后，照片画面看上去就非常自然了，如图 5-28 所示。虽然有时使用【白平衡选择器】无法直接获得令人满意的结果，但可以在此基础上做进一步调整，这样能大大节省调整白平衡的时间。

图 5-27

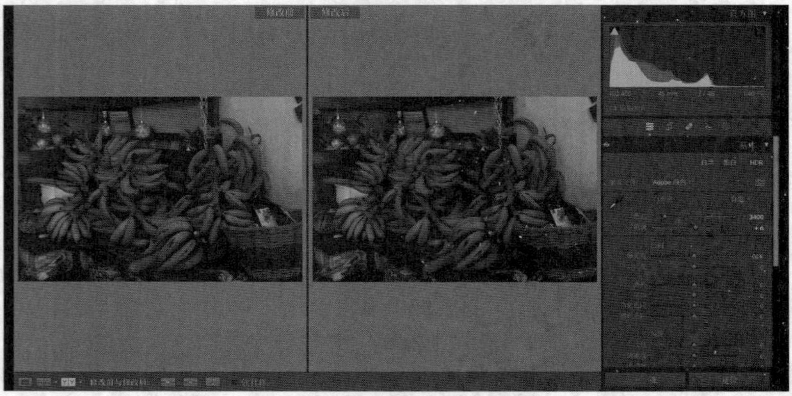

图 5-28

关于白平衡

要正确显示照片文件中记录的所有颜色信息，关键是要使照片中的颜色分布均衡，即纠正照片的白平衡。

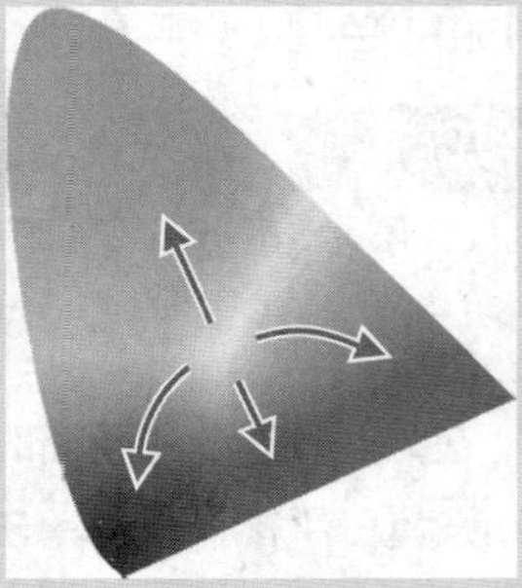

纠正照片的白平衡是通过移动照片的白点来实现的。白点是中性点，其周围的颜色沿着两个轴分布，一个轴是色温（由蓝色到红色，图 5-29 中的曲线箭头），另一个轴是色调（由绿色到洋红色，图 5-29 中的直线箭头）。

照片的白点反映的是拍摄照片时的照明条件。不同类型的人工照明有不同的白点，它们产生的光线往往以一种颜色为主，缺少另一种颜色。天气情况也会对白平衡产生影响。

图 5-29

光线中的红色越多，照片颜色就越偏暖；蓝色越多，照片颜色就越偏冷。照片颜色沿着这个曲线轴变化，就形成了"色温"，而"色调"指的是照片颜色向着绿色或洋红色方向变化。

拍照时，数码相机传感器会记录被摄物体反射过来的红色光、绿色光、蓝色光的数量。在纯白光线下，中性灰物体、黑色物体和白色物体会等量反射光源中的所有颜色。

若光源不是纯白的，而是绿色占主导，例如常见的荧光灯的光，则反射光线中绿色光就非常多。除非知道光源的组成，并对白平衡或白点进行了相应的修正，否则即便看起来是中性色的物体也会偏向绿色。

使用自动白平衡模式拍摄时，相机会尝试根据传感器捕获的颜色信息来分析光源的组成。虽然现在的相机在自动分析光线和设置白平衡方面做得不错，但也不是绝对可靠的。若相机支持手动白平衡设置，最好在拍摄之前使用相机测量一下光源中的白点，可以通过拍摄与目标对象相同光照条件下的白色或中性浅灰色物体来实现。

除了相机传感器捕获的颜色信息，RAW 格式照片中还包含拍摄时的白平衡信息，以及相机在拍摄时自动确定的白点。Lightroom Classic 能够使用这些信息正确地解释给定光源的颜色数据，把白点作为校准点，并参考这个校准点移动照片中的颜色，以校正照片的白平衡。

【基本】面板的左上角有【白平衡选择器】工具，可以使用这个工具校正照片的白平衡。在照片上找一块中性浅灰色区域，单击该区域，进行采样，Lightroom Classic 会使用采样信息确定校准点，然后根据校准点为照片设置白平衡。

在照片画面中移动鼠标指针（吸管形状）时，鼠标指针的右下方会出现一个小窗口，里面显示的是要拾取的目标中性色的 RGB 值。为避免颜色偏移过度，尽量单击与红、绿、蓝 3 种颜色的颜色值接近的像素。不要选择白色或非常浅的颜色（如高光区域的颜色）作为目标中性色，在非常亮的像素中，可能有一种或多种颜色已经被剪切。

色温的定义基于黑体辐射理论。加热黑体时，黑体首先呈现红色，然后呈现橙色、黄色、白色，最后呈现蓝白色。色温是指加热黑体至呈现某种颜色时的温度，单位是开尔文（K），0K 相当于 -273.15℃或 -459.67°F，单位为开尔文的增量与单位为摄氏度的增量是等价的。

我们常说的暖色含红色较多，冷色含蓝色较多，但暖色色温比冷色色温低（以开尔文为单位）。烛光照亮的暖色场景的色温大约是 1500K，明亮的日光的色温大约是 5500K，阴天的色温是 6000K~7000K。

【色温】滑块用于调整指定白点的色温，左低右高，如图 5-30 所示，向左拖动【色温】滑块会降低白点的色温。因此，Lightroom Classic 会认为照片中的颜色色温比白点的色温高，从而朝着蓝色偏移照片颜色。【色温】滑动条中显示的颜色表示把滑块向相应方向拖动时照片会向哪种颜色偏移。向左拖动滑块时，照片中的蓝色增加，画面偏蓝；向右拖动滑块时，照片画面看上去会更黄、更红。

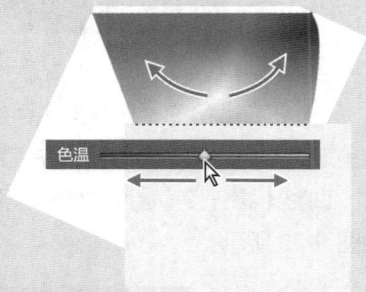

图 5-30

【色调】滑块的工作方式与【色温】滑块类似，如图 5-31 所示。向右拖动【色调】滑块（远离滑动条的绿色一端），照片中的绿色会减少。这会增加白点中的绿色含量，因此，Lightroom Classic 会认为照片的绿色比白点的绿色少。

调整【色温】滑块与【色调】滑块，色域中的白点会移动。

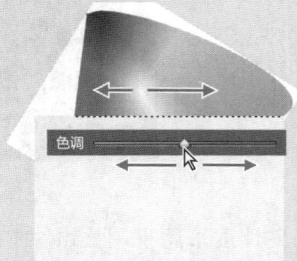

图 5-31

5.7   调整曝光度和对比度

曝光度由相机传感器捕捉的光线量决定，用 f（描述相机镜头的进光量）表示。事实上，【曝光度】滑块模拟的就是相机的曝光挡数，把【曝光度】设置为 +1.0，表示曝光比相机测定的曝光多 1 档。在 Lightroom Classic 中，【曝光度】滑块影响的是照片中间调的亮度（就人像来说，指的是皮肤色调）。向右拖动【曝光度】滑块，中间调的亮度提高；向左拖动【曝光度】滑块，中间调的亮度降低。这一点可以从画面的变化看出来，向右拖动【曝光度】滑块，照片画面变亮；向左拖动【曝光度】滑块，照片画面变暗。

❶ 选择照片 lesson05-009，在【基本】面板中向右拖动【曝光度】滑块，使其数值变为 +1.70，如图 5-32 所示，照片画面变亮。

图 5-32

❷ 在右上角的【直方图】面板中，把鼠标指针移动到直方图的中间区域，受曝光度影响的区域会呈现亮灰色，同时直方图的左下角会出现"曝光度"文字。

调整【曝光度】滑块之前，照片像素大多都堆积在直方图左侧；调整之后，所有像素向右移动，如图 5-33 所示。

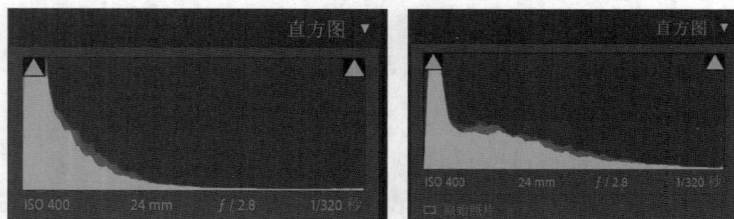

图 5-33

【对比度】用来调整照片中最暗区域与最亮区域之间的亮度差。向右拖动【对比度】滑块（提高对比度），如图 5-34 所示，像素向两边拉伸，照片画面中黑色区域更黑，白色区域更白。这看起来就像是把直方图从中间分开（或接上）。

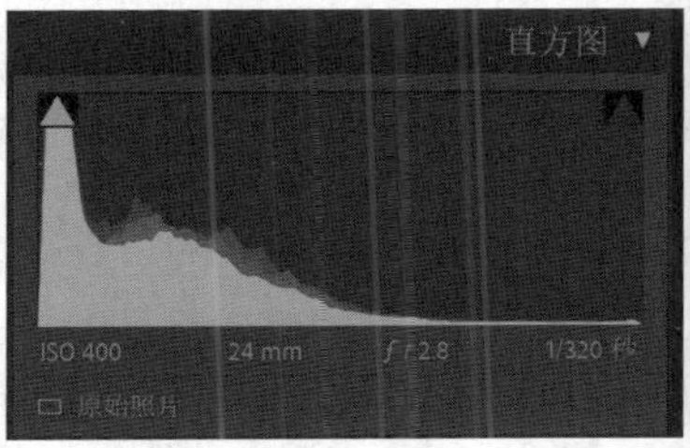

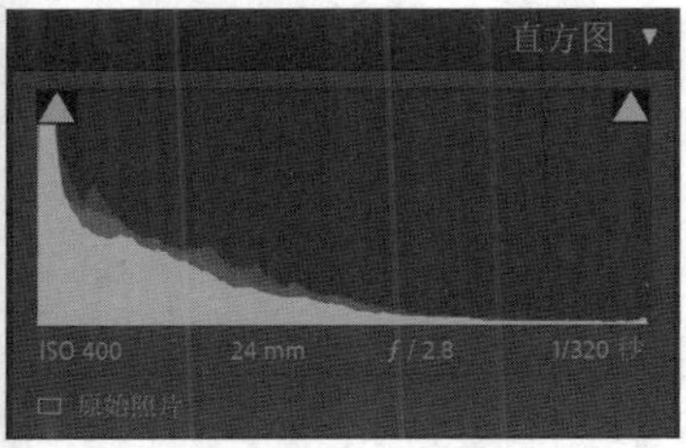

图 5-34

> **提示**　按住 Shift 键，双击某个滑块，Lightroom Classic 会自动调整该滑块。特别是在调整照片对比度时，建议优先使用该方法，因为手动调整对比度难度较大，容易影响照片的高光和阴影区域。

向左拖动【对比度】滑块（降低对比度），直方图中的数据会向内压缩，最暗端（纯黑）与最亮端（纯白）之间的距离缩短，照片画面会变得灰蒙蒙的，又平又脏。

❸ 不断尝试调整照片的对比度，并观察画面效果。这里把【曝光度】设置为 +1.70、【对比度】设置为 +46，会使照片画面很醒目。

❹ 按 Y 键，进入【比较视图】，如图 5-35 所示。通过比较修改前后的画面，可以大致了解当前照片修改成什么样子了。这也是使用 RAW 格式拍摄照片的好处之一。

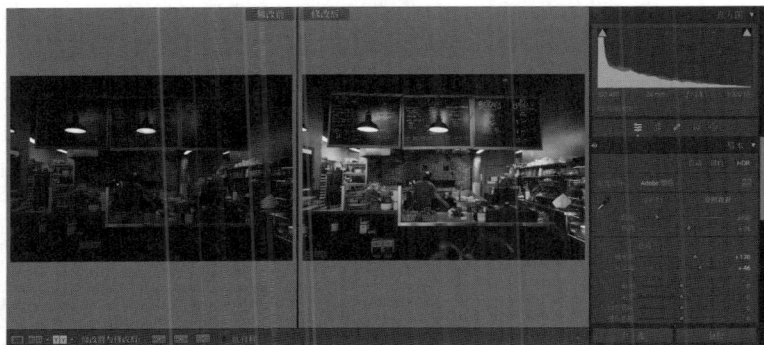

图 5-35

5.8 调整阴影与高光

【高光】与【阴影】滑块分别用来从高光区域与阴影区域找回细节。在照片画面中，过暗或过亮区域可能会发生剪切，导致某些细节丢失。若照片中的阴影区域过暗（有时叫"死黑"），该区域就会因缺少足够的数据而无法显示细节；若高光区域过亮（有时叫"死白"），该区域的细节也会丢失。

> 💡 **提示** 按 J 键可快速打开或关闭高光剪切或阴影剪切警告。

一般情况下，我们都希望照片的阴影区域和高光区域中有足够多的细节，同时又不会影响到照片的其他部分。如图 5-36 所示，拍摄时，我故意欠曝一些，防止高光溢出，但这样做导致照片底部的阴影区域丢失了一些细节。下面我们尝试使用【阴影】滑块找回阴影区域的一些细节。

图 5-36

❶ 打开照片 lesson05-008。单击直方图左上角的方框，打开阴影剪切警告，此时，照片画面中的某些区域出现蓝色，这些区域就是被剪切掉的阴影区域。类似地，画面中过曝的区域呈现红色，单击直方图右上角的方框，可打开高光剪切警告。左右拖动【曝光度】滑块，在画面中查看阴影剪切警告和高光剪切警告。把【曝光度】设置为 +0.75，然后关闭阴影剪切警告。

❷ 向右拖动【阴影】滑块，看看能从建筑物、人、街道的阴影区域中找回多少信息。这里把【阴影】设置为 +81，如图 5-37 所示。

❸ 打开照片 lesson05-006。向左拖动【曝光度】滑块，将其设置为 -1.10，压暗照片画面。此时，照片画面仍然有点亮，向左拖动【高光】滑块，将其设置为 -100。经过这样的调整后，不仅建筑物有了更多细节，而且天空中也多了一些原本看不见的颜色，如图 5-38 所示。

图 5-37

图 5-38

❹ 把【阴影】设置为 +52,【曝光度】设置为 -1.35,【对比度】设置为 +41,【色温】设置为 5600,如图 5-39 所示。

使用【阴影】滑块和【高光】滑块时,还要清楚它们会不会产生什么影响。例如,调整【阴影】滑块时,画面的高光区域不会受到影响。而在调整【高光】滑块时,画面中的阴影区域也不会受到影响。这正是它们的强大之处。

在 Lightroom Classic 中修改照片时,虽然还有其他大量工具可以选用,但是根据个人经验,使用【曝光度】【对比度】【阴影】【高光】这 4 个滑块就够了。

图 5-39

5.9 调整白色色阶和黑色色阶

　　直方图展现的是照片的整个色调范围内的像素数据，因此我们最好确定好色调范围的边界。

　　白色色阶和黑色色阶是照片中最亮的部分和最暗的部分，把它们确定下来，色调范围的边界就确定了。很多照片（并非所有）中，只要确保所有像素都在白色色阶和黑色色阶之间，就能得到非常棒的效果，如图 5-40 所示。

图 5-40

　　打个比方，院子里有一群孩子在玩耍，但他们只占据了半个院子，院子的另一半空着。最理想的状态是把孩子们分散到整个院子（照片的色调范围）中。但问题是，在照片中找到最亮的区域和最暗的区域的确切位置并不容易，如图 5-41 所示。

❶ 在【修改照片】模块下打开照片 lesson05-002。
按住 Option 键 /Alt 键，单击【白色色阶】滑块。此时，
照片画面几乎全黑。向右拖动【白色色阶】滑块，你会
在画面中看到颜色变化，如图 5-42 所示。不断向右拖动
滑块，直到照片画面中出现第一块白色区域，如图 5-43
所示。该白色区域是画面中被剪切的部分，把它定义成
整个画面中最亮的白色，这样不会导致高光信息丢失。
有时在白色出现前出现了其他颜色，表示该颜色在整个画面中是占主导地位的亮色。

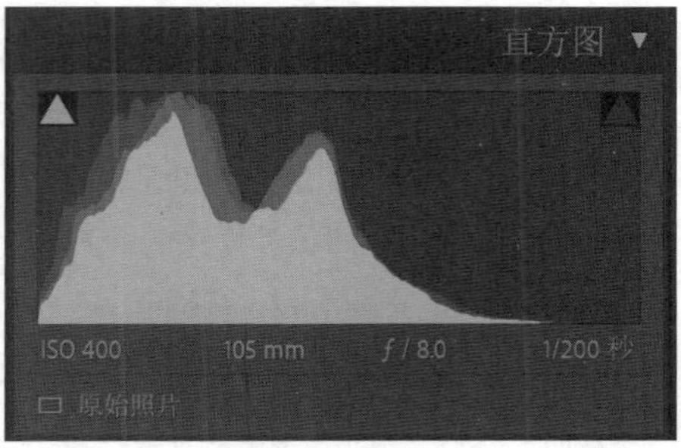

图 5-41

图 5-42

图 5-43

调整白点时，有时你会看见一种明亮的颜色，它就是所谓的偏色。例如，示例照片画面底部有一
点点蓝色，但笔者觉得还好，不用管它。拖动滑块的过程中，在画面中你会看到其他颜色，但请记住
我们要找的是白色。

什么是直方图?

在 Lightroom Classic 中查看照片时，人们常常会说到直方图。讨论摄影时，大家对照片直方图的看法各不相同，有人说照片直方图应该是一条曲线，还有人说照片直方图应该是完美的，其形状如图 5-44 所示。其实，这些争论不重要，重要的是，你要知道看直方图时看的是什么，还要知道直方图只是调整照片的参考工具，把直方图（形状）调整成什么样并不是我们的目标。

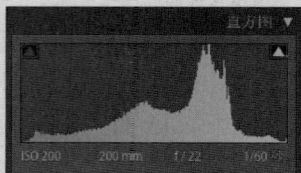

图 5-44

虽然有点过于简化，但我们完全可以把直方图看成柱状图。直方图左侧像素的亮度是 0%，右侧像素的亮度是 100%。每种颜色的亮度级别都是从 0 到 255，0 代表最暗，255 代表最亮。

假设照片中只有 3 种亮度：黑色、灰色、白色。我们把这 3 种亮度用柱状图表现出来，最终得到图 5-45 所示的直方图（现在的相机拍摄的照片肯定不会有这样的直方图）。

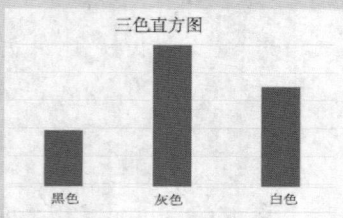

图 5-45

现在，假设照片中有 12 种亮度。把这 12 种亮度画在柱状图中，如图 5-46 所示。此时，柱状图看起来有一点拥挤。

直方图本质上就是柱状图，由许多竖条相互紧挨着组成。虽然亮度竖条变多，甚至挤在一起，但它们表示的含义仍然是一样的。在直方图中，横轴（x 轴）表示亮度级别（0~255），纵轴（y 轴）代表画面中有多少像素属于相应的亮度级别，如图 5-47 所示。

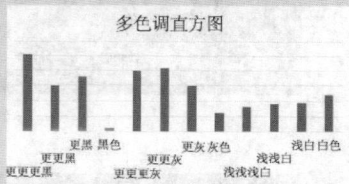

图 5-46

在【直方图】面板中，不仅有灰色的直方图，还有多个带颜色的直方图，它们其实也是柱状图，如图 5-48 所示。因此，我们可以使用相同的方法来解读它们，即在各种颜色的直方图（如蓝色直方图）中，水平方向表示亮度级别，从左到右是从最暗到最亮，竖直方向表示该颜色在某个亮度级别的像素数量。

黄色直方图、红色直方图也是一样的。不管什么类型的直方图，本质上都是柱状图，展示的是照片中像素在各个亮度级别的分布情况。这里需要再次提醒大家的是，调整照片是为了获得满意的画面，而不是为了得到完美的直方图。

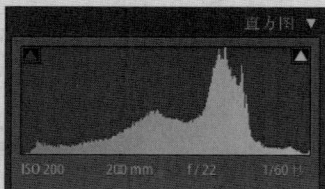

图 5-47

直方图名人堂

笔者曾一度认为，完美的直方图就是一条钟形曲线，但在雪城大学与著名人像摄影师格雷戈里·海斯勒一番交流之后，我的看法彻底变了。海斯勒教授说："拍摄意图要比直方图形状更重要。"

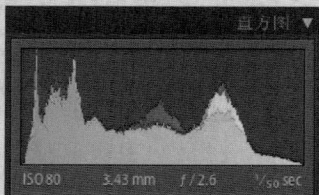

图 5-48

交谈中，他展示了一系列照片，那些照片的直方图都被他收录在"直方图名人堂"中。那些照片的直方图看上去都有问题，但其实是摄影师有意为之，而且理由充分。

由于版权原因，笔者不能在这里展示那些照片，但你可以找几张照片测试一下。这里笔者准备了 5 张照片，比较一下它们的直方图，如图 5-49 所示。

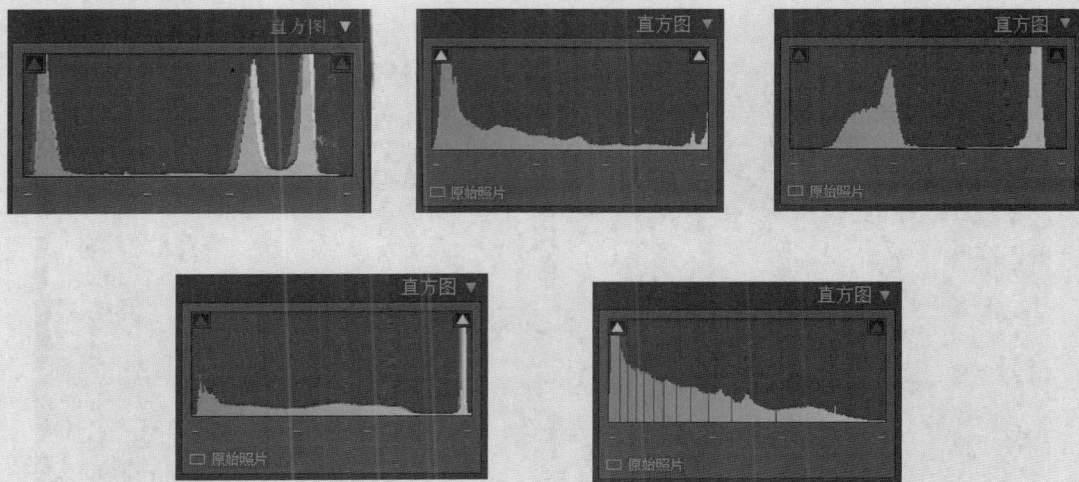

图 5-49

使用直方图时，注意观察哪些部分被剪切掉了，以及如何进行补救，相关内容稍后会讲解。

❷ 设置好白色色阶之后，按住 Option 键 /Alt 键，向左拖动【黑色色阶】滑块。此时，照片画面变成全白，我们要在画面中找到第一个黑色斑块。不断向左拖动滑块，当出现黑色斑块时，停止拖动【黑色色阶】滑块。与黑色斑块同时出现的其他颜色在调整之后会变为全黑，如图 5-50 所示。

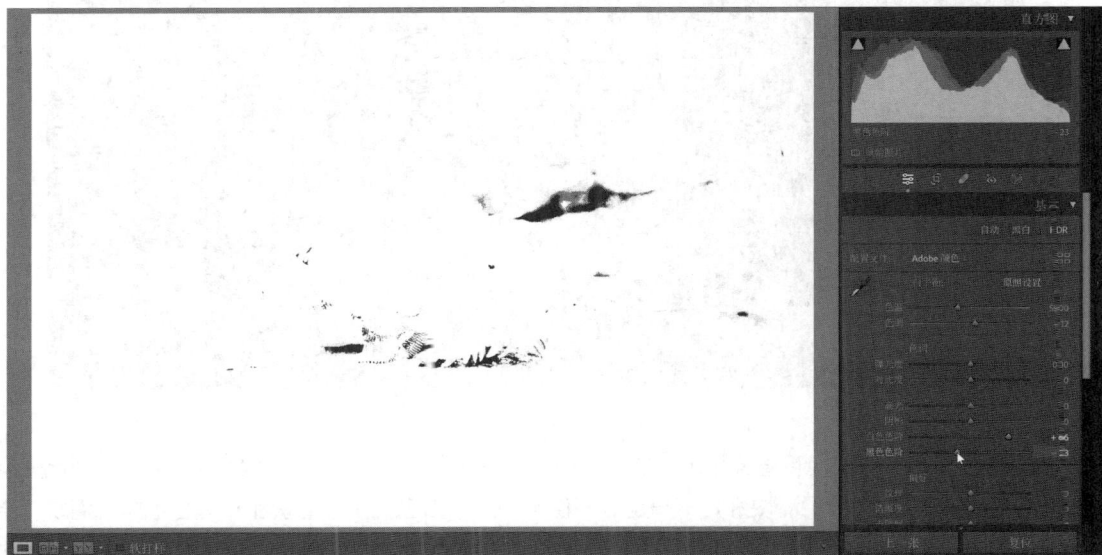

图 5-50

提示 按住 Shift 键，双击【白色色阶】或【黑色色阶】滑块，Lightroom Classic 会自动调整它们。

❸ 继续调整照片，设置【曝光度】为 -0.30、【高光】为 -100、【阴影】为 -21、【白色色阶】为 +65、【黑色色阶】为 -23、【色温】为 6425，如图 5-51 所示。经过这样的调整后，照片画面变亮了，同时保留了大量细节，又去除了一些蓝色。最后，按 16×9 的长宽比裁剪照片画面。比较修改前后的画面，如图 5-52 所示。

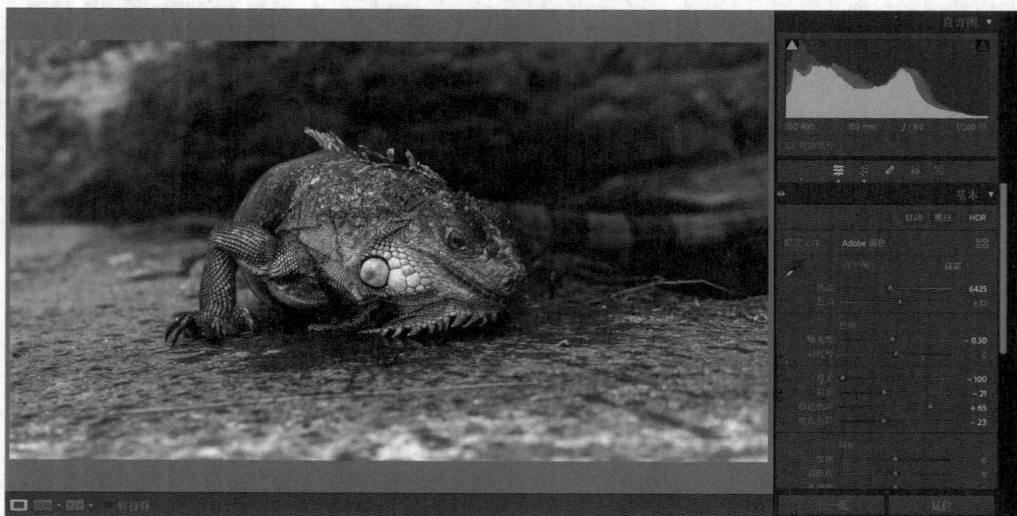

图 5-51

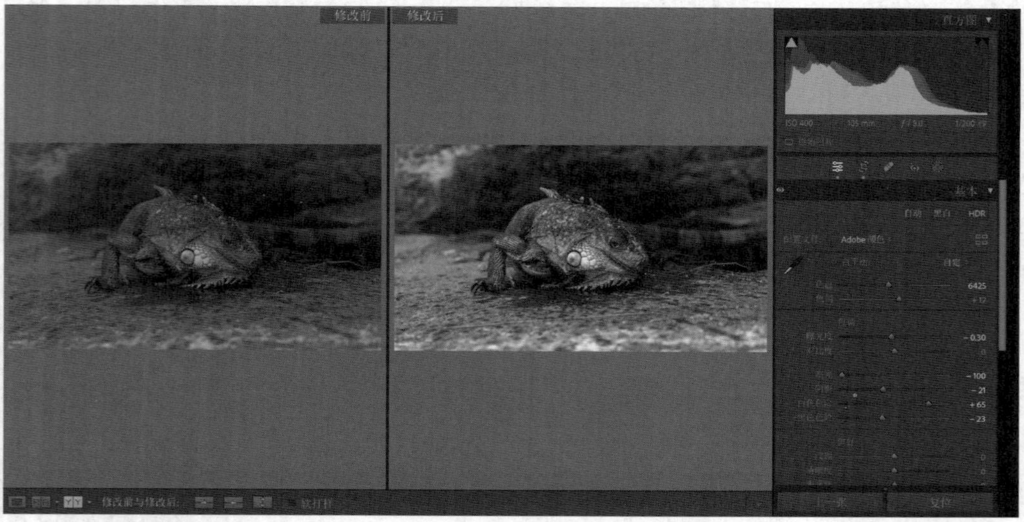

图 5-52

这就引出了一个问题：调整照片时，是不是使用【白色色阶】滑块和【黑色色阶】滑块要比使用【曝光度】滑块和【对比度】滑块好？不一定。即便不使用【白色色阶】滑块和【黑色色阶】滑块，结合使用【曝光度】【对比度】【阴影】【高光】这几个滑块也可以调出类似的效果。学习修改照片的过程中，不仅要深入了解相关技术的工作原理，还要不断探索和尝试，以找到最适合自己的操作方式和修片策略。

5.10　调整清晰度、鲜艳度、饱和度

调整好照片色调之后，继续使用【基本】面板中的其他工具进一步调整照片。在照片的基本调整中，调整照片的清晰度、鲜艳度、饱和度一般是必不可少的。打开照片 lesson05-014。

❶ 对照片做调整，设置【色温】为 5000、【色调】为 +10、【曝光度】为 −0.20、【对比度】为 +17、【阴影】为 +10、【白色色阶】为 +27，如图 5-53 所示。

调整照片的对比度时，照片的阴影、高光、白色色阶、黑色色阶都会受到影响。前面我们没怎么调整照片的中间调，但有时在中间调中加一点冲击力，对提升整个画面的表现效果非常有帮助。

图 5-53

❷ 拖动【清晰度】滑块，将其设置为 +32。

【清晰度】滑块用于控制照片中间调的对比度，非常适合用来增加照片中某些元素的质感，例如，照片中的金属、纹理、砖墙、头发等。就墙面而言，当前设置带来的改善效果已经相当不错了，如图 5-54 所示。

请注意，使用【清晰度】滑块时，不要把清晰度应用至画面的焦外区域，以及那些应当保持柔和的元素上。请谨慎使用【清晰度】滑块，或者配合蒙版使用。把【纹理】设置为 +30，如图 5-55 所示，增加画面细节。

图 5-54

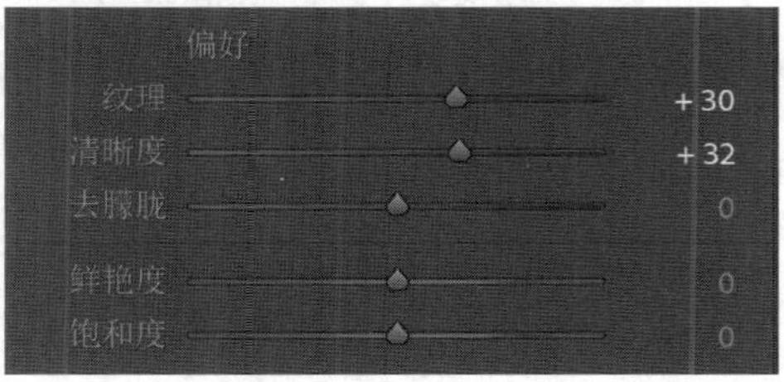

图 5-55

使用【纹理】滑块增强画面细节

2019 年 5 月，Lightroom Classic 新增加了一个工具——【纹理】滑块，如图 5-56 所示。笔者非常喜欢这个工具，用得也非常多。

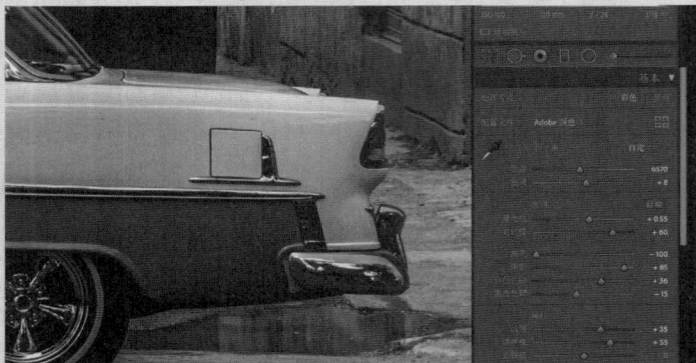

图 5-56

最初【纹理】滑块用于在人像修饰过程中对皮肤做平滑处理，它能够以非常精细的方式向照片的特定区域添加细节。

照片（或者图像）由高频、中频、低频 3 部分组成。对照片做锐化等调整时，调整会作用于画面中某些元素的边缘。这些元素的边缘位于画面的高频区域。当调整量过大时，你会发现这些调整也会影响到照片的中频和低频区域。

使用【纹理】滑块可向照片的中频区域添加细节，但不会影响到低频区域。

调整【清晰度】滑块会影响中间调的对比度，但是往往也会影响到照片的其他区域。【纹理】滑块与【清晰度】滑块类似，能够增加细节，但不像【清晰度】滑块那样有负面影响。

在图 5-57 中，把【清晰度】滑块拖到最右边，此时汽车后面的墙体及汽车顶部的暗部区域受到了严重影响。

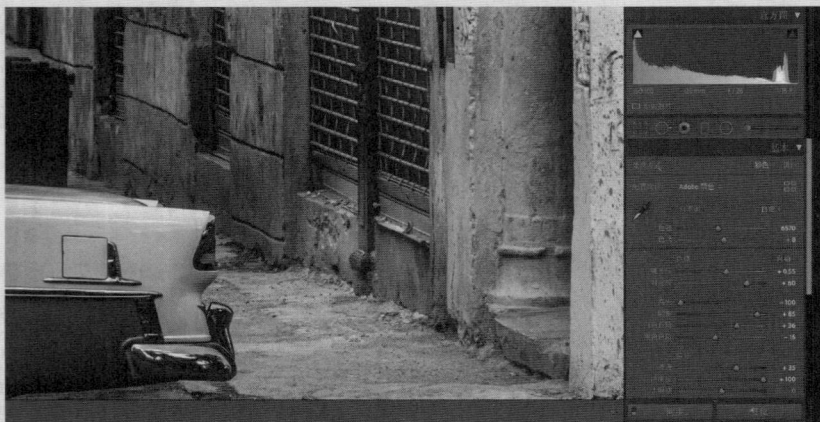

图 5-57

在图 5-58 中，把【纹理】滑块拖到最右边，照片中出现了更多细节，同时墙体未受到明显影响。

图 5-58

　　根据笔者的个人经验，调整照片的过程中，配合使用【清晰度】和【纹理】两个滑块往往就能得到想要的细节。建议大家多做尝试，探索一下如何使用这两个滑块才能得到想要的细节。

　　高低频技术除了用来增加画面细节，还可以用来分离出高频做柔化处理。在 Photoshop 修片中，这种技术称为"频率分离"（分频法）。

　　做频率分离时，我们会把高频（细节）与低频（颜色与色调）分离开，这么做一方面可以弱化皮肤上的瑕疵，另一方面可以在一定程度上保留皮肤纹理。以前做高频分离时，需要在 Photoshop 中创建独立的图层分别处理。现在在 Lightroom Classic 中，只需要调整一个滑块就能得到相同的效果。

　　图 5-59 中的人物是笔者的妻子 Jenn。首先声明一下，她本人很漂亮，皮肤也很好，根本不需要柔化，笔者觉得她是世上最漂亮的女人。跟她沟通之后，她同意笔者使用这张照片给大家展示【纹理】滑块在柔化人物皮肤方面的功效。左图是柔化前的原始照片，右图是柔化后的照片（柔化时把【纹理】滑块向左拖动，使其变为负值）。经过柔化，Jenn 的皮肤变得更柔和，肤色和纹理也得到了很好的保留。其实，你可以使用蒙版画笔在人物的局部应用柔化效果，这样针对性更强，效果会更好。有关蒙版画笔的用法，将在第 6 课中介绍。

图 5-59

　　【纹理】滑块是 Max Wendt 的杰作，他是 Adobe 公司 Texture 项目组的首席工程师。他在 Adobe Blog 网站上专门撰写了一篇文章详细介绍【纹理】滑块，讲解了如何最大限度地发挥其威力，感兴趣的用户可以读一读。

【饱和度】和【鲜艳度】滑块调整的都是照片中的颜色，但是它们的工作方式有点不一样。下面继续使用照片 lesson05-002（蜥蜴照片）做演示。

❸ 把【饱和度】滑块拖到最右边，将其设置为 +100。此时，照片中的所有颜色都得到了增强，如图 5-60 所示。

图 5-60

使用【饱和度】滑块提高颜色饱和度时，Lightroom Classic 不会考虑颜色是否会过度饱和。换言之，【饱和度】滑块使用不当容易使照片画面显得过于艳丽，给人以不真实的感觉。

【鲜艳度】其实应该叫"智能饱和度"。向右拖动【鲜艳度】滑块，照片画面中所有饱和度不够的颜色均会得到增强，但过饱和的颜色调整的幅度都不大。当照片画面中含有人物时，调整【鲜艳度】滑块时，Lightroom Classic 会尽量保护人物的肤色，使其不受影响。

❹ 把【饱和度】重置为 0，向右拖动【鲜艳度】滑块，使其值变为 +40，如图 5-61 所示。此时，画面中只有某些区域受到影响，画面中的黄色几乎没有发生变化。

图 5-61

调整照片颜色时，笔者的习惯是先拖动【鲜艳度】滑块，使画面颜色合乎要求，然后视情况调整【饱和度】滑块。这里把【鲜艳度】设置为 +40，把【饱和度】设置为 0。至此，照片颜色与色调就调好了。接下来，我们还要对照片进行锐化。

5.11　照片锐化

使用 JPEG 格式拍摄照片时，相机会自动向照片添加颜色、对比度、锐化效果。修片时，许多摄影师往往一上来就调整照片色调，而跳过锐化照片这一步。默认设置下，Lightroom Classic 会自动向 RAW 格式照片添加少量锐化效果，但是对改善照片画面来说，这一点点锐化是远远不够的。

在【细节】面板中，【锐化】选项组中有 4 个滑块：数量、半径、细节、蒙版。这些滑块的上方是以 100% 的比例显示的照片预览图（单击右上角的小三角形，可隐藏或显示照片预览图）。其实，这个照片预览图的用处并不大，因为它无法让你准确地知道应用了多少锐化。

❶ 在中间预览区中单击照片，把照片放大到 100%。拖动照片画面，确定一块区域，使你能够清晰观察到应用的锐化效果，这样你才能知道该锐化多少，如图 5-62 所示。

图 5-62

❷【数量】滑块用于设置要向照片应用多少锐化。拖动【数量】滑块，使其值变为 96。拖动滑块时，按住 Option 键 /Alt 键，将照片画面变成黑白的，这样有助于更好地观察锐化效果，如图 5-63 所示。

【半径】滑块用于控制在多大半径范围（离像素中心点的距离）内应用锐化。请注意，仅拖动【半径】滑块很难看清应用范围大小，下面介绍一个小技巧。

❸ 拖动【半径】滑块时，按住 Option 键 /Alt 键。向左拖动滑块，画面变灰；向右拖动滑块，画面中显示的物体边缘变多。画面中显示的边缘就是被锐化的区域，灰色区域不会被锐化。这里把【半径】设置为 2.2，如图 5-64 所示。

图 5-63

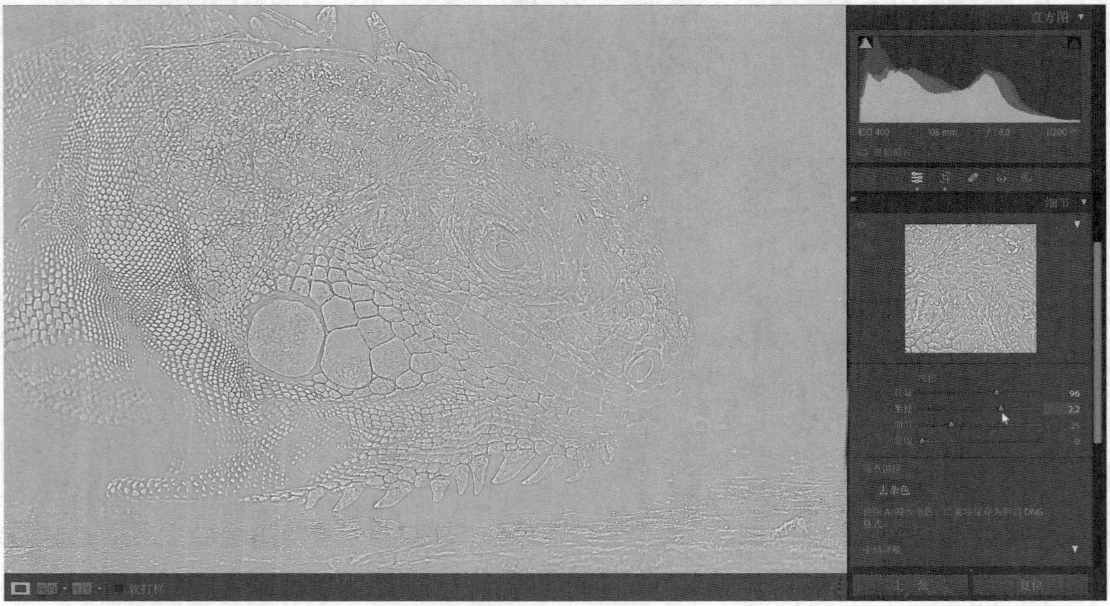

图 5-64

设置好【半径】之后，移动【细节】滑块。向右拖动【细节】滑块，画面中的纹理和细节变多。但是，如果【细节】滑块向右拖得太多，甚至直接拖到了滑动条的最右边，画面中的噪点就会明显增多。拖动【细节】滑块时，一定要注意这一点。

❹ 按住 Option 键 /Alt 键向右拖动【细节】滑块，将其值设置为 51，如图 5-65 所示。

【蒙版】滑块可以用来控制锐化效果的应用区域。使用【蒙版】滑块时，会看到黑白蒙版，黑色区域不应用锐化效果，白色区域应用锐化效果。调整【蒙版】滑块，确保锐化效果仅应用至对象边缘。

图 5-65

❺ 按住 Option 键 /Alt 键向右拖动【蒙版】滑块，指定锐化效果的应用区域。释放 Option 键 /Alt 键之后，照片中的锐化效果改善，而且没有全局锐化时产生的噪点。这里把【蒙版】设置为 72，如图 5-66 所示。

图 5-66

为了观察锐化前后的变化，单击【细节】面板标题栏最左侧的开关按钮，关闭锐化。再次单击开关按钮，打开锐化。反复单击开关按钮，观察锐化前后的画面，判断锐化程度是否合适，如图 5-67 所示。

图 5-67

5.12　AI 降噪

　　照片中出现噪点的原因有两个：一是拍照时设置的 ISO（感光度）太高（比如在低光照环境下拍摄）；二是照片锐化过度。近年来，相机的感光元件有了显著的进步，即使在较高的 ISO 设置下拍摄，照片中的噪点也相对较少。但是在某些特定情况下，比如使用老旧相机拍摄时，照片中的噪点还是会比较明显，因此，需要对照片进行降噪处理。下面使用照片 lesson05-004 演示如何使用 AI 降噪功能，如图 5-68 所示。

图 5-68

❶ 选择照片 lesson05-004，设置【曝光度】为 +1.50。

❷ 在【合适】缩放级别下，很难看出照片中的噪点。在预览区中单击照片，将其放大至 100%，可以清晰地看到照片中密密麻麻的噪点，如图 5-69 所示。

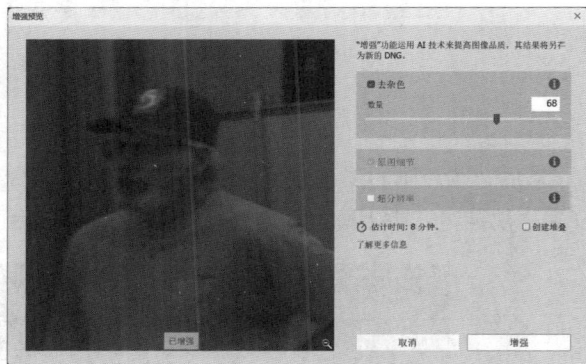

图 5-69

❸【细节】面板提供了两个降噪功能，分别是【去杂色】和【手动降噪】，如图 5-70 所示。只有所选照片是 RAW 格式时，【去杂色】功能才能正常使用。当所选照片是 JPG、PNG、TIFF 等格式时，【去杂色】功能处于不可用状态，且显示照片格式不兼容信息。当前【去杂色】功能处于可用状态，单击【去杂色】按钮，打开【增强预览】对话框。

❹ 预览区域中显示的是应用默认去杂色数量后得到的效果。向右拖动【去杂色】下方的【数量】滑块，增强去噪效果。移动鼠标指针至预览区域中，按住鼠标左键，此时显示的是去噪之前的效果。在【数量】右侧的文本框中输入 68，单击【增强】按钮，如图 5-71 所示。

图 5-70

图 5-71

单击【增强】按钮后，Lightroom Classic 会根据设置的数量运用 AI 技术给照片去噪，然后把去噪后的照片副本转换成 DNG 格式，如图 5-72 所示。单从纸面上看不出 AI 去噪效果有多好，建议在计算机显示器上全屏查看，相信你会为 AI 去噪技术的强大而惊叹不已。

❺ 这里笔者有意把降噪数量设置得很大，导致降噪效果非常显著，这样操作旨在帮助大家真切感受 AI 降噪技术的强大之处。请注意，把降噪数量设置得太大可能会导致照片画面锐度降低。可以使用【细节】面板提供的【锐化】选项组找回一些细节。在【细节】面板的【锐化】选项组中设置【数量】为 100、【半径】为 1.5、【细节】为 42、【蒙版】为 39，如图 5-73 所示。

图 5-72

图 5-73

设置后，照片画面噪点显著减少，同时锐度大幅提升。这一切都归功于强大的 AI 降噪功能——【去杂色】功能，它能让画面更加纯净、细腻。降噪前后画面的对比效果如图 5-74 所示。

图 5-74

5.13　手动降噪

除了使用 AI 降噪技术外，还可以使用【细节】面板中的【手动降噪】功能给照片手动降噪，使用该功能可减少照片中的以下两类噪点。第一类是亮度噪点，这类噪点会使照片画面看起来有颗粒感。

❶ 回到蜥蜴照片（lesson05-002），向右拖动【明亮度】滑块，照片画面中的噪点逐渐消失。使用【明亮度】滑块可以消除画面中 90% 的噪点。

❷ 拖动【明亮度】滑块后，如果你觉得画面细节丢失太多，可以向右拖动【明亮度】滑块下方的【细节】滑块。经过调整之后，如果还想提高对比度，可以向右拖动【对比度】滑块。请注意，增大【细节】和【对比度】的值会使画面中的亮度噪点再次增多，也就是说，【明亮度】滑块与【细节】【对比度】滑块的作用是相反的，使用这些滑块时，一定要牢记它们之间的关系。

❸ 把【明亮度】设置为 50、【细节】设置为 50、【对比度】设置为 0，如图 5-75 所示。反复单击【细节】面板标题栏左侧的眼睛图标，打开或关闭细节调整，观察画面中亮度噪点消除的效果是否理想。

图 5-75

第二类噪点是颜色噪点，也就是画面中出现的红色、绿色、蓝色小点。这类噪点在用某些相机拍摄的照片中常见，往往出现在画面的阴影区域中。为了消除颜色噪点，Lightroom Classic 提供了【颜色】【细节】【平滑度】这 3 个滑块。消除颜色噪点时，先向右拖动【颜色】滑块，当颜色噪点的颜色消失时，停止拖动；然后调整【细节】和【平滑度】滑块以平衡画面。

在为使用高 ISO 拍摄的照片去噪后，画面的平滑度会恢复一些。当照片锐化过度时，必须对照片做降噪处理。照片锐化得越厉害，噪点就越多。尤其是使用【细节】滑块时，画面中的噪点会很多。使用【细节】面板锐化照片时，每次提高锐度后，都要相应地去除噪点，确保照片锐度提升的同时噪点不会明显增加。

5.14　镜头校正与变换

每个镜头或多或少都会存在一些问题，如畸变、暗边（暗角）、色差（物体边缘的彩色像素）。为了解决这些问题，Lightroom Classic 提供了【镜头校正】和【变换】两个面板。再次选择照片 lesson05-009，在【基本】面板中做如下修改：在【色调】选项组中设置【曝光度】为 +1.70、【对比度】为 +46、【白色色阶】为 +25、【黑色色阶】为 -6，在【偏好】选项组中设置【纹理】为 +36、【清晰度】为 +6、【鲜艳度】为 +32、【饱和度】为 +6，如图 5-76 所示。

图 5-76

❶ 展开【镜头校正】面板。在【配置文件】选项卡中勾选【启用配置文件校正】复选框，Lightroom Classic 会读取照片内嵌的 EXIF 数据，判断照片拍摄时使用的镜头的厂商和型号，然后选择内置的配置文件，自动调整照片，使照片呈现更好的状态，如图 5-77 所示。若 Lightroom Classic 识别不出镜头，则会从镜头制造商和型号列表中选择最相似的镜头配置文件。

图 5-77

但是，有时照片的问题不是由镜头本身造成的，而是由照片拍摄者的位置导致的。示例照片是笔者使用广角镜头拍摄的，使用广角镜头能够轻松把更大的空间纳入画面，但是会导致画面变形。当需要矫正画面变形时，【变换】面板就派上大用场了，如图 5-78 所示。在【变换】选项组的任意滑块上按住鼠标左键，此时画面中会显示出网格，通过网格，可以判断照片是否歪斜。

图 5-78

在【变换】面板的【Upright】选项组中有一些按钮，单击某个按钮，Lightroom Classic 会自动校正照片，修复倾斜和歪曲等问题。其中，最常用的有如下 4 个按钮。

- 自动：自动校正水平、垂直、平行透视关系，同时尽量保持照片的长宽比不变。
- 水平：启用横向透视校正。
- 垂直：启用水平和纵向透视校正。
- 完全：同时启用水平、垂直、自动透视校正。

❷ 尝试单击各个按钮，看一看哪种校正结果符合你的需要。

如果对所有校正结果都不满意，可以单击【引导式】按钮进行校正。使用【引导式】校正方式时，需要在照片画面中找到应该保持水平或垂直的区域，然后沿着区域边缘绘制两条或多条参考线（最多 4 条）以自定义透视校正。绘制参考线时，照片会根据参考线自动调整到水平或垂直状态。

❸ 单击【引导式】按钮，沿着柜台左边缘绘制一条垂直线，沿着最右侧看板的右边缘绘制一条垂直线，沿着柜台前面边缘绘制一条水平线，如图 5-79 所示。

校正完成后，拖动各个变换滑块，进行微调。若照片画面底部存在大面积白色背景，可以使用【裁剪叠加】工具进行裁剪，如图 5-80 所示。还可以在校正时勾选【锁定裁剪】复选框，这样 Lightroom Classic 会自动裁掉白色区域。按 Return 键 /Enter 键，使校正生效。

图 5-79

图 5-80

❹ 根据需要，使用【基本】面板再对照片进行调整。比较修改前和修改后照片画面的变化，如图 5-81 所示。

图 5-81

5.15 创建虚拟副本

在组织图库中的照片方面，Lightroom Classic 做得非常好，它能把图库中重复照片的数量降为 0。在 Lightroom Classic 中，同一张照片可以添加到多个收藏夹中，在一个收藏夹中对照片进行修改后，其他收藏夹中相应的照片会自动同步这些修改。

在 Lightroom Classic 中，如果你想复制一张照片，在副本上尝试做不同的调整，同时要保证调整不影响到原照片，该怎么办呢？这个时候，就需要用到另外一个强大的功能——虚拟副本了。

❶ 按 G 键，进入【网格视图】，选择照片 lesson05-009。

❷ 单击【收藏夹】面板标题栏右端的加号图标（+），在弹出的菜单中选择【创建收藏夹】，打开【创建收藏夹】对话框。在【名称】文本框中输入"Virtual Copies"。勾选【包括选定的照片】复选框，单击【创建】按钮，如图 5-82 所示。

❸ 使用鼠标右键单击照片，在弹出的快捷菜单中选择【创建虚拟副本】。

图 5-82

> 💡 **注意**　【创建虚拟副本】命令对应的快捷键是 Command+'/Ctrl+'（撇号）。

❹ 使用同样的方法再创建一个虚拟副本。此时，收藏夹中共有 3 个文件。

这些新照片文件都是原始照片的虚拟副本。在【修改照片】模块下分别修改每个副本，Lightroom Classic 会把每个副本当成独立的照片，分别应用修改，如图 5-83 所示。

图 5-83

虚拟副本看起来像是单独的照片（与原始照片无关的完整副本），但它们实际指向的是同一个物理副本，这也正是"虚拟"二字的含义。你可以为一张照片创建多个虚拟副本，然后在这些虚拟副本上尝试不同的编辑风格，而且不用担心这些副本会占用额外的硬盘空间。最后，把不同编辑风格的虚拟副本并排放在一起进行比较，从中挑选出自己最喜欢的风格。

❺ 同时选中 3 张照片，按 N 键，进入【筛选视图】，如图 5-84 所示。按 G 键返回【网格视图】。

图 5-84

5.16 创建快照

当你希望把照片的不同编辑状态保存起来时，创建快照是一个很好的选择，如图 5-85 所示。

图 5-85

❶ 在【修改照片】模块下修改照片时，如果你希望把当前的编辑状态保存下来，可以单击【快照】面板（位于左侧面板组中）标题栏右端的加号图标（＋）。在弹出的【新建快照】对话框中，默认快照名称是创建快照时的日期和时间。如果不想使用默认快照名称，可以在【快照名称】文本框中输入新

名称（例如，对照片当前状态的简短描述），如图 5-86 所示。然后单击【创建】按钮，创建快照。

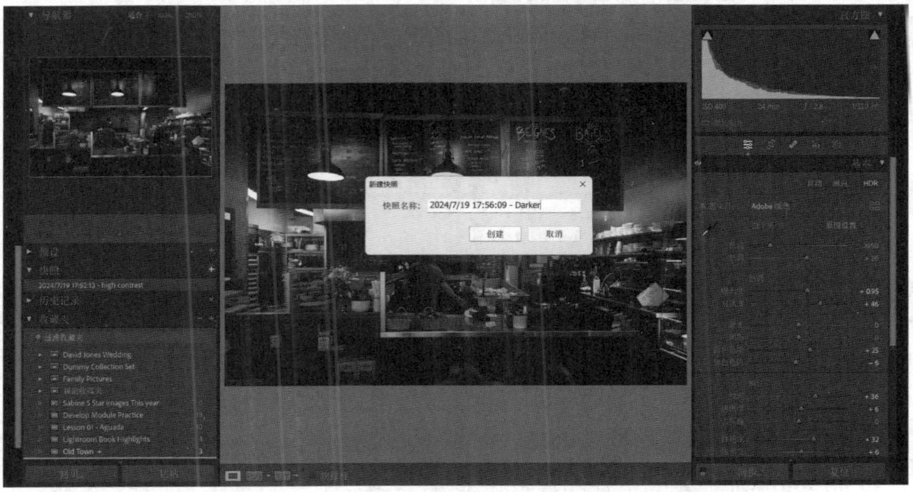

图 5-86

❷ 继续编辑照片，当你需要再次保存当前编辑状态时，再次单击【快照】面板标题栏右端的加号图标（＋），创建快照，如图 5-87 所示。快照是保存修片阶段性结果和跟踪修片进度的好工具，但笔者还是更喜欢使用虚拟副本，因为虚拟副本可以并排放在一起进行查看。

图 5-87

5.17 复习题

1. 在【修改照片】模块下，如何自定义右侧面板组中的面板？
2. 什么是白平衡？
3. 如何拉直歪斜的照片？
4. 如何让 Lightroom Classic 自动调整【基本】面板中的各项设置？
5. 如何让 Lightroom Classic 自动进行镜头校正？

5.18 复习题答案

1. 在【修改照片】模块下的右侧面板组中，可以隐藏某些面板，也可以调整面板的排列顺序。具体做法是：使用鼠标右键单击某个面板标题栏，在弹出的快捷菜单中选择【自定义"修改照片"面板】，然后在打开的【自定义"修改照片"面板】对话框中拖动面板名称，可更改面板的排列顺序，勾选或取消勾选面板名称右侧的复选框，可以显示或隐藏面板。调整好之后，保存更改，重启Lightroom Classic，即可在右侧面板组中看到调整后的结果。
2. 照片的白平衡反映的是拍摄照片时的光源情况。在不同类型的人造光源、天气条件下拍摄时，现场的光线会偏向某一种颜色，这会导致拍出的照片画面也带有某种颜色偏向。
3. 通过旋转裁剪矩形或者使用【矫正】工具，可以把歪斜的照片拉直。在这个过程中，Lightroom Classic 会在照片画面中寻找水平或垂直的元素作为参考来拉直照片。
4. 在【基本】面板中，按住 Shift 键双击某个滑块，即可让 Lightroom Classic 自动调整该设置项。
5. 在【镜头校正】面板的【配置文件】选项卡中勾选【启用配置文件校正】复选框，Lightroom Classic 会自动进行镜头校正。若 Lightroom Classic 识别不出镜头的制造商和型号，它会在镜头制造商和型号列表中选择最相似的配置文件进行镜头校正。

摄影师
比努克·瓦吉斯（BINUK VARGHESE）

"照片是这个时代的通用语言。"

　　我采自印度的喀拉拉邦，是一名驻迪拜的旅行摄影师，热衷于在全球各地旅行，领略各地独特的文化和美丽的风景。作为一名旅行摄影师，最棒的事就是有机会遇到形形色色的人，了解他们的居住环境和生活方式。

　　我有一个项目叫"镜头下的生活"，里面收录了一些我个人喜欢的人物肖像。这些人物肖像都是我在旅途中拍摄的，每个人物肖像都讲述了不同的故事。我试图通过照片来反映真实生活及其蕴藏的情感，探索未知，分享未见。我会主动定格一些神奇的瞬间，热衷于拍摄那些能够给人以深刻思考或震撼人心的难忘画面。通过我的照片，你会发现我是一个喜欢简朴生活的人。

　　照片是这个时代的通用语言，我的作品使用这种语言来讲述各种故事。同时，我的照片重新审视和定义了那些我抓拍的瞬间。对我来说，摄影就像生存必不可少的氧气，驱使我不断前行。

　　工作中，我一直使用 Lightroom Classic 对照片进行分类，维护照片不断增加的图库，以及快速分享我的作品。

　　在摄影方面，我会一如既往地教导、鼓励新人，继续挖掘、颂扬感人的故事。

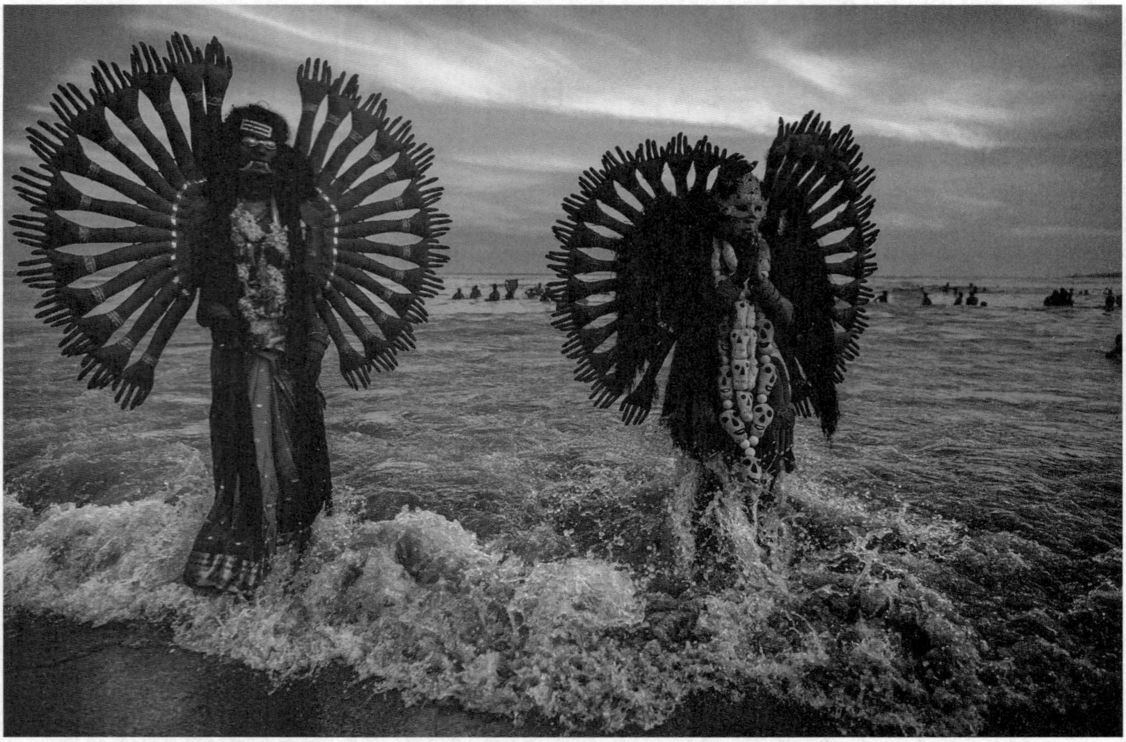

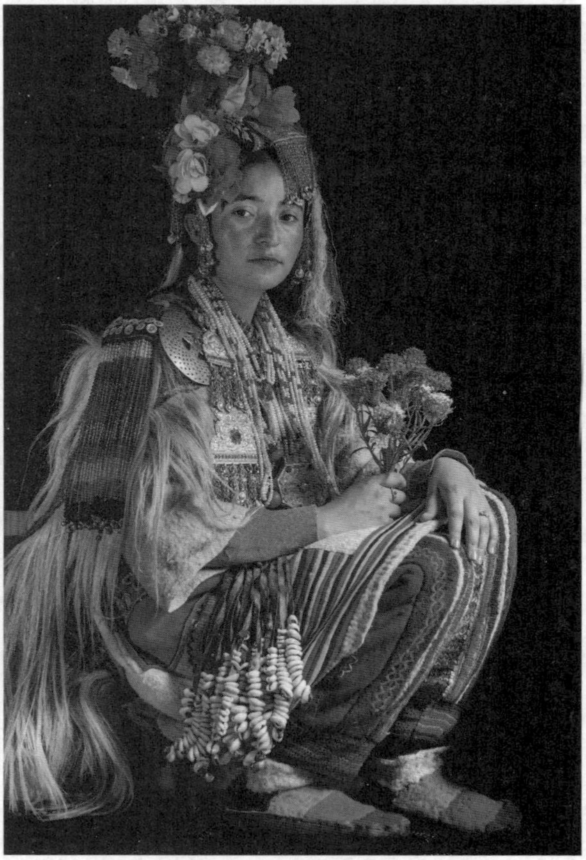

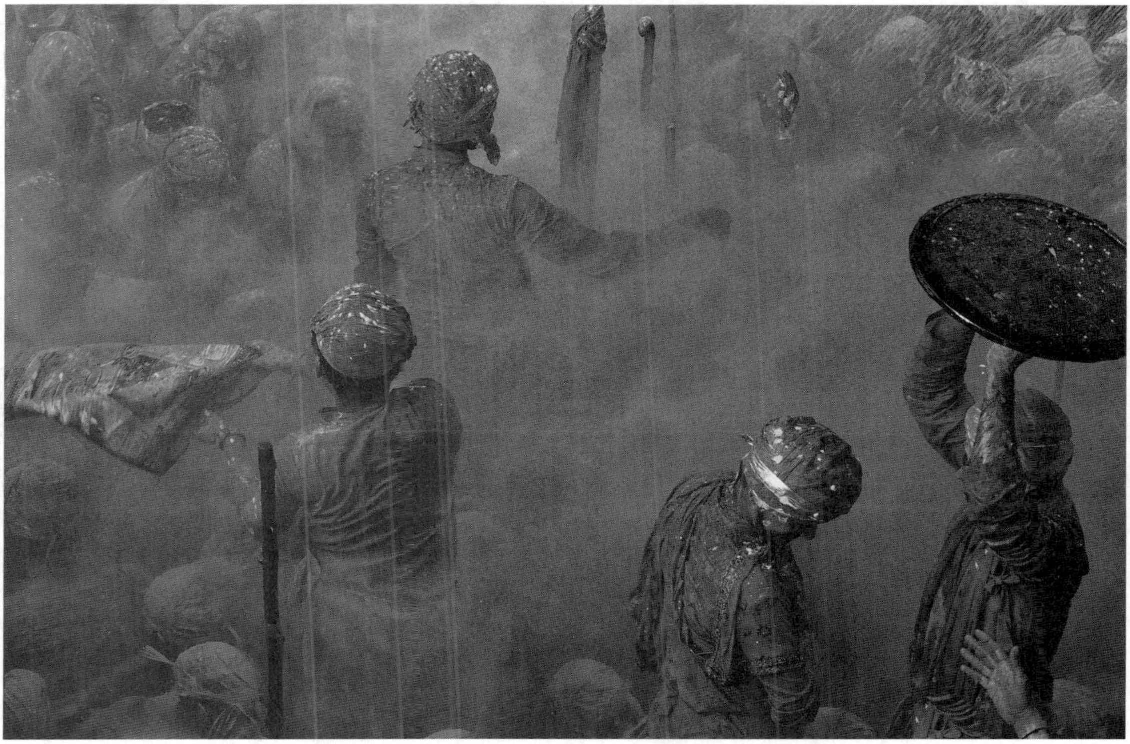

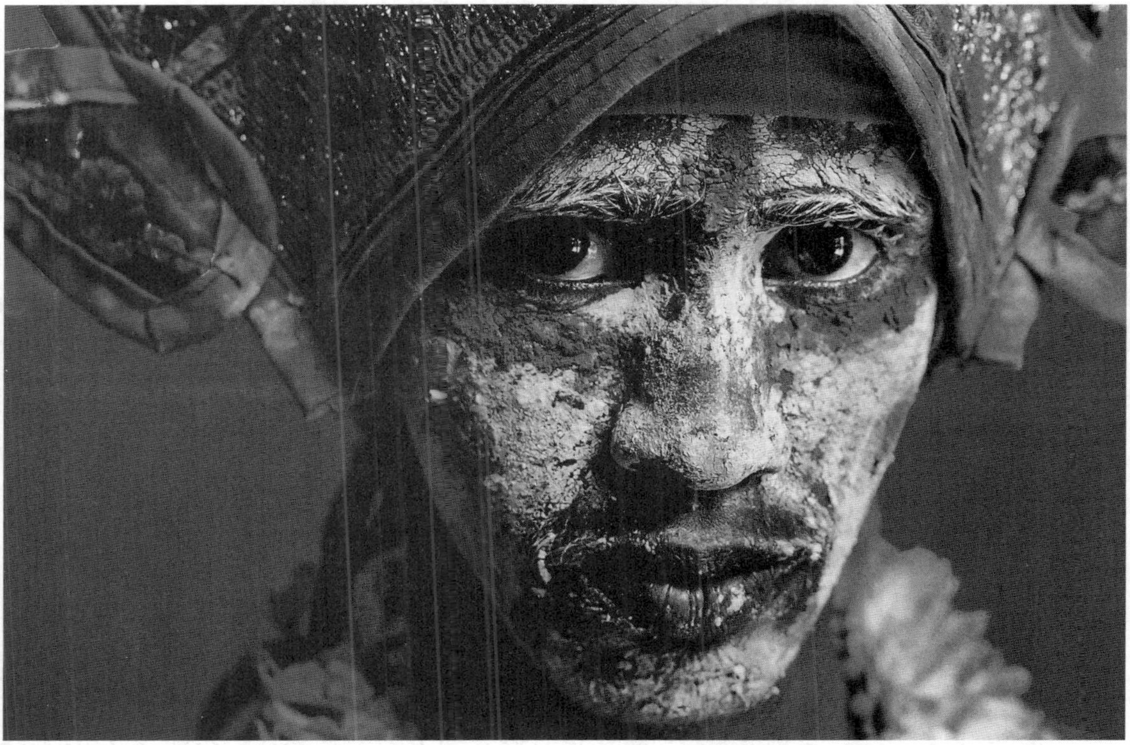

高级编辑技术

课程概览

【修改照片】模块下有一系列控制滑块。借助这些滑块，你可以快速调整照片，得到最棒的画面效果。有些问题是全局性的，需要用全局滑块（调整该滑块会影响整个画面）解决；而有些问题则是局部性的，需要用局部调整工具进行纠正。通常，普通照片与好照片之间的区别就在于对局部细节的处理。在前面所学内容的基础上，本课进一步讲解【修改照片】模块下的各种照片修改工具。

本课主要讲解以下内容。

- 使用智能蒙版工具提高调整效率
- 使用【修复】工具清除画面污点
- 使用人物蒙版平衡画面光线，使每个人呈现最佳状态

- 使用【镜头模糊】功能改变景深
- 使用【画笔】工具调整局部区域
- 使用范围蒙版调整光线与颜色

学习本课需要 **3.5**小时

Lightroom Classic 提供了大量精细且易用的工具。借助这些工具，我们不仅可以轻松地纠正照片中的常见问题，还可以进一步调整和修饰照片。在【修改照片】模块下，我们可以灵活地使用各种工具和控件定制个人特效，然后保存为自定义预设，方便以后重用。

6.1　学前准备

　　学习本课内容之前，请确保已经创建好 LRC2024CIB 文件夹，下载好本课的资源文件夹 lesson06，且已放入 LRC2024CIB\Lessons 文件夹中，具体操作步骤参阅本书前言中的相关说明。此外，还要确保已经在 Lightroom Classic 中创建好 LRC2024CIB Catalog 目录文件（用以管理课程文件），创建方法请阅读前言中的相关内容。

> 💡 **注意**　学习本课内容之前，需要对 Lightroom Classic 的工作区有基本了解。如果对 Lightroom Classic 的工作区一点也不了解，请先阅读 Lightroom Classic 帮助文档或前面课程中的内容。

❶ 启动 Lightroom Classic。

❷ 在打开的【Adobe Photoshop Lightroom Classic - 选择目录】窗口中选择 LRC2024CIB Catalog.lrcat 文件，单击【打开】按钮，如图 6-1 所示。

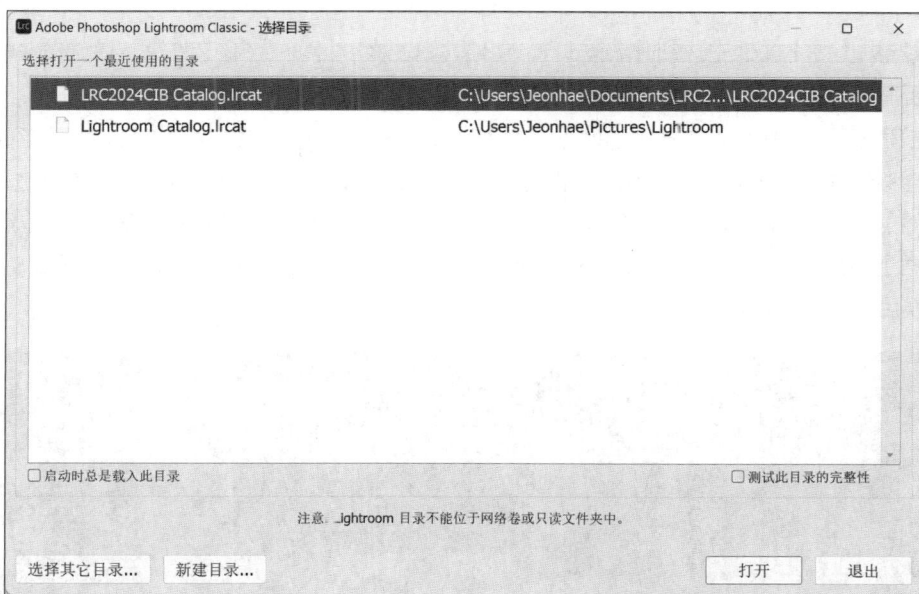

图 6-1

❸ 打开 Lightroom Classic 后，当前显示的是上一次退出软件时使用的屏幕模式和模块。若当前模块不是【图库】模块，请在工作区右上角的模块选取器中单击【图库】，切换至【图库】模块，如图 6-2 所示。

图 6-2

> 💡 **注意**　若用户界面中未显示模块选取器，请在菜单栏中选择【窗口】>【面板】>【显示模块选取器】，或者直接按 F5 键，将其显示出来。在 macOS 中，需要同时按 Fn 键与 F5 键，才能将模块选取器显示出来。如果你不想这样做，也可以在【首选项】对话框中更改功能键的行为。

导入照片与创建收藏夹

学习本课之前，把本课要用到的照片导入 Lightroom Classic 图库中。

❶ 在【图库】模块下单击左侧面板组左下角的【导入】按钮，如图 6-3 所示，打开【导入】对话框。

❷ 若【导入】对话框当前处在紧凑模式下，单击对话框左下角的【显示更多选项】按钮（向下三角形），如图 6-4 所示，进入扩展模式，显示所有可用选项。

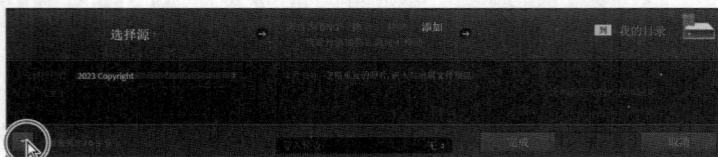

图 6-3

图 6-4

❸ 在左侧【源】面板中找到并选择 LRC2024CIB\Lessons\lesson06 文件夹。请确保 lesson06 文件夹中的所有照片（17 张）都处于选中状态。

❹ 在预览区上方的导入方式中选择【添加】，Lightroom Classic 会把导入的照片添加到目录文件中，而不会移动或复制原始照片。在右侧的【文件处理】面板的【构建预览】下拉列表中选择【嵌入与附属文件】，勾选【不导入可能重复的照片】复选框。在【在导入时应用】面板的【修改照片设置】和【元数据】下拉列表中选择【无】，在【关键字】文本框中输入"Lesson 06"，如图 6-5 所示。确认设置无误后，单击【导入】按钮。

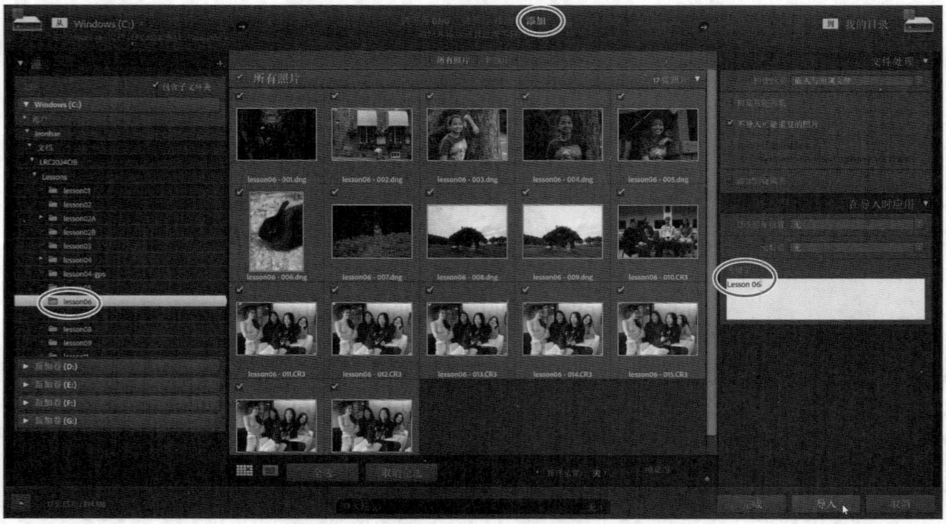

图 6-5

从 lesson06 文件夹导入 17 张照片后，可以在【图库】模块下的【网格视图】和工作区下方的胶片显示窗格中看到它们。

接下来，在【图库】模块下创建 4 个收藏夹 Selective Edits、Synchronize Edits、Select People、Sky and Ground 来存放相应的照片。

❺ 在【目录】面板中选择【上一次导入】文件夹，在工具栏（位于预览区下方）的【排序依据】下拉列表中选择【拍摄时间】。单击第 1 张照片，按住 Shift 键，再单击第 9 张照片，同时远中前 9 张照片。单击【收藏夹】面板右上角的加号图标（+），创建名为 Selective Edits 的收藏夹，并确保【包括选定的照片】复选框处于勾选状态，如图 6-6 所示。

图 6-6

> 💡注意　在【网格视图】下，若照片左上角未显示数字编号，请按 J 键，切换到显示编号的视图样式。

❻ 在【目录】面板中选择【上一次导入】文件夹。按快捷键 Command+D/Ctrl+D，取消选择所有照片。在工具栏（位于预览区下方）中设置【排序依据】为【拍摄时间】。选中第 10~17 张照片，再次单击【收藏夹】面板右上角的加号图标（+），创建名为 Select People 的收藏夹，同时勾选【包括选定的照片】复选框，如图 6-7 所示。

图 6-7

❼ 在【目录】面板中选择【上一次导入】文件夹。按快捷键 Command+D/Ctrl+D，取消选择所有照片。在工具栏（位于预览区下方）中设置【排序依据】为【拍摄时间】。选择第 11~17 张照片，创建名为 Synchronize Edits 的收藏夹，同时勾选【包括选定的照片】复选框，如图 6-8 所示。

图 6-8

❽ 再次在【目录】面板中选择【上一次导入】文件夹。按快捷键 Command+D/Ctrl+D，取消选择所有照片。选择第 8 和第 9 张照片，创建名为 Sky and Ground 的收藏夹，同时勾选【包括选定的照片】复选框，如图 6-9 所示。

图 6-9

❾ 新建一个收藏夹集，把上面创建的 4 个收藏夹放入其中。单击【收藏夹】面板右上角的加号图标（+），在弹出的菜单中选择【创建收藏夹集】。在【创建收藏夹集】对话框中输入名称 Lesson 06 Practice，单击【创建】按钮，如图 6-10 所示。

图 6-10

❿ 在【收藏夹】面板中按住 Command 键 /Ctrl 键，单击前面创建的 4 个收藏夹，把它们同时选中，然后拖入 Lesson 06 Practice 收藏夹集中，如图 6-11 所示。这样整理后，不仅可以快速找到需要处理的照片，而且图库视图也更加清爽。

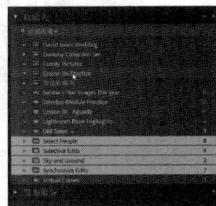

⓫ 依次单击各个收藏夹，确保每个收藏夹中的照片都按文件名排序，如图 6-12 所示。

图 6-11

图 6-12

6.2 Lightroom Classic 重大改进：智能选择与智能蒙版

Lightroom Classic 2024 经历了重大变革，许多工具引入了 AI 和机器学习技术，使用这些智能工具能够大大提高工作效率。【直方图】面板下方的工具条中有【蒙版】工具，它取代了原来的好几个工具。单击【蒙版】按钮，打开工具选项面板，其中有之前版本就有的工具，也有新版本新增的工具，如图 6-13 所示。

图 6-13

从前的【调整画笔】变成【画笔】，【渐变滤镜】和【径向滤镜】变成【线性渐变】和【径向渐变】。范围蒙版（【颜色范围】【明亮度范围】【深度范围】）也出现在工具选项面板中。

除了【主题】【天空】蒙版，现在又新增了【背景】【对象】蒙版。这些工具都有 AI 与机器学习技术的加持，能够帮助我们轻松做出精确的蒙版。借助人物蒙版，我们不仅能够轻松选出画面中的人物（一个或多个），而且还可以具体指出选择人物的哪一部分。这些智能工具不仅重新定义了在 Lightroom Classic 中编辑照片的方式，而且使得编辑工作更加轻松和高效。

接下来从智能选择工具讲起，使用这些工具能够大大降低选择的难度，大幅提高选择效率。本节的目标是帮助大家熟悉并掌握这些新工具的使用方法，从而提高工作效率。

6.2.1 使用【选择天空】【选择主体】【选择背景】蒙版

在工作中使用 AI 与机器学习技术的一大好处是能够节省大量时间。比如，创建精确选区（或者修改选区）时，使用基于这些技术的工具通常只需要按几个按键，必要时再反转一下选区就行了。下面的照片拍摄的是一位朋友的女儿，她背后的天空过曝了，照片画面整体偏冷。我们希望给人物主体加一些暖色，把画面中高光区域的亮度降低一些，给天空增添一点戏剧色彩。

❶ 在 Sky and Ground 收藏夹中选择照片 lesson06 - 008，进入【修改照片】模块。

❷ 在工具条（位于直方图下方）中单击【蒙版】按钮，然后在工具选项面板中单击【天空】，如

图 6-14 所示，经过一系列计算后，Lightroom Classic 自动选出人物背后的天空。

图 6-14

❸ 选出天空后，Lightroom Classic 会用浅红色覆盖天空选区，同时在【蒙版】面板中显示为【蒙版 1】。【蒙版 1】左侧有一个黑白缩览图，其中的白色区域就是选出来的天空区域，在【选择天空】面板中可以修改选区。

在天空处于选中状态下，给天空添加细节，设置【曝光度】为 −0.80、【对比度】为 58、【高光】为 −87、【阴影】为 −65、【白色色阶】为 −14、【色调】为 −10，如图 6-15 所示。

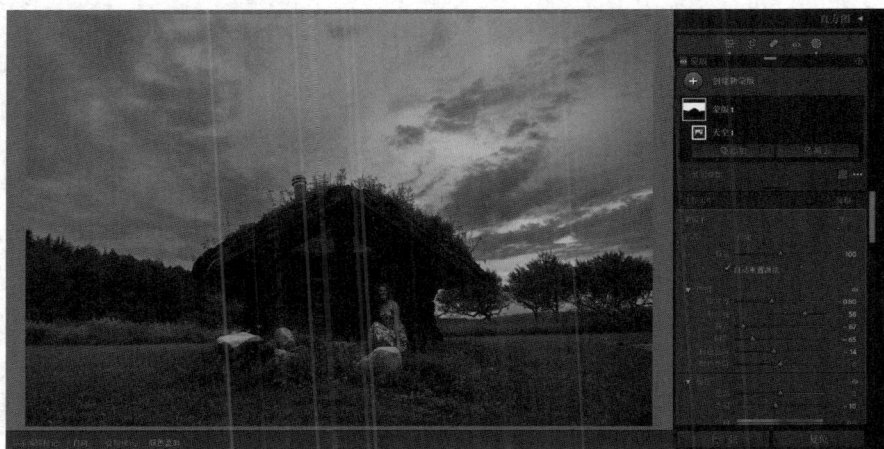

图 6-15

❹ 设置完毕后，在【蒙版】面板顶部单击【创建新蒙版】按钮，在弹出的菜单中选择【选择主体】，如图 6-16 所示。经过一系列计算，Lightroom Classic 把画面中的小木屋选出来，并用浅红色覆盖。

> 💡提示　按 O 键，打开蒙版叠加，此时 Lightroom Classic 会在画面中用浅红色覆盖选区（蒙版）。再按一次 O 键，可关闭蒙版叠加。此外，还可以通过在【蒙版】面板底部勾选或取消勾选【显示叠加】复选框来打开或关闭蒙版叠加。按快捷键 Shift+O，可循环改变蒙版叠加的颜色。当照片画面中存在与蒙版叠加相似的颜色时，可以使用该快捷键改变蒙版叠加的颜色。

图 6-16

❺ 选中小木屋后，给小木屋添加一点暖色，同时找回一些细节。在【颜色】选项组中设置【色温】为 26，在【色调】选项组中设置【阴影】为 29，如图 6-17 所示。经过这样的调整，小木屋上天空投射的蓝色明显减少，同时细节更加丰富。此时，小木屋在整个画面中更加突出，更加引人注目。

图 6-17

💡注意　在【蒙版】面板中，若蒙版（这里是【蒙版 1】）下未显示【添加】按钮、【减去】按钮，单击蒙版即可把它们显示出来，再次单击蒙版可把它们隐藏起来。

❻ 提高照片画面的对比度，同时不影响小木屋。新建一个蒙版。在【蒙版】面板顶部单击【创建新蒙版】按钮，在弹出的菜单中选择【选择背景】，如图 6-18 所示。经过一系列计算，Lightroom Classic 利用 AI 技术从画面中选出背景区域。从最终结果看，AI 的识别能力确实不俗，精准选出了我们想要的背景区域。

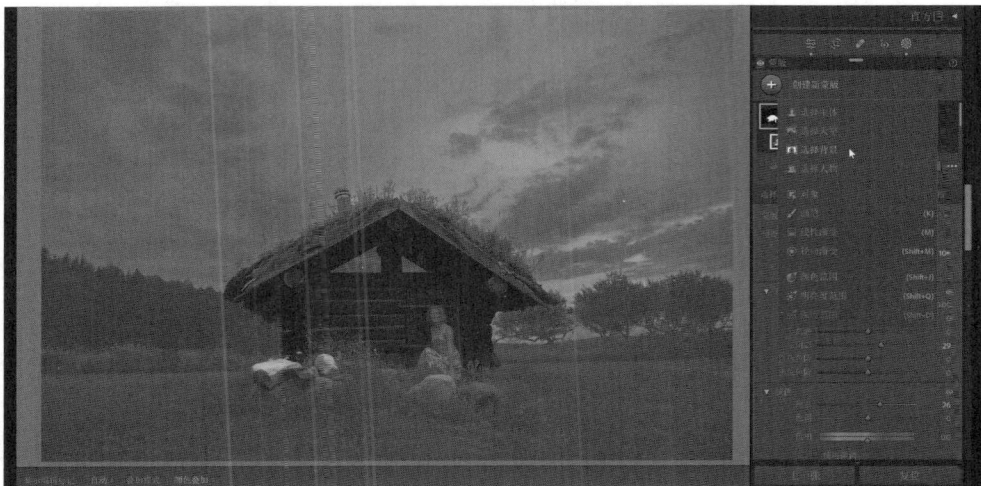

图 6-18

❼ 在【色调】选项组中设置【对比度】为 16，如图 6-19 所示。注意，这里不宜再提高小木屋的对比度，因为前面已经通过提高【阴影】来突显小木屋，再提高小木屋的对比度效果会适得其反。

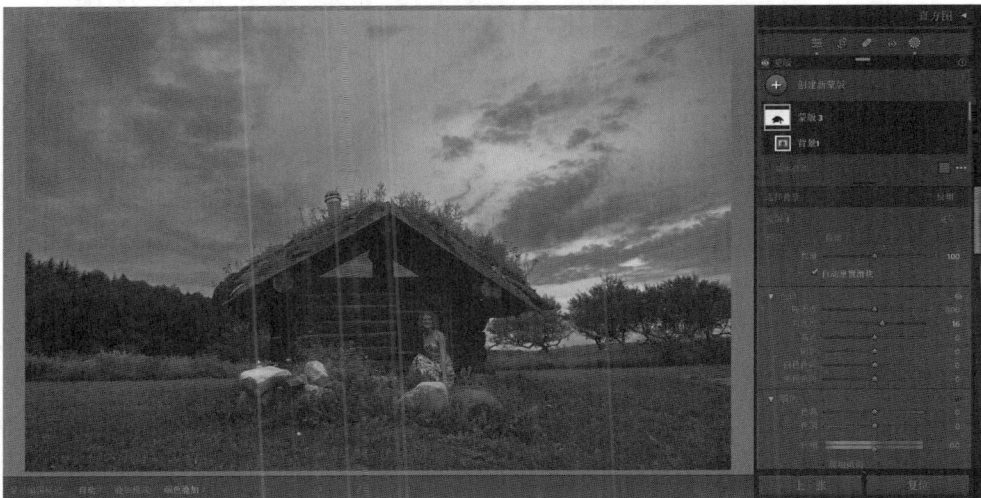

图 6-19

❽ 使用这些 AI 工具创建蒙版非常轻松，但随着蒙版数量的增加，区分各个蒙版影响的范围变得越来越难。因此，给每个蒙版起一个合适的名字就显得尤为重要。在【蒙版】面板中双击【蒙版 1】，如图 6-20 所示，在打开的【重命名】对话框中设置【名称】为 "Sky Adjustment"，如图 6-21 所示，单击【确定】按钮。使用相同的方法分别修改其他两个蒙版的名称为 House and Person、Contrast Adjust，如图 6-22 所示。

图 6-20

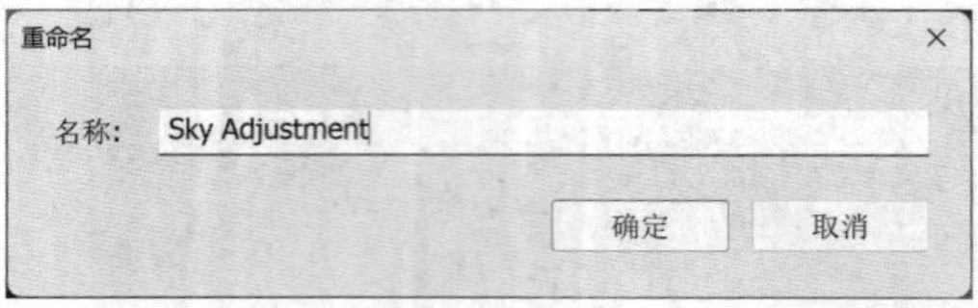

图 6-21

图 6-22

按 Y 键，预览区中会同时显示修改前后的照片，如图 6-23 所示。通过对比，可以直观地感受到软件从原始照片中找回了多少细节。

图 6-23

在工作中运用这些 AI 工具之前，请务必牢记以下两点。首先，能够找回多少细节因相机而异，对不同相机拍摄的照片使用同一种 AI 工具，最终得到的结果可能会有所不同。其次，在 Lightroom Classic 中熟练运用 AI 工具可以帮助你轻松摆脱烦琐的选择工作，大大提高工作效率。总之，恢复多少细节，选择什么工具，以及怎么做，完全取决于你自己。

6.2.2　新增功能：镜头模糊

摄影创作中，控制景深是摄影师常用的手法之一，常用来突显照片中的某些元素。拍摄时，摄影师会调整镜头，加大镜头中心的通光孔，以便让更多光线进入镜头，进而实现浅景深效果。通光孔（即光圈）越大，景深越浅，此时只有对焦点附近的区域保持清晰，而前景和背景会变得相对模糊。随着光圈的增大，镜头的制造难度和成本都会增加，因此售价也会相应提高。这意味着，如果你想使用大光圈镜头，需要付出更多的经济成本。

近几年来，随着技术的不断进步，景深效果已经从手机渗透到 Zoom 虚拟背景等多个领域，如今它已无处不在。

💡 提示　有些照片（例如使用 iPhone 人像模式拍摄的照片）本身包含深度信息，做模糊处理时，你既可以选择让 Lightroom Classic 利用这些深度信息，也可以选择使用基于 AI 的智能模糊功能。

随着 AI 技术不断完善，Adobe 公司已经把【镜头模糊】功能以抢先体验的形式添加到了 Lightroom Classic 中。虽然【镜头模糊】功能还在不断完善，但已经能够逼真地模拟出镜头在不同光圈下的景深效果，无论照片使用何种光圈拍摄，都能得到满意的模糊效果。

不过，需要注意的是，【镜头模糊】功能虽然能够产生相当不错的模糊效果，但是它无法完全取代真实镜头大光圈所带来的景深效果。【镜头模糊】也是一个强大的创意工具，随着时间的推移，它会变得越来越好，终将成为你的创意工具箱中不可或缺的一员。

下面使用笔者在加拿大魁北克给妻子和女儿拍摄的一张照片带领大家一起了解一下【镜头模糊】功能。

❶ 在 Selective Edits 收藏夹中选择照片 lesson06 - 001。这张照片画面非常暗，很多细节看不见，但不用担心。照片是使用 RAW 格式拍摄的，因此可以通过调整轻松找回大量细节。在【基本】面板中设置【曝光度】为 +1.50、【高光】为 −20、【阴影】为 +78、【白色色阶】为 +52，并裁剪照片，如图 6-24 所示。

图 6-24

❷ 在【镜头模糊】面板中勾选【应用】复选框，如图 6-25 所示，Lightroom Classic 运用 AI 技术自动识别画面中的主体元素。在此基础上，Lightroom Classic 为照片的每个区域创建深度图，以确定在哪里应用模糊以及每个区域的模糊程度。

图 6-25

❸ 深度图显示在【镜头模糊】面板底部，勾选【可视化深度】复选框，照片画面中显示出多个层次的深度信息，如图 6-26 所示。对焦区域用黄色表示。

图 6-26

❹ 深度图上有浅灰色方框，用于指示聚焦的深度值范围，如图 6-27（a）所示。移动鼠标指针至浅灰色方框上，左右两端显示出范围调整控制块，拖动控制块，缩小聚焦的范围，如图6-27(b)所示，此时画面的虚实范围发生变化。在浅灰色方框内按住鼠标左键，向右拖动，可改变模糊的区域，如图 6-27（c）所示。

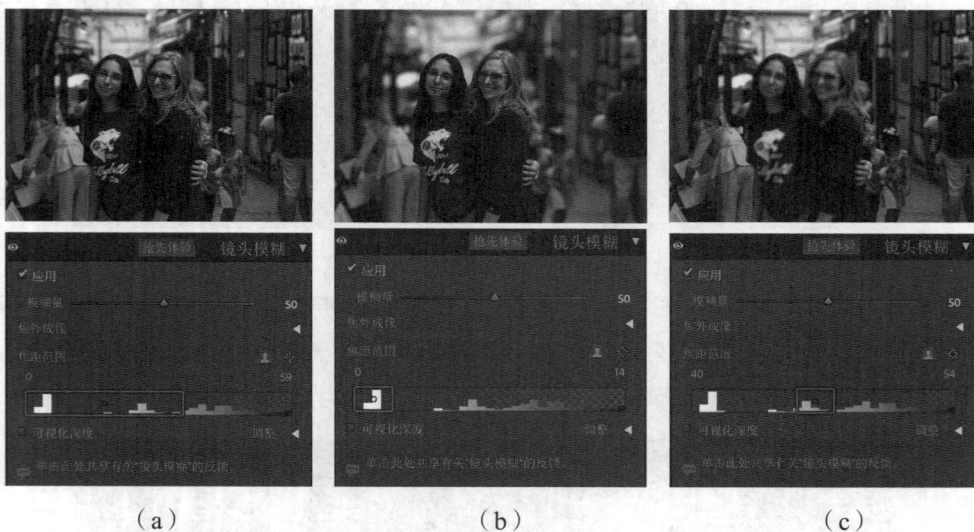

（a）　　　　　　　　（b）　　　　　　　　（c）

图 6-27

【焦距范围】右侧有一个人物图标。单击人物图标，Lightroom Classic 会使用 AI 主体检测自动设置焦距。人物图标右侧有一个瞄准图标，单击该图标，可手动设置焦距。单击人物图标，Lightroom Classic 会自动设置焦距。

❺ 虽然 Lightroom Classic 在自动聚焦和虚化方面已经做得很好了，但在某些情况下，仍然需要做一些手动调整。展开【调整】选项组，进行相应设置，然后移动鼠标指针至照片画面中，按住鼠标左键，使用画笔在相应区域中涂抹，应用聚焦或模糊调整。在当前画面中，Sabine 和 Jenn 的一部分头发已经模糊了，可以使用【聚焦】按钮，把模糊的区域重新找回来，使其变清晰，如图 6-28 所示。当找回的清晰区域太多时，按住 Option 键 /Alt 键，聚焦画笔中心图标由加号（＋）变为减号（－），此

时涂抹相应区域，即可将被涂抹区域从清晰区域中去除。涂抹完成后，单击【模糊】按钮右侧的加号图标，如图 6-29 所示，可向当前蒙版中添加具有不同参数设置的笔刷调整效果。

图 6-28

图 6-29

❻ 单击【模糊】按钮，将当前画笔由聚焦画笔转换成模糊画笔，涂抹画面左侧穿粉红色衣服的人物，以及画面右侧的人手，对其进行模糊处理，如图 6-30 所示。完成后，单击【模糊】按钮右侧的加号图标，在其他需要模糊的地方涂抹，将它们模糊掉。

图 6-30

❼ 按 Y 键，进入【比较视图】，比较修改前后的画面，检查画面的虚实效果是否令人满意，如图 6-31 所示。

图 6-31

6.2.3　新增功能：AI 降噪

长久以来，Lightroom Classic 凭借强大的明亮度去噪功能而广受赞誉，但 Adobe 并未止步于此，他们进一步融入 AI 技术，使 Lightroom Classic 能够智能识别并自动去除画面中的噪点，为用户带来更出色的图像处理体验。6.2.1 节中使用了一张包含小木屋的照片（lesson06 - 008），当时拍摄条件并不理想，天空阴沉，光线不足，为了捕捉更多细节，不得不把相机的 ISO 提高到 1600，但这带来了一个副作用——画面阴影区域中出现了许多噪点，如图 6-32 所示。

图 6-32

💡警告　拍摄时，摄影师常常会考虑使用当前设置拍摄，最终照片中哪些区域会出现噪点，以及噪点大概会有多少。示例照片中，我们关注的区域大约只占整个画面的 5%，这远小于应用降噪技术时需要考虑的区域大小。事实上，噪点也不是一无是处，有时它能给照片带来独特的艺术韵味，但过多的噪点则会破坏画面的整体美感。

❶ 在【细节】面板的【噪点消除】选项组中单击【去杂色】按钮。在弹出的【增强预览】对话

框中拖动【数量】滑块，可调整去噪程度，如图 6-33 所示。移动鼠标指针至预览区域中，按住鼠标左键，查看画面去噪之前的效果。

图 6-33

❷ 单击【增强】按钮后，Lightroom Classic 会应用降噪效果，并把降噪后的照片另存为 DNG 格式的文件，如图 6-34 所示。这里，笔者特意把降噪数量设置得很大，以确保照片打印到纸张上后，大家能够明显地感受到降噪效果。

图 6-34

6.2.4 使用【选择人物】蒙版

Lightroom Classic 提供了强大的【选择人物】功能，它使用 AI 技术扫描照片，迅速识别出照片中的人物。当你选择某个人物后，Lightroom Classic 会进一步分析所选人物，识别出人物的具体特征（如嘴唇、头发、衣服等），并给各个特征建立蒙版，以便进行编辑。

1. 选择一个人物

❶ 在 Selective Edits 收藏夹中选择照片 lesson06 - 003，按 D 键，进入【修改照片】模块，如图

6-35 所示。接下来给人物头发添加一些细节，增强立体感，同时提亮人物的眼睛，让人物眼神更加明亮有神。

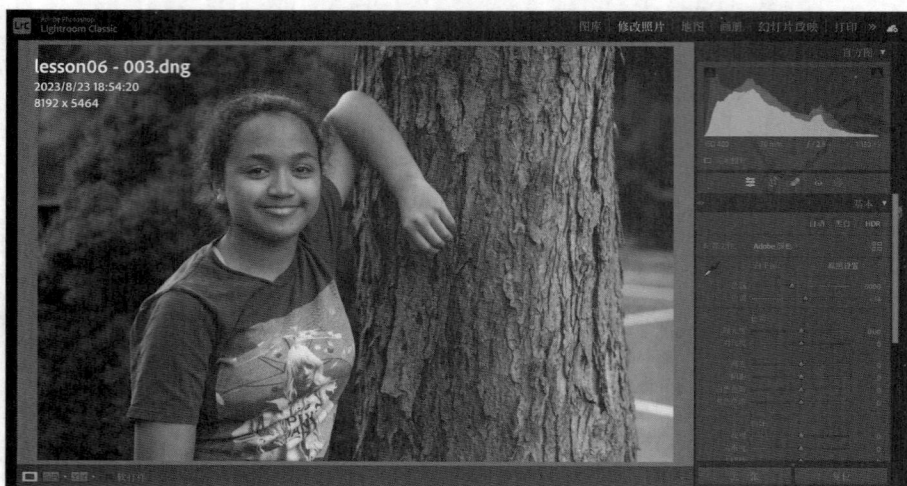

图 6-35

❷ 单击工具条右端的【蒙版】按钮，打开工具选项面板。此时，Lightroom Classic 会扫描照片，识别出照片中的人物。【人物】选项组中出现【人物 1】，同时显示圆形的人物缩览图，它是 Lightroom Classic 在照片中识别出的人物。移动鼠标指针至人物缩览图上，Lightroom Classic 会在照片画面中用浅红色把人物标出来，如图 6-36 所示。单击【人物 1】缩览图。

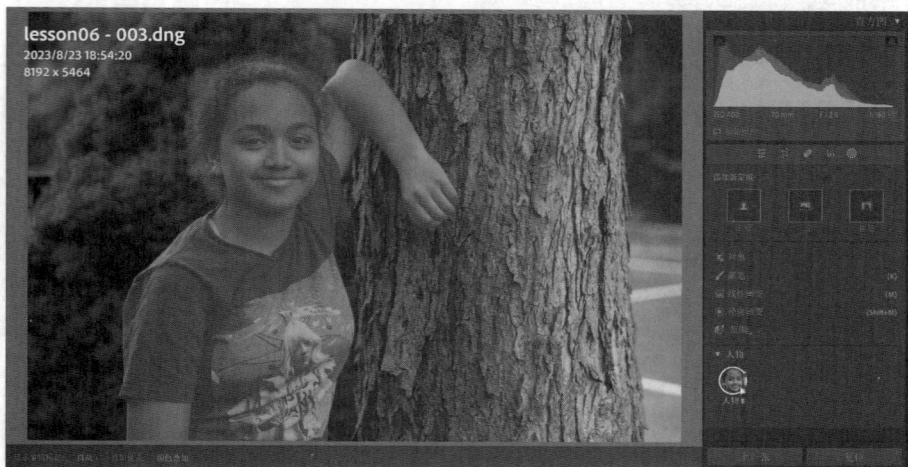

图 6-36

❸ Lightroom Classic 进一步检测所选人物的特征，把人物的各个局部特征（如眉毛、嘴唇、头发等）识别出来。在【人物蒙版选项】下，移动鼠标指针至人物的不同部位，此时中间预览区中的相应部分会以浅红色显示。勾选人物某个局部特征，Lightroom Classic 会用浅红色把相应部分标识出来。勾选多个人物特征后，中间预览区中的相应特征会以浅红色显示。这里，我们希望给人物头发添加一些细节，并把眼白提亮。你可以把两个选区合并成一个蒙版，也可以让它们保持独立。勾选【眼睛巩膜】与【头发】复选框，勾选【创建 2 个单独蒙版】复选框，然后单击【创建蒙版】按钮，创建两个独立的蒙版，如图 6-37 所示。

图 6-37

❹ 分别双击刚刚创建的两个蒙版名称,在弹出的【重命名】对话框中输入描述性名称。这里把【蒙版1】重命名为 Eye Brighten,把【蒙版2】重名为 Hair Adjustment,如图 6-38 所示。

图 6-38

❺ 对于示例照片,只需要做很小的调整,就能得到想要的效果。在【蒙版】面板中选择 Hair Adjustment 蒙版,然后把【对比度】设置为 38,【黑色色阶】设置为 -7,让头发显示出更多细节。在【蒙版】面板中选择 Eye Brighten 蒙版,把【曝光度】设置为 0.40,【白色色阶】设置为 4,提亮人物眼白,如图 6-39 所示。

图 6-39

2. 选择多个人物

Lightroom Classic 在多人识别上的表现同样出色。下面选一张多人合照，如图 6-40 所示，让 Lightroom Classic 把照片中的多个人物选出来，然后做一些处理。

图 6-40

以下列出了需要对人物做的调整（从左到右）。

- 提高【人物 1】衣服的对比度和饱和度。
- 提高【人物 2】衣服的阴影。
- 提亮【人物 3】，以提高其关注度。
- 降低【人物 4】面部的曝光度，使其与其他人物融洽。

下面把各个人物选出来，逐个进行调整。

❶ 在 Select People 收藏夹中选择照片 lesson06 - 017，按 D 键，进入【修改照片】模块。

❷ 在工具条中单击【蒙版】按钮，Lightroom Classic 自动检测照片中的人物，检测完成后，在【人物】选项组中以圆形缩览图的形式展示照片中的各个人物，如图 6-41 所示。移动鼠标指针至各个圆形缩览图，Lightroom Classic 会在中间预览区中用浅红色标出相应人物。最令人印象深刻的是，Lightroom Classic 还能识别出照片中那些脸部没有正对着相机的人。例如，在 4 个人物中，【人物 1】【人物 2】不是正脸面对相机，凭肉眼很难看清她们的面容，但 Lightroom Classic 却能够清晰地识别出她们的脸部特征。

❸ 单击【人物 4】缩览图。在【人物蒙版选项】下，Lightroom Classic 识别出人物的各个具体特征，如皮肤、眼睛、嘴唇、头发等。默认状态下，【整个人物】复选框处于勾选状态。勾选【面部皮肤】复选框，单击【创建蒙版】按钮，如图 6-42 所示。

❹ 人物面部蒙版创建好后，在【色调】选项组中把【高光】设置为 -42，在【颜色】选项组中把【色温】设置为 -9，如图 6-43 所示。设置后，人物面部细节得到了一定程度的恢复，同时面部颜色与其他部位变得更加协调、融合。把蒙版（蒙版 1）名称更改为 Person 4 Face Adjust，以便区分识别。

图 6-41

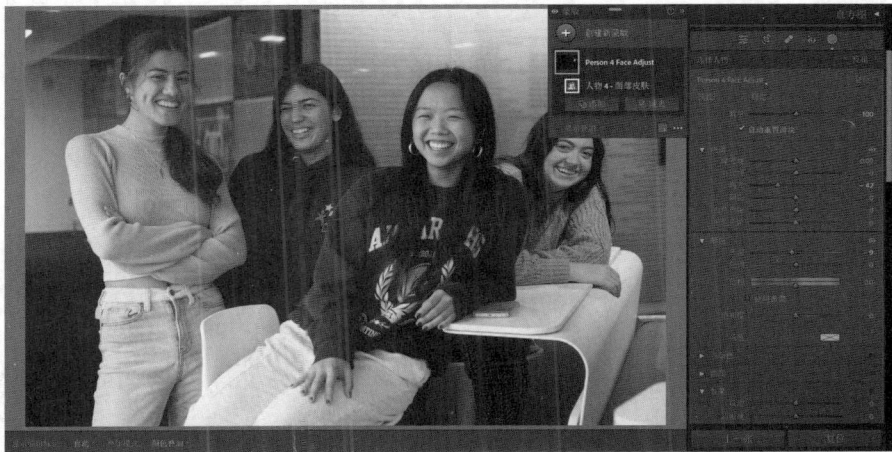

图 6-42

图 6-43

❺ 接下来调整第 2 个人物。在【蒙版】面板顶部单击【创建新蒙版】按钮，在弹出的菜单中选择【选择人物】，如图 6-44 所示。

❻ 在【人物】选项组中单击【人物 2】缩览图，经过一系列分析，Lightroom Classic 识别出人物的各个特征（包括整个人物）。勾选【衣服】复选框，单击【创建蒙版】按钮，如图 6-45 所示。

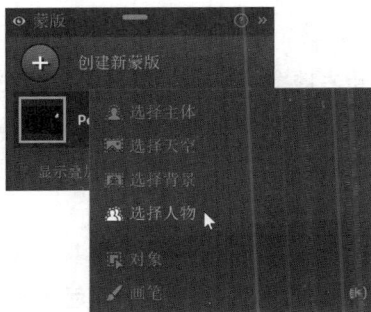

图 6-44

图 6-45

❼ 创建好蒙版后，在【色调】选项组中设置【阴影】为 37，在【颜色】选项组中设置【饱和度】为 26，如图 6-46 所示。把刚创建的蒙版重命名为 Person 2 Hoodie。

图 6-46

❽ 使用相同的方法为第 1 个人物的衣服创建蒙版，以突显衣服细节。在【色调】选项组中设置【对比度】为 75、【高光】为 -26、【黑色色阶】为 -8，在【颜色】选项组中设置【饱和度】为 32，如图 6-47 所示。把蒙版重命名为 Person 1 Clothes。

图 6-47

3. 反转蒙版

第 3 个人物大致位于画面中心，我们希望观众视线能够更多地集中在她身上。这里，通过在照片画面中添加暗角效果来达到这个目的。具体做法是：首先选出第 3 个人物之外的区域，然后降低曝光度，把画面稍稍压暗一些，当周围元素变暗后，画面中心的人物就会成为人们关注的焦点。使用工具条中的【蒙版】工具，可以轻松选取第 3 个人物之外的区域。

❶在【蒙版】面板中单击【创建新蒙版】按钮，在弹出的菜单中选择【选择人物】。当 Lightroom Classic 识别出照片中的所有人物后，在【人物】选项组中单击【人物 3】缩略图，然后在【人物蒙版选项】选项组中勾选【整个人物】复选框。单击【创建蒙版】按钮，如图 6-48 所示。

图 6-48

❷【选择人物】标题栏右侧有一个【反相】复选框，勾选该复选框，Lightroom Classic 将翻转当前蒙版，即选中除第 3 个人物之外的所有区域。勾选【反相】复选框后，画面中除第 3 个人物之外的所有区域都被浅红色覆盖，表示当前这些区域处于选中状态，如图 6-49 所示。在【色调】选项组中设置【曝光度】为 -0.30。把蒙版名称修改为 Vignette。

图 6-49

4. 同时选择多个人物

经过上面一系列调整后，发现人物 1、人物 2、人物 4 的面部有点暗。为了解决这个问题，首先要选出人物 1、人物 2、人物 4 的面部皮肤，然后提高曝光度。

❶ 在【蒙版】面板中单击【创建新蒙版】按钮，在弹出的菜单中选择【选择人物】；在【人物】选项组中单击【人物 1】缩览图，如图 6-50（a）所示。在【人物蒙版选项】选项组中单击【人物 1】右侧的【添加人物】按钮，选择其他希望一起调整的人物，如图 6-50（b）所示。

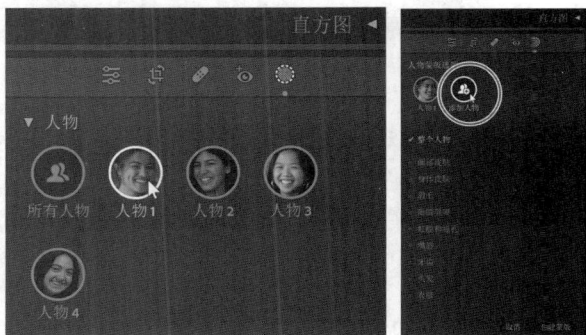

（a）　　　　　　（b）

图 6-50

❷ 单击【添加人物】按钮后，显示出【选择人物】面板。在【选择人物】面板中勾选【人物 1】【人物 2】【人物 4】，单击【继续】按钮，如图 6-51（a）所示。

在【人物蒙版选项】选项组中勾选【面部皮肤】复选框，此时在所选人物的面部皮肤上会覆盖上浅红色，指示要调整的区域；在面板最下方取消勾选【创建 3 个单独蒙版】复选框，单击【创建蒙版】按钮，如图 6-51（b）所示。

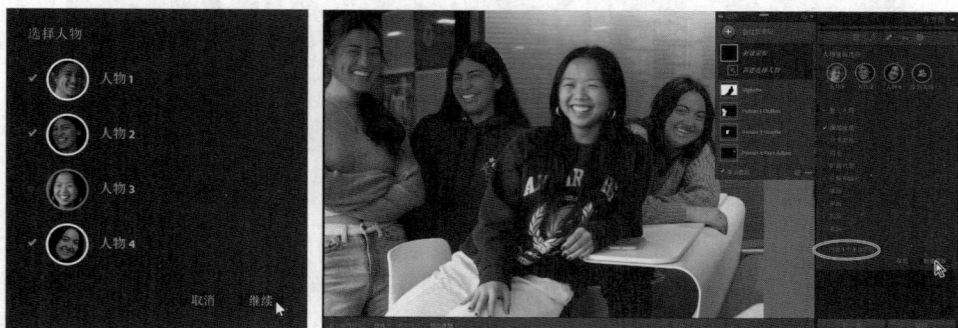

（a）　　　　　　　　　　　　　　　　　　　　（b）

图 6-51

❸ 对所选人物的面部皮肤做以下调整：在【色调】选项组中设置【曝光度】为 0.08，在【颜色】选项组中设置【色温】为 3，如图 6-52 所示。

图 6-52

💡提示 【蒙版】面板可以自由移动。移动鼠标指针至面板标题栏，当鼠标指针变为手形时，按住鼠标左键，拖动面板至工具条（位于【直方图】面板下方）下方，当出现蓝色横线时，释放鼠标左键，此时【蒙版】面板停放在右侧面板组中。再次在面板标题栏上按住鼠标左键，向左拖动至中间预览区，当预览区出现蓝色框线时，释放鼠标左键，此时【蒙版】面板停靠在预览区右上方。

❹ 调整完成后，按 Y 键，进入【比较视图】，比较调整前后的画面效果，如图 6-53 所示。

这里我们的调整目标不是对照片进行大刀阔斧的修改或者使其发生翻天覆地的变化，而是在最短时间内快速调整照片，突显画面中的学生形象。对照片做类似的快速编辑时，Lightroom Classic 内置的 AI 工具正好能够派上大用场，帮助我们大大提高编辑效率。

图 6-53

6.2.5　使用【选择对象】蒙版

在【选择对象】功能中，Adobe 融入了最新的 AI 技术，显著提升了智能识别与选择对象的能力，给用户带来更高效、便捷的使用体验。使用【选择对象】功能时，只需要在目标对象上大致涂抹一下，或者拖动鼠标框住目标对象，Lightroom Classic 就会使用 AI 技术自动识别出我们要编辑的对象。一旦选出目标对象，就可以随心所欲地对其进行调整了。下面选择一张照片，带领大家亲身体验一下【选择对象】功能的强大之处。

❶ 在 Selective Edits 收藏夹中选择照片 lesson06 - 002，按 D 键，进入【修改照片】模块。在【基本】面板中把【曝光度】设置为 -0.43，将照片中的暗黄色找回一些，如图 6-54 所示。

图 6-54

❷ 在工具条中单击【蒙版】按钮，在工具选项面板中选择【对象】，如图 6-55 所示。此时，【蒙版】面板中出现一个新蒙版。在【选择对象】面板顶部有两个模式图标。

❸ 在【模式】中单击左侧图标，鼠标指针变成画笔形状，使用该画笔涂抹即可创建选区（蒙版）。单击右侧图标，鼠标指针变成十字形，绘制一个矩形，把目标对象围住，Lightroom Classic 会自动识别出目标对象。本例单击右侧的模式图标，如图 6-56 所示，使用拖选方式把画面中的看板快速选出来。

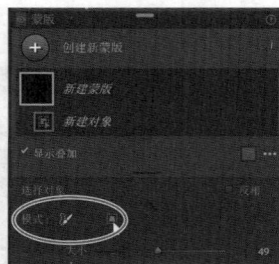

图 6-55 图 6-56

❹ 在看板的左上角按住鼠标左键，向右下方拖动，直至拖出的矩形将看板完全包裹在内。释放鼠标左键后，Lightroom Classic 会运用 AI 技术识别出矩形区域中的看板对象，将其选出来，并用浅红色覆盖，如图 6-57 所示。在右侧【选择对象】面板的【色调】选项组中设置【曝光度】为 0.50。

❺ 接下来尝试使用【选择对象】的另一个更加强大的模式——画笔模式。在【蒙版】面板中单击【创建新蒙版】按钮，在弹出的菜单中选择【对象】。在【选择对象】面板中选择【画笔选择】模式，设置画笔大小为 12，如图 6-58 所示。

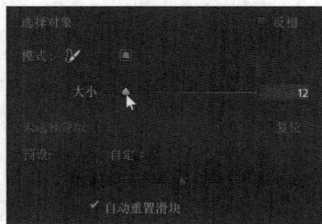

图 6-57 图 6-58

❻ 使用画笔涂抹右侧窗框。此时，Lightroom Classic 精确选出整个绿色窗框和窗台上的花盆。在右侧面板中设置【曝光度】为 0.50、【对比度】为 27、【白色色阶】为 27、【饱和度】为 58，如图 6-59 所示。

图 6-59

❼ 在【蒙版】面板中单击【创建新蒙版】按钮，在弹出的菜单中选择【选择背景】，选中画面背景。在【色调】选项组中设置【对比度】为 30，如图 6-60 所示。

图 6-60

6.2.6 修改蒙版：添加与减去

前面示例照片中，Lightroom Classic 把画面中的人物和两个黄色大遮阳篷视作画面主体，主体周围的区域视作背景。这恰好是笔者所期望的。（若 Lightroom Classic 把其中一个遮阳篷识别为背景，可以使用【减去】功能将其从背景中减去。）

笔者提到这些，是因为坚信 AI 技术的引入会给图像处理方式带来革命性的变化。如果没有 AI 技术的辅助，实现上述效果将是一个耗时的任务，需要付出大量时间和精力才能完成。有了 AI 技术的支持，选择画面中的复杂对象变得轻而易举，短短几秒就能搞定，这样我们就能将更多时间和精力用于思考后续如何更好地处理这些被选中的对象。

当需要对当前蒙版进行修改（扩大或减小）时，有了 AI 技术的支持，工作效率会得到显著提升。在 Lightroom Classic 中，一旦创建好蒙版，就无法退回到原始蒙版，直接使用画笔涂抹方式来修改它了。在【蒙版】面板中单击某个蒙版，将其展开，最上方的蒙版会显示当前画面中哪些元素处于选中状态、哪些元素处于未选中状态，蒙版的作用范围一目了然。最上方蒙版（由黑色和白色区域组成）是其下方各个子蒙版综合作用得到的最终结果。

> 💡 注意　如果你用过 Photoshop，肯定知道 Photoshop 中有图层蒙版，不过，Photoshop 中的图层蒙版与 Lightroom Classic 中的蒙版在功能和使用上存在一些差异。花点时间好好学习一下如何使用【添加】与【减去】按钮扩展或缩小蒙版是十分值得的，日后定会受益匪浅。关于这点，你完全可以相信笔者。

在【蒙版】面板中展开某个蒙版后将显示出【添加】和【减去】两个按钮，如图 6-61 所示，使用它们可以对当前蒙版进行修改。建议大家花一点时间，认真梳理一下整个流程，学习如何使用【添加】和【减去】按钮获取自己想要的选区。笔者在此保证，你投入的时间和精力是完全值得的，等学完后面内容就会明白。

下面通过一个具体例子详细讲解如何使用【添加】和【减去】按钮来修改和调整蒙版。继续使用照片 lesson06 - 002，如图 6-62 所示，假设我们想把右侧窗框上的效果应用到左侧窗框上，该怎么做呢？

图 6-61

图 6-62

❶ 在【蒙版】面板中单击【蒙版 2】（右侧窗框蒙版），将其展开，单击下方的【添加】按钮，如图 6-63（a）所示。在弹出的菜单中选择【对象】，在【选择对象】面板中选择【画笔选择】模式，设置画笔大小为 12，如图 6-63（b）所示。

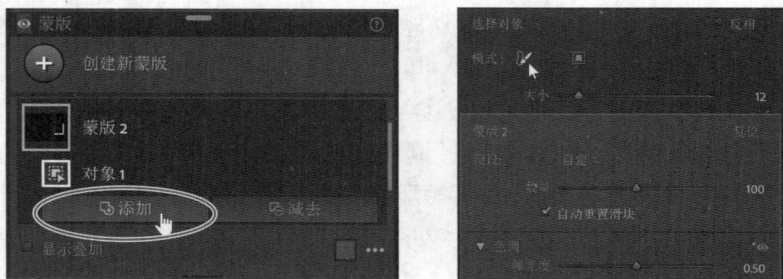

（a）

（b）

图 6-63

❷ 使用画笔工具涂抹左侧窗框和窗栏花箱，确保涂抹的笔触呈 U 形，如图 6-64 所示。Lightroom Classic 使用 AI 技术精确识别出涂抹的区域，并将其添加至当前蒙版中。使用画笔涂抹方式进行选择能够大幅提升选择效率，极大地节省时间。

图 6-64

❸ 把两个窗户从背景选区中剔除，确保对背景的调整不会影响到窗户。在【蒙版】面板中选择【蒙版3】，单击【减去】按钮，在弹出的菜单中选择【对象】，如图6-65（a）所示。在【选择对象】面板中单击【模式】右侧的【矩形选择】模式，如图6-65（b）所示。

❹ 移动鼠标指针至左侧窗户的左上角，按住鼠标左键，向右下方拖动，当拖出的矩形完全框住左侧窗户时，释放鼠标左键，如图6-66所示。经过短暂计算后，Lightroom Classic将左侧窗户从【蒙版3】中去除。

❺ 在【蒙版】面板中再次单击【蒙版3】，单击【减去】按钮，在弹出的菜单中选择【对象】，在〔选择对象〕面板中选择【矩形选择】模式，拖出矩形把右侧窗户完全框住，将其从【蒙版3】中去除，如图6-67所示。

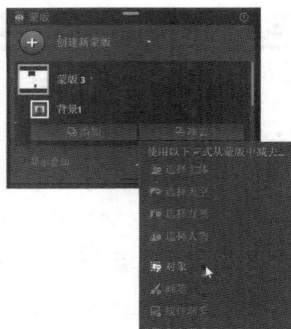

（a）

（b）

图 6-65

图 6-66　　　　　　　　　　　　　图 6-67

此时，观察【蒙版3】的缩览图，可以发现蒙版3发生了变化，减去的区域以黑色表示，而应用了当前调整的区域以白色表示，如图6-68所示。做复杂选择时，建议遵循由大到小的原则，即先选出大致区域，然后从该区域中一点点减去不需要的区域，直至得到目标选区。这里，我们先使用【选择背景】面板从画面中选出背景，然后使用【减去】功能从背景中逐渐减去不需要的区域。每个减去操作左侧都有一个减号图标，指示从原始蒙版中减去相应区域。

图 6-68

6.2.7 使用【颜色范围】与【明亮度范围】蒙版

Lightroom Classic 还提供了另外两个强大的工具，即【颜色范围】与【明亮度范围】，用来根据颜色或明亮度选择照片的某些区域（选区或蒙版）。通过这些基于位图的蒙版，我们可以快速改变照片的颜色和色调。

❶ 在照片 lesson06 - 002 仍处于选中的状态下，在【蒙版】面板中单击【创建新蒙版】按钮，在弹出的菜单中选择【颜色范围】，如图 6-69 所示。

❷ 此时，Lightroom Classic 会新建一个蒙版并将其显示在【蒙版】面板中；工具条下方显示出【颜色范围】选项面板，并提示单击照片中的某个位置以对颜色进行采样，如图 6-70 所示。

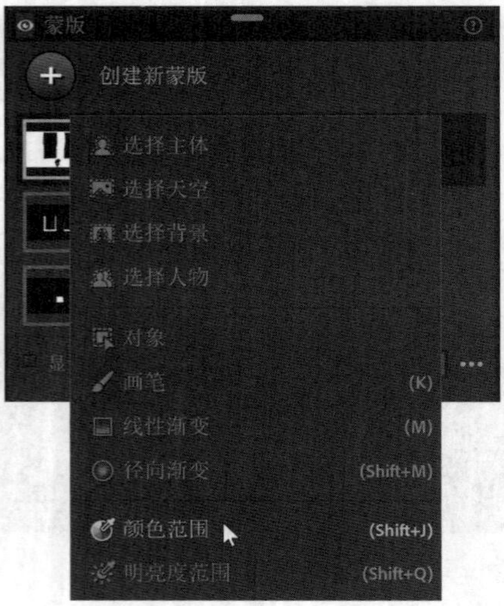

图 6-69

图 6-70

❸ 移动鼠标指针至照片画面上，鼠标指针变成吸管形状。单击右侧黄色遮阳篷，如图 6-71 所示。此时，Lightroom Classic 使用浅红色覆盖遮阳篷和男士衬衫，指示这些区域是待修改的区域。按住 Shift 键，单击其他颜色，可以将其添加到现有选区中。Lightroom Classic 会在单击的颜色上覆盖浅红色，代表已经将其添加到现有选区中。

图 6-71

❹ 在【蒙版4】的【色调】选项组中设置【对比度】为72、【白色色阶】为24，如图6-72所示，进一步突出所选颜色。

图 6-72

❺ 下面给照片中的砖块和人行道区域增加一些细节。在【蒙版】面板中再次单击【创建新蒙版】按钮，在弹出的菜单中选择【明亮度范围】。移动鼠标指针至画面上，此时鼠标指针变成吸管形状。单击画面左下角的人行道区域。此时，整个画面覆盖上浅红色，指示明亮度蒙版覆盖的范围，如图6-73（a）所示。右侧【明亮度范围】选项面板中有一个明亮度条，拖动上面的滑块，可调整明亮度蒙版覆盖的亮度范围，如图6-73（b）所示。

（a）　　　　　　　　　　　　（b）

图 6-73

❻ 参考图6-74，拖动明亮度滑块，确保浅红色仅覆盖在砖块和人行道上。

图 6-74

❼ 在【效果】选项组中设置【纹理】为 72、【清晰度】为 17，如图 6-75 所示，进一步增加砖块和人行道的细节。

图 6-75

❽ 调整完成后，按 Y 键，进入【比较视图】，对比修改前后画面的变化，如图 6-76 所示，体会一下蒙版工具的强大之处。

图 6-76

6.3 使用【修复】工具

在 Lightroom Classic 中，使用【修复】工具可以很方便地去除照片画面中小的干扰物，比如传感器上的灰尘、画面中与主体无关的物体（如电线）、污点等。有时对照片主体做简单修饰时也会用到【修复】工具。

> 💡 提示 使用富士相机选择 RAW 格式拍摄时，有时 RAF 文件会自动应用在相机内设置的裁剪比例。如果你希望取消裁剪比例，显示完整照片，请先按 R 键切换成【裁剪叠加】工具，然后使用鼠标右键单击照片画面，在弹出的快捷菜单中选择【复位裁剪】，按 Return 键 /Enter 键。

【修复】工具主要有【仿制】和【修复】两种模式，它们去除污点的方式不一样。在【仿制】模式下，【修复】工具会直接把取样点的象素复制到污点位置；而在【修复】模式下，【修复】工具会自动把污点与周围像素混合。除了上面两种模式外，【修复】工具还有一种基于内容识别技术的模式——内容识别移除。

6.3.1 去除传感器污点

下面使用【修复】工具去除传感器灰尘留在照片画面中的污点。

❶ 进入【修改照片】模块，在【收藏夹】面板中单击 Selective Edits 收藏夹，在胶片显示窗格中选择照片 lesson06 - 008。

❷ 若当前【蒙版】工具仍处于激活状态（【蒙版】面板处于显示状态），在工具条中再次单击它，将其关闭。单击小木屋左上方区域，将其放大，如图 6-77 所示。

❸ 在工具条（位于【直方图】面板下方）中单击【修复】工具（从左往右数第 3 个图标）。在【修复】工具选项面板（位于工具条下方）中，在【模式】中选择【修复】，Lightroom Classic 会采用混合污点周围像素的方式来去除污点。把【大小】设置为 53，【羽化】设置为 0，【不透明度】设置为 100，如图 6-78 所示。

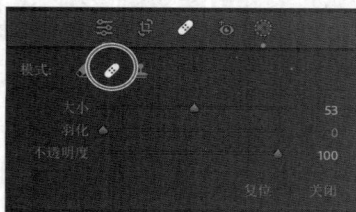

图 6-77

❹ 在工具栏（位于预览区下方）中勾选【显现污点】复选框，如图 6-79 所示。此时，Lightroom Classic 会把照片转换成黑白的，就像照片负片一样，照片中的轮廓线能够明显地显露出来。相机传感器上的污点在照片画面中一般表现为白色圆形或浅灰色的点。【显现污点】复选框右侧有一个滑块，向右拖动滑块会提高感知的灵敏度，显示出更多污点；若显示出的污点太多，向左拖动滑块，以减少显示的污点数量。

图 6-78

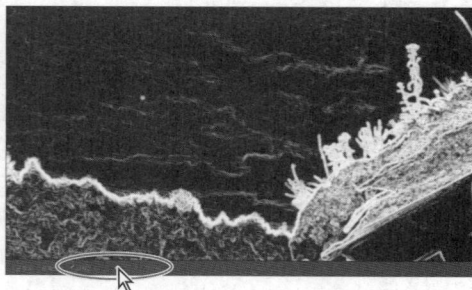

图 6-79

> **注意** 若照片预览区下方未显示工具栏，请按 T 键，将其显示出来。

> **提示** 在某个局部调整工具处于激活状态，且照片显示在【适合】级别下时，按空格键，局部调整工具暂时变成放大工具，单击照片，可把照片放大至 100%。此时，按住空格键，局部调整工具会变成抓手工具，拖动画面，可以显示照片的不同区域。当局部调整工具处于未激活状态时，单击照片，可缩放照片。

【显现污点】功能能够把相机镜头、传感器、扫描仪上的灰尘所产生的污点清晰地显现出来。这些小污点在显示器中几乎看不出来，但打印时，它们会清晰地在相纸上暴露出来。在示例照片中，你可以轻松看到画面中存在一些污点。

❺ 在左上角的【导航器】面板中单击【100%】，把照片放大。按住空格键，工具暂时切换成抓手工具，拖动画面可查看画面的不同区域，以便查找画面中的污点。

❻ 移动鼠标指针到某个污点上，滚动鼠标滚轮，调整画笔大小，使其稍微比污点大一些，如图 6-80 所示，然后单击污点，即可将其移除。

Lightroom Classic 会复制污点附近区域的像素，用以去除污点。此时画面中会出现两个圆圈，一个圆圈是单击的区域（目标区域），另一个圆圈是 Lightroom Classic 用于取样的区域（源区域），它们中间有一个箭头，如图 6-81 所示。

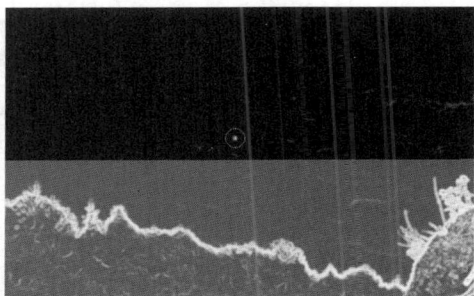

图 6-80

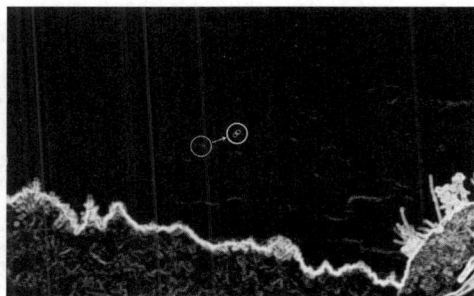

图 6-81

❼ 若对修复结果不满意，可以改变取样区域或者画笔大小。单击目标区域，选择污点，然后做如下操作。

💡 注意   在工具栏中把【工具叠加】设置成【自动】后，当鼠标指针离开预览区时，【修复】工具的圆圈就会消失。在【工具叠加】菜单中选择【总是】【从不】【选定】（只看选定的修复），可以改变这个行为。

· 按斜线键（ / ），让 Lightroom Classic 重新选择源区域。不断按斜线键，Lightroom Classic 会不断更换源区域。

· 把鼠标指针移动到源区域上，当鼠标指针变成手形时，拖动圆圈到其他位置，即可改变源区域，如图 6-82 所示。

· 把鼠标指针移动到任意圆圈上，当鼠标指针变成双向箭头形状时，按住鼠标左键向外或向内拖动，放大或缩小圆圈，以修改目标区域或源区域的大小，如图 6-83 所示。此外，还可以拖动【修复】工具选项面板中的【大小】滑块来改变目标区域或源区域的大小。

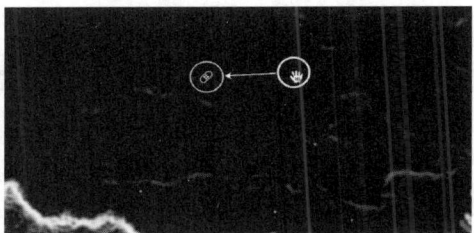

图 6-82

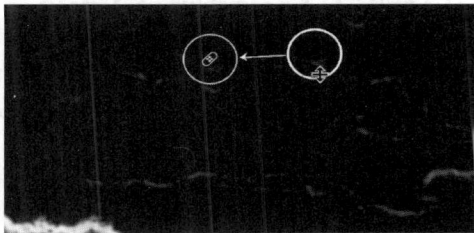

图 6-83

💡 提示   当你打算把照片打印出来或者上传到商业图库时，在打印或上传之前，一定要彻底检查照片中是否存在污点。具体做法为：在【导航器】面板中按 Home 键，把缩放矩形移动到画面的左上角，然后不断按 Page Down 键，把缩放矩形从照片左上角一步步移动到照片右下角（自上而下，从左到右），一边按 Page Down 键，一边认真检查画面中是否有污点。

不论何时，只要对修复结果不满意，就可以把修复结果删除，然后重新进行修复，具体做法是：先选择目标区域，然后按 Delete 键 /BackSpace 键。

❽ 按住空格键拖动照片，认真检查画面中是否存在污点，并去除画面中的所有污点。

❾ 在工具栏中取消勾选【显现污点】复选框，使照片画面恢复正常，检查画面中的污点是否去除干净，如图 6-84 所示。

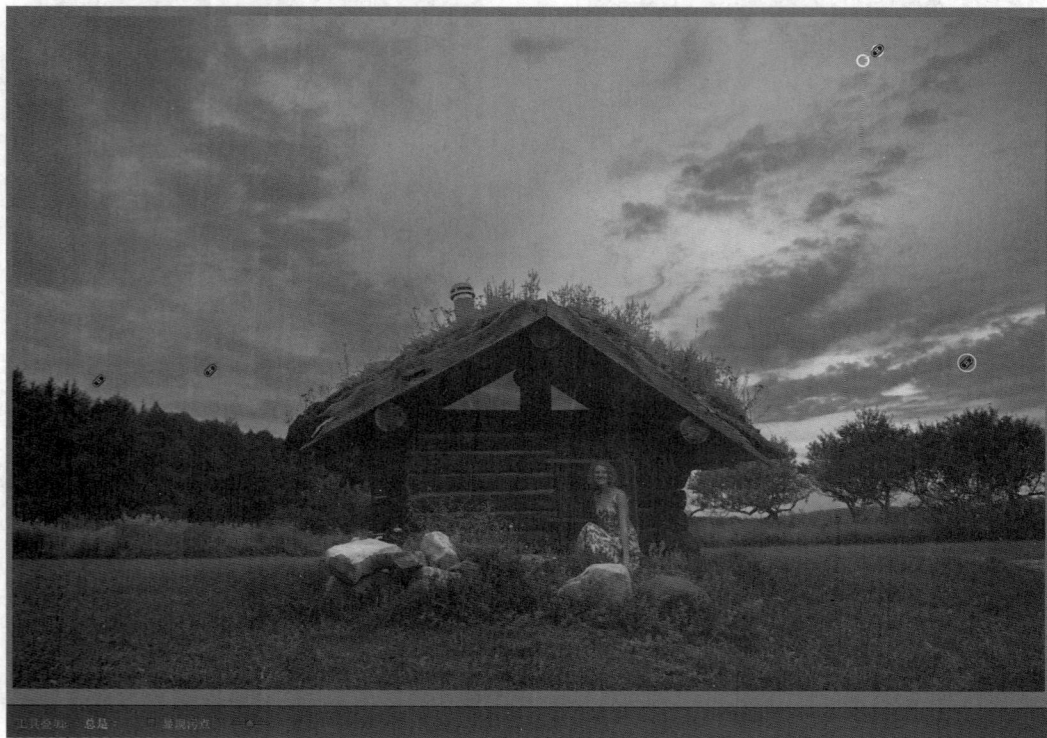

图 6-84

不管在什么视图下，都可以去除污点。在去除污点的过程中，可以打开或关闭【显现污点】功能，在不同视图之间来回切换。

6.3.2 使用【内容识别移除】工具

本小节学习如何使用【内容识别移除】工具去除画面中的较大对象，操作十分简单，只要在目标对象上轻轻拖动即可。这里继续使用前面处理过的一张照片，演示【内容识别移除】工具的用法。

❶ 在胶片显示窗格中选择照片 lesson06 - 002。移除画面左侧的深红色标牌，如图 6-85 所示。单击照片，将照片放大到 100%。

❷ 在工具条中单击【修复】工具，然后在【模式】中选择【内容识别移除】。把【大小】设置为 76，【不透明度】设置为 100，如图 6-86 所示。

❸ 在深红色标牌左上角按住鼠标左键，向下拖动鼠标至标牌底部。不断在深红色标牌上拖动鼠标，直至笔触（外边缘有白色轮廓线）覆盖整个深红色标牌，并确保周围有一定余量，如图6-87所示。

图 6-85

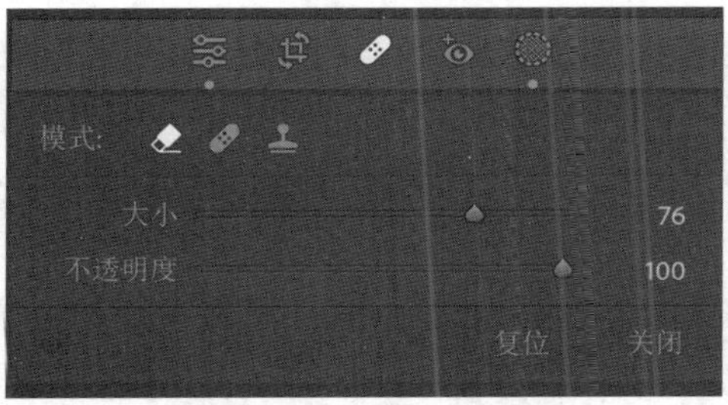

图 6-86

图 6-87

❹ 虽然【内容识别移除】工具很强大，但是在有些地方的表现还是不够好。此时，按斜线键（／），Lightroom Classic 会重新进行修复。不断按斜线键，直到得到满意的修复效果，如图 6-88 所示。

❺ 在画面左侧遮阳篷的左边有照明灯和电线，如图 6-89 所示，使用相同的方法移除它们。

图 6-88

图 6-89

❻ 按住空格键，工具暂时变为手形工具。此时，按住鼠标左键，向左拖动画面，直至露出两个遮阳篷之间的照明灯和电线，如图 6-90 所示。使用同样的方法移除照明灯和电线。

❼ 移除对象的过程中，按 [键和] 键，可调整画笔大小。将鼠标指针移动到画面右下角，设置画笔大小为 60，在黑色书包上涂抹，确保笔触外边缘包裹住整个书包，且没有超出太多，如图 6-91 所示。

图 6-90

图 6-91

❽ 按斜线键（/），Lightroom Classic 会随机采样进行修复。不断按斜线键，直至获得令人满意的修复效果，如图 6-92 所示。

❾ 多次按斜线键后，若对修复效果仍不满意，可按住 Command 键 /Ctrl 键，拖出一个矩形区域，Lightroom Classic 会从该矩形区域重新采样以修复目标区域，如图 6-93 所示。

图 6-92

图 6-93

在 Lightroom Classic 中编辑照片时，综合运用各种修复工具和蒙版工具，能够大大提高工作效率，节省大量时间。笔者强烈建议你在其他照片上使用这个基于 AI 技术的工具——【内容识别移除】，挖掘其潜能，掌握其用法。

6.3.3　综合演练

前面学习了如何去除画面中的背景元素，并对照片做轻度修饰。接下来，综合运用前面学过的各种蒙版工具尝试处理一张人像照片。相信学完本小节内容，大家能掌握如何使用各种蒙版工具快速调整照片，从而获得令人满意的结果。

❶ 在胶片显示窗格中选择照片 lesson06 - 007。在【基本】面板中设置【曝光度】为 +1.00、【高光】为 -25，确保照片画面在提亮的同时高光不溢出，如图 6-94 所示。

❷ 在工具条中单击【蒙版】按钮，在【人物】选项组中单击【人物 1】缩览图。在【人物蒙版选项】选项组中勾选【面部皮肤】和【身体皮肤】复选框，确保【创建 2 个单独蒙版】复选框处于非勾选状态，如图 6-95 所示。单击【创建蒙版】按钮。

图 6-94

图 6-95

❸ 在【选择人物】面板中把【高光】设置为 -26，【纹理】设置为 -66，如图 6-96 所示。调整后，人物皮肤变得光滑，同时又保留了一些细节。

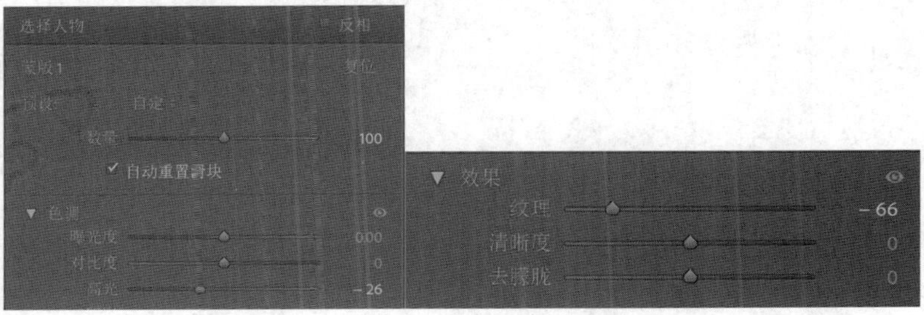

图 6-96

❹ 在【蒙版】面板中单击【创建新蒙版】按钮，在弹出的菜单中选择【选择背景】。选出背景后，把【曝光度】设置为 -0.95，压暗背景，如图 6-97 所示。

图 6-97

❺ 画面左侧有被枝叶遮住的树干，下面使用【修复】工具移除它。在工具条（位于【直方图】面板下方）中单击【修复】工具。在【模式】中选择【内容识别移除】，设置【大小】为 79、【不透明度】为 100。在树干上涂抹，使笔触包裹住树干，如图 6-98 所示。

图 6-98

❻ 给背景添加模糊效果，将观众的视线引导至人物主体上。在【镜头模糊】面板中勾选【应用】复选框。当 Lightroom Classic 分析完照片后，在深度图上，向左拖动浅灰色方框左端至 17，向右拖动浅灰色方框右端至 49，如图 6-99 所示。

图 6-99

❼ 展开【细节】面板，在【噪点消除】下单击【去杂色】按钮，如图 6-100（a）所示。在弹出的【增强预览】对话框中勾选【去杂色】复选框，设置【数量】为 32，如图 6-100（b）所示。在预览区域中拖动预览图，检查各个区域的去噪效果。在预览图上按住鼠标左键，然后释放鼠标，对比去噪前后的画面效果。单击【增强】按钮。

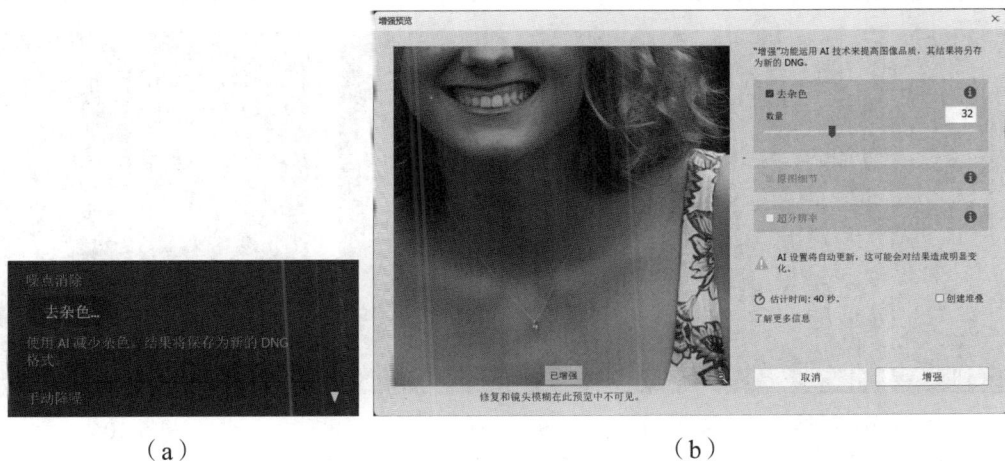

（a） （b）

图 6-100

❽ 按快捷键 Shift+Tab，隐藏面板，将照片最大化显示，以排除干扰。按反斜杠键（\），在修改前后的两个画面之间来回切换，观察画面调整前后的区别，判断修改结果是否令人满意，如图 6-101 所示。

图 6-101

6.3.4　使用移动版 Lightroom Classic 组织与编辑照片

　　Adobe Creative Cloud 订阅用户可以免费使用移动版 Lightroom Classic。前面课程中，我们在桌面版 Lightroom Classic 中创建了收藏夹，用户可以在线浏览其中的照片。其实，在移动版 Lightroom Classic 中，我们也可以创建收藏夹，把用移动设备拍摄的照片放入其中，然后在桌面版 Lightroom Classic 中访问它们，如图 6-102 所示。

　　此外，移动版 Lightroom Classic 支持本课介绍的所有蒙版工具。启用某个工具时，移动版 Lightroom Classic 会提示先从云端下载它。一旦下载完成，你就可以在移动设备中正常使用所选工具了，而且这些工具用起来跟在桌面版 Lightroom Classic 中没什么不同，如图 6-103 与图 6-104 所示。

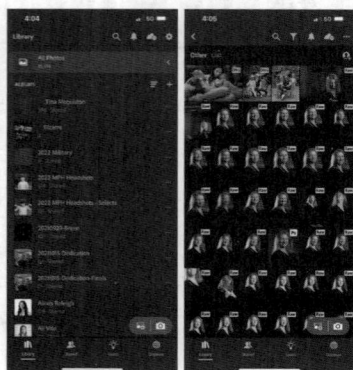

图 6-102　　　　　　　　　　图 6-103　　　　　　　　　　图 6-104

　　关于如何使用软件以及桌面版 Lightroom Classic 不支持的工具，移动版 Lightroom Classic 提供了详细的教程、使用技巧与提示，还有社区功能。移动版 Lightroom Classic 与桌面版 Lightroom Classic 各有短长，适用于不同场景，工作中你可以根据不同情况配合使用两个软件，充分利用它们各自的优势，以提高工作效率。

硬件推荐：数位板

使用基于画笔的工具调整照片时，使用鼠标操作可能会比较费力。为了解决这个问题，强烈建议大家购买数位板。

使用数位板能够模拟钢笔或铅笔在纸张上写画的感觉，在使用画笔等工具调整画面细节时特别有效率。

这些年来，笔者的办公桌上一直放着一个 Wacom 数位板（有时笔者也会把它放包旦随身携带），它结实耐用，真的是一款非常棒的产品，如图 6-105 所示。

图 6-105

Wacom 公司影拓系列数位板有两个版本，3 种尺寸，如图 6-106 所示。笔者一般给学生推荐尺寸最小的那款，方便随身携带。入门级的数位板功能也很强大，几乎包含所有你需要的功能，而且价格较低。专业级的数位板支持的压感级别更高，但价格相对会高一些。至于买入门级的还是专业级的，主要看你的个人需要。

不论哪款数位板，都很耐用，而且都能大大提高你的工作效率。

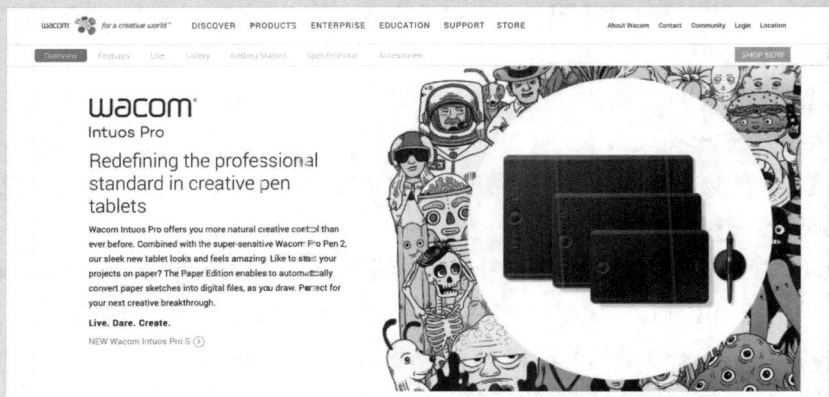

图 6-106

6.4　复习题

1. 在 Lightroom Classic 中编辑照片时，可以结合使用多种蒙版吗？
2. 哪种蒙版工具适合用来根据亮度选择画面的某些部分？
3. 如何扩大或缩小蒙版？
4. 【修复】工具的【修复】【仿制】【内容识别移除】模式有何不同？
5. 使用【选择对象】工具时，有哪两种模式可选择？
6. 照片中主体人物的背景有点太亮了，哪个工具是快速压暗背景的最佳选择？
7. 若只想调整人物皮肤，使用【选择人物】后，应该在【人物蒙版选项】选项组中勾选哪几个复选框？
8. 如何删除现有蒙版？

6.5　复习题答案

1. 可以。编辑照片的过程中，可以先创建智能蒙版，然后在【蒙版】面板中向其中快速添加或减去其他蒙版，甚至还可以向现有蒙版添加基于矢量的画笔蒙版。
2. 【明亮度范围】蒙版工具用来根据指定的亮度范围选择照片中的某些区域。使用该工具时，需在明亮度条中指定亮度范围。
3. 创建好蒙版后，如果希望扩大或缩小蒙版，可执行如下操作：在【蒙版】面板中单击【添加】或【减去】按钮，在弹出的菜单中选择工具，然后在画面中使用该工具确定一个区域，Lightroom Classic 会把该区域添加到现有蒙版中，或者将其从现有蒙版中减去，这样应用在蒙版上的效果就会应用到该区域或从该区域撤销。
4. 在【修复】模式下，【修复】工具自动把复制过来的像素与污点周围像素混合；在【仿制】模式下，【修复】工具把复制过来的像素直接覆盖至污点区域，不进行像素混合；在【内容识别移除】模式下，【修复】工具使用 AI 技术自动寻找合适的区域（复制该区域中的像素）来修复污点区域。
5. 【选择对象】工具有两种模式可供选择：【画笔选择】与【矩形选择】。在【画笔选择】模式下，通过在对象上绘制来创建蒙版；在【矩形选择】模式下，通过在对象周围绘制矩形来创建蒙版。
6. 使用【选择背景】（基于 AI 技术）蒙版工具，可快速选出画面背景，单独调整背景的曝光度和高光，压暗它。
7. 使用【选择人物】后，在【人物蒙版选项】选项组中勾选【面部皮肤】【身体皮肤】复选框，可确保调整只影响人物的皮肤。
8. 删除现有蒙版有以下 3 种方法：在照片画面中使用鼠标右键单击某个蒙版，在弹出的快捷菜单中选择【删除"蒙版名称"】；在【蒙版】面板中单击某个蒙版，按 Delete 键 /BackSpace 键；在【蒙版】面板中移动鼠标指针至某个蒙版上，单击 3 个点的图标，在弹出的菜单中选择【删除"蒙版名称"】。

摄影师
萨拉·兰多（SARA LANDO）

"你必须花一些时间来寻找自己的声音。"

我的个人作品主要表现的是身份认同、真实与虚幻间的界限，以及记忆随时间消退与重塑的方式。当我们与周围世界的传统关系破裂并被"我们是什么"或"我们可能是什么"的新定义替代时，就会出现一些很精彩的瞬间，我对这些瞬间很感兴趣。

我使用摄影、插画、拼贴画和数字手段进行创作。我使用的方法来自玩乐时的新奇感，以及与对象直接互动的过程。我着迷于图像的碎片化和毁损过程，喜欢通过破坏照片的物理与数字结构来表达某个观念。

对我来说，摄影就是一种表达手段，与写作无异，它能够让我坦诚地表达自己，又允许我有所保留。摄影是一种语言，对我们大多数人来说，它就像一门我们正在学习的外语。即使你很熟悉快门速度、光圈，知道如何使用闪光灯，拥有市面上最好的相机，但如果你没有什么可表达的，那也没什么用。

我从事摄影行业 20 多年了。根据这些年的经验，我可以给一个建议，那就是：某个时候，你必须花一些时间来寻找自己的声音，不要把时间浪费在叙述别人的故事上。我觉得这一点是最重要的。

在这些年的创作中，我一直在用 Lightroom Classic 整理和调整作品。起初，我只是使用它纠正照片中的问题，随着时间的推移，它逐渐成了我进行艺术创作的好帮手。

局部编辑

　　Lightroom Classic 内置了功能强大的 AI 工具，使用这些工具能极大提升工作效率，在【修改照片】模块下调整照片时，将这些工具与局部调整工具结合使用，能够实现对照片更精细的调整，从而得到更出色的效果。Lightroom Classic 中还有一些高效的操作方法，使用这些方法能够轻松把之前的调整快速应用到其他地方。

　　本课主要讲解以下内容。

- 使用线性渐变和径向渐变缩小调整范围
- 使用【点颜色】精确调整颜色
- 应用颜色分级调整
- 同步调整至多张照片与应用修改照片预设
- 使用【画笔】蒙版工具调整局部区域
- 制作黑白照片
- 全景接片与 HDR 合成

学习本课需要 2 小时

　　Lightroom Classic 提供了一系列精细且易用的工具。使用这些工具不仅能快速纠正照片中的常见问题，还能对照片进行更精细的调整。在【修改照片】模块下，用户可以灵活使用各种工具和控件制作独特的个人效果，然后保存为自定义修改照片预设，方便以后重用。

7.1 学前准备

学习本课内容之前，请确保已经创建好 LRC2024CIB 文件夹，并下载好本课的资源文件夹 lesson07，且已放入 LRC2024CIB\Lessons 文件夹，具体操作步骤参阅本书前言中的相关说明。此外，还要确保已经在 Lightroom Classic 中创建好 LRC2024CIB Catalog 目录文件（用于管理课程文件），创建方法请阅读前言中的相关内容。

💡**注意** 学习本课内容之前，需要对 Lightroom Classic 的工作区有基本了解。如果对 Lightroom Classic 的工作区一点也不了解，请先阅读 Lightroom Classic 帮助文档或前面课程中的内容。

❶ 启动 Lightroom Classic。

❷ 在打开的【Adobe Photoshop Lightroom Classic - 选择目录】窗口中选择 LRC2024CIB Catalog.lrcat 文件，单击【打开】按钮，如图 7-1 所示。

图 7-1

❸ 打开 Lightroom Classic 后，当前显示的是上一次退出软件时使用的屏幕模式和模块。若当前模块不是【图库】模块，请在工作区右上角的模块选取器中单击【图库】，如图 7-2 所示，切换至【图库】模块。

图 7-2

💡**注意** 若用户界面中未显示模块选取器，请在菜单栏中选择【窗口】>【面板】>【显示模块选取器】，或者直接按 F5 键，将其显示出来。在 macOS 中，需要同时按 Fn 键与 F5 键，才能把模块选取器显示出来。如果你不想这样做，也可以在【首选项】中更改功能键的行为。

导入照片与创建收藏夹

学习本课之前，把本课用到的照片导入 Lightroom Classic 图库。

❶ 在【图库】模块下单击左侧面板组左下角的【导入】按钮，如图 7-3 所示，打开【导入】对话框。

❷ 若【导入】对话框当前处在紧凑模式下，请单击对话框左下角的【显示更多选项】按钮，如图 7-4 所示，使【导入】对话框进入扩展模式，显示所有可用选项。

图 7-3

图 7-4

❸ 在左侧【源】面板中找到并选择 LRC2024CIB\Lessons\lesson07 文件夹。请确保 lesson07 文件夹中的所有照片（35 张）处于选中状态。

❹ 在预览区上方的导入方式中选择【添加】，Lightroom Classic 只会把导入的照片添加到目录文件中，而不会移动或复制原始照片。在右侧的【文件处理】面板的【构建预览】下拉列表中选择【嵌入与附属文件】，勾选【不导入可能重复的照片】复选框。在【在导入时应用】面板的【修改照片设置】和【元数据】下拉列表中选择【无】。在【关键字】文本框中输入"Lesson 07,Timesavers"，如图 7-5 所示。确认设置无误后，单击【导入】按钮。

图 7-5

从 lesson07 文件夹导入 35 张照片后，可以在【图库】模块下的【网格视图】和工作区下方的胶片显示窗格中看到它们。

接下来，在【图库】模块下创建 3 个收藏夹 Selective Tools、Timesavers、HDR and Panorama，用于存放相应照片。

❺ 在【目录】面板中选择【上一次导入】文件夹，在工具栏（位于预览区下方）的【排序依据】

下拉列表中选择【文件名】。单击第 1 张照片，按住 Shift 键，单击第 15 张照片，同时选中前 15 张照片。单击【收藏夹】面板右上角的加号图标（+），创建名为 Selective Tools 的收藏夹，如图 7-6 所示。创建收藏夹时，确保【包括选定的照片】复选框处于勾选状态。

图 7-6

> ♡ 注意　在【网格视图】下，若照片左上角未显示数字编号，请按 J 键，切换到显示编号的视图样式。

❻ 在【目录】面板中选择【上一次导入】文件夹。按快捷键 Command+D/Ctrl+D，取消选择所有照片。在工具栏（位于预览区下方）中设置【排序依据】为【文件名】。选择前 4 张照片。再次单击【收藏夹】面板右上角的加号图标（+），创建名为 Timesavers 的收藏夹，司时勾选【包括选定的照片】复选框，如图 7-7 所示。

图 7-7

❼ 在【目录】面板中选择【上一次导入】文件夹，取消选择所有照片。选中第 16 张到第 35 张之间的所有照片（包括第 16 张、第 35 张照片）。创建名为 HDR and Pancrama 的收藏夹，确保【包

括选定的照片】复选框处于勾选状态，如图 7-8 所示。

图 7-8

❽ 再次在【目录】面板中选择【上一次导入】文件夹。取消选择所有照片，选择第 7 张到第 13 张之间的所有照片（包括第 7 张、第 13 张照片）。把选中的 7 张照片拖入 HDR and Panorama 收藏夹中，如图 7-9 所示。按快捷键 Command+D/Ctrl+D，取消选择所有照片。

图 7-9

❾ 新建一个收藏夹集，把上面创建的几个收藏夹放入其中。在【收藏夹】面板中单击右上角的加号图标（+），在弹出的菜单中选择【创建收藏夹集】。在打开的【创建收藏夹集】对话框中输入名称 Lesson 07 Practice，单击【创建】按钮，如图 7-10 所示。

❿ 在【收藏夹】面板中按住 Command 键 /Ctrl 键，单击前面创建的 3 个收藏夹，把它们同时选中，然后拖入 Lesson 07 Practice 收藏夹集，如图 7-11 所示。这样整理后，不但可以快速找到需要处理的照片，而且图库视图也显得更加清爽。

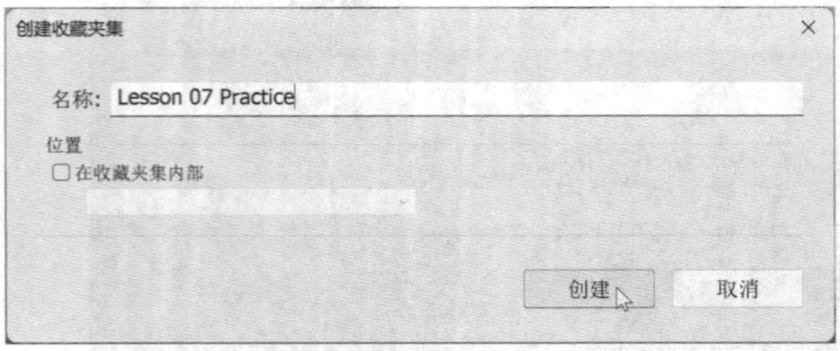

图 7-10

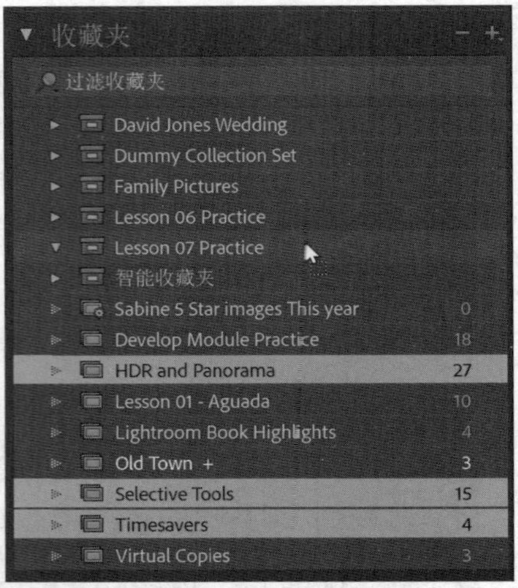

图 7-11

⓫ 依次单击各个收藏夹，确保每个收藏夹中的照片都是按文件名排序的，如图 7-12 所示。

图 7-12

7.2　使用【线性渐变】工具

借助【线性渐变】工具，我们可以沿线性方向把调整应用到照片的局部区域，从而实现更加细腻和精准的调整。【线性渐变】选项面板中的滑块与【基本】面板中的滑块的功能差不多，但是线性渐变效果会沿着拖动的方向淡出。下面尝试在照片中应用两个线性渐变来调整照片画面。

❶ 在【收藏夹】面板中单击 Selective Tools 收藏夹。选择照片 lesson07 - 005，按 D 键，进入【修改照片】模块。照片中的天空有点暗淡，整体曝光略有不足，如图 7-13 所示。接下来，提高照片的对比度，并让对比效果逐渐减弱至地平线附近，这样可以有效地将观众的视线吸引至照片的中间区

域。此外，还要提亮前景（位于画面底部），同时确保画面顶部的亮度不发生变化。

为此，需要在照片中添加两个线性渐变，一个用于调整画面上半部分，另一个用于提亮画面底部与增强水体颜色。

❷ 在工具条（位于【基本】面板上方）中单击【蒙版】按钮（位于工具条右端），然后在打开的工具选项面板中选择【线性渐变】（快捷键为 M）。此时，工具条下方显示出【线性渐变】选项面板。

图 7-13

> 💡 **提示** 默认设置下，【蒙版】面板浮在照片上，紧靠在【直方图】面板左侧。拖动【蒙版】面板到工具条下方，当出现蓝色插入线时，释放鼠标左键，【蒙版】面板就会停靠在工具条下方。

所有局部调整工具都会保留上一次使用时设置的数值，所以使用之前一定要记得把它们置置为 0。双击滑块左侧的标签或者滑块本身，可快速将其重置为默认值。双击面板左上角的【预设】标签，或者按住 Option 键 /Alt 键，当【预设】变成【复位】时，单击它，也可以把所有滑块的值重置为 0。

❸ 在【线性渐变】选项面板中重置所有滑块。然后把【曝光度】设置为 0.26，【对比度】设置为 57，【高光】设置为 -100，【阴影】设置为 100，【白色色阶】设置为 45，【黑色色阶】设置为 -10，如图 7-14 所示。使用渐变工具前，最好设置好它的各个选项，这样在照片上创建好渐变后，这些设置会立即发挥作用。当然，在照片中添加渐变后，也可以继续调整渐变的各个选项。

> 💡 **提示** 在选项面板中单击某个选项的数值输入框，按 Tab 键，可自上而下在各个输入框之间跳转，以便输入数值。按 Shift+Tab 键，可自下而上在各个输入框之间跳转。

❹ 应用线性渐变时按住 Shift 键，从树林中间适当往下拖动鼠标，使线性渐变盖住天空和湖面上方的树林（按住 Shift 键可确保拖动沿垂直方向进行），如图 7-15 所示。

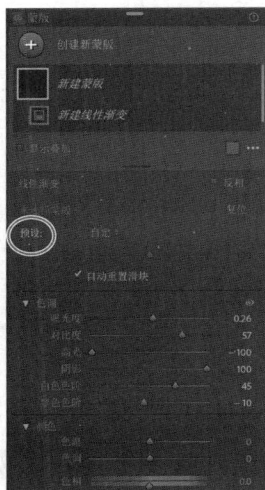

图 7-14

图 7-15

提示 按 O 键，打开渐变叠加，此时 Lightroom Classic 会把线性渐变在画面中显示出来（红色）。再按一次 O 键，可关闭渐变叠加。此外，还可以在【蒙版】面板底部勾选或取消勾选【显示叠加】复选框来打开或关闭渐变叠加。按快捷键 Shift+O，可循环改变渐变叠加的颜色。当照片画面中存在与渐变叠加相似的颜色时，可以使用该快捷键改变渐变叠加的颜色。

Lightroom Classic 会在鼠标指针经过的区域上添加线性渐变蒙版。这个线性渐变蒙版控制着调整的作用区域。拖动线性渐变中间的控制点，可改变线性渐变的位置。当控制点处于选中状态时，它显示为黑色方块，此时可以调整线性渐变的各个滑块；而当控制点处于非选中状态时，它显示为五边形，此时调整各个滑块不会对线性渐变产生影响。单击中心方块，按 Delete 键 /BackSpace 键，可删除线性渐变。

提示 当把鼠标指针移到预览区外时，Lightroom Classic 会自动隐藏渐变的编辑标记。若想改变这个行为，请在工具栏的【显示编辑标记】菜单中设置。（若预览区下方未显示工具栏，按 T 键将其显示出来。）

线性渐变有 3 条白线，分别代表调整的不同强度：100%、50%、0%。它们之间是从一个强度逐渐过渡到另一个强度的。把第一条或第三条白线拖向或拖离第二条白线，可以缩小或扩大线性渐变的影响范围。把鼠标指针移动到第三条白线下方的圆点上，此时，鼠标指针变成弯曲的双箭头，按住鼠标左键，沿顺时针或逆时针方向拖动，可旋转线性渐变。

❺ 创建第二个线性渐变时，通常会先在【蒙版】面板中单击【创建新蒙版】按钮，然后重复上面步骤。这个方法有一点麻烦，有一种更简便的方法。把鼠标指针移动到【蒙版】面板中的【蒙版 1】上，此时，【蒙版 1】右侧出现 3 个点的图标，单击 3 个点的图标，在弹出的菜单中选择【复制并反转蒙版】，如图 7-16 所示。Lightroom Classic 自动创建第二个线性渐变蒙版。

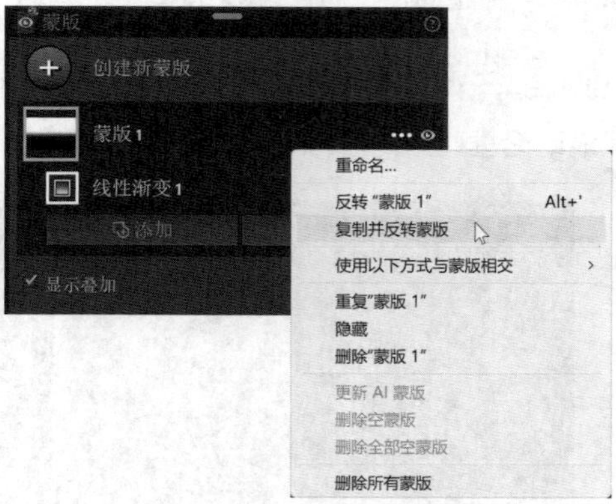

图 7-16

提示 创建线性渐变时，多个线性渐变可以叠加在一起！

❻ 双击【预设】标签，重置所有滑块，然后设置【色温】为 12。在【色调】选项组中依次设置【曝光度】为 0.34、【对比度】为 -36、【高光】为 62、【阴影】为 23、【白色色阶】为 100、【黑色色阶】为 -33，如图 7-17 所示。设置后，树木在水中的倒影清晰地显现了出来。

❼ 在【蒙版】面板中移动鼠标指针至某个蒙版上，蒙版名称右侧出现眼睛图标，反复单击眼睛

图标，可启用或关闭蒙版，以便对比蒙版应用前后的画面效果。在工具条（位于【直方图】面板下方）中单击【编辑】工具，在【基本】面板中设置【曝光度】为 +0.35、【鲜艳度】为 +30，如图 7-18 所示，使照片画面效果更加完美。对比修改前后的画面效果，如图 7-19 所示。

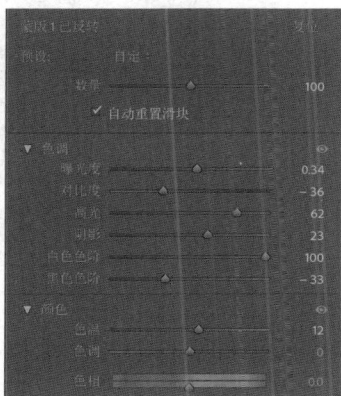

图 7-17

图 7-18

图 7-19

这张照片暂且处理到这里，其他地方请自己试着处理一下。接下来讲解如何使用【径向渐变】工具。

▌7.3 使用【径向渐变】工具

调整照片时，【线性渐变】工具能做的，【径向渐变】工具也能做，只是两者的渐变方式不一样，前者是线性的，后者是径向的。使用【径向渐变】工具可以精确地提亮、压暗、模糊照片的局部区域，还可以改变其颜色或添加暗角效果，以强调并突显该区域，吸引观众的注意力，特别是当需要将观众的注意力引导至画面中心以外的地方时。

接下来，在照片画面中添加径向渐变，从而把观众的注意力引导至非圆形且偏离画面中心的区域。

❶ 选择 Selective Tools 收藏夹，在胶片显示窗格中选择照片 lesson07 - 001，照片中我侄子在制作他的第一个街机，如图 7-20 所示。向当前照片应用【裁剪后暗角】效果，可以有效压暗画面四周，从而将观众的注意力引导至画面中心。在这里，我们希望压暗人物手部周围的区域，将观众的视线引导至人物的手上，而人物的手并不在画面中心。此时使用【裁剪后暗角】效果就不合适了。

❷ 在【基本】面板上方的工具条中单击【蒙版】工具（位于工具条右端），然后在打开的工具选

项面板中选择【径向渐变】（快捷键为 Shift+M），如图 7-21 所示。此时，工具条下方显示出【径向渐变】选项面板。

图 7-20

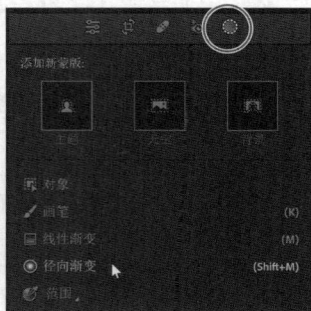

图 7-21

❸ 双击面板左上角的【预设】标签，把所有滑块的值重置为 0。

> 💡 提示 在【径向渐变】选项面板中有【自动重置滑块】复选框（位于【色调】选项组上方）。勾选该复选框后，Lightroom Classic 会自动重置所有滑块，这大大节省了时间。

❹ 在【径向渐变】选项面板顶部设置【羽化】为 44。设置后，渐变的外边缘将拥有自然、柔和的过渡效果。

❺ 在【色调】选项组中单击【曝光度】滑块右侧的数字，出现输入框后，输入 -0.79，如图 7-22 所示。

❻ 移动鼠标指针至人物双手的中心附近，然后按住鼠标左键，向右下方拖动，当白色圆圈覆盖住人物双手时，释放鼠标左键（白色圆圈围绕着双手中心向外扩大），如图 7-23 所示。

图 7-22

图 7-23

此时，前面所做的调整会立即应用到圆圈内部，即压暗圆圈内部区域。接下来，调整圆圈（径向渐变）形状，使其更贴合人物的手部区域。

❼ 根据需要，使用以下方法调整渐变的位置和大小，如图 7-24 所示。

· 移动鼠标指针至圆圈内部，当鼠标指针变为手形时，按住鼠标左键拖动，可将渐变移动至不同位置。

· 移动鼠标指针至径向渐变外框的白色圆形控制点上，当鼠标指针变成白色的双向箭头时，按住鼠标左键向内或向外拖动，可调整径向渐变的大小。使用同样的方法拖动其他白色控制点，改变径向渐变形状。

- 把鼠标指针移动到径向渐变的外框外，当鼠标指针变成黑色弯曲的双向箭头时，按住鼠标左键拖动，可旋转径向渐变。

❽ 在右侧【径向渐变】选项面板中设置【羽化】为 32，使过渡区域变窄一些。

❾ 当前蒙版（径向渐变）压暗了人物手部，但实际上我们希望压暗人物手部之外的区域。为此，需要勾选【羽化】滑块右上角的【反相】复选框，将径向渐变反转，如图 7-25 所示。

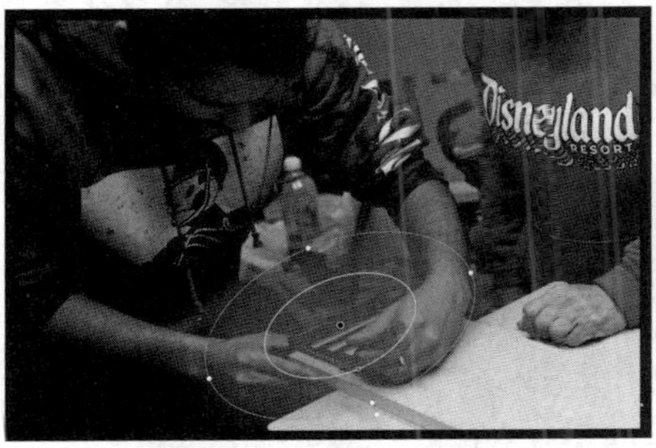

图 7-24

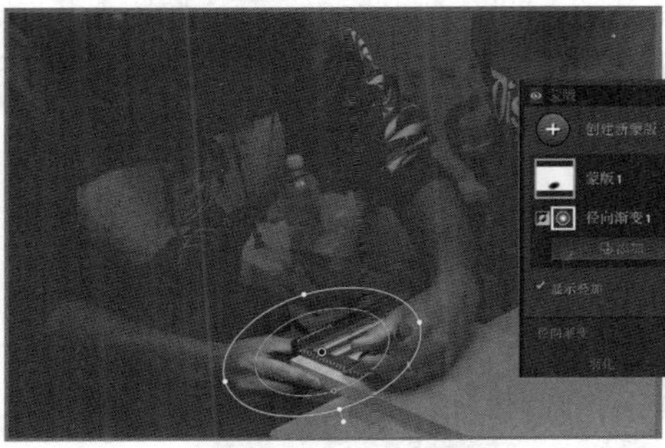

图 7-25

❿ 压暗人物手部以外的区域后，人物手部就显得相对较亮，仿佛有一盏聚光灯打在手上，这能够有效地引导观众的视线至人物手部。接下来，提亮人物头部，使其与人物手部产生联系，形成和谐统一的画面。在【蒙版】面板顶部单击【创建新蒙版】按钮，在弹出的菜单中选择【径向渐变】。把鼠标指针移动到人物头部中心，按住鼠标左键，向外拖动，当椭圆覆盖住整个头部后，释放鼠标左键。创建出径向渐变后，根据需要拖动椭圆上的各个控制点，调整椭圆形状，如图 7-26 所示。

图 7-26

⓫ 调整径向渐变，提亮人物头部，添加更多细节。在面板顶部的【预设】下拉列表中选择【减淡（变亮）】，然后做以下调整，如图 7-27 所示。

- 曝光度：1.03。
- 对比度：10。
- 高光：-30。
- 白色色阶：10。

图 7-27

⑫ 给人物手部添加一点暖色。在【蒙版】面板中单击【创建新蒙版】按钮，在弹出的菜单中选择【颜色范围】。此时，鼠标指针变成吸管形状，单击红色铅笔帽上方的皮肤，如图 7-28 所示。

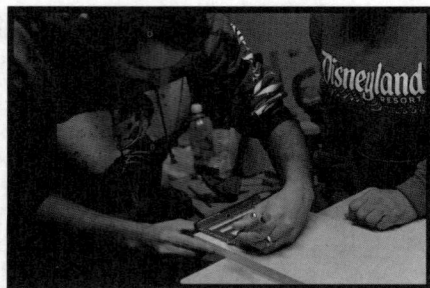

⑬ 在【颜色范围】面板顶部设置【精简】为 1，最大限度地缩小选择范围，如图 7-29 所示。在【颜色】选项组中设置【色温】为 23，给人物手部添加暖色，如图 7-30 所示。

图 7-28

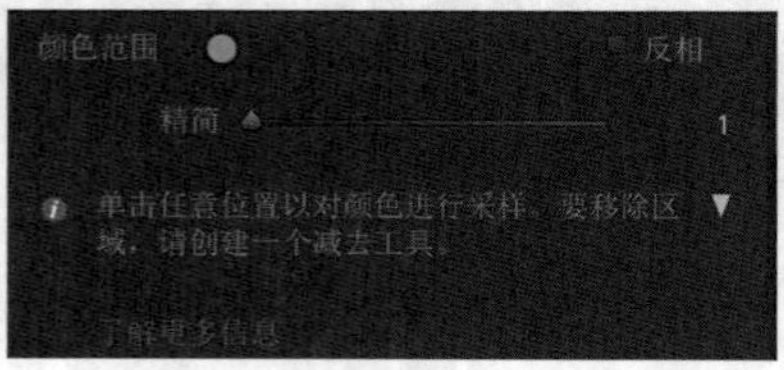

图 7-29

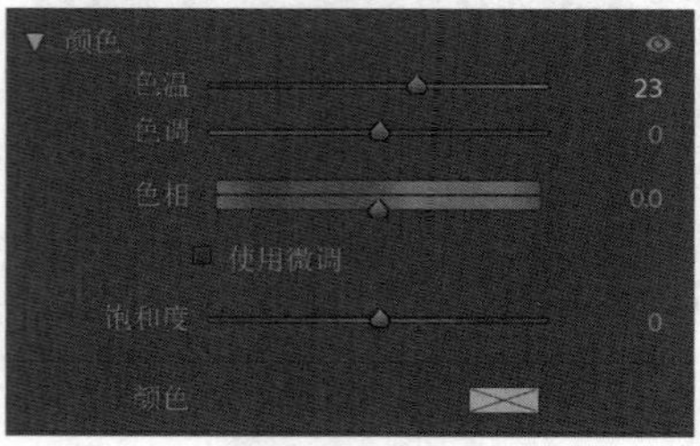

图 7-30

⑭ 按 Y 键，进入【比较视图】，对比调整前后的画面效果，如图 7-31 所示。

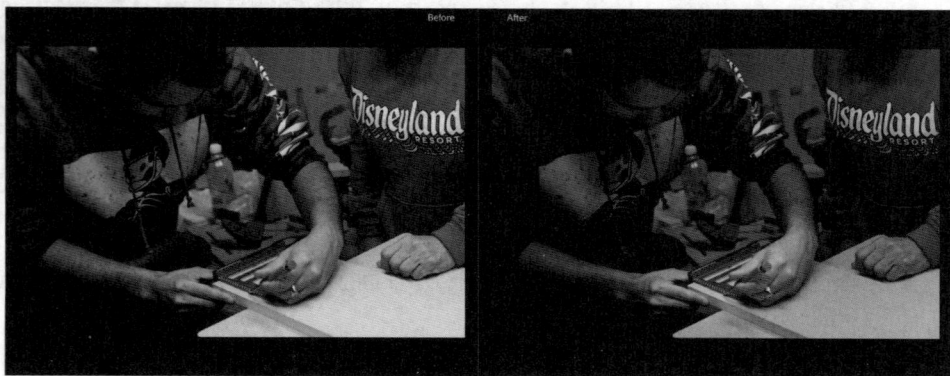

图 7-31

▌ 7.4 使用【画笔】工具

使用【线性渐变】和【径向渐变】工具可对照片局部区域做特定调整，但有时调整的精细度不够，满足不了要求。我们希望有一种工具能够让我们把【基本】面板和【细节】面板中的调整精确地应用到指定区域。为此，Lightroom Classic 提供了【画笔】工具。

> 💡 提示　按 [键或] 键，可快速改变画笔或橡皮擦的大小。

❶ 选择照片 lesson07 - 006，对画面中的树林和沼泽两个特定区域做细致调整。按 D 键，返回到【放大视图】。

❷ 在工具条中单击【蒙版】工具，在弹出的菜单中选择【画笔】(快捷键为 K)，然后设置【曝

光度】为 0.15、【对比度】为 42、【白色色阶】为 95、【饱和度】为 92。设置画笔【大小】为 7.0、【羽化】为 100、【流畅度】为 71，然后使用画笔涂抹树林，如图 7-32 所示。

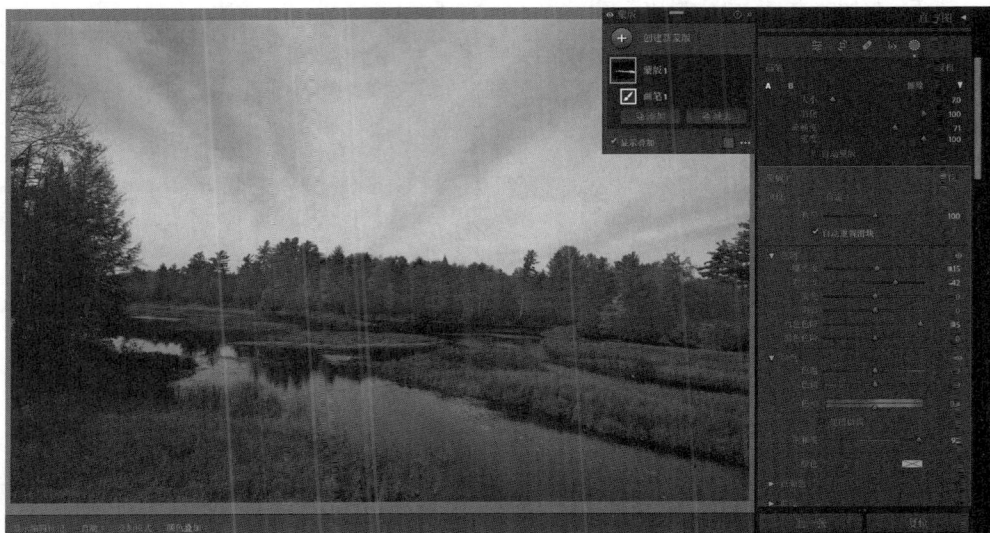

图 7-32

涂抹完毕后，涂抹区域中会出现画笔图标，如图 7-33 所示。移动鼠标指针至画笔图标上，鼠标指针变成手形，同时涂抹区域上出现浅红色叠加，指示前面调整影响的区域。此时，按快捷键 Shift+O，可改变叠加层的颜色，多次按快捷键 Shift+O，可在不同叠加颜色之间切换。

图 7-33

使用蒙版画笔时有以下注意事项。

· 选择【画笔】后，鼠标指针变成两个同心圆，其中内部粗线圆表示画笔大小。

- 【羽化】用来控制调整区域与周围像素之间的过渡效果。内外圆之间的距离代表羽化量的多少。
- 【流畅度】用于控制在画面上绘制效果的速度。
- 【密度】用于控制效果的透明度。
- 【自动蒙版】用来把画笔笔触应用到有类似颜色的区域。
- 按住 Option 键 /Alt 键，可把【画笔】工具临时切换成【擦除】工具，如图 7-34 所示，以便快速移除效果。

图 7-34

❸ 在【蒙版】面板中单击【创建新蒙版】按钮，在弹出的菜单中选择【画笔】，设置画笔【大小】为 18.0。在选项面板中设置【曝光度】为 −0.72、【对比度】为 45、【高光】为 −39，如图 7-35（a）所示。使用画笔涂抹河边草地，给草地增添一些色彩和细节，如图 7-35（b）所示。

（a）　　　　　　　　　　　　　　　　（b）

图 7-35

❹ 调整天空。在【蒙版】面板中单击【创建新蒙版】按钮，在弹出的菜单中选择【选择天空】，然后做以下调整，如图 7-36 所示。

- 曝光度：-0.37。
- 对比度：88。
- 高光：-23。
- 白色色阶：63。
- 饱和度：28。

图 7-36

❺ 笔者希望将观众的注意力引导至远处的树林上，但画面左侧的树木过于突兀，会分散观众的注意力。为了解决这个问题，可以使用裁剪工具对画面进行适当剪裁，去除画面左侧的树木，如图 7-37 所示。同时，适当旋转画面，确保画面中的地平线保持水平状态。

图 7-37

❻ 按反斜杠键（\），在修改前后的画面之间切换；或者按 Y 键，进入【比较视图】，如图 7-38 所示，对比修改前后的画面效果。示例照片中还有许多地方有待调整，这些地方就留给大家自己去调整。

图 7-38

7.5　使用【混色器】面板

　　【混色器】面板提供了两种调整照片画面颜色的方法：一种是【混色器】，另一种是【点颜色】。使用【混色器】可快速对照片的色相、饱和度、明亮度进行创意性调整；当需要精准地调整和控制照片中的特定颜色时，请使用【点颜色】功能。

　　还需要注意的一点是，【HSL】面板、【色调曲线】面板、【黑白】面板中的工具都差不多，学会使用其中一个面板，其他面板也就会用了。接下来，先从【HSL】面板学起，掌握其下工具的使用方法。

7.5.1　使用 HSL 调整

　　【HSL】（位于【混色器】面板中）下有大量滑块，向左或向右拖动这些滑块，可轻松调整照片画面颜色。虽然使用这些滑块能够精细调整画面颜色，但笔者认为，【目标调整】工具更胜一筹，因为它允许我们对照片颜色进行更加精确、细致的调整与控制。

　　❶ 在 Selective Tools 收藏夹中选择照片 lesson07 - 014。按 D 键，进入【修改照片】模块。在【基本】面板中设置【曝光度】为 +0.20、【对比度】为 +42、【白色色阶】为 +38、【黑色色阶】为 -11，如图 7-39 所示。

图 7-39

❷ 展开【混色器】面板，在面板顶部单击【混色器】，在【调整】下拉列表中选择【HSL】，然后单击【色相】按钮。单击【色相】左侧的【目标调整工具】图标（上下带小箭头的小靶标），将其选中。

移动鼠标指针至画面中，单击画面左侧的红色岩石。按住鼠标左键向上或向下拖动，Lightroom Classic 会自动识别鼠标指针所指的颜色，同时根据你的拖动调整控制这些颜色的色相滑块，从而使画面中的颜色发生变化（向上拖动时，画面中的红色和橙色会变得越来越绿），如图 7-40 所示。拖动鼠标时，【色相】选项组中的相应颜色滑块会自动滑动，以调整颜色。这比猜测待调整的区域中包含哪些颜色要靠谱且容易得多。双击各个滑块，把它们的值重置为 0。

图 7-40

❸ 单击【调整】下方的【饱和度】，再单击【目标调整工具】图标，在画面某个区域内的某种颜色上按住鼠标左键向上或向下拖动，可提高饱和度（向上拖动）或降低饱和度（向下拖动），如图 7-41 所示。请注意，更改不仅影响单击位置的颜色，整个画面中与之相同的颜色都会受影响。也就是说，只要是相同颜色，不管颜色具体位于画面的哪个位置都会受到影响。

图 7-41

❹ 单击【调整】下方的【明亮度】，再单击【目标调整工具】图标，在画面某个区域内的某种颜色上按住鼠标左键向上或向下拖动，可提亮（向上拖动）或压暗（向下拖动）该颜色。这里在岩石上按住鼠标左键向下拖动，降低橙色的明亮度，如图 7-42 所示。多次尝试后，双击各个滑块，把它们恢复至原样。

图 7-42

7.5.2 新增功能：【点颜色】功能

使用【混色器】能够得到出色的调整效果，Lightroom Classic 新引入的【点颜色】功能更是把调整推向一个新的高度。使用【点颜色】功能，可以轻松地把画面中的特定颜色精准分离出来，单独调整该颜色的色相、饱和度、明亮度，从而实现对画面细节的精确调整和控制。下面选择一张秋天风景照片，使用【点颜色】功能从画面中分离出特定颜色，然后做相应调整。

1. 选择点颜色

❶ 从 Selective Tools 收藏夹中选择照片 lesson07 - 006，在【混色器】面板顶部单击【点颜色】按钮，如图 7-43 所示。

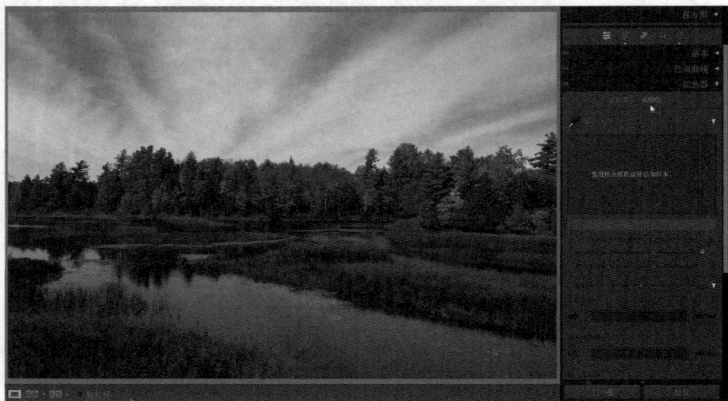

图 7-43

❷ 选择吸管工具（点颜色采样），移动鼠标指针至画面中间的绿树上。此时，鼠标指针右下角出现一个放大镜，放大镜中间是一个十字，指示鼠标指针当前所指的颜色。同时，面板中间的颜色区域中以白色小圆点的形式显示当前鼠标指针所指的颜色，如图 7-44 所示。

图 7-44

❸ 单击绿树后，吸管图标右侧出现一个色块，颜色区域也会发生相应变化，显示出一个小圆点，指示当前所选颜色。小圆点外面是一个大圆圈，它代表要把当前选择的颜色改成什么样子。颜色区域下方有 3 个滑块，分别用于调整颜色的色相、饱和度、明亮度。在颜色区域中移动大圆圈，可改变所选颜色的色相（左右移动）和饱和度（上下移动）；在右侧颜色条中上下移动大圆圈，可改变所选颜色的明亮度。在颜色区域中左右移动大圆圈，改变所选颜色的色相。这里，笔者把【色相偏移】设置为62，【饱和度偏移】设置为 -55，【明亮度偏移】设置为 13，如图 7-45 所示。

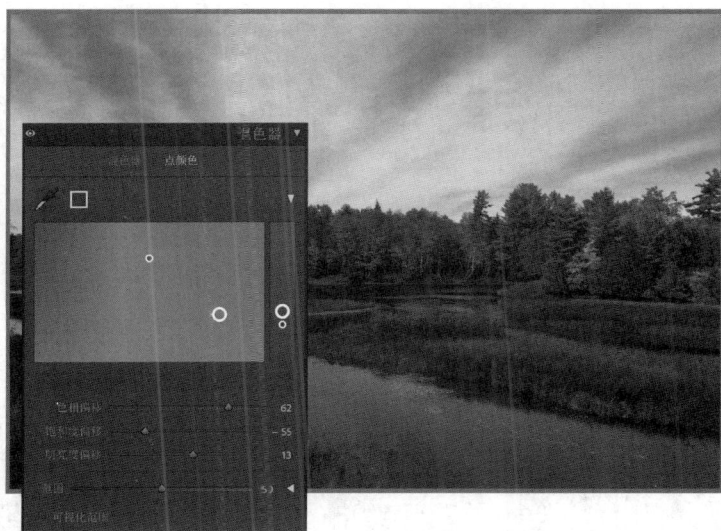

图 7-45

2. 调整颜色范围

❶【点颜色】面板底部有一个【范围】滑块，拖动【范围】滑块，可改变受影响的颜色范围。向左拖动【范围】滑块，缩小受影响的颜色范围；向右拖动滑块，则扩大受影响的颜色范围。【可视化范围】复选框位于【点颜色】面板最底部，勾选它，在画面中只有当前选定的颜色保持不变，其他颜色全部变为灰色，如图 7-46 所示，这有助于用户观察修改颜色的效果。

图 7-46

❷ 单击【范围】右侧的三角形，展开【范围】选项组，使用其中的【色相范围】【饱和度范围】【明亮度范围】滑块，可以更精准地控制受影响的颜色范围，如图 7-47 所示。【色相范围】【饱和度范围】【明亮度范围】滑动条上各有一个矩形框，指示待更改的颜色范围，滑动条左右两端各有一个滑块，用于控制颜色的衰变程度。调整矩形框可以分别从色相、饱和度、明亮度 3 个维度精细控制受影响的颜色范围，而拖动各个滑块则可以从 3 个维度控制受影响程度从 100% 渐变至 0% 的范围。

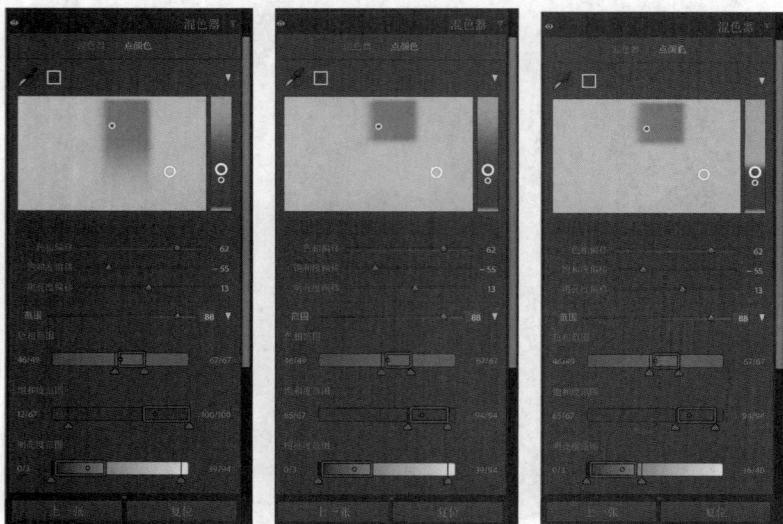

图 7-47

在面板中间的颜色区域中可以清晰地看到当前正在调整的颜色，但是笔者建议勾选【可视化范围】复选框，以直接在预览画面中观察待更改的颜色以及更改后的效果，如图 7-48 所示。配图中或许不太容易看清当前正在修改什么颜色。为此，笔者特意把颜色调得很夸张，以尽可能地帮助大家清晰地观察到调整的颜色。使用【点颜色】选出需要调整的颜色后，调整工作就变得非常简单、快捷了。

图 7-48

3. 再添加一种颜色

❶ 在【点颜色】面板中选择吸管工具，在预览画面中单击画面中间的橙色树木。为了跟学后面的内容，请尽量选择图 7-49 中放大镜中的颜色。

图 7-49

❷ 此时，吸管图标右侧出现第二个色块，使用下方的各个滑块，可轻松调整所选颜色的色相、饱和度、明亮度。这里，笔者把【色相偏移】调整为 -80，如图 7-50 所示。单击位置不同，想法不司，调整的数值是不一样的，请多做一些尝试，直至得到你满意的效果。

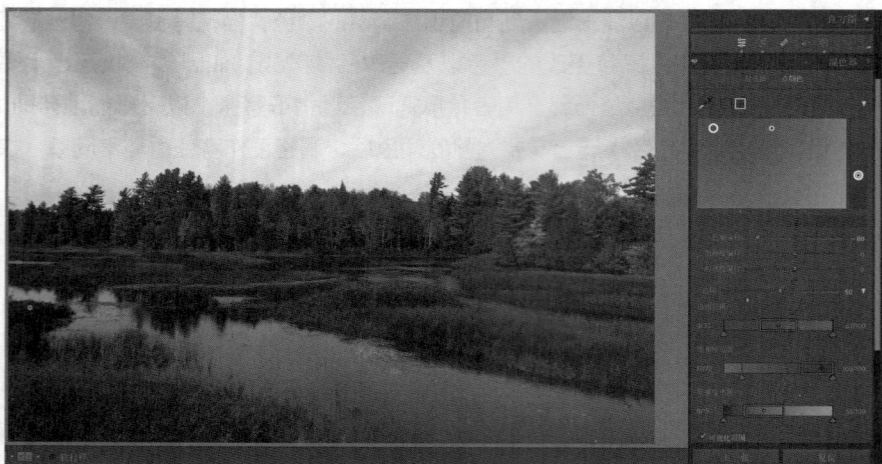

图 7-50

4. 点颜色与蒙版

Lightroom Classic 不仅支持修改画面整体颜色，还支持调整画面中的特定颜色，这种精细化的调整能力使其在同类软件中遥遥领先。实际工作中，把【点颜色】功能与蒙版巧妙结合，能够进一步提升对图像的精细调整能力，从而获得更精确和出色的调整结果。

❶ 单击【蒙版】工具，在【蒙版】面板中单击【创建新蒙版】按钮，在弹出的菜单中选择【线性渐变】，从画面中间偏下的地方向上拖动鼠标至河流边缘（树木根部），添加线性渐变，如图 7-51 所示。

图 7-51

❷ 在蒙版选项面板中同样有【点颜色】选项。选择吸管工具，单击河边的褐色水草。向右拖动【色相偏移】滑块，将水草改成绿色，如图 7-52 所示。这里，笔者将【色相偏移】设置为 67。大家根据实际情况设置合适的数值即可。

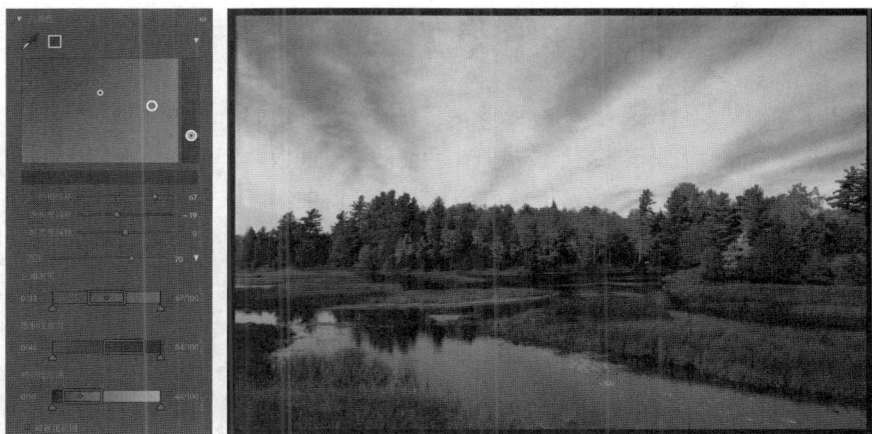

图 7-52

❸ 在【色调】选项组中将【对比度】设置为 41，为水草添加一些纹理，如图 7-53 所示。如此设置后，水草边缘变暗，照片画面更加完美、吸引人。

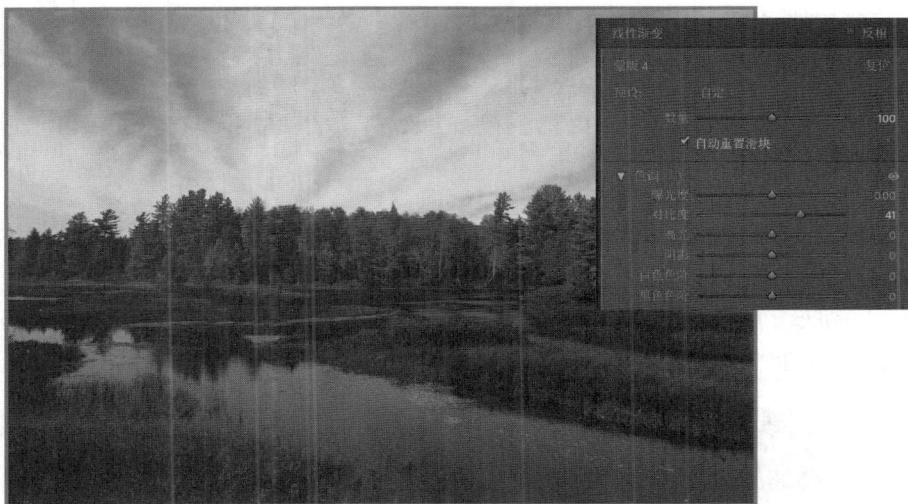

图 7-53

❹ 按 Y 键，进入【比较视图】，对比修改前后的画面，如图 7-54 所示，了解画面的最终调整效果。

图 7-54

7.6 使用【色调曲线】面板

使用【基本】面板对照片做基础调整后，若希望进一步提升画面对比度，【色调曲线】面板将是不二之选。展开【色调曲线】面板，里面有一条色调曲线和一些滑块，这些滑块可用来调整色调曲线，如图 7-55 所示。若【色调曲线】面板中未显示出各种滑块，单击【目标调整】工具右侧的【参数曲线】按钮可将它们显示出来。

色调曲线表示的是整张照片色调等级的变化情况。水平轴代表原始色调（输入），左侧全黑，越往右越亮。水平轴下方的滑块用于调整照片画面中的不同色调区域（阴影、暗色调、亮色调、高光）。

垂直轴代表的是改变后的色调（输出），底部全黑，越往上越白。

向上移动曲线上的点，色调会变亮；向下移动曲线上的点，色调会变暗。倾斜角为 45° 的直线代表色调级别没有变化。

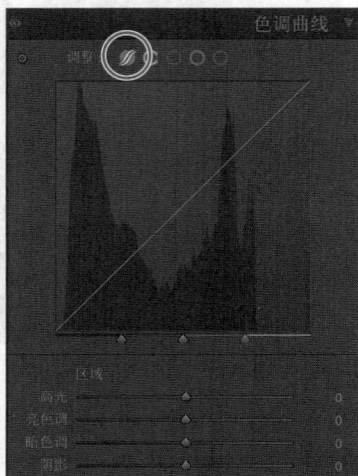

图 7-55

> 💡 提示　在参数曲线（该曲线的推拉幅度有限制）和点曲线（可随意调整）之间切换时，请使用【目标调整】工具右侧的调整按钮，从左到右依次是参数曲线按钮、点曲线按钮、红色通道按钮、绿色通道按钮、蓝色通道按钮。

虽然可以通过拖动滑块轻松调整照片中的各个色调区域，但是使用【目标调整】工具（与【混色器】面板中的【目标调整】工具一样）调整照片色调会更直观。

❶ 在【色调曲线】面板中单击【目标调整】工具，把鼠标指针移动到画面上。当在画面的某个区域中移动鼠标指针时，色调曲线上的相应区域会高亮显示，如图 7-56 所示。

图 7-56

❷ 在画面的某个区域中按住鼠标左键向下拖动，压暗该区域；向上拖动，提亮该区域。拖动时，请注意观察色调曲线的变化，如图 7-57 所示。

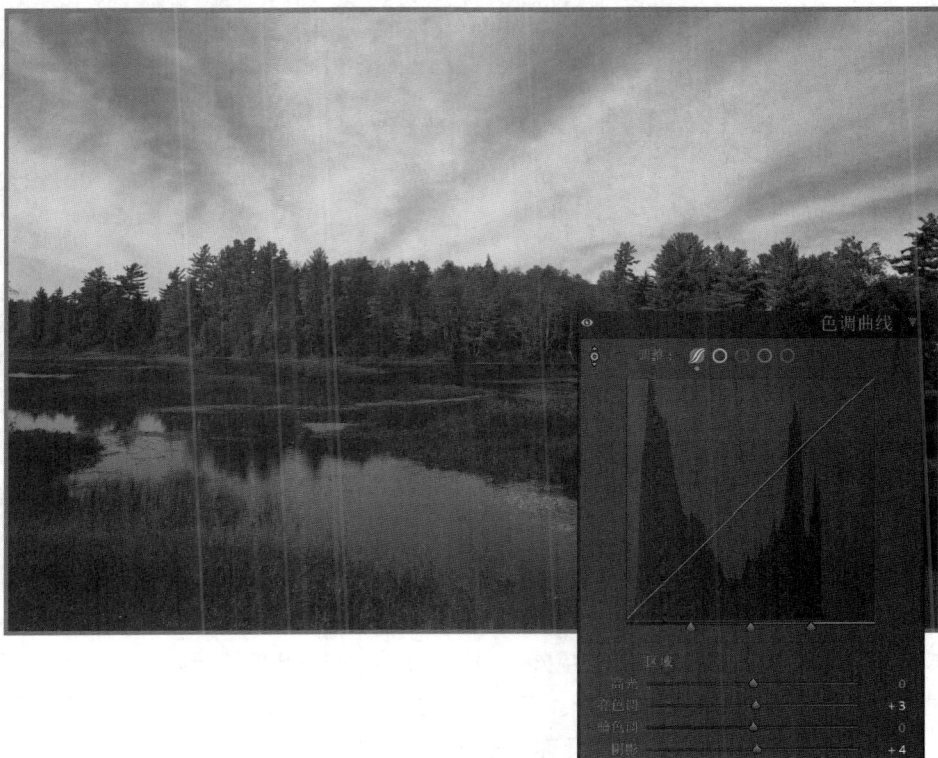

图 7-57

大家可以使用【色调曲线】面板对照片色调做许多创意性的调整与尝试，同时一定要学会使用【目标调整】工具为照片提高对比度和添加细节。

7.7 创建黑白照片

谈及黑白照片，著名环境人像摄影师格雷戈里·海斯勒曾深刻指出：唯有在黑白照片中，才能展现那些彩色照片无法表现，隐藏于光影之中的结构之美。欣赏黑白照片时，由于照片画面中缺少彩色，我们的注意力自然会集中到照片的构图、画面结构和被摄体的姿态上。

7.7.1 创建虚拟副本

创建虚拟副本，用于尝试不同调色效果和黑白效果。使用虚拟副本不会占用过多硬盘空间。

❶ 在照片 lesson07 - 006 仍处于选中的状态下，在【收藏夹】面板中单击加号图标（+），在弹出的菜单中选择【创建收藏夹】。在【创建收藏夹】对话框中输入名称"Color Adjustments"，在【位置】选项组中勾选【在收藏夹集内部】复选框，选择【Lesson 07 Practice】收藏夹集，在【选项】选项组中勾选【包括选定的照片】复选框，单击【创建】按钮，如图 7-58 所示。

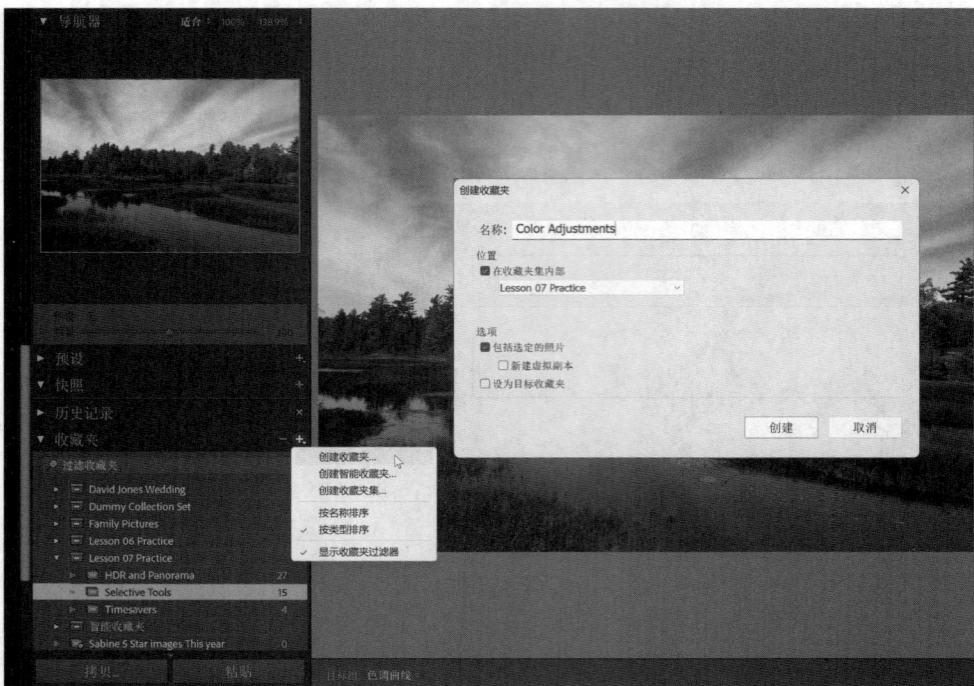

图 7-58

❷ 按 G 键，返回【网格视图】。使用鼠标右键单击照片，在弹出的快捷菜单中选择【创建虚拟副本】，创建一个虚拟副本，如图 7-59 所示。用相同方法再创建一个虚拟副本。此时，在【网格视图】和胶片显示窗格中均显示出 3 张照片。接下来，把第 2 张照片转换成黑白照片。

图 7-59

7.7.2　把彩色照片转换成黑白照片

❶ 在 Color Adjustments 收藏夹中单击第 2 张照片，然后按 D 键，进入【修改照片】模块。

❷ 在【基本】面板的右上角单击【黑白】按钮，如图 7-60 所示。此时，Lightroom Classic 把彩色照片转换成黑白照片，【混色器】面板变成【黑白】面板。

图 7-60

❸ 展开【黑白】面板，里面一系列的滑块代表照片中的不同颜色。把某个颜色滑块往右拖，画面中该颜色所在的区域会变亮；往左拖，该颜色所在的区域会变暗。这里向左拖动【绿色】滑块，如图 7-61 所示。

图 7-61

❹ 当前面临的最大问题是：照片是黑白的，但【黑白】面板中有代表各种颜色的滑块，应该调整哪些滑块？单击面板左上角的【目标调整】工具，把鼠标指针移动到希望调整的区域上，按住鼠标左键向上拖动，可提亮鼠标指针所指位置的颜色；向下拖动，可压暗颜色，如图 7-62 所示。

图 7-62

7.7.3　颜色分级

几年前，Lightroom Classic 用【颜色分级】面板取代了【分离色调】面板，允许用户使用色轮来控制照片中的阴影、高光、中间调，这正是大多数用户一直期待的。

每种色调（中间色调、阴影、高光）都有一个专属色轮，如图 7-63 所示。拖动色轮的中心点或者色轮外的圆点，可改变整体色相；向内或向外拖动中心点，可改变颜色饱和度；拖动色轮下方的滑块，可改变颜色亮度。

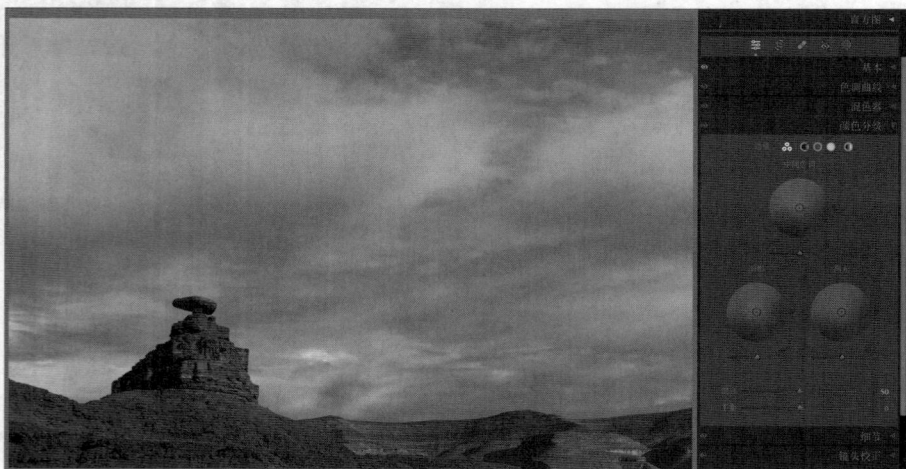

图 7-63

❶ 在 Selective Tools 收藏夹中选择照片 lesson07 - 014，展开【颜色分级】面板。在面板顶部单击【调整】右侧的黑点，切换为【阴影】色轮，然后向左下稍微拖动中心点，使【色相】为 215、【饱和度】为 62，如图 7-64 所示。

图 7-64

❷ 单击灰色圆点，切换为【中间色调】色轮，向左拖动中心点，使【色相】为 167、【饱和度】为 14。【混合】滑块用来控制各个色调范围相互混合的程度。这里把【混合】设置为 50，如图 7-65 所示。

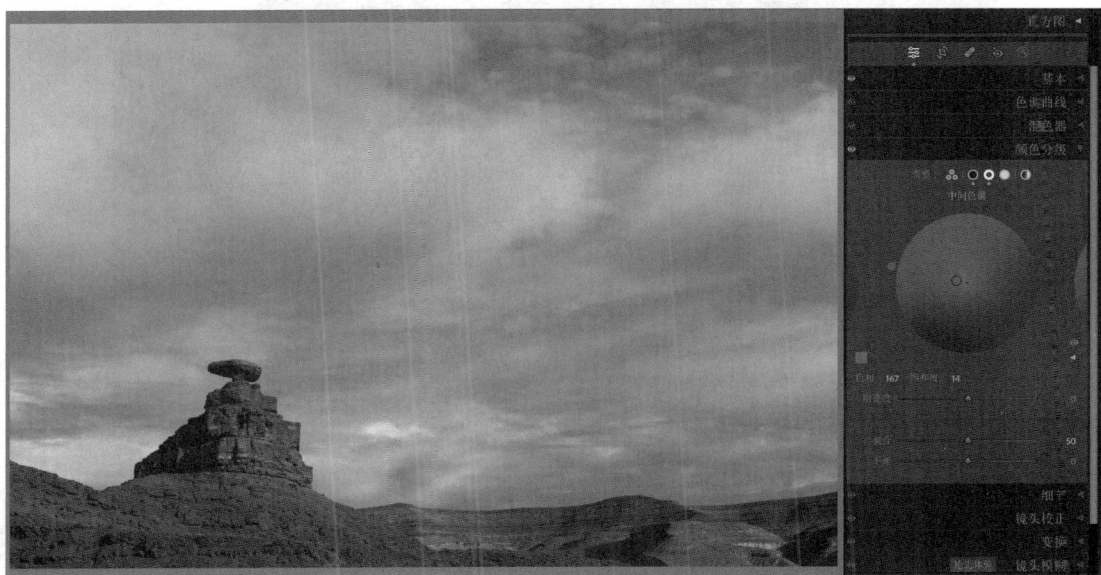

图 7-65

❸ 单击白点，切换为【高光】色轮，向右下拖动中心点，使【色相】为 310、【饱和度】为 36，如图 7-66 所示。建议使用这些色轮多做一些尝试，以获得最满意的调整效果。

图 7-66

7.7.4 使用【效果】面板

在 Lightroom Classic 中，可以使用【效果】面板向照片中添加颗粒或者暗角效果。当希望把观众的视线引导至照片的中心区域时，可以使用【裁剪后暗角】功能。但是，使用【裁剪后暗角】功能时要格外小心，以免照片落入俗套。

选择照片 lesson07 - 001，展开【效果】面板。下面先从面板顶部的【裁剪后暗角】功能讲起，如图 7-67 所示。

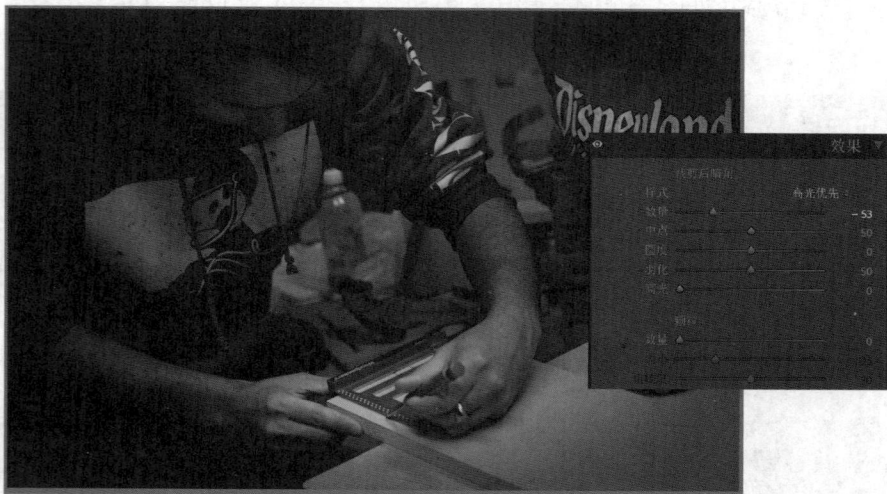

图 7-67

使用某些镜头拍摄时，镜头本身的缺陷可能会导致照片边角很暗，【裁剪后暗角】功能模拟的就是这种效果。慢慢地，人们开始喜欢使用这种效果，在照片中应用这种效果能够有效地把观者的注意力吸引到照片的中心区域。

早期的 Lightroom Classic 中有一个【暗角】滑块，它本来是用来消除暗角的，而非用来在照片中添加暗角。不过，摄影师们经常使用它来给照片添加暗角，但问题是裁剪照片后所添加的暗角会消失。

后来，Lightroom Classic 把【暗角】滑块放入【镜头校正】面板中，并在【效果】面板中新增【裁剪后暗角】功能（裁剪照片之后暗角大小不变，且中心位于画面中心处）。【裁剪后暗角】的【样式】下拉列表中有如下 3 个选项。

- 高光优先：选择该选项可以恢复照片中一些丢失的高光细节，如图 7-68 所示，佲会导致照片暗部区域的颜色发生变化。该选项适用于包含高亮区域的照片，如有反射高光。

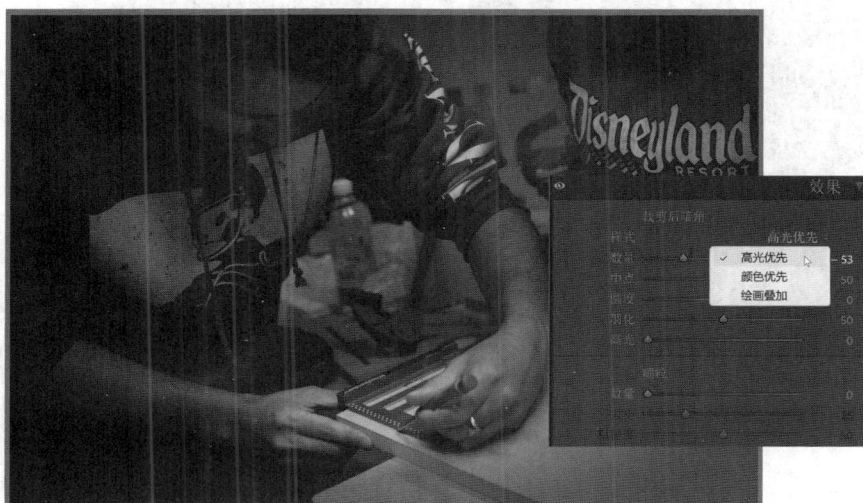

图 7-68

- 颜色优先：选择该选项可以最大限度地减少照片暗部的颜色变化，但不能恢复高光细节。
- 绘画叠加：该选项把裁剪后的图像值与黑色或白色像素混合，可能会导致照片画面平淡。

【裁剪后暗角】下有如下 5 个滑块可调整。

- 数量：向左拖动【数量】滑块，可压暗照片边缘，如图 7-69 所示；向右拖动【数量】滑块，可提亮照片边缘。

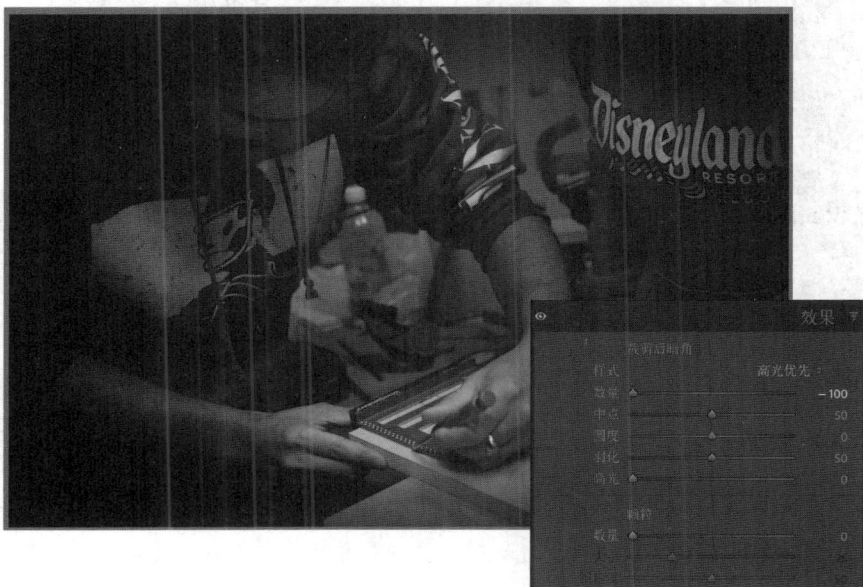

图 7-69

- 中点：用于调整暗角与中心点之间的距离。值越小，暗角离中心点越近；值越大，暗角离边角越近，如图 7-70 所示。

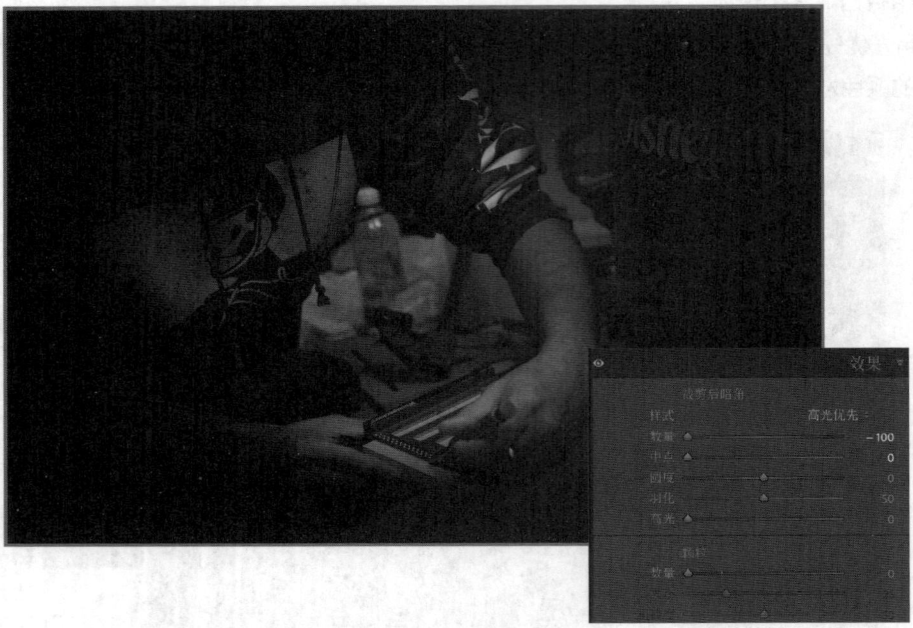

图 7-70

- 圆度：用于调整暗角形状。越向左拖动，画面形状越接近圆角矩形；逐渐向右拖动，画面形状逐渐变成椭圆形、圆形，如图 7-71 所示。

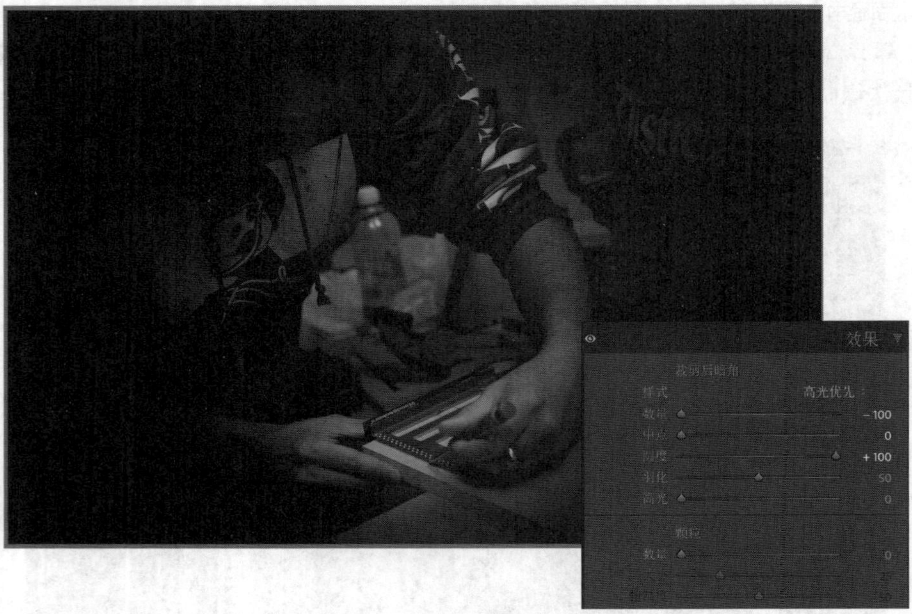

图 7-71

- 羽化：用于调整暗角内边缘的柔和程度。越向右拖动，暗角内边缘越柔和；越向左拖动，暗角内边缘越生硬，如图 7-72 所示。

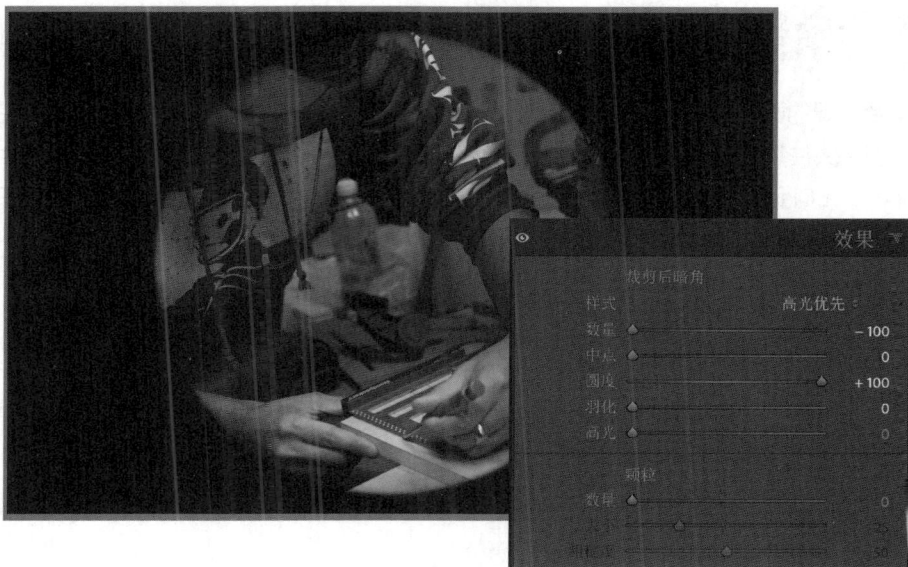

图 7-72

- 高光：只有在【样式】下拉列表中选择【高光优先】或【颜色优先】时，该滑块才可用，它用于控制保留高光的对比强弱。

【颗粒】更简单一些。在【颗粒】选项组中，你可以控制添加到照片中的颗粒数量、大小和粗糙度，如图 7-73 所示。在照片中添加颗粒，能够增强画面的真实感、质感，尤其是在处理黑白照片时，在画面中添加颗粒能够增强画面的感染力、冲击力。

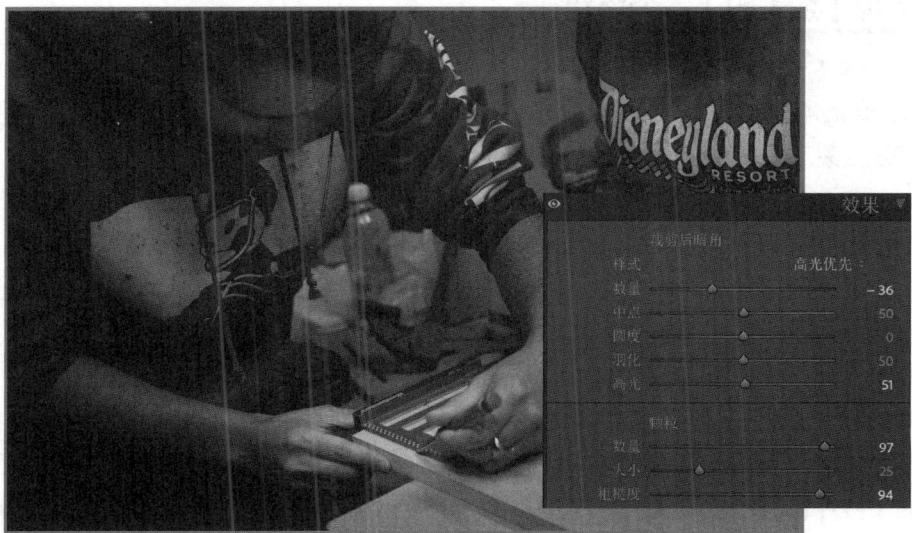

图 7-73

笔者不太喜欢使用【裁剪后暗角】这个功能。相比之下，笔者更喜欢使用蒙版工具中的【画笔】工具和【径向渐变】工具，它们用起来很自由，能够实现更精细的控制。双击滑块，可重置滑块；双击【裁剪后暗角】，可重置所有滑块。如果你认为在照片中添加这些效果有助于增强画面表现力，那你大胆地使用它们就好了。

7.8 全景接片

全景照片呈现的画面往往比较恢宏、壮阔，能给人以沉浸之感。过去拍摄全景照片要使用特制镜头，这些特制镜头往往拥有非常开阔的视野，能够帮助我们拍下镜头前恢宏的场景。但是，现在我们可以在 Lightroom Classic 中轻松地把若干张使用普通镜头拍摄的照片合成为全景照片。你只需要拍摄一系列照片，Lightroom Classic 会自动完成全景接片工作。

💡 **提示** 在为全景接片而拍摄一系列照片时，要保证前后两张照片之间有 30% 左右的重叠量。拍摄前，请手动设置对焦点和曝光值，以防止拍摄照片时这些参数发生变化。另外，拍摄时最好使用三脚架。

全景接片过程中，Lightroom Classic 做了如下几件事情。首先，Lightroom Classic 中有一个【边界变形】滑块，用来变换合并结果的形状，以填充矩形图像边界，从而保留更多图像内容。以前我们必须使用 Photoshop 中的【内容识别填充】功能来防止裁剪发生，但是现在在 Lightroom Classic 中则能轻松避免了。

其次，Lightroom Classic 生成的合并结果是 RAW 文件（DNG 格式），这种文件提供了很大的后期空间，可以在【修改照片】模块中使用各种工具自由地调整它。再次，全景接片时，Lightroom Classic 支持"无显模式"。

在 Lightroom Classic 中，还可以使用【HDR 全景图】命令，把创建 HDR 图像与合成全景图两个步骤融合在一起。

最后，Lightroom Classic 允许填充照片边缘，在保证照片不变形的前提下，能够得到完整的照片。

7.8.1 使用【全景图】命令接片

本小节使用【全景图】命令把 3 张照片拼接在一起。拼接全景照片时，照片的顺序无关紧要，Lightroom Classic 会自动分析照片，并确定如何正确地把它们拼接在一起。在全景照片拼接好之后，你就可以使用相关工具来调整照片的颜色与色调了。

❶ 按 G 键，进入【网格视图】。在 HDR and Panorama 收藏夹中按住 Command 键 /Ctrl 键，单击 lesson07 - 020、lesson07 - 025、lesson07 - 030 这 3 张照片，将它们同时选中。

❷ 在选中的任意照片上单击鼠标右键，在弹出的快捷菜单中依次选择【照片合并】>【全景图】（快捷键为 Control+M/Ctrl+M），如图 7-74 所示，Lightroom Classic 使用内嵌的 JPEG 照片生成全景预览图，且速度极快。只要前期照片拍得没问题，合成过程就会非常顺利。若照片拍得有问题，不仅会增加分析照片的时间，而且还有可能产生意想不到的结果。

❸ 在【全景合并预览】对话框中，Lightroom Classic 提供了 3 种投影模式，分别是【球面】【圆柱】【透视】。全景接片时，这些投影模式都值得一试。如果全景照片非常宽，建议使用【圆柱】投影模式。在合成 360° 全景照片或者多排全景照片时，建议选择【球面】投影模式。若照片中包含大量线条（如建筑物照片），合成全景照片时，建议选择【透视】投影模式。

本示例中，选择【球面】投影模式比较好，如图 7-75 所示。但是照片周围会出现许多白色区域，这些区域要么裁掉，要么填充上。

图 7-74

图 7-75

❹ 向右拖动【边界变形】滑块，直到照片周围的白色区域完全消失。这个滑块在矫正照片方面做得很棒，有了它，我们就不必手动裁剪或填充画面边缘的白色区域了。这里把这个滑块的值重置为0。如果你想裁掉照片周围的空白区域，请勾选【自动裁剪】复选框。

❺ 取消勾选【自动裁剪】复选框，勾选【填充边缘】复选框，Lightroom Classic 会自动填充照片周围的白色区域，而且填充得非常自然、真实，如图 7-76 所示。设置完成后，单击【合并】按钮，关闭【全景合并预览】对话框。Lightrocm Classic 把 3 张照片拼接在一起，最终生成一张无缝融合的全景照片。若在【全景合并预览】对话框中勾选了【自动设置】复选框，Lightroom Classic 会尝试自动修改照片。在胶片显示窗格中选择合并后的全景照片（照片名称中包含"-Pano"字样），查看接片效果。

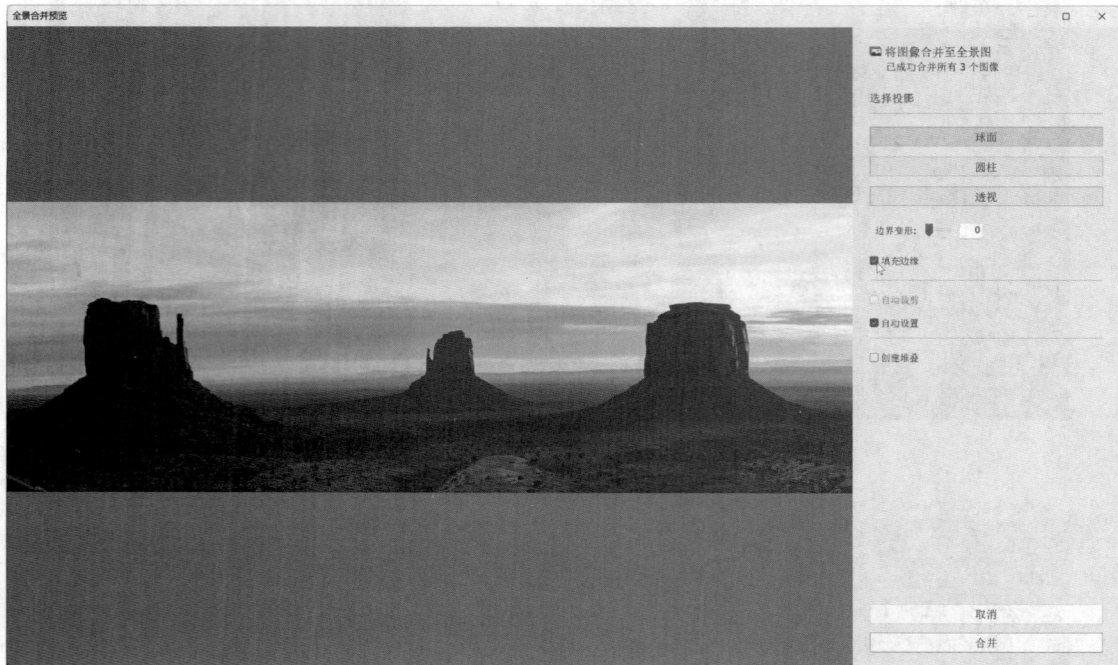

图 7-76

❻ 在【修改照片】模块下使用面板和前面介绍的修片技术调整照片的色调与颜色。合并后的全景照片是 DNG 格式的，它也是 RAW 文件，能够留出足够的后期空间，如图 7-77 所示。

图 7-77

7.8.2 合成全景图时使用"无显模式"

合并全景图往往需要花费一些时间，如果使用"无显模式"，在全景图合并期间你可以继续在 Lightroom Classic 中做一些其他处理工作，而不必一直等到合并完成。具体做法是：按住 Shift 键，使用鼠标右键单击所选照片，然后在弹出的快捷菜单中选择【照片合并】>【全景图】。此时，Lightroom Classic 不会打开【全景合并预览】对话框，而是直接在后台合成全景图。

7.9 制作 HDR 照片

在使用相机拍摄的照片中，没有哪张照片在暗调、中间调、亮调都是完美的。在照片的直方图中，经常会看到某一端的信息要比另一端的信息多，也就是说，照片要么高光区域曝光良好，要么暗部区域曝光良好，而不是两个区域曝光都好。这是因为数码相机的动态范围是有限的，这使得相机在一次拍摄中只能收集特定数量的数据。如果拍摄场景中既有高光区域，也有暗部区域，那么拍摄时你必须决定要让哪个区域曝光准确。也就是说，你不可能在一张照片中让高光区域和暗部区域的曝光都准确，正所谓"鱼和熊掌不可兼得也"。

> 💡 提示　术语"色调映射"（tone mapping）是指获取并改变照片中的现有色调，扩大其动态范围。

为了得到高光区域和暗部区域曝光都准确、细节都丰富的照片，请从下面两种方法中任选一种使用。

• 拍摄照片时，使用 RAW 格式拍摄，然后在 Lightroom Classic 中进行色调映射。拍摄时，只要保证照片高光区域保留了丰富的细节（检查相机的直方图），就可以在 Lightroom Classic 中使用【基本】面板把高光细节"抢救"回来。

• 在同一个场景中选用不同的曝光值（Exposure Value，EV）拍摄多张照片，然后在 Lightroom Classic 中合成 HDR 照片。拍摄照片时，可以手动设置不同的 EV，为同一个场景拍摄 3 到 4 张照片；也可以使用相机的包围曝光功能让相机自动拍摄多张照片。

通过包围曝光功能，我们可以设置相机拍摄几张照片（至少拍 3 张，但多多益善），以及照片之间的 EV 相差多少（建议设置成 1EV 或 2EV）。例如，拍摄 3 张照片，一张照片正常曝光，一张照片过曝一挡或二挡，一张照片欠曝一挡或二挡。

最近几个版本中，Lightroom Classic 创建 HDR 照片的能力有了很大的提升。虽说 Lightroom Classic 和 Photoshop 都能合成 HDR 照片，但相比之下，使用 Lightroom Classic 合成 HDR 照片会更容易，因为在 Lightroom Classic 中我们可以快速切换到【基本】面板对合并结果进行色调映射。

下面我们学习如何在 Lightroom Classic 中合成 HDR 照片，以及处理多组照片时如何加快整个流程。在 Lightroom Classic 中合成 HDR 照片非常简单，见识之后你一定会大吃一惊。

7.9.1 合成 HDR 照片

下面选择 5 张有不同曝光度的照片（拍摄的是同一个地垛），把它们合成为 HDR 照片，然后对合成后的 HDR 照片进行调整。

❶ 单击照片 lesson07 - 031，按住 Shift 键，单击照片 lesson07 - 035，同时选中 5 张照片。

❷ 使用鼠标右键单击选中的任意照片，在弹出的快捷菜单中选择【照片合并】>【HDR】（快捷键为 Control+H/Ctrl+H），如图 7-78 所示。

与合成全景图一样，Lightroom Classic 生成 HDR 预览图的速度也是很快的。笔者曾经在 Lightroom Classic 中合成过尺寸非常大的 HDR 照片，其生成预览图的速度确实非常快。

【HDR 合并预览】对话框中有多个选项可以帮助我们控制合成过程，如图 7-79 所示。

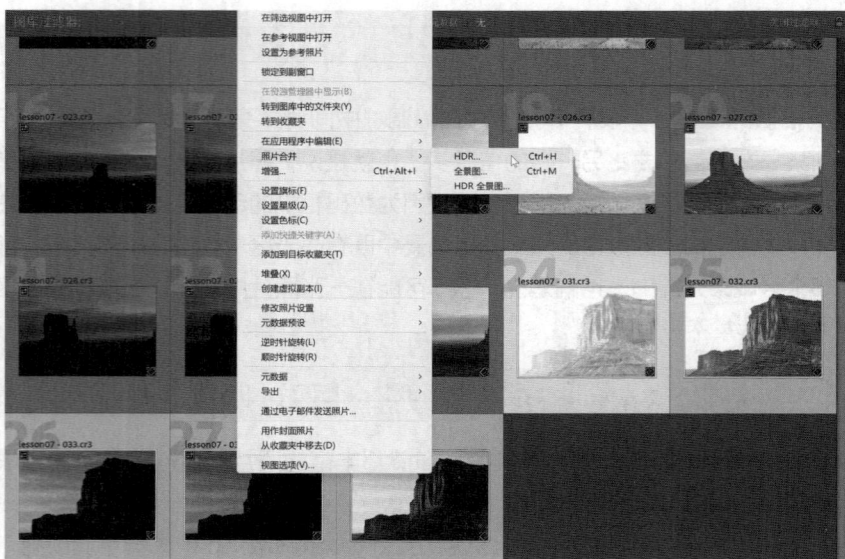

图 7-78

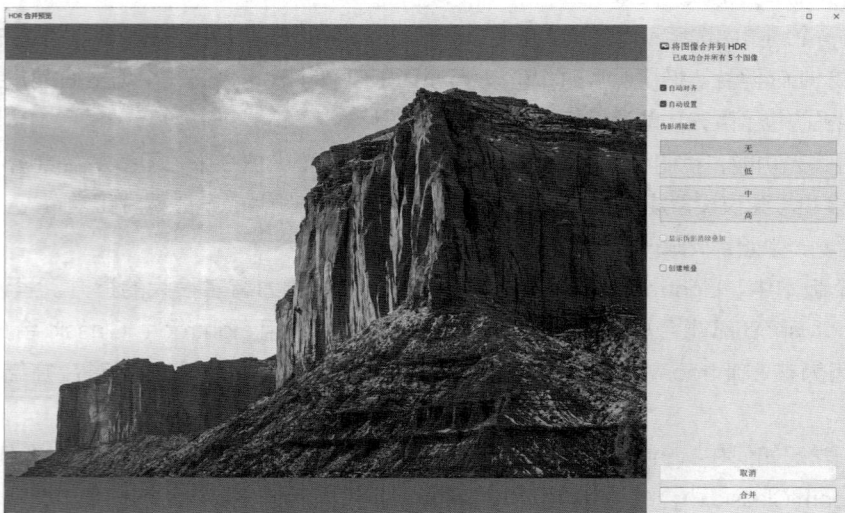

图 7-79

- 自动对齐：拍摄照片时，相机三脚架可能会发生轻微移动，导致最终得到的多张照片之间像素发生位移。勾选【自动对齐】复选框后，Lightroom Classic 会尝试对齐各张照片，纠正像素位移。

- 自动设置：勾选该复选框后，Lightroom Classic 会把【修改照片】模块下【基本】面板中的设置应用到合成后的照片上，通常都能得到不错的结果。建议勾选该复选框，如果觉得不合适，你还可以在合成完成后继续修改。

> 💡 提示　HDR 照片经过色调映射处理之后，有可能是真实风格的，也有可能是超现实风格的。真实风格的照片中保留着大量细节，画面看上去也很自然。超现实风格的照片更多强调画面的局部对比度和细节，要么饱和度很高，要么饱和度很低（脏调风格）。调成什么样的风格没有对错之分，全是个人的主观想法。

- 伪影消除量：消除画面中出现的伪影。拍摄照片时，有时会遇到刮强风、树枝晃动，或画面中有人经过的情况。此时，你可以在【伪影消除量】中选择消除运动的强度。请根据具体情况，选择是否开启该选项。

- 在【伪影消除量】中选择消除强度之后，可以勾选【显示伪影消除叠加】复选框，显示应用伪影消除校正的位置。

- 创建堆叠：勾选该复选框后，Lightroom Classic 将把生成的 HDR 照片与原始照片堆叠起来。有关照片堆叠的内容不在本书讨论的范围之内，这里请不要勾选该复选框。

单击【合并】按钮后，Lightroom Classic 开始在后台合成 HDR 照片，这期间你可以在 Lightroom Classic 中处理其他照片。而在老版本 Lightroom Classic 中，合成 HDR 照片期间是不能处理其他照片的，必须等到 HDR 照片合成完毕之后才可以。现在，你可以返回 Lightroom Classic，一边处理其他照片，一边等待 HDR 照片合并完成。

在 Lightroom Classic 中，合成之后的 HDR 照片仍然是 RAW 格式（DNG 格式）。相比于已转换成像素数据的照片，RAW 格式的照片后期空间更大，可以随意调整其色温、色调，以及做其他各种调整。在【修改照片】模块下，把【曝光度】滑块从一端拖动到另一端，可以在生成的图像中看到有多少色调可用。

当 HDR 照片合成结束后，你就可以在原始照片旁边找到合成好的 HDR 照片了。在胶片显示窗格中单击合成好的 HDR 照片（照片名称中包含"-HDR"字样），按 D 键进入【修改照片】模块。展开【基本】面板，可以看到 Lightroom Classic 自动应用到 HDR 照片上的设置，你可以根据实际需要再次调整这些设置。这里只在【基本】面板中调整色调相关设置，如图 7-80 所示。最后，按数字键 6，把照片标签设置为红色。

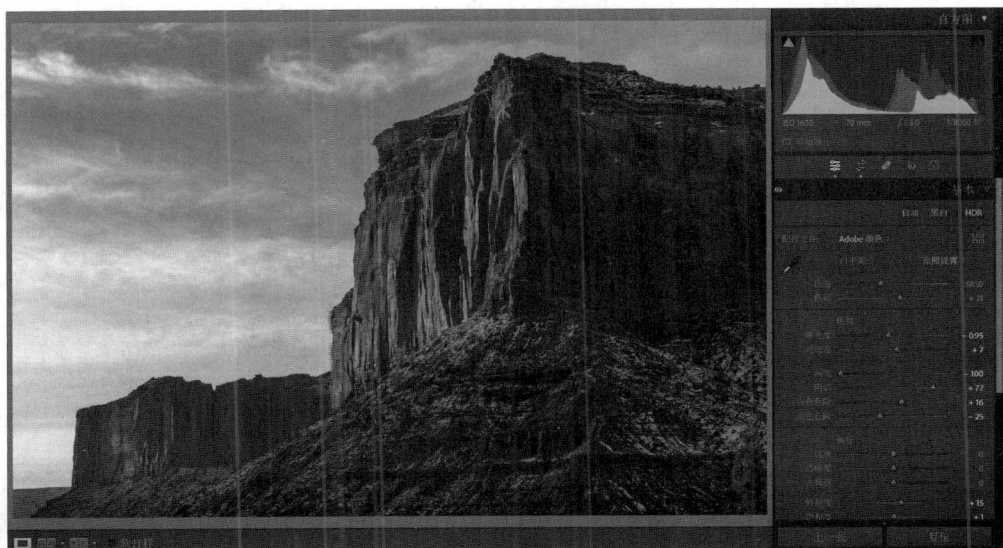

图 7-80

7.9.2 合成 HDR 照片时使用"无显模式"

在 Lightroom Classic 中合成 HDR 照片时也可以使用"无显模式"。合成 HDR 照片时，有时我们并不希望 Lightroom Classic 弹出【HDR 合并预览】对话框，因为我们不想进行任何设置，只想让

Lightroom Classic 马上开始合成。此时可以按住 Shift 键，使用鼠标右键单击选中的任意照片，在弹出的快捷菜单中选择【照片合并】>【HDR】，Lightroom Classic 就不会弹出【HDR 合并预览】对话框，它会马上开始合成 HDR 照片。

7.10　合成 HDR 全景图

　　近几年，Lightroom Classic 已经支持用户使用一系列 HDR 图像合成全景图。以前，在 Lightroom Classic 中合成 HDR 全景图需要两步：首先把多张不同曝光的照片合成单张 HDR 图像，然后把得到的多张 HDR 图像合成全景图。而现在，只需执行一个命令就能同时完成这两步，而且合并后的图像是 DNG 格式，它保留了大量细节，后期调整空间很大。

　　示例照片是在西南戈壁沙漠拍摄的，拍摄时使用了包围曝光技术，每个拍摄视角曝光 5 次（曝光范围从 −2EV 到 2EV），这里选择其中 3 组照片作为示例照片。笔者打算在 Lightroom Classic 中把这些照片合成为 HDR 全景图，在这张全景图中把捕捉到的所有色调都表现出来。接下来，一起学习一下如何在 Lightroom Classic 中合成 HDR 全景图。

　　❶ 在【图库】模块下单击照片 lesson07 - 016，按住 Shift 键，单击照片 lesson07 - 030，然后按住 Command 键 /Ctrl 键，单击前面合成的全景照片，将其从选集中移除。此时选定的照片总共有 15 张。

　　❷ 使用鼠标右键单击选中的任意照片，在弹出的快捷菜单中选择【照片合并】>【HDR 全景图】，如图 7-81 所示。执行该命令时，Lightroom Classic 先把 15 张照片合并成 HDR 照片，再合成全景图。你或许会觉得这个过程要花不少时间，但其实比你想的要快得多。

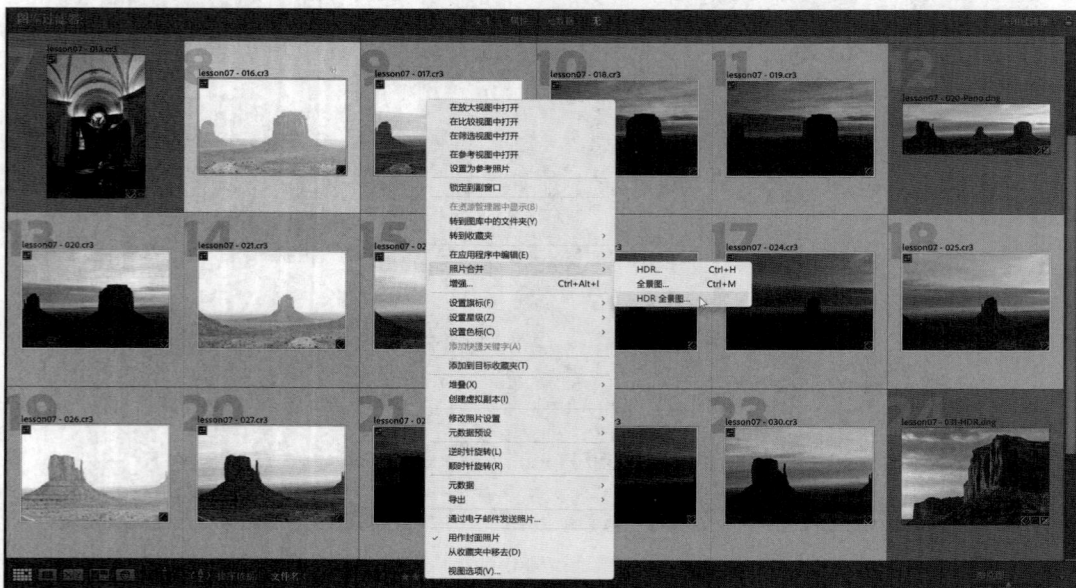

图 7-81

　　合成后的 HDR 全景图的四周有白色区域。【HDR 全景合并预览】对话框中有 3 种投影模式，这里选择【球面】投影模式效果最好，如图 7-82 所示。

图 7-82

❸ 勾选【自动裁剪】复选框，Lightroom Classic 会裁剪掉大部分前景。但在这里，使用【边界变形】滑块或【填充边缘】效果会更好。取消勾选【自动裁剪】复选框，勾选【填充边缘】复选框，如图 7-83 所示。Lightroom Classic 在填充边缘的同时会纠正照片中的透视关系。

图 7-83

❹ 单击【合并】按钮，Lightroom Classic 开始合成 HDR 全景图。合并完成后，会得到 DNG 格式的照片，可以在【修改照片】模块中进一步修改它，使其色调更丰富，如图 7-84 所示。

图 7-84

新增功能：启用 HDR 输出

现在的相机不仅能捕捉到令人叹为观止的丰富色彩，还能精准记录宽广的影调变化（即 HDR），为摄影创作提供了无限可能。不过，令人遗憾的是，计算机显示器的色彩再现能力有限，无法全面呈现相机捕获的丰富色彩信息，导致我们看不到某些色彩细节。随着技术不断进步，显示器的色彩再现能力显著提升，越来越多的显示器开始支持 HDR，几乎能够完整地展现照片的所有色彩信息，为照片后期编辑工作带来前所未有的便利。使用支持 HDR 色彩的显示器时，Lightroom Classic 能够淋漓尽致地展现更加宽广且细腻的色彩，极大简化了 HDR 照片的编辑与分享流程，让操作变得轻松又高效。

前面学习了如何在 Lightroom Classic 中将一系列不同曝光的照片合并成 HDR 图与 HDR 全景图。合并后的照片虽然拥有更宽广的色调范围，但在仅支持标准动态范围（Standard Dynamic Range，SDR）的显示器上，有些色调会被扔掉，具体扔掉了多少无从知晓。在这种情况下，只能调整超出显示器 SDR 的色调（这些色调仍在 HDR 范围内），使其回到显示器能够完整展现的 SDR 内。

❶ 在 HDR and Panorama 收藏夹中选择照片 lesson07 - 031-HDR，进入【修改照片】模块。在

图 7-85

【基本】面板顶部有新增的 HDR 按钮（位于【自动】【黑白】按钮右侧）。单击【HDR】按钮，如图 7-85 所示。

此时，【直方图】面板中的直方图分成了左右两部分，如图 7-86 所示。左半部分是当前显示器能够显示的色调范围，底部标有 SDR 字样。右半部分是当前显示器无法展现的色调范围，底部标有 HDR 字样。HDR 区域中的直方图描绘了当前显示器无

法展现的颜色和色调的分布情况。

❷ 如果你使用的显示器支持 HDR，在 Windows 系统下，依次选择【设置】>【系统】>【屏幕】，打开【使用 HDR】开关，即可开启 HDR 功能，如图 7-87 所示。笔者使用的是 BenQ SW321C 显示器，在 macOS 中有一个 HDR 开启按钮，打开该按钮，即可开启 HDR。

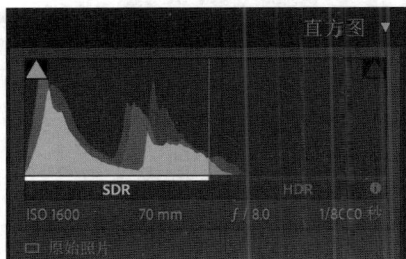

图 7-86

图 7-87

❸ 打开 HDR 后，直方图中的 HDR 区域将不再是红色，而是完整显示照片 HDR 空间中的直方图信息，如图 7-88 所示。

图 7-88

❹ 在【基本】面板的【色调】选项组底部有【可视化 HDR】复选框，勾选该复选框，画面中会出现一些叠加颜色，指示 HDR 区域位于画面的哪些部分，如图 7-89 所示。借助叠加颜色，可以轻松识别出画面中亮度超出 SDR 显示器表现范围的区域，并快速做一些编辑操作。

❺ 在【基本】面板的【SDR 呈现设置】选项组中勾选【SDR 显示器预览】复选框，可以模拟 HDR 照片在标准显示器上的显示效果，如图 7-90 所示。当照片的色调范围是 SDR 时，可以对照片进行编辑。

❻ 修改完照片后，在【导出一个文件】窗口的【文件设置】选项组中勾选【HDR 输出】复选框，即可导出照片的 HDR 版本。Lightroom Classic 在【图像格式】下拉列表中添加了 JPEG XL、AVIF 两种图像格式，用于支持 HDR 输出，如图 7-91 所示。

图 7-89

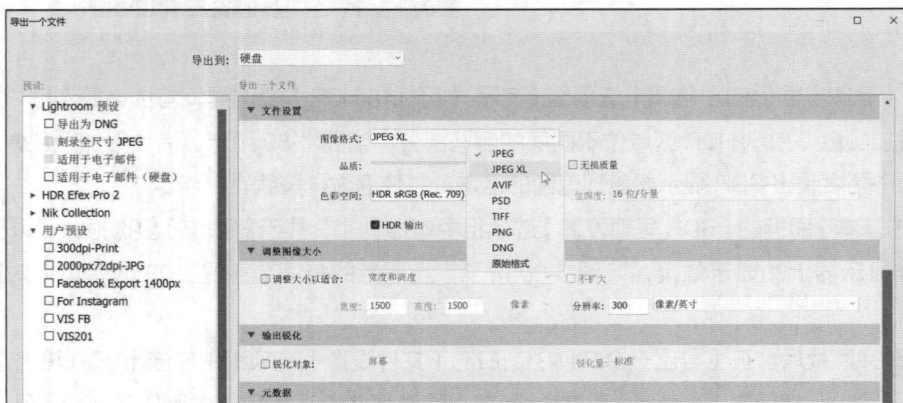

图 7-90

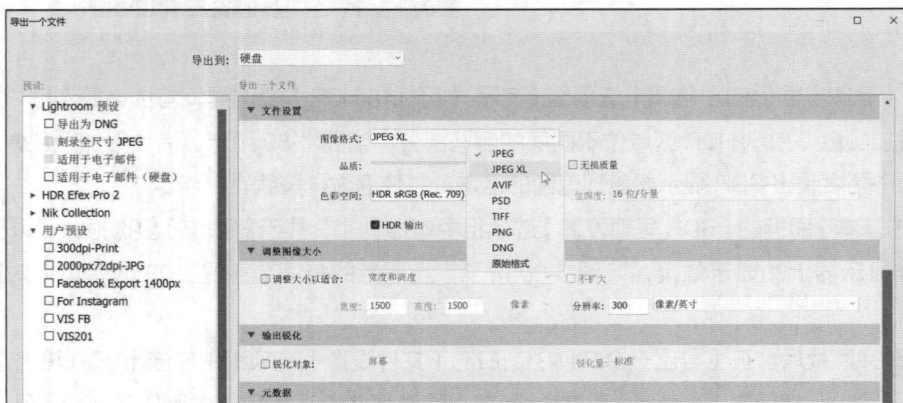

图 7-91

笔者深深沉醉于在 HDR 显示器上观赏照片的丰富细节，不过 HDR 显示器普及还需要一些时间，普通用户需要等一等才能亲身体验到 HDR 显示器所带来的视觉盛宴。一旦你开始使用 HDR 显示器，你就会真切感受到它与普通显示器的巨大差异，无论是色彩再现还是细节表现，HDR 显示器都让人赞叹不已，如图 7-92 所示。

图 7-92

硬件建议：BenQ 摄影师专用显示器

大多数显示器足以胜任日常邮件的浏览和收发工作，但在这些显示器上浏览照片时，你会发现在计算机显示器、移动设备和印刷品上看到的颜色之间存在巨大差异。对影像创作人员而言，在不同设备之间保持色彩的一致性是至关重要的。为此，笔者精心挑选了 BenQ 显示器，其展现出的卓越性能令人赞叹不已，如图 7-93 所示。

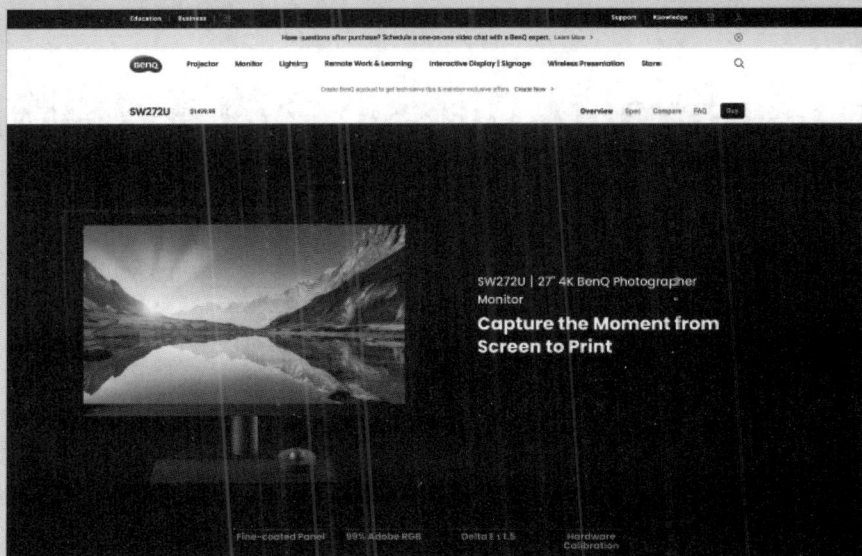

图 7-93

最新版Lightroom Classic全面支持HDR查看功能，与BenQ顶尖的摄影师专用显示器（如SW272U、SW321C）搭配使用，堪称完美组合，可以让摄影作品的后期处理更加轻松、顺畅。一旦在显示器设置中打开HDR功能，便能使用以前无法使用的色调和颜色，从而为创作和观赏带来全新的可能，如图7-94所示。

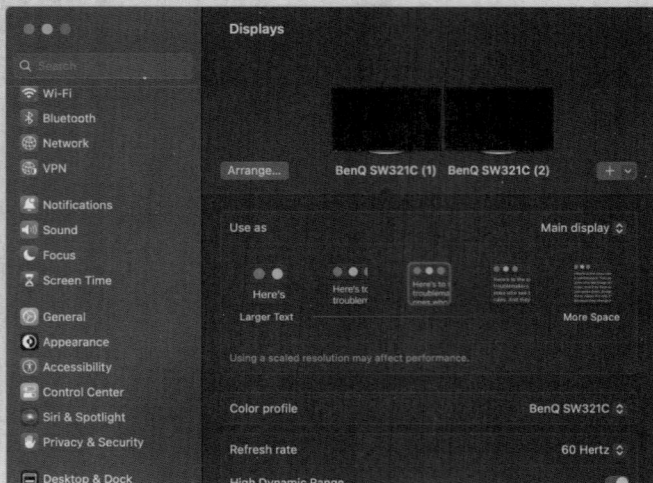

图 7-94

不过，技术因素只是促成笔者与BenQ建立合作关系的一个原因。与BenQ团队会面交流是一次难忘的经历，笔者切身感受到了他们对待摄影师的友好态度，以及在支持摄影师方面表现出的极大兴趣和热情。与此同时，他们还持续举办一系列免费的线上讲座，分享Adobe应用程序的使用技巧，激发人们的创作热情，推动创意行业的繁荣发展。受此感召，笔者决定加入其中，担任BenQ的形象大使，帮助他们在Lightroom Classic领域创作更多丰富多样的内容。

▎7.11 Lightroom Classic 中的高效操作

笔者非常喜欢Lightroom Classic的一个原因是，大多数情况下，使用它处理照片很容易。Lightroom Classic集成了大量功能和工具，它的目标是帮助我们轻松实现自己的想法，创作出更多精彩的作品。前面学习的各种知识和技能旨在帮助我们实现脑海中的想法，但在实现这些想法的过程中如何更有效率呢？把相同的调整同步至多张照片上就是提高效率的好方法。

7.11.1　使用【上一张】按钮把相同调整快速应用至下一张照片

本小节介绍一种高效的方法，把相同调整快速应用到Timesavers收藏夹中的多张照片上：首先选中一张照片，做一些调整，然后单击【上一张】按钮，即可把这些调整快速应用到下一张照片上。

❶ 在【图库】模块下选择Timesavers收藏夹，把【排序依据】设置为【文件名】，选择照片lesson07 - 002。

❷ 进入【修改照片】模块，在【基本】面板中设置【色温】为5150、【色调】为+19。在【色

调】选项组中设置【对比度】为 +10、【高光】为 -67，在【偏好】选项组中设置【纹理】为 +40，如图 7-95 所示。

图 7-95

❸ 在胶片显示窗格中选择照片 lesson07 - 003。在右侧面板组底部单击【上一张】按钮，如图 7-96 所示。此时，Lightroom Classic 复制上一张照片（lesson07 - 002）上的所有设置，然后把它们应用到当前照片（lesson07 - 003）上。

图 7-96

更令人惊叹的是，当 Lightroom Classic 把 AI 蒙版应用于新照片时，它会根据实际情况自动做适当的调整。对于类似的照片，Lightroom Cassic 只需要做一些简单调整就大功告成了。而对于构图、色调差异大的照片，Lightroom Classic 只能做最基本的调整，你可以在此基础上进一步调整。

调整好一张照片后，必须立即选择下一张照片，再单击【上一张】按钮，才能把对上一张照片的调整应用到当前照片上。如果在选择了一张照片后，又选择了另外一张照片，则【上一张】按钮不会发挥作用。要让【上一张】按钮正常工作，用户必须非常明确地指定下一张照片。

❹ 在 Select People 收藏夹（位于 Lesson 06 Practice 收藏夹集内部）中选择照片 lesson06 - 017。进入【修改照片】模块，在【基本】面板中设置【曝光度】为 -0.05，如图 7-97 所示。

图 7-97

前面处理这张照片时，给它添加了多个用于改善人物衣服的对比度与面部亮度的蒙版，使人物形象更加鲜明、突出。

❺ 选择照片 lesson06 - 011，它与照片 lesson06 - 017 类似，属于同一个系列。单击右下角的【上一张】按钮，Lightroom Classic 自动给新选择的照片添加智能蒙版，如图 7-98 所示。这么做的好处不言而喻。由于添加的是智能蒙版（非手动绘制蒙版），Lightroom Classic 会根据新照片中的人物自动调整蒙版，确保调整效果精确应用在最合适的地方。这真是大大节省了时间！

图 7-98

7.11.2 使用【同步】按钮把相同调整应用至多张照片

当只有几张照片时，使用【上一张】按钮一张张地应用相同的调整还是比较轻松的。但是，在处理大量照片（如50张）时，再这么做就比较麻烦了。这个时候，可以使用【同步】按钮，把调整一次性应用到多张照片上。

❶ 在胶片显示窗格中单击照片 lesson06 - 011。

❷ 按住 Shift 键，单击照片 lesson06 - 016，同时选中 6 张照片。第 1 张照片（lesson06 - 011）充当源，把对第 1 张照片的修改同步到其他照片上。

❸ 在右侧面板组底部单击【同步】按钮，如图 7-99 所示。

图 7-99

❹ 在【同步设置】对话框中单击左下角的【全部不选】按钮，然后在对话框中间区域中勾选希望同步的设置；或者单击左下角的【全选】按钮，勾选全部设置。选好需要同步的设置后，单击【同步】按钮，如图 7-100 所示。

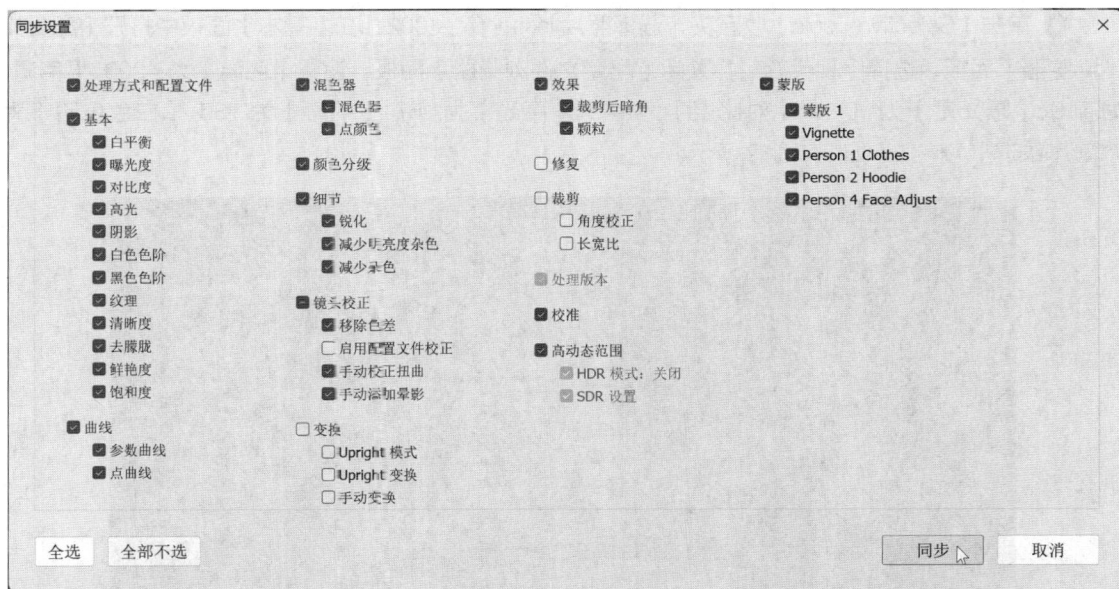

图 7-100

此时，Lightroom Classic 会把对第 1 张照片的修改（包括智能蒙版）同步到其他照片上，如图 7-101 所示，这比逐张处理照片高效得多。若某张照片的曝光与第 1 张照片差别较大，同步之后画面会出现明显的差异。这时，只要调整相应的滑块就能改好，远比从头调整要省事得多。这样一来，我们就能腾出更多时间，把主要精力放在创意实现上，让照片呈现更多细节，从而创作出更加出色、精彩、动人的作品。

图 7-101

7.11.3 创建修改照片预设

快速修片的另外一个方法是套用预设。Lightroom Classic 内置了许多修改照片预设，也支持用户自定义修改照片预设。

❶ 单击【Selective Tools】收藏夹，选择照片 lesson07 - 002。在【基本】面板中打开【配置文件浏览器】面板，选择【现代 08】，关闭【配置文件浏览器】面板。设置【色温】为 4293、【色调】为 +19、【曝光度】为 -0.35、【对比度】为 +42、【高光】为 -67、【阴影】为 +36、【白色色阶】为 +17、【纹理】为 +40，如图 7-102 所示。

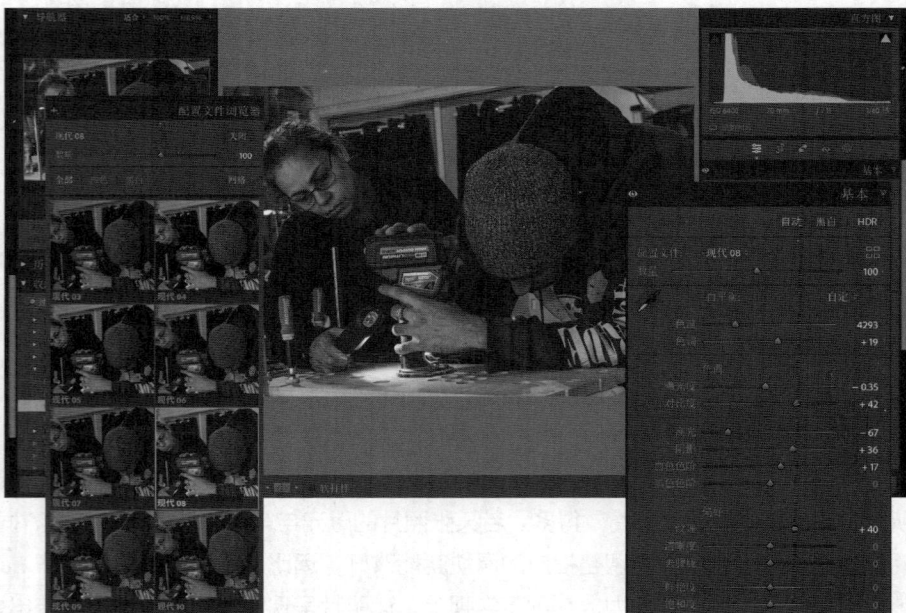

图 7-102

❷ 在左侧【预设】面板中单击标题栏右端的加号图标（+），在弹出的菜单中选择【创建预设】，

在打开的【新建修改照片预设】对话框中可把指定的设置保存成预设。在【预设名称】文本框中输入"Arcade Weekend"，单击【全选】按钮，再单击【创建】按钮，如图 7-103 所示。

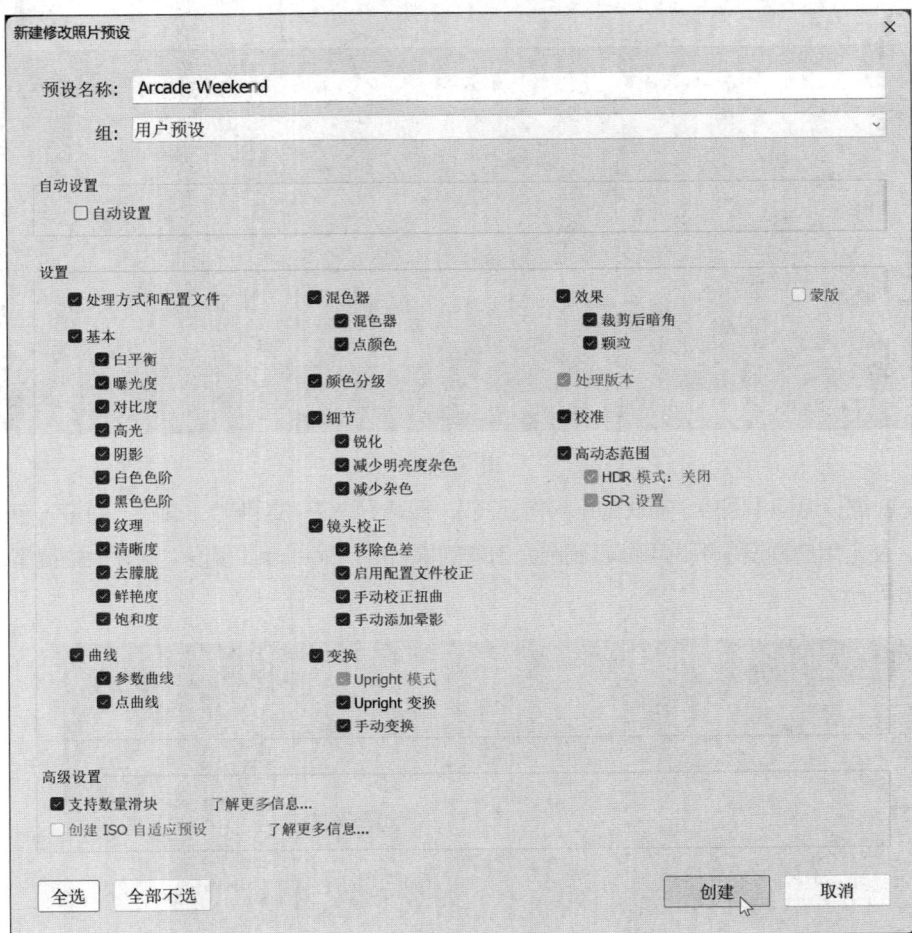

图 7-103

❸ 用户自己创建的预设会出现在【预设】面板的【用户预设】下，如图 7-104 所示。每个预设都有一个【数量】滑块，拖动这个滑块可调整预设的应用强度。

图 7-104

❹ 在胶片显示窗格中选择照片 lesson07 - 003，把鼠标指针移动到 Arcade Weekend 预设（位于【预设】面板的【用户预设】下）上。

❺ 当把鼠标指针移动到某个预设上时，Lightroom Classic 会立即呈现照片应用该预设之后的效果，供用户预览。单击 Arcade Weekend 预设，将其应用到所选照片上，如图 7-105 所示。

图 7-105

❻ 按 G 键，返回【图库】模块的【网格视图】。展开【快速修改照片】面板，打开【存储的预设】
下拉列表，在【用户预设】下也可以看到前面创建的 Arcade Weekend 预设，这大大提高了修片效率，
如图 7-106 所示。

图 7-106

7.12 复习题

1. 使用蒙版工具时，【选择主体】【选择天空】【画笔】有什么区别？
2. 选择蒙版工具的某个局部调整工具后，如何在其选项面板中重置所有滑块？
3. 在【HSL】【黑白】【色调曲线】面板中，如何使用【目标调整】工具？
4. 在把多张照片合并为 HDR 照片和全景图时，【边界变形】【自动裁剪】【填充边缘】3 个选项有什么区别？
5. 【基本】面板顶部的【HDR】按钮有什么用？
6. 如何把对一张照片的调整同步到其他多张类似的照片？

7.13 复习题答案

1. 【选择主体】与【选择天空】是基于像素的蒙版，使用 AI 技术生成选区。【画笔】工具使用基于矢量的蒙版来优化空间使用。
2. 使用蒙版工具下的某个局部调整工具（如【线性渐变】【径向渐变】【画笔】工具）时，在该工具的选项面板中双击【预设】标签，即可重置所有滑块。
3. 选择【目标调整】工具，移动鼠标指针到画面中某个地方，按住鼠标左键，上下拖动，Lightroom Classic 自动识别鼠标指针所指位置的颜色，并做相应改变（如改变色相、饱和度、明亮度），用户不用自己判断是什么颜色。
4. 拖动【边界变形】滑块，Lightroom Classic 会扭曲图像边缘，将边缘的空白填充上。勾选【自动裁剪】复选框，Lightroom Classic 会直接把边缘的空白裁剪掉。勾选【填充边缘】复选框，Lightroom Classic 使用【内容识别填充】功能把边缘的空白填充上。
5. 在支持 HDR 的显示器上，只需单击【HDR】按钮，即可完美呈现图像那令人惊叹的宽广动态范围，让每一帧画面都细腻生动。你可以在支持 HDR 的显示器上轻松调整照片，或在支持 SDR 的显示器上预览照片的显示效果。
6. 先选择一张照片进行调整，然后选择所有需要进行相同调整的照片，单击右侧面板组底部的【同步】按钮，在打开的【同步设置】对话框中选择希望同步的设置，最后单击【同步】按钮。

摄影师
费利克斯·埃尔南德斯（FELIX HERNANDEZ）

"最重要的照片永远是当前拍的这张，最好的照片永远是下一张。"

我住在墨西哥坎昆，拥有多重身份：平面设计师、摄影师、数字艺术家、微缩艺术家、丈夫，以及两个孩子的父亲。

我自己有摄影工作室，主要从事广告摄影、数字媒体品牌内容制作，还做一些私人项目。我最擅长创意摄影，包括在工作室内拍摄微缩模型和实景模型，制作现场特效以及数字艺术作品。通过不断尝试、探索、融合，逐渐形成了自己独特的个人风格和视觉语言，我将其称为"梦幻摄影"。对我来说，摄影是一种手段，只是通过这种手段，我表现的不是现实，而是脑海中产生的各种想法。

我不喜欢待在舒适区里。做"梦幻摄影"的过程中，我需要不断尝试、实验、创新，我很享受这个过程，并且乐此不疲。

我是一个梦想家，这么说不是因为我想飞得更高，而是因为我把梦想作为创作灵感的主要来源。我不喜欢追求什么远大的梦想，我的梦想都很细小，但每一个梦想，我总是想方设法实现它。

我只专注于一个目标——创造。我创造得越多，感觉就越好、越快乐。我坚信：只要坚持不懈地做自己喜欢的事，成长、金钱、名誉、认可定会不请自来。

制作画册

课程概览

无论是为客户还是为自己制作作品集，抑或是作为礼物或保存珍贵记忆的手段，画册都是分享和展示照片的常见方式。在【画册】模块下，你可以轻松地设计漂亮、复杂的画册布局，然后直接在 Lightroom Classic 中进行发布。本课主要讲解制作专业级画册的相关技术。

本课主要讲解以下内容。

- 使用照片单元格调整页面布局模板
- 在布局中放置与排列照片
- 使用【文本调整】工具
- 导出画册

- 设置页面背景
- 在画册中添加文本
- 存储画册、自定义页面布局、设计画册布局

学习本课需要 **90**分钟

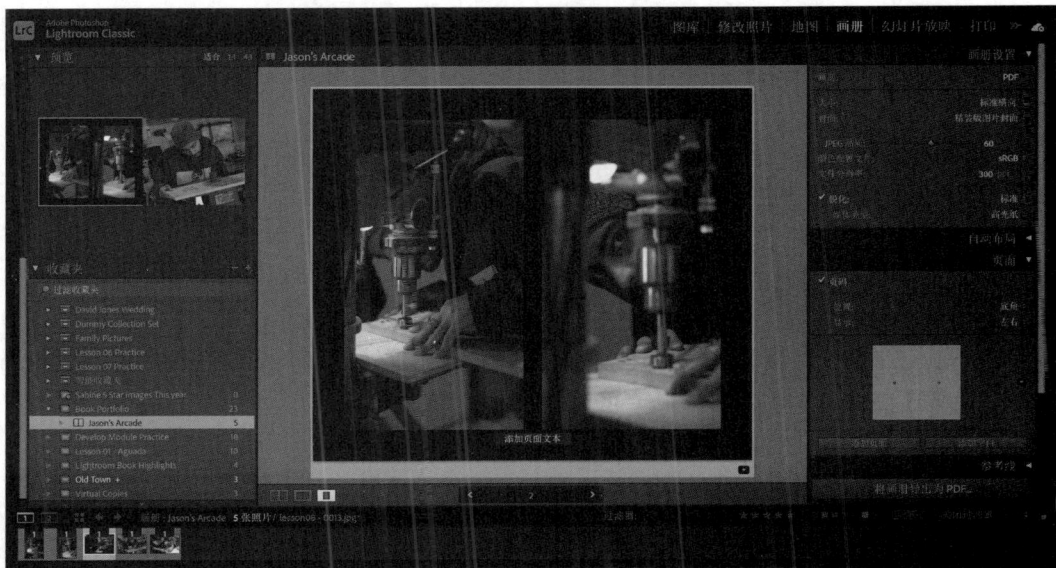

在【画册】模块中可以找到制作画册需要的一切工具，也可以把制作好的画册直接从 Lightroom Classic 上传到按需打印服务商（如 Blurb）进行打印，还可以把画册输出成 PDF 文件，然后发送到自己的打印机上进行打印。Lightroom Classic 提供了基于模板的页面布局、直观的编辑环境和先进的文本工具，能够帮助用户以最好的方式呈现照片。

8.1 学前准备

导入照片前，请先检查是否已经创建好用于存放本书课程文件的 LRC2024CIB 文件夹，以及 LRC2024CIB Catalog 目录文件。具体操作方法请参见本书前言"课程文件"和"新建目录文件"板块中的内容。

> 💡 **注意** 学习本课内容之前，需要对 Lightroom Classic 的工作区有基本了解。如果对 Lightroom Classic 的工作区一点也不了解，请先阅读 Lightroom Classic 帮助文档或前面课程中的内容。

将下载好的 lesson08 文件夹放入 LRC2024CIB\Lessons 文件夹中，相关操作说明请阅读前言中的相应内容。

❶ 启动 Lightroom Classic。

❷ 在打开的【Adobe Photoshop Lightroom Classic - 选择目录】窗口中选择 LRC2024CIB Catalog.lrcat 文件，单击【打开】按钮，如图 8-1 所示。

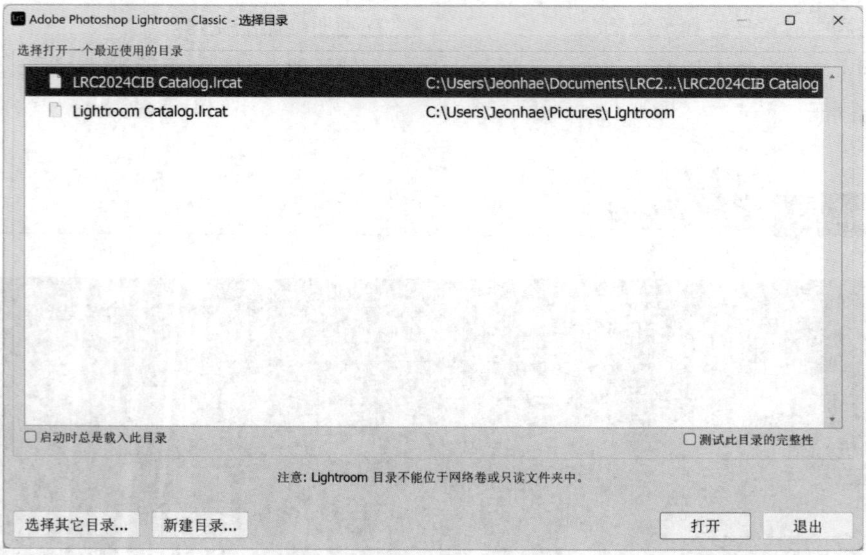

图 8-1

❸ 打开 Lightroom Classic 后，当前显示的是上一次退出软件时使用的屏幕模式和模块。若当前模块不是【图库】模块，请在工作区右上角的模块选取器中单击【图库】，如图 8-2 所示，切换至【图库】模块。

图 8-2

> 💡 **注意** 若用户界面中未显示模块选取器，请在菜单栏中选择【窗口】>【面板】>【显示模块选取器】，或者直接按 F5 键，将其显示出来。在 macOS 中，需要同时按 Fn 键与 F5 键，才能把模块选取器显示出来。如果你不想这样做，也可以在【首选项】中更改功能键的行为。

8.1.1 把照片导入图库

学习本课之前，请先把本课用到的照片导入 Lightroom Classic 图库。

❶ 在【图库】模块下单击左侧面板组左下角的【导入】按钮，如图 8-3 所示，打开【导入】对话框。

❷ 若【导入】对话框当前处在紧凑模式下，请单击对话框左下角的【显示更多选项】按钮，如图 8-4 所示，使【导入】对话框进入扩展模式，显示所有可用选项。

图 8-3

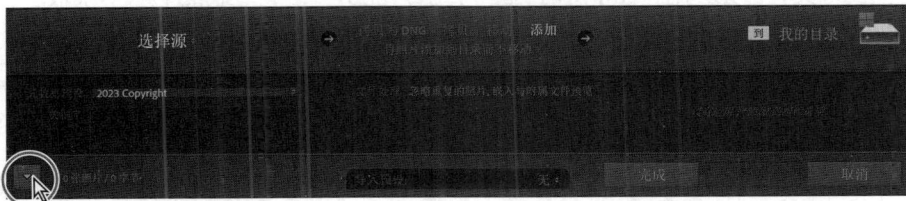

图 8-4

❸ 在左侧【源】面板中找到并选择 LRC2024CIB\Lessons\lesson08 文件夹。请确保 lesson08 文件夹中的所有照片（23 张）处于选中状态。

❹ 在预览区上方的导入方式中选择【添加】，Lightroom Classic 只会把导入的照片添加到目录文件中，而不会移动或复制原始照片。在右侧【文件处理】面板的【构建预览】下拉列表中选择【嵌入与附属文件】，勾选【不导入可能重复的照片】复选框。在【在导入时应用】面板的【修改照片设置】和【元数据】下拉列表中选择【无】，在【关键字】文本框中输入"Lesson 08,Portfolio"，如图 8-5 所示。确认设置无误后，单击【导入】按钮。

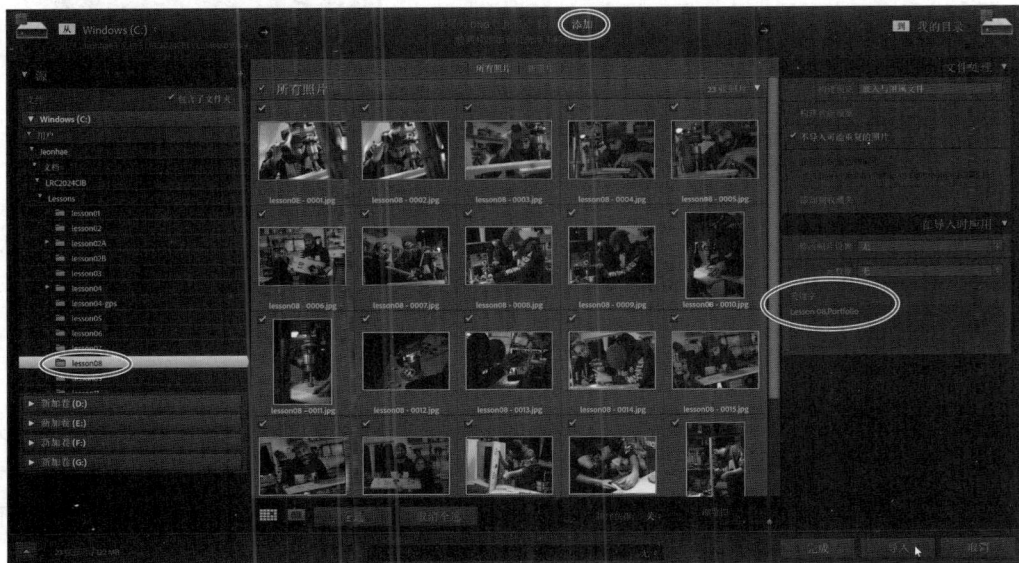

图 8-5

稍等片刻，Lightroom Classic 会把 23 张照片全部导入，然后在【图库】模块的【网格视图】和胶片显示窗格中显示出这些照片。

8.1.2　收集照片

　　制作画册的第一步是收集照片，也就是把要放入画册的
照片选出来。前面导入的照片在【上一次导入】文件夹中，
如图 8-6 所示，接下来使用这些照片来制作画册。

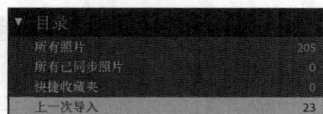

图 8-6

　　【上一次导入】文件夹只是一个临时分组，我们无法重
新排列里面的照片，也无法剔除某张照片（即排除某张照片，使其不在相册中出现，但它仍然存在于
目录文件中）。因此，最好先把用于制作画册的照片放入收藏夹或文件夹（不含子文件夹）中，不论
是收藏夹还是文件夹，都允许用户在【网格视图】或胶片显示窗格中重排照片。首先创建一个收藏夹，
然后把用来制作画册的照片放入其中。当发现某些照片不适合放入画册时，只要把它们从收藏夹中剔
除就好，这些被剔除的照片仍然存在于目录文件中。

　　❶ 在【目录】面板中选择【上一次导入】文件夹，或者在【文件夹】面板中选择 lesson08 文
件夹，然后在菜单栏中选择【编辑】>【全选】（快捷键为
Command+A/Ctrl+A），选中所有照片。

　　❷ 在【收藏夹】面板中单击标题栏右端的加号图标
（+），在弹出的菜单中选择【创建收藏夹】，弹出【创建收
藏夹】对话框，在【名称】文本框中输入"Book Portfolio"。
在【选项】选项组中勾选【包括选定的照片】复选框，
取消勾选其他复选框，单击【创建】按钮。此时，Book
Portfolio 收藏夹出现在【收藏夹】面板中，且处于选中状态，
如图 8-7 所示。

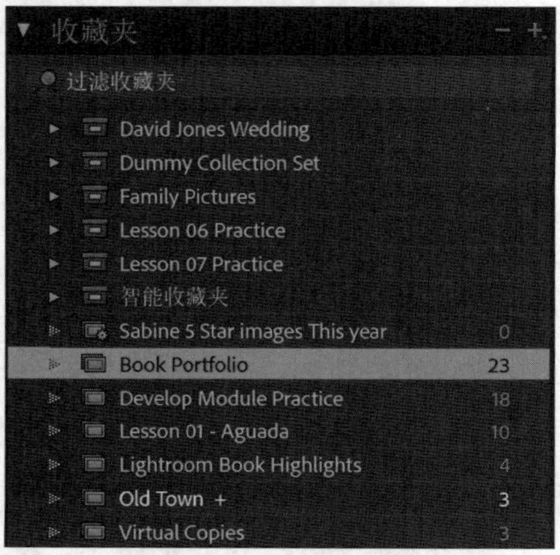

　　❸ 在菜单栏中依次选择【编辑】>【全部不选】。在工
具栏中把【排序依据】设置为【拍摄时间】，然后在模块选
取器中单击【画册】，如图 8-8 所示。

图 8-7

图 8-8

8.2　使用【画册】模块

　　无论是记录家庭生活中的重要时刻、珍藏某次难忘的旅行，还是展示个人作品，制作画册都是很
好的方法。在【画册】模块中，用户可以找到制作画册需要的一切工具，把制作好的画册直接上传到
按需打印服务商（如 Blurb）进行打印，还可以把画册导出为 PDF 文件，然后发送到自己的打印机上
进行打印。接下来，使用前面导入的照片制作画册。

💡 注意　本课照片仅用于学习制作画册，请勿私自打印。

8.2.1 创建画册

如果之前用过【画册】模块，再次进入【画册】模块时，Lightroom Classic 会将所选收藏夹中的照片置于上次使用过的页面布局中。为了保持统一，先清除现有页面布局，然后一步步创建新的页面布局。

❶ 在预览区顶部的标题栏中单击【清除画册】按钮，清除现有页面布局，如图 8-9 所示。若标题栏未显示出来，请在菜单栏中选择【视图】>【显示标题栏】，将其显示出来。

图 8-9

❷ 在【画册设置】面板（位于右侧面板组顶部）的【画册】下拉列表中选择【Blurb 图册】，把【大小】【封面】【纸张类型】【徽标页面】分别设置为【标准横向】【精装版图片封面】【标准】【开启】，如图 8-10 所示。设置完成后，打印画册的预估价格会显示在面板底部。

❸ 单击工具栏（位于预览区下方）左端的【多页视图】按钮，如图 8-11 所示。在【视图】菜单中取消选择【显示叠加信息】。

❹ 在菜单栏中选择【画册】>【画册首选项】，在【画册首选项】窗口中查看各个选项。在【默认照片缩放】下拉列表中可以选择【缩放以填充】或者【缩放到合适大小】，在【自动填充选项】选项组中可以勾选【开始新画册时自动填充】复选框，在【文本选项】选项组中可以设置文本框行为。保持默认设置，关闭【画册首选项】对话框，如图 8-12 所示。

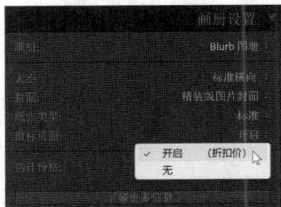

图 8-10

图 8-11

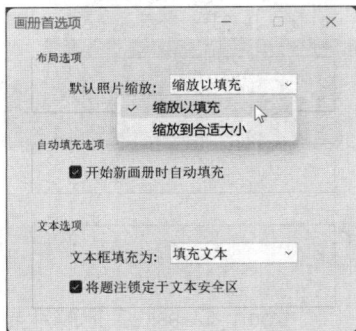

图 8-12

默认设置下，自动填充功能处于开启状态。第一次进入【画册】模块时，会看到收藏夹中的照片已经出现在默认布局中。设计新画册时，最好从 Lightroom Classic 自动生成的布局开始做起，尤其是还不确定想要什么样的布局时。

> 💡 **注意** 若要把画册发送给 Blurb，则自动布局允许的最大页数是 240 页。若把画册发布成 PDF 文档，则自动布局的页数没有限制。

❺ 展开【自动布局】面板。在【预设】下拉列表中选择【每页一张照片】，然后单击【自动布局】按钮。拖动中间预览区右侧的滚动条，可以看到 Lightroom Classic 把每张照片分别放在一页中。在【自动布局】面板中单击【清除布局】按钮，再在【预设】下拉列表中选择【左侧空白，右侧一张照片】，单击【自动布局】按钮，如图 8-13 所示。

图 8-13

❻ 在预览区中拖动滚动条，查看照片置入指定页面布局中的效果：在【多页视图】下，Lightroom Classic 将两个页面并排显示，左侧页面是空白页，右侧页面显示一张照片。单击最左侧边框中间的三角形（快捷键为 F7），隐藏左侧面板组，扩大预览区。在工具栏（位于预览区下方）中拖动【缩览图】滑块，可放大或缩小缩览图。

Lightroom Classic 生成一个带封面的画册，收藏夹中的每张照片都单独放在一页上（按照胶片显示窗格中照片的显示顺序排列），最后一页有 Blurb 徽标。Blurb 徽标所在的页面无法放置照片，但是可以在【画册设置】面板中禁用 Blurb 徽标，如图 8-14 所示。

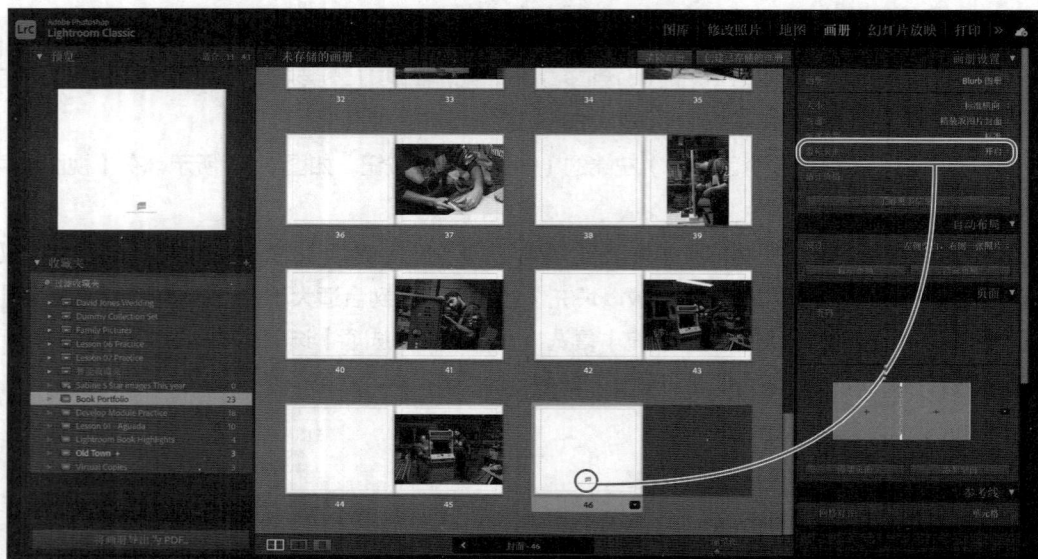

图 8-14

> 💡 **提示** 在画册最后一页保留 Blurb 徽标，上传到 Blurb 打印时能够享受折扣价。

Lightroom Classic 会把胶片显示窗格中的第 1 张照片放在封面上，把最后一张照片放在封底上。胶片显示窗格中每张照片的上方都有数字，它代表照片在画册中使用的次数。其中，第 1 张照片和最后一张照片上方的数字是 2，表示它们分别在画册中使用了 2 次，即在封面与第 1 页、封底与第 45 页中。

> 💡 **提示** 先保存画册，再在胶片显示窗格中根据需要调整照片顺序，最后单击【自动布局】按钮，可改变照片在画册中的出现顺序。

8.2.2 自定义画册布局

使用【自动布局】面板中的预设能够快速搭建好画册的大致框架。有了大致框架，用户只需把精力集中到个别跨页与页面，在已有设计基础上进行改动。出于学习的需要，下面将从零开始创建画册布局（自定义画册布局）。

❶ 在【自动布局】面板中单击【清除布局】按钮。

❷ 使用鼠标右键单击【页面】面板的标题栏，在弹出的快捷菜单中选择【单独模式】。

❸ 在【多页视图】下双击封面（即第一个对页的右侧页面），将其在【单页视图】中打开。

> 💡 注意　双击封面后，Lightroom Classic 会在【单页视图】中显示画册的封面与封底，并且选中封面的照片单元格（中间有一个黄色方块）。此时，【页面】面板中显示的是默认封面布局模板的预览图，包括两个照片单元格（中央有十字线）和一个沿着书脊放置的狭长的文本单元格。

❹ 在【页面】面板中单击预览图右侧的【更改页面布局】按钮（向下三角形），或者在中间预览区中单击对页右下角的【更改页面布局】按钮（向下三角形），如图 8-15 所示。

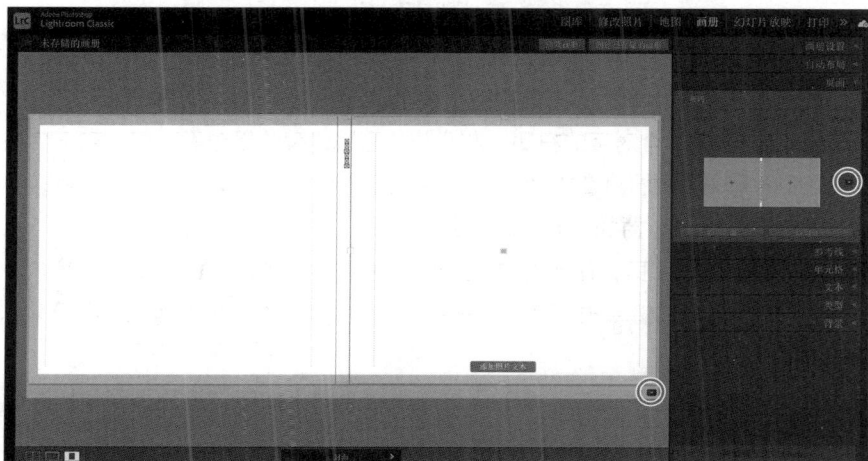

图 8-15

❺ 在页面模板选择器中向下滚动，查看可用的封面布局模板。中间有十字线的灰色区域代表照片单元格，有水平线填充的矩形代表文本单元格。在布局模板列表中选择第 3 个模板。模板中央的十字线代表这个模板只有 1 个照片单元格（跨封面封底），模板中还有 3 个文本单元格，一个在封底、一个在封面、一个在书脊，如图 8-16 所示。

❻ 展开【参考线】面板，勾选【显示参考线】复选框，然后依次勾选其下的各个复选框，观察中间预览区中的布局有何变化。把鼠标指针放到布局中，左右移动，可以看到文本单元格的边框，如图 8-17 所示。

【页面出血】是一个灰色边框，这个边框在打印之后会被裁剪掉。【文本安全区】是一个灰色的细线框，这个区域中的文本会被保留下来，不会出现被意外裁剪掉的问题。勾选【填充文本】复选框可显示填充文本，这些填充文本标出了文本单元格的位置。单击文本单元格时，填充文本会自动消失。

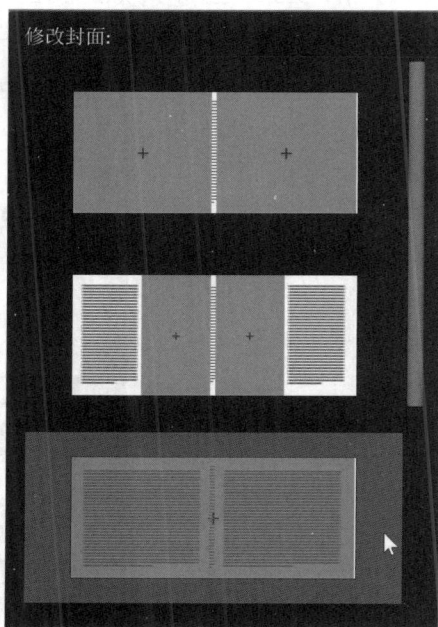

图 8-16

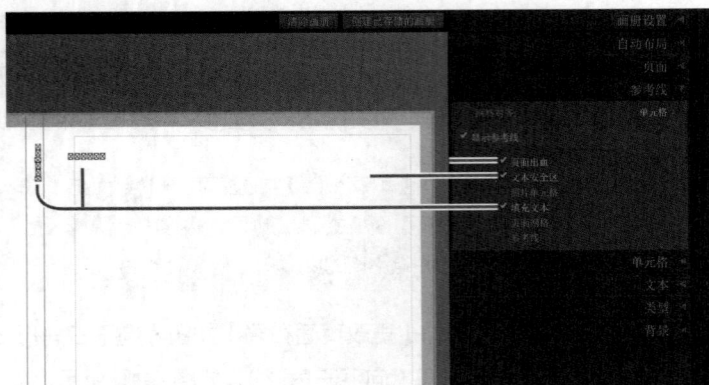

图 8-17

❼ 取消勾选【照片单元格】复选框，其他 3 个复选框（【页面出血】【文本安全区】【填充文本】）保持勾选状态，然后在工具栏中单击【多页视图】按钮。

画册第 1 页必定位于第 1 个对页的右侧；左侧灰色区域代表的是封面内部，它不会被打印。同样地，画册（委托 Blurb 印刷的画册）的最后一页一定位于最后一个对页的左侧。目前的画册中包含一个封面（封底）和一个双面页（背面有 Blurb 徽标）。

❽ 使用鼠标右键单击第 1 页，在弹出的快捷菜单中选择【添加页面】。此时，第 2 个对页显示在【多页视图】中。再使用鼠标右键单击第 2 页，在弹出的快捷菜单中选择【添加页面】，把同样的页面布局复制到第 3 页。

❾ 单击第 2 页，然后单击页面右下角的【更改页面布局】按钮，打开页面模板选择器。内页与封面不一样，其布局模板是按照风格、项目类型、每页照片数目分类的。

❿ 单击【2 张照片】，下方列出所有包含两个照片单元格的模板。选择第 4 个模板，该布局无文本单元格，页面中包含两个照片单元格，如图 8-18 所示。在【参考线】面板中勾选【照片单元格】复选框，可以看到变化之后的页面布局。

图 8-18

8.2.3 在画册中添加页码

❶ 双击第 1 页进入【单页视图】，然后在【页面】面板顶部勾选【页码】复选框，在【位置】下拉列表中选择【底角】，在【显示】下拉列表中选择【左右】。使用鼠标右键单击第 1 页，在弹出的快捷菜单中选择【全局应用页码样式】。

💡 **注意** 页码单元格的快捷菜单中还有【隐藏页码】【起始页码】两个命令。使用【隐藏页码】命令可隐藏所选页面上的页码，使用【起始页码】命令可以把起始页码设置成非 1 的数字。

❷ 在页面预览中单击新页码单元格，然后展开【类型】面板，设置字体、样式、大小、不透明度。选择【全局应用页码样式】命令后，对页码样式的所有修改都会应用到整个画册中。目前保持默认设置不变。

8.2.4 在页面布局中添加照片

不论在哪种视图下，用户都可以轻松地向页面布局添加照片。

💡 **注意** 当把照片拖入页面时，请等到出现绿色加号（＋）再释放鼠标左键。

❶ 单击工具栏左端的【多页视图】按钮，然后返回【图库】模块，把【排序依据】设置为【文件名】。回到【画册】模块，把照片 lesson08 - 0019 拖至封底与封面上，如图 8-19 所示。释放鼠标左键后，照片会自动缩放，填满封底与封面。

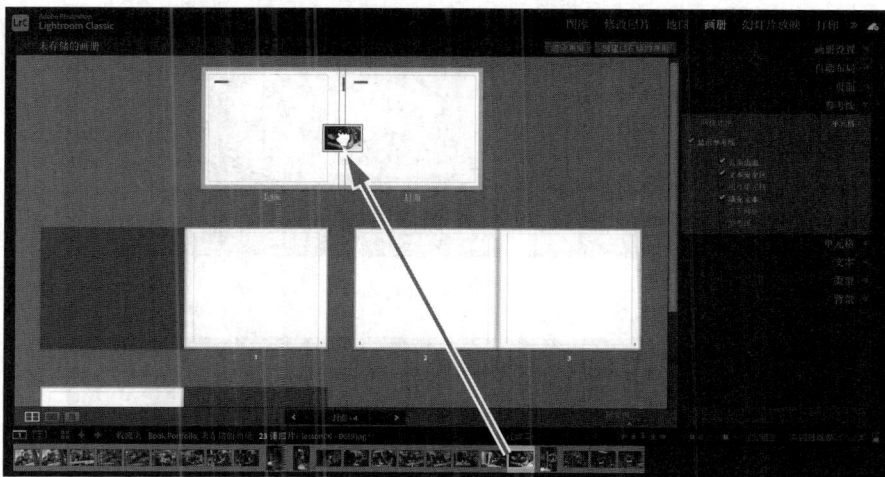

图 8-19

❷ 把照片 lesson08 - 0007 从胶片显示窗格拖动到第 1 页（多页视图）中，把照片 lesson08 - 0010 和 lesson08 - 0011 分别拖动到第 2 页的左侧照片单元格和右侧照片单元格中，把照片 lesson08 - 0013 拖动到第 3 页中，如图 8-20 所示。

图 8-20

8.2.5 修改画册中的照片

在页面布局中使用鼠标右键单击某张照片，在弹出的快捷菜单中选择【删除照片】，可以把照片从页面布局中删除。如果只是想替换页面布局中的现有照片，则不需要先删除它。

❶ 把照片 lesson08 - 0015 拖动到第 1 页中，它会替换掉原有照片 lesson08 - 0007。

❷ 在【多页视图】中，把第 1 页中的照片（lesson08 - 0015）拖动到第 3 页中的照片（lesson08 - 0013）上，如图 8-21 所示。此时，这两页中的照片会相互交换位置，如图 8-22 所示。

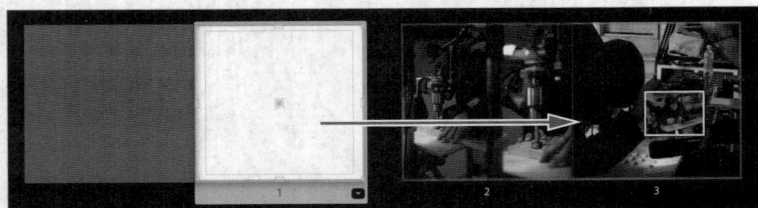

图 8-21

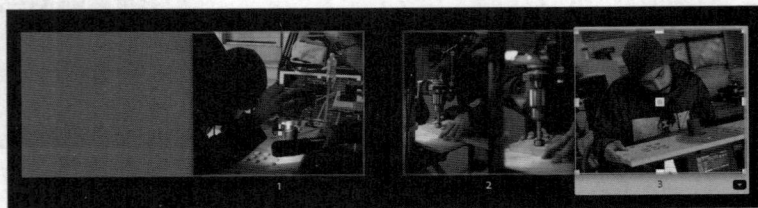

图 8-22

拖动照片时，照片缩览图会随着鼠标指针移动，请确保不是页面随着鼠标指针移动。如果移动了页面，请把它拖回原处，再试一次，请一定要从照片单元格内部开始拖动照片。

8.2.6 使用照片单元格

页面布局模板中的照片单元格的位置是固定的,我们无法删除它们,无法调整它们的大小,也无法移动它们。但是,我们可以使用单元格边距(照片边缘到单元格边框的距离)调整照片在页面布局中的位置,使其位于指定的位置上。

❶ 双击第 3 页,画册编辑器从【多页视图】切换成【单页视图】,如图 8-23 所示。

图 8-23

❷ 单击照片将其选中,然后拖动【缩放】滑块。向右拖动滑块,放大照片,当照片放大到一定程度时,右上角会出现一个感叹号,警告在此放大倍率下照片的打印效果不佳。使用鼠标右键单击照片,在弹出的快捷菜单中选择【缩放照片以填满单元格】,Lightroom Classic 会缩放照片,使其最短边填满单元格(这里缩放比例为 18%)。沿水平方向拖动照片,调整照片在单元格中显示的区域。把【缩放】滑块拖到左端,此时照片上方会出现空白区域,选择照片,按住鼠标左键向上拖动,使照片靠顶部对齐,如图 8-24 所示。

图 8-24

❸ 把当前照片的缩放比例设置为 0%。展开【单元格】面板,向右拖动边距【数量】滑块,或者在右侧输入 75,增加边距,如图 8-25 所示。

图 8-25

> 💡 注意　若看不到【数量】滑块,请单击边距值上方的白色三角形。

❹ 单击边距值上方的白色三角形,展开边距控件。默认设置下,4 个控件链接在一起,调整其中任意一个控件,其他控件会跟着一起变化。取消勾选【链接全部】复选框后,可以分别调整各个控件。

这里把【下】边距设置为 162 磅，如图 8-26 所示。

图 8-26

先选择一个合适的模板，然后设置照片的单元格边距。接下来，就可以把照片放到页面的任意位置进行裁剪了。

❺ 在【单元格】面板中勾选【链接全部】复选框，然后向左拖动任意滑块，把 4 个方向上的边距值全部设置为 0。在【单页视图】中使用鼠标右键单击照片，在弹出的快捷菜单中选择【缩放照片以填满单元格】。沿水平方向拖动照片，选取满意的画面区域。

❻ 在工具栏中单击【跨页视图】按钮，如图 8-27 所示，同时查看第 2 页和第 3 页。

图 8-27

❼ 选择第 2 页中的左侧照片。在【单元格】面板中的【链接全部】复选框处于勾选的状态下，把 4 个边距全部设置为 50 磅，然后取消勾选【链接全部】复选框，把【右】边距设置为 15 磅。对第 2 页中的右侧照片做相同设置，但把【左】边距设置为 15 磅。

❽ 双击第 2 页下方的黄色区域，在【单页视图】中显示第 2 页。在图 8-28 中，左侧照片和右侧照片的缩放比例大约是 6%。在单元格边距内拖动照片，调整要显示的区域。为了看得更清楚，单击页面外部的灰色区域取消选择页面。

❾ 在【单页视图】下方的工具栏中单击左箭头，跳转到第 1 页。向左移动照片，使工具位于照片中央，如图 8-29 所示。

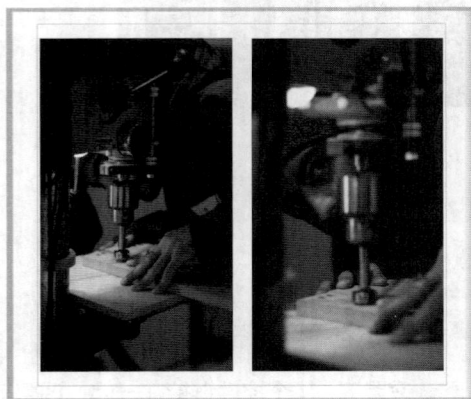

图 8-28

图 8-29

⑩ 在页面之外单击以取消选择照片。在工具栏中单击【多页视图】按钮，浏览所做的修改。

8.2.7 设置页面背景

默认设置下，新画册中的所有页面共用一个纯白背景。但其实，我们可以轻松地改变背景颜色，设置部分透明的背景照片，或者从图库中选择照片充当背景，也可以应用设计到整个画册或画册的某个页面。

下面在画册中添加两个跨页并设置背景。

❶ 使用鼠标右键单击第 4 页，在弹出的快捷菜单中选择【添加页面】。使用鼠标右键单击第 5 页，在弹出的快捷菜单中选择【添加页面】，应用默认布局。再使用鼠标右键单击第 6 页，在弹出的快捷菜单中选择【添加空白页】。

❷ 在【多页视图】中单击第 6 页，然后在工具栏中单击【跨页视图】按钮。

❸ 展开【背景】面板。取消勾选【全局应用背景】复选框，然后把照片 lesson08 - 0012 拖动至【背景】面板的预览窗格中。拖动【不透明度】滑块，把照片的不透明度设置为 43%，如图 8-30 所示。

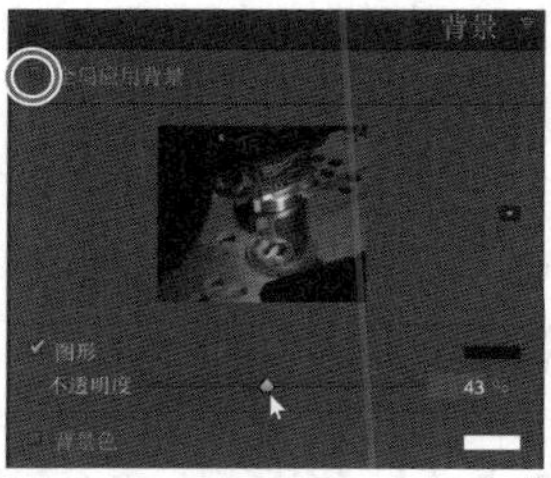

❹ 勾选【背景色】复选框，然后单击右侧的颜色框，如图 8-31 所示，打开拾色器。把拾色器右侧的【饱和度】滑块拖至其范围的三分之二处，然后使用吸管在拾色区域中选择一种柔和的颜色（R37、G16、B16）。按 Return 键 /Enter 键，关闭拾色器。

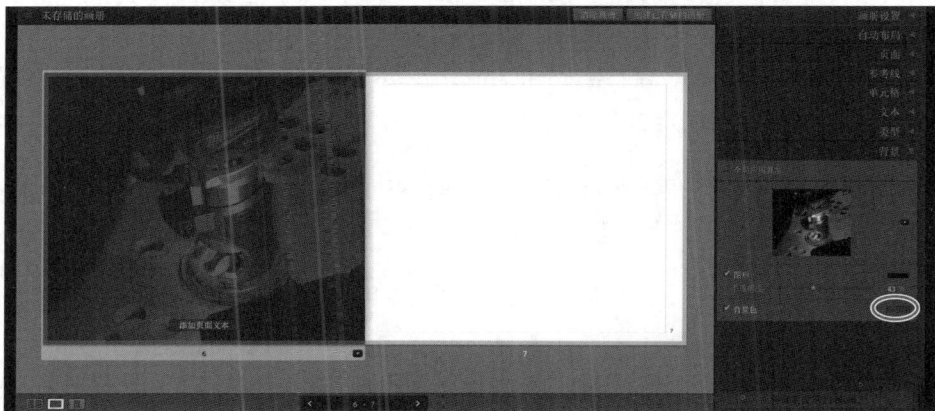

图 8-30

图 8-31

❺ 在【背景】面板中勾选【全局应用背景】复选框，然后在工具栏中单击【多页视图】按钮。

此时，背景应用到了每个页面中（不包括含 Blurb 徽标的页面，其仅应用颜色），可以在第 4、5、6、7 页，以及第 2 页的照片之后看到背景。在其他页面中，背景隐藏在照片单元格之后。

❻ 取消勾选【背景色】复选框，然后使用鼠标右键单击预览窗格中的照片，在弹出的快捷菜单中选择【删除照片】。取消勾选【全局应用背景】复选框。

❼ 在【多页视图】中选择第 2 页，然后在【背景】面板中勾选【背景色】复选框。单击颜色框，打开拾色器，然后单击拾色器顶部的黑色。按 Return 键 /Enter 键，关闭拾色器。

8.3 在画册中添加文本

在【画册】模块下向画册添加文本的方法有多种，每种方法适用于不同情况。

· 页面布局模板中的文本单元格：位置固定，我们不能删除、移动它们，也不能调整它们的大小；但是，我们可以通过调整单元格边距把文本放在页面的任意位置。

· 照片文本：文本单元格，且与布局中的某张照片链接在一起；可以把它放到照片上方、下方或者叠加到照片上，也可以沿着页面垂直移动它。

· 页面文本：文本单元格，且与整个页面（非某张照片）链接在一起，跟整个页面的宽度一致；可以沿垂直方向移动它们，也可以通过调整单元格边距水平设置文本位置，从而把自定义文本放到布局中的任意位置。

在一个页面中，即便这个页面建立在没有固定文本单元格的布局模板上，也可以添加页面文本，或者为每张照片分别添加照片文本。固定文本单元格和照片文本中的内容可以是自定义的文本，也可以是从照片元数据中提取出来的标题或说明文本。

【画册】模块中集成了多个先进的文本工具，借助这些文本工具可以全面控制文本样式。调整文本属性时，既可以使用滑块，也可以直接输入数值，还可以使用【文本调整】工具做可视化调整。

8.3.1 使用文本单元格

前面提到，页面布局模板中的文本单元格是固定的，但是，我们可以通过调整单元格边距（即文本单元格内文本周围的空间）把文本放置到任意位置。

❶ 单击【多页视图】按钮，查看整个画册的布局，然后双击封面，在【单页视图】中显示封面与封底。单击封面中心，选择固定的文本单元格。

> 💡 提示　如果希望选择某个页面或跨页，而非布局中的文本单元格或照片单元格，请在缩览图边缘附近或者紧贴其下单击。

❷ 展开【类型】面板，把【文本样式预设】设置为【自定】，以便容纳手动输入的文本（非照片元数据）。

❸ 在【文本样式预设】下方的下拉列表中选择合适的字体与字体样式。这里选择【American Typewriter】与【Bold】。单击【字符】颜色框，打开拾色器，在拾色器顶部单击黑色，然后按 Return 键 /Enter 键，关闭拾色器。把【大小】设置为 47.0 磅，【不透明度】设置为 100%。在【类型】面板左下角单击【居中对齐】按钮，如图 8-32 所示。

❹ 在文本单元格中输入"Jason's First"，按 Return 键 /Enter 键，再输入"Arcade"。双击文本 Arcade 将其选中，然后把【大小】修改为 90.0 磅，增大文字。

❺ 全选文本，单击【字符】颜色框右侧的白色三角形，显示更多文本调整控件。设置文本颜色为白色。把【行距】（选定的文本与其上面一行文本之间的距离）设置为 73.8 磅。为了更好地突显文本，选择两行文本，将其设置为白色，然后在

图 8-32

【类型】面板底部单击【右对齐】按钮，如图 8-33 所示。

图 8-33

> 💡 提示　修改【行距】值后，文本调整控件下方的【自动行距】按钮就可用了。单击它，可快速恢复默认设置。【自动字距】按钮的工作方式也一样。

❻ 在文本单元格中单击，不要碰到文本，使单元格处于选中状态，同时取消选择文本，然后展开【单元格】面板，取消勾选【链接全部】复选框，然后把【上】边距设置为 60 磅，如图 8-34 所示。

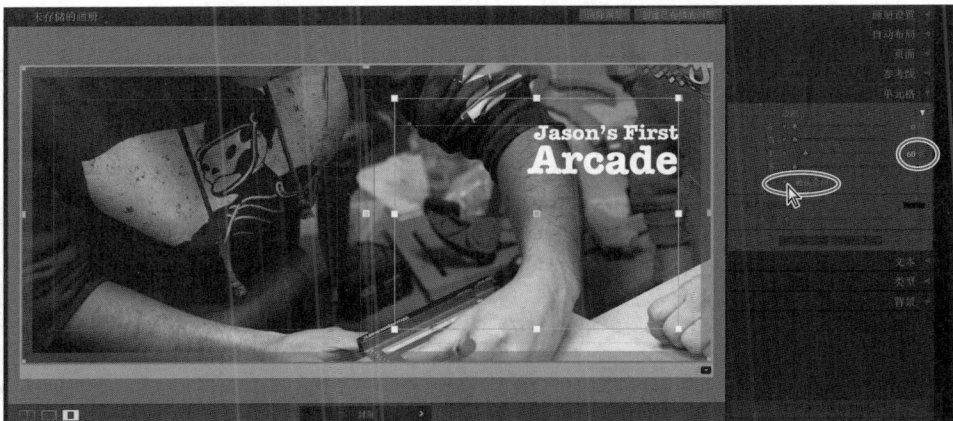

图 8-34

8.3.2　精调文本

在【类型】面板中，Lightroom Classic 提供了一系列强大且易用的文本工具。借助这些文本工具，可以精细调整文本样式。在【类型】面板中，可以通过调整滑块或者输入数值来设置文本属性，也可以使用【文本调整】工具直观地调整文本。

❶ 展开【类型】面板，在【大小】滑块与【不透明度】滑块下有 4 个滑块。本小节内容仅供学习，操作完成后，请全部撤销。

• 　字距调整：用于调整所选文本中字母之间的距离，调整【字距调整】滑块可以改变文本的整体外观和可读性，使文本字母彼此拉开或者靠得更近。

- 基线：用于调整所选文本相对于基线（文字所处的假想线）的垂直位置。
- 行距：用于调整所选文本与其上一行文本之间的距离。
- 字距：用来调整光标左右两个字母之间的距离。调整某些字母对之间的距离会导致字母间隔看上去不均匀；调整两个字母之间的距离时，先把光标放到这两个字母之间，然后调整【字距】滑块。

❷ 选择封面上的所有文本，在【类型】面板中，在【字符】左侧单击【文本调整】工具，将其激活，如图 8-35 所示。

❸ 左右拖动所选文本，可以调整文本大小。调整是相对的，文本大小改变的是相对量。在菜单栏中选择【编辑】>【还原字体大小】，或者按快捷键 Command+Z/Ctrl+Z 撤销更改。

❹ 上下拖动所选文本，可改变所选文本的行距。在菜单栏中选择【编辑】>【还原行距】，或者按快捷键 Command+Z/Ctrl+Z 撤销更改。

❺ 按住 Option 键 /Alt 键（暂时禁用文本调整控件），选择文本 Jason's First，不要选择 Arcade。释放 Option 键 /Alt 键，按住 Command 键 /Ctrl 键和鼠标左键，左右拖动所选文本，略微减小字距。一边拖动，一边观察【字距调整】值，当其变为 -21em 时，停止拖动。

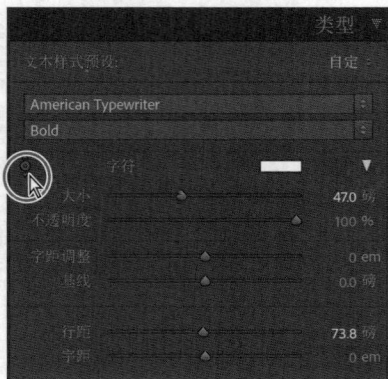

图 8-35

❻ 释放鼠标左键。按住 Command 键 /Ctrl 键，沿垂直方向拖动所选文字，可调整其相对于基线的距离。当【基线】值变为 6.0 磅时，在文本之外单击以取消选择。

❼ 在菜单栏中选择【窗口】>【面板】>【显示左侧模块面板】（快捷键为 F7），把左侧面板组隐藏起来，这样封面上的文本会显得更大。在【文本调整】工具处于激活的状态下，按箭头键，把光标移到 Arcade 的 d 与 e 之间，然后向右拖动，当【字距】值变为 50em 时，停止拖动，如图 8-36 所示。

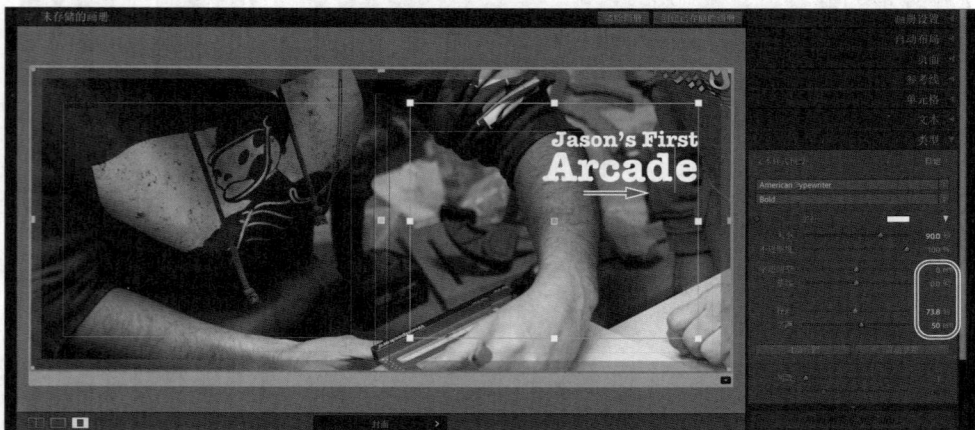

图 8-36

❽ 选择文本，拖动【行距】滑块，重新为文本设置行距，直到满意。在【类型】面板中单击【文本调整】工具，禁用它，然后在工具栏中单击【多页视图】按钮，查看整个画册的布局。双击第 1 页，进入【单页视图】。

8.3.3　添加照片文本与页面文本

不同于布局模板中的固定文本单元格，照片文本和页面文本可以上下移动，但只能依靠调整边距来实现左右移动。即便布局模板中无内置的文本单元格，每个页面也可以包含一个页面文本和一个照片文本（针对页面中的照片）。

❶ 使用鼠标右键单击【类型】面板标题栏，在弹出的快捷菜单中取消选择【单独模式】，然后展开【类型】面板和【文本】面板。

❷ 把鼠标指针移动到第 1 页上。该页模板中无固定文本单元格，因此无高亮显示部分。先单击照片，再单击【添加照片文本】按钮。在【文本】面板中，【照片文本】控件被激活。按快捷键 Command+Z/Ctrl+Z，还原照片文本。单击照片下方的黄色区域，把【添加照片文本】按钮切换成【添加页面文本】按钮。单击【添加页面文本】按钮，此时【文本】面板中的【页面文本】控件处于激活状态。

> 💡 **提示**　添加照片文本或页面文本时，除了用浮动按钮之外，还可以在【文本】面板中勾选相应的复选框。

❸ 若想把页面文本移动到页面顶部，请在【页面文本】控件下单击【上】按钮，然后拖动【位移】滑块，使其值变为 60 磅。

> 💡 **提示**　与照片文本不同，页面文本不能显示照片元数据中的信息，只能用来添加自定义文本。

❹ 在页面文本处于激活的状态下，参照 8.3.1 小节中的步骤 2 和步骤 3，在【类型】面板中进行设置，但这里选择【Regular】，把【大小】设置为 30.0 磅，把【字距调整】设置为 3em，单击【自动行距】按钮，设置字符颜色为白色，单击【左对齐】按钮。在页面文本中输入想要的文本，按 Return 键 /Enter 键换行，使文本与图像相适应，如图 8-37 所示。

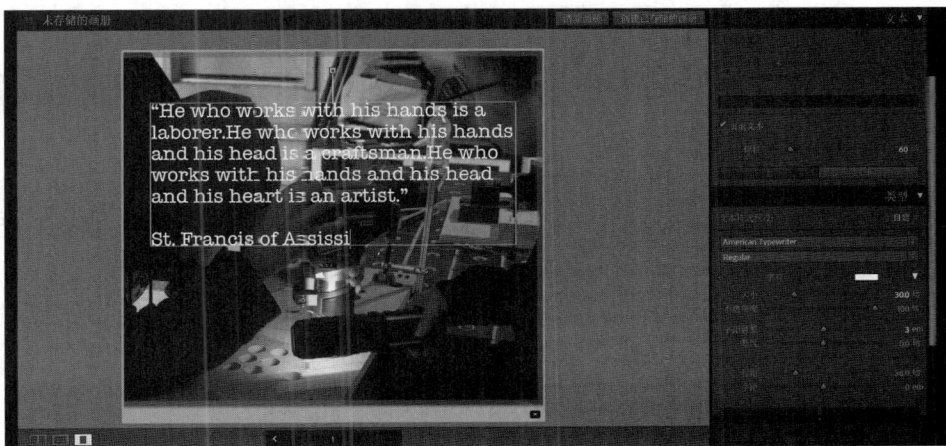

图 8-37

❺ 在工具栏中单击【多页视图】按钮。

8.3.4　创建自定义文本预设

在【类型】面板中的【文本样式预设】下拉列表中选择【将当前设置存储为新预设】，可以把当前文本设置存储为文本预设。这样我们就可以在画册的任意位置应用它，也可以把它应用到不同的项目中。

8.3.5　保存与重用自定义页面布局

在页面中设置好单元格边距，添加好标题文本，并调整好页面布局之后，可以把它保存为自定义模板，这个模板会显示在页面布局菜单中。

❶ 展开【页面】面板，然后在【多页视图】中使用鼠标右键单击第 1 页，在弹出的快捷菜单中选择【存储为自定页面】，观察【页面】面板中的布局缩览图。

此时，原来的单照片布局被一个文本单元格覆盖掉，其页面文本的大小比例和位置正是刚刚设置的。

❷ 页面预览图右下角有【更改页面布局】按钮，单击该按钮；或者单击【页面】面板中布局缩览图右侧的【更改页面布局】按钮，如图 8-38 所示，在【自定页面】类别下可以看到已经保存好的布局。

另一个重用布局的方法是，直接把布局复制到另外一个页面中，然后不做改动原样使用，或者做进一步修改。在预览区中使用鼠标右键单击第 1 页，在弹出的快捷菜单中可以看到【拷贝布局】与【粘贴布局】两个命令。

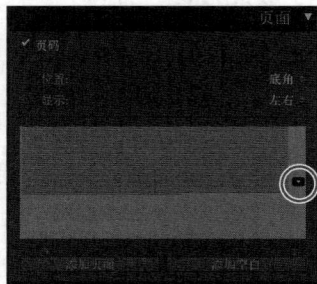

图 8-38

8.4　存储画册

在【画册】模块下，我们一直在处理的是未存储的画册，工作区的左上角显示着"未存储的画册"字样，如图 8-39 所示。

图 8-39

保存画册布局之前，【画册】模块看起来就像便笺簿。转到其他模块或关掉 Lightroom Classic 后，当再次返回【画册】模块或打开 Lightroom Classic 时，会发现之前所做的设置都还保留着。但是，一旦清除页面布局并启动了另外一个项目，之前做的一切设置都会随之消失。

把项目转换成已存储的画册，不仅可以保留设置，还可以把画册布局与设计中用到的照片链接在一起。

Lightroom Classic 会把画册保存成一种特殊的收藏夹（输出收藏夹），可以在【收藏夹】面板中找到它。不管清除画册布局多少次，只要单击画册收藏夹，就可以立即找到所有用到的照片，并恢复所有设置。

❶ 单击工作区右上角的【创建已存储的画册】按钮，或者在【收藏夹】面板标题栏右端单击加号图标（ + ），在弹出的菜单中选择【创建画册】。

❷ 在打开的【创建画册】对话框的【名称】文本框中输入画册名称"Jason's Arcade"，在【位置】选项组中勾选【内部】复选框，在下拉列表中选择 Book Portfolio 收藏夹，然后单击【创建】按钮。

Lightroom Classic 允许用户向已存储的画册中添加照片，操作也很简单，只需在【收藏夹】面板中把照片拖入画册收藏夹中。在【收藏夹】面板中把鼠标指针移动到已存储的画册上，单击数字右侧的白色三角形，可直接从【图库】模块进入【画册】模块，并打开画册。

Lightroom Classic 会在 Book Portfolio 收藏夹下创建 Jason's Arcade 画册，画册左侧会显示已存储的画册图标，画册右侧的数字表示画册只使用了源收藏夹（Book Portfolio）中的 5 张照片，如图 8-40 所示。预览区左上角显示的是画册名称。

Lightroom Classic 既允许用户在设计过程中随时保存画册，也允许用户在进入【画册】模块后使用一系列照片当即创建已存储的画册，或者在设计完成后创建已存储的画册。

一旦保存了画册，Lightroom Classic 就会自动保存对画册做的所有修改。

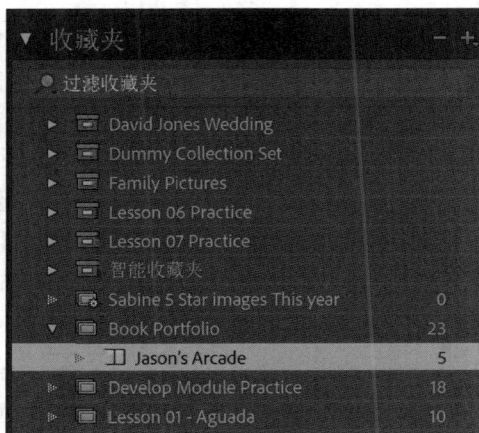

图 8-40

复制已保存的画册

设计画册要花很多精力，因此我们都希望能在新项目中最大限度地重用这些设计成果。如果希望做一些不同的尝试，同时不想失去已有的设计成果，或者想在现有设计中尝试添加页面与照片以探索更多可能，那么可以把已保存的画册复制一份，然后对副本做具有探索意味的修改，在这个过程中完全不必担心会丢失现有的工作成果。

❶ 在【收藏夹】面板中使用鼠标右键单击 Jason's Arcade 画册，在弹出的快捷菜单中选择【复制画册】。

对画册副本进行调整之后，如果对调整后的画册满意，可以删掉原始画册，然后重命名画册副本。

❷ 在【收藏夹】面板中使用鼠标右键单击原始画册（Jason's Arcade），在弹出的快捷菜单中选择【删除】。在【确认】对话框中单击【删除】按钮，即可删除原始画册。

❸ 在【收藏夹】面板中使用鼠标右键单击画册副本（Jason's Arcade 副本），在弹出的快捷菜单中选择【重命名】。在打开的【重命名画册】对话框中把画册名称修改为 Jason's Arcade，单击【重命名】按钮，完成重命名操作。

8.5 导出画册

制作好画册之后，可以把画册上传到 Blurb 进行委托打印，也可以把画册导出为 PDF 文件，然后发送至打印机进行打印。

❶ 在右侧面板组底部单击【将相册发送到 Blurb】按钮，可把画册上传到 Blurb。

❷ 在【购买画册】对话框中使用电子邮件地址和密码登录 Blurb，或者单击对话框左下角的【不是成员？】按钮，进入注册流程。

❸ 输入画册标题、副标题、作者名。此时，会出现一个警告，提示画册总页数不得少于 20 页，【上载画册】按钮处于不可用状态。单击【取消】按钮，或者先退出 Blurb，再单击【取消】按钮。

Blurb 要求画册总页数在 20 页到 240 页之间，封面与封底不计算在内。Blurb 会以 300dpi 的分辨率打印画册，当照片分辨率低于 300dpi 时，照片单元格的右上角会显示感叹号（！）。单击感叹号，可以知道相应照片的打印分辨率应该是多少。为获得最佳打印质量，Blurb 建议分辨率不低于 200dpi。

若想详细咨询打印相关问题，请访问 Blurb 公司的客户支持页面。

❹ 在 Lightroom Classic 中还可以把画册导出为 PDF 文件。首先，在【画册设置】面板顶部的【画册】下拉列表中选择【PDF】，然后在【画册设置】面板下半部分进行相应设置。这里保持【JPEG 品质】【颜色配置文件】【文件分辨率】【锐化】【媒体类型】的默认值不变（使用的打印机和纸张类型不同，这些设置也不相同），如图 8-41 所示。在右侧面板组下方单击【将画册导出为 PDF】按钮。

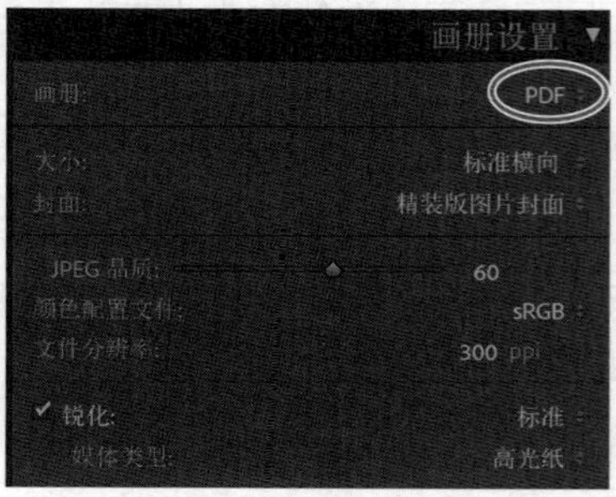

图 8-41

❺ 在打开的【存储】对话框中输入画册名称"Jason's Arcade"，打开 LRC2024CIB\Lessons\lesson08 文件夹，单击【存储】按钮。

❻ 如果希望以 PDF 格式导出 Blurb 画册作为打印校样，在【画册】下拉列表中选择包含 Blurb 的选项，然后单击左侧面板组下方的【将画册导出为 PDF】按钮。

恭喜你，又学完一课。本课主要介绍如何制作漂亮的画册以向他人展示你的照片。

在这个过程中，讲解了【画册】模块，如何使用各种控件面板来定制页面模板、改善页面布局、设置画册背景，以及添加文本等内容。

第 9 课介绍如何制作动态幻灯片来展示照片。不过在学习第 9 课之前，还是先花一点时间回答几个问题，回顾一下本课学习的内容。

8.6　复习题

1. 如何更改画册的页面布局？
2. 给页面编号时，有哪些选项可用？
3. 什么是单元格边距？
4. 【类型】面板中的【字距调整】【基线】【行距】【字距】滑块分别用来控制文本的什么属性？
5. 如何使用【文本调整】工具精调文本？

8.7　复习题答案

1. 在【页面】面板中单击布局预览图右侧的【更改页面布局】按钮，或者在工作区中单击所选页面或跨页右下角的【更改页面布局】按钮，选择布局类型，然后单击布局缩览图，应用模板，使用单元格边距调整布局。

2. 在【页面】面板中可给页面编号，还可以为页码设置全局位置，以及设置页码是否显示在左右页面中。在【类型】面板中可以设置文本属性。使用鼠标右键单击页码，通过弹出的快捷菜单可以应用全局样式、隐藏指定页面的页码，以及从非 1 的数字开始编号。

3. 单元格边距是指单元格中照片或文本边缘到单元格边框的距离。用户可以使用单元格边距调整文本或照片在页面中的位置，可以把单元格边距和【缩放】滑块结合起来使用，还可以按照要求裁剪照片。

4. 【字距调整】滑块用来调整所选文本中字母之间的距离，让字母之间的距离拉得更开，或者使字母挨得更紧。【基线】滑块用来调整所选文本相对于基线的垂直距离。【行距】滑块用来调整所选文本与其上一行文本之间的距离。【字距】滑块用来调整光标左右两个字母之间的距离。

5. 沿水平方向拖动所选文本，可调整文本大小；沿垂直方向拖动所选文本，可增加或减小行距。按住 Command 键 /Ctrl 键，同时沿水平方向拖动所选文本，可调整字距。按住 Command 键 /Ctrl 键，沿垂直方向拖动所选文本，可调整其相对于基线的距离。当希望修改所选文本时，可按住 Option 键 /Alt 键，临时禁用【文本调整】工具。在两个字母之间单击，插入光标，然后沿水平方向拖动光标，可调整字母间距。

摄影师
蒂托·埃雷拉（TITO HERRERA）

"让平凡变得不平凡。"

阅读杂志的过程中，我爱上了摄影，从那些精彩的瞬间和普通人的故事中我感受到了无尽的美感。这种美感从一开始就指引着我摄影，因为我清楚地知道想拍什么样的照片。工作中，我一直遵守着一个简单的规则：让平凡变得不平凡。

在我看来，评判照片好坏的主要标准不在于其表现的主题是否吸引人。事实上，在一个地方让人们很感兴趣的东西到了另外一个地方，人们可能就会觉得稀松平常。一个主题之所以吸引人，往往不是因为主题本身有多么吸引人，而在于它的呈现方式。如果拍摄不当，漂亮的人和景看上去也会很差劲；而一些常见的东西如果拍得好，就能紧紧抓住你的眼球，给你留下深刻的印象。

那么如何才能拍得好呢？窍门是保持开放的心态，保持好奇心和创造力，用心感受周围的一切，学会以不同的方式来看待一切。从寻找你后院的美景、好光线和有趣的主题开始。

摄影不是寻找令人惊艳的主题，而是让每个主题看起来都令人惊艳。

第 9 课

制作幻灯片

课程概览

照片处理好之后，可以把照片分享给朋友、家人，或者展示给客户，其中一种简单、高效的方法是把照片制作成幻灯片。Lightroom Classic 提供了许多模板，制作幻灯片时建议先从某个模板做起，然后根据需要调整布局、配色、时间等，再添加背景、边框、文本、音乐、视频等元素来丰富页面，最终制作出非常吸引人的幻灯片。

本课主要讲解以下内容。

- 使用收藏夹收集用于制作幻灯片的照片
- 选择幻灯片模板，调整布局，选择背景照片，添加文本、声音、动画
- 保存幻灯片和自定义模板
- 导出幻灯片
- 播放即席幻灯片

学习本课需要 90 分钟

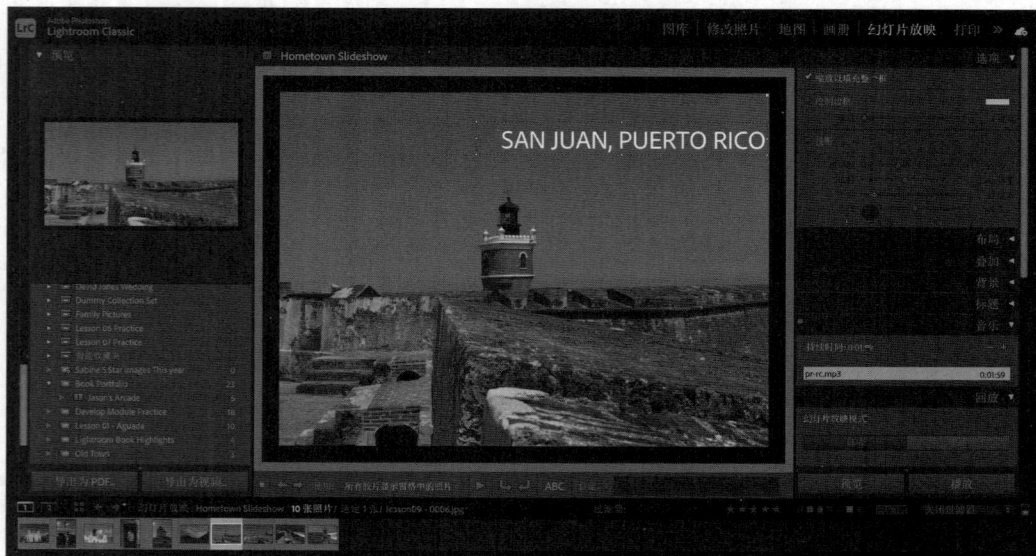

在【幻灯片放映】模块下，我们可以轻松地添加各种照片、过渡效果、文本、音乐、视频等，快速制作出令人印象深刻的幻灯片。在 Lightroom Classic 中，我们可以轻松地把制作好的幻灯片导出为 PDF 文件或视频文件，这极大地简化了把照片分享给家人、朋友、客户及其他人的过程。

9.1 学前准备

导入照片前，请先检查是否已经创建好用于存放本书课程文件的 LRC2024CIB 文件夹，以及 LRC2024CIB Catalog 目录文件。具体操作方法请参见本书前言"课程文件"和"新建目录文件"板块中的内容。

> ♡ **注意** 学习本课内容之前，需要对 Lightroom Classic 的工作区有基本了解。如果对 Lightroom Classic 的工作区一点也不了解，请先阅读 Lightroom Classic 帮助文档或前面课程中的内容。

将下载好的 lesson09 文件夹放入 LRC2024CIB\Lessons 文件夹中，相关操作说明请阅读前言。

❶ 启动 Lightroom Classic。

❷ 在打开的【Adobe Photoshop Lightroom Classic - 选择目录】窗口中选择 LRC2024CIB Catalog.lrcat 文件，单击【打开】按钮，如图 9-1 所示。

图 9-1

❸ 打开 Lightroom Classic 后，当前显示的是上一次退出软件时使用的屏幕模式和模块。若当前模块不是【图库】模块，请在工作区右上角的模块选取器中单击【图库】，切换至【图库】模块，如图 9-2 所示。

图 9-2

> ♡ **注意** 若用户界面中未显示模块选取器，请在菜单栏中选择【窗口】>【面板】>【显示模块选取器】，或者直接按 F5 键，将其显示出来。在 macOS 中，需要同时按 Fn 键与 F5 键，才能把模块选取器显示出来。如果你不想这样做，也可以在【首选项】中更改功能键的行为。

9.1.1 把照片导入图库

学习本课之前，请先把本课用到的照片导入 Lightroom Classic 图库。

❶ 在【图库】模块下单击左侧面板组左下角的【导入】按钮，如图 9-3 所示，打开【导入】对话框。

❷ 若【导入】对话框当前处在紧凑模式下，请单击对话框左下角的【显示更多选项】按钮，如图 9-4 所示，使【导入】对话框进入扩展模式，显示所有可用选项。

图 9-3

图 9-4

❸ 在左侧【源】面板中找到并选择 LRC2024CIB\Lessons\lesson09 文件夹。请确保 lesson09 文件夹中的所有照片（11 张）处于选中状态。

❹ 在预览区上方的导入方式中选择【添加】，Lightroom Classic 只会把导入的照片添加到目录文件中，而不会移动或复制原始照片。在右侧的【文件处理】面板的【构建预览】下拉列表中选择【嵌入与附属文件】，勾选【不导入可能重复的照片】复选框。在【在导入时应用】面板的【修改照片设置】和【元数据】下拉列表中选择【无】，在【关键字】文本框中输入"Lesson 09,San Juan"，如图 9-5 所示。确认设置无误后，单击【导入】按钮。

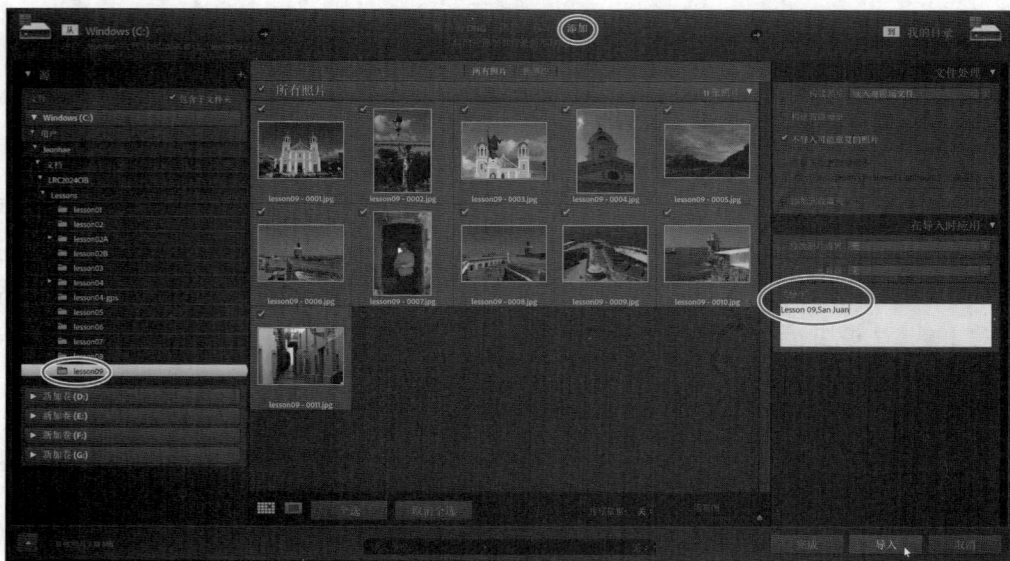

图 9-5

稍等片刻，Lightroom Classic 会把 11 张照片全部导入，并在【图库】模块的【网格视图】和胶片显示窗格中显示出这些照片。

9.1.2　收集照片

制作幻灯片的第一步是收集照片，也就是把要在幻灯片中使用的照片选出来。前面导入的照片在【上一次导入】文件夹中，如图 9-6 所示。接下来，我们将使用这些照片来制作幻灯片。

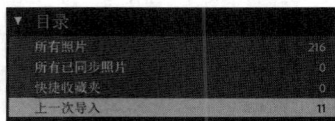

> 💡 **提示**　幻灯片中既可以包含视频，也可以包含静态照片。

图 9-6

虽然现在就可以进入【幻灯片放映】模块制作幻灯片，但目前不建议这么做。【上一次导入】文件夹只是一个临时分组，导入新照片时，Lightroom Classic 仍然会把新照片放入【上一次导入】文件夹中，而且新照片会覆盖原来的照片。此外，【上一次导入】文件夹中的照片不支持重新排序。

❶ 在【上一次导入】文件夹仍处于选中的状态下，在菜单栏中选择【编辑】>【全选】（快捷键为 Command+A/Ctrl+A），选择所有照片。在【收藏夹】面板标题栏右端单击加号图标（+），在弹出的菜单中选择【创建收藏夹】。在【创建收藏夹】对话框中输入新收藏夹名称"Puerto Rico"，勾选【包括选定的照片】复选框，其他复选框不勾选，然后单击【创建】按钮，如图 9-7 所示。

图 9-7

> 💡 **提示**　在【网格视图】或胶片显示窗格中，拖动照片缩览图即可对收藏夹中的照片进行重新排序。Lightroom Classic 会把照片的新顺序随收藏夹一起保存下来。

此时，新创建的收藏夹（Puerto Rico）出现在【收藏夹】面板中，而且自动处于选中状态。其右侧的数字指示 Puerto Rico 收藏夹中包含 11 张照片，如图 9-8 所示。

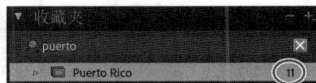

图 9-8

随着收藏夹的数量越来越多，查找某个收藏夹也变得越来越困难。此时，可以直接使用【收藏夹】面板标题栏下方的搜索框，在其中输入想搜索的收藏夹名称，Lightroom Classic 会搜索面板中的所有收藏夹，找到目标收藏夹。

❷ 在 Puerto Rico 收藏夹处于选中的状态下，在【网格视图】的工具栏中把【排序依据】设置为

【文件名】(稍后制作幻灯片时可重新组织它们)。按快捷键 Option+Command+5/Alt+Ctrl+5,或者在模块选取器中单击【幻灯片放映】按钮,进入【幻灯片放映】模块。

9.2 使用【幻灯片放映】模块

【幻灯片放映】模块是设计幻灯片与预览幻灯片的主要场所,如图 9-9 所示。

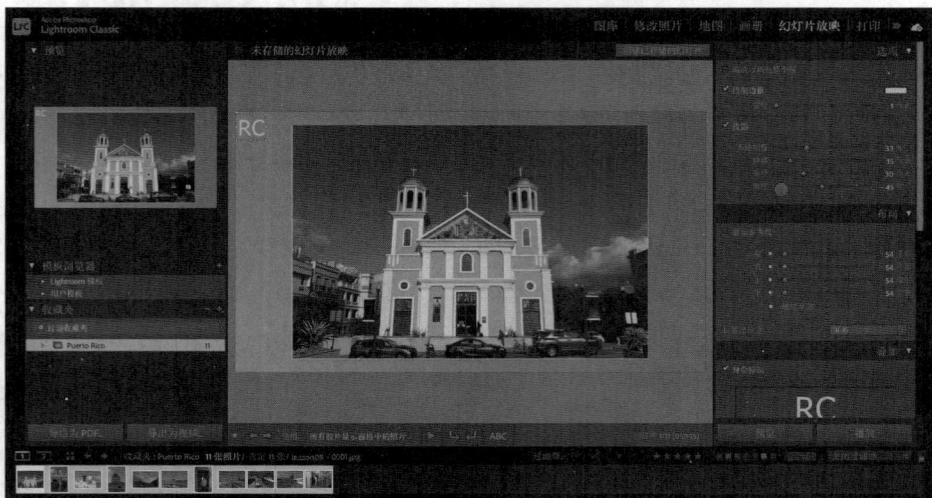

图 9-9

左侧面板组中有【预览】面板、【模板浏览器】面板、【收藏夹】面板,其中【预览】面板中显示的是【模板浏览器】面板中当前选中或鼠标指针所指的布局模板的缩览图,【收藏夹】面板提供了快速访问某个收藏夹的方式。

在中间预览区下方的工具栏中有多个控件,分别用来浏览收藏夹中的照片、预览幻灯片,以及向幻灯片中添加文本等。

> ♀ 注意 大家看到的软件界面可能和这里不太一样,大多是由计算机显示器的大小和缩放比例不同造成的。

选择幻灯片模板

幻灯片模板中包含不同的布局设置,例如,照片尺寸、边框、背景、阴影、文本叠加等,我们可以自定义这些设置,以创建自己的幻灯片。

❶ 在【模板浏览器】面板中展开【Lightroom 模板】文件夹,如图 9-10 所示,移动鼠标指针到各个模板上,在【预览】面板中查看所选照片在各个模板中的效果。在胶片显示窗格中另外选择一张照片,然后预览其在各个模板中的效果。

> ♀ 提示 从某个模块启动即席幻灯片放映时,Lightroom Classic 会启用默认模板。若希望指定其他模板,在【模板浏览器】面板中使用鼠标右键单击模板名称,在弹出的快捷菜单中选择【用于即席幻灯片放映】。此时,新的默认模板名称右侧会出现加号(+)。

❷ 在【模板浏览器】面板中预览各个模板之后，单击【宽屏】模板将其选中，如图 9-10 所示。

❸ 在工具栏的【使用】菜单中选择【所有胶片显示窗格中的照片】。在胶片显示窗格中选择第 4 张照片 lesson09 - 0004。

❹ 单击右侧面板组下方的【预览】按钮，在幻灯片编辑器视图中预览幻灯片。预览完成后，按 Esc 键或者单击幻灯片，即可停止预览。

图 9-10

幻灯片模板

Lightroom Classic 提供了多个幻灯片模板，而且这些模板都是可定制的。制作幻灯片时，我们可以选择一种模板，然后根据需要修改模板，从而创建出符合自己需要的幻灯片布局。

题注和星级：该模板会把照片居中放置在灰色背景中，并且在每一面显示照片星级和题注元数据。

裁剪以填充：该模板会用照片填充屏幕，并根据屏幕长宽比裁剪照片，因此不太适用于展示垂直拍摄的照片。

Exif 元数据：该模板会把照片居中放置在黑色背景上，并显示星级、EXIF 信息和身份标识。

简单：该模板会把照片居中放置到黑色背景上，并显示自定义的身份标识。

宽屏：该模板会把照片居中放置，并根据屏幕尺寸调整照片尺寸，但不会裁剪照片，照片周围的空白区域会被填充成黑色。

9.3 定制幻灯片模板

本课不会在幻灯片中添加身份标识和元数据信息，因此这里选择【宽屏】模板，以其为基础自定义布局。

9.3.1 调整幻灯片布局

选择了幻灯片模板之后，我们可以使用右侧面板组中的各个控件自定义幻灯片布局。这里，我们先修改幻灯片布局，然后修改背景，设计整体外观，再决定边框、文本的风格、颜色等。在【布局】面板中，我们可以设置照片单元格的边距，以调整照片在幻灯片中的大小和位置。

❶ 在右侧面板组中，若【布局】面板当前处于折叠状态，单击【布局】面板标题栏右侧的三角形将其展开，勾选【显示参考线】复选框和【链接全部】复选框。若屏幕长宽比不是 16:9，请在【长宽比预览】下拉列表中选择【16:9】，如图 9-11 所示。

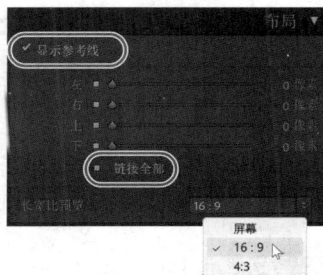
图 9-11

> ♀提示　在幻灯片布局中放置视频的方式和放置静态照片的方式一样，而且配有边框和阴影。

❷ 在幻灯片编辑器视图中把鼠标指针移动到照片下边缘上，当鼠标指针变成双向箭头形状时，按住鼠标左键，向上拖动照片下边缘。拖动时，缩小的照片的周围背景上会出现白色的布局参考线。在【布局】面板中勾选【链接全部】复选框后，4 条参考线会同时移动。一边向上拖动照片下边缘，一边观察【布局】面板中的数值，当数值变成 64 像素时，如图 9-12 所示，停止拖动，释放鼠标左键。

图 9-12

💡 提示　要调整幻灯片布局中的照片尺寸，既可以在【布局】面板中拖动滑块，也可以直接在输入框中输入新数值。勾选【链接全部】复选框后，只需拖动一个滑块或者修改一个值，其他几个值就会随之变化。不同计算机显示器的长宽比不一样，所以你看到的幻灯片比例可能与本课截图不一样。

接下来增大幻灯片顶部的边距，扩大空间，以便后面添加文本。

❸ 在【布局】面板中取消勾选【链接全部】复选框，然后向右拖动【上】滑块，或者在幻灯片编辑器视图中拖动顶部参考线，还可以直接输入像素值 300 像素。取消勾选【显示参考线】复选框，然后把【布局】面板折叠起来。

9.3.2　设置幻灯片背景

在【背景】面板中，我们可以为幻灯片设置背景颜色、应用渐变色，以及添加背景照片，综合应用这些设置，可以制作出非常精彩的幻灯片。

❶ 在胶片显示窗格中选择除最后一张照片之外的任意一张照片。

❷ 在右侧面板组中展开【背景】面板。取消勾选【背景色】复选框，勾选【背景图像】复选框，把照片 lesson09 - 0011 从胶片显示窗格拖入背景图像方框中。向左拖动【不透明度】滑块，把不透明度降低为 50%，或者在右侧输入框中输入 50，如图 9-13 所示。

💡 提示　此外，还可以直接把某张照片从胶片显示窗格拖入幻灯片编辑器视图中的某个幻灯片背景上。

在【背景色】复选框处于未勾选的状态下，默认的黑色背景会透过半透明的背景照片显露出来，起到压暗背景照片的作用。不过，此时背景照片还是太显眼了。我们可以继续使用【渐变色】控件把背景再压暗一些。勾选【渐变色】复选框之后，会产生从所选颜色到背景照片颜色的渐变效果。

图 9-13

❸ 勾选【渐变色】复选框，单击右侧的颜色框，然后在拾色器顶部单击黑色。

❹ 单击拾色器左上角的【关闭】按钮关闭拾色器。设置【渐变色】下方的【不透明度】为 85%，并将【角度】设置为 45 度，如图 9-14 所示。设置完毕后，把【背景】面板折叠起来。

把背景照片设置成半透明之后，幻灯片背景上应用了 3 种设置，分别是渐变色、背景照片、默认背景颜色。

图 9-14

> 💡提示　在【背景】面板中取消勾选【渐变色】【背景图像】【背景色】3 个复选框后，幻灯片背景变为黑色。

9.3.3　添加边框与投影

到这里，我们已经为幻灯片创建好整体布局。接下来，我们为照片添加细边框和投影，使照片从背景上进一步突显出来。选择边框颜色时，我们会选择与背景颜色（暖色深色）反差较大的颜色，以形成强烈的对比效果。

❶ 在右侧面板组中展开【选项】面板，勾选【绘制边框】复选框，然后单击右侧的颜色框，如图 9-15 所示，打开拾色器。

❷ 在拾色器右下角依次单击 R、G、B，分别输入 79、81、63，将边框颜色设置为淡黄色，如图 9-16 所示。设置完后，关闭拾色器。

图 9-15

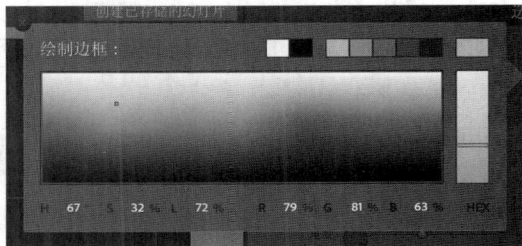

图 9-16

❸ 拖动【宽度】滑块，把边框宽度设置为 1 像素。也可以直接在输入框中输入 1。

❹ 在【选项】面板中勾选【投影】复选框，调整其下的控件，包括不透明度（阴影的透明程度）、位移（阴影与照片之间的偏移量）、半径（阴影边缘的柔和程度）、角度（阴影投射角度），如图 9-17 所示。调整后，取消勾选【绘制边框】和【投影】复选框，以及【背景】面板中的所有复选框。

图 9-17

9.3.4 添加文本

在【叠加】面板中，我们可以向幻灯片中添加文本、身份标识、水印，以及让 Lightroom Classic 显示指派给照片的星级或者添加到元数据中的题注。下面添加一个简单的标题，使其出现在每张幻灯片的背景中。

> 💡注意　这里，我们不会向幻灯片添加身份标识和水印。对于添加身份标识，可参考 Lightroom Classic 帮助下的"用户指南"的"向幻灯片添加身份标识"部分。

❶ 展开【叠加】面板，勾选【叠加文本】复选框。若当前工具栏未在幻灯片编辑器视图中显示出来，请按 T 键将其显示出来。在工具栏中单击【ABC】按钮（向幻灯片添加文本按钮），如图 9-18 所示。

图 9-18

❷ 在【自定文本】文本框中输入"PUERTO RICO"，如图 9-19 所示，按 Return 键 /Enter 键。Lightroom Classic 会把输入的文本显示在幻灯片的左下角，文本周围有一个虚线框（可能需要单击虚线框才能看到文本）。

图 9-19

❸【叠加】面板的【叠加文本】选项组中有一些关于文本的设置，例如，字体、样式、不透明度等。单击字体名称右侧的双箭头，选择一种字体，然后再选择一种样式。这里保持默认设置不变。文

本保持默认颜色（白色）不变（单击【叠加文本】右侧的颜色框，可设置文本颜色）。若文本太亮，可把【不透明度】设置为 80%，降低亮度。

❹ 向上拖动文本，使其位于幻灯片上边缘的中心位置。向上拖动虚线框底部中间的控制点，把文本缩小一些，然后使用上下箭头键，把文本放到图 9-20 所示的位置。

图 9-20

在幻灯片中拖动文本时，Lightroom Classic 会把虚线框与幻灯片边缘或照片边缘上最近的参考点连接起来，以便确定文本位置。

❺ 在幻灯片页面中拖动文本，可以看到有一条白线把虚线框与周围最近的参考点连接起来。了解完之后，把文本放到原来的位置上。

在整个幻灯片中，文本都会在相同的位置上。也就是说，无论形状如何，其相对于整个幻灯片或者照片边框的位置都是一样的。

借助这个功能，我们可以把照片的标题文本固定在某个位置上，例如，把文本固定在照片左下角下方，无论文本大小和方向如何，它都会出现在照片左下角下方。同时，应用到整个幻灯片的标题文本在屏幕上的位置始终保持不变。后一种情况下，文本与幻灯片边缘的某个参考点连接在一起；前一种情况下，文本与照片边框上的某个参考点连接在一起。

【叠加文本】选项组中的颜色、不透明度控件与【渐变色】【绘制边框】选项组中同名控件的功能一样。在 macOS 中，还可以向文本添加投影。

❻ 把【叠加】面板折叠起来，在幻灯片编辑器视图中取消选择文本。

❼ 在胶片显示窗格中选择第一张幻灯片，单击右侧面板组底部的【预览】按钮，在幻灯片编辑器视图中预览制作好的幻灯片，如图 9-21 所示。预览完毕后，按 Esc 键停止播放。

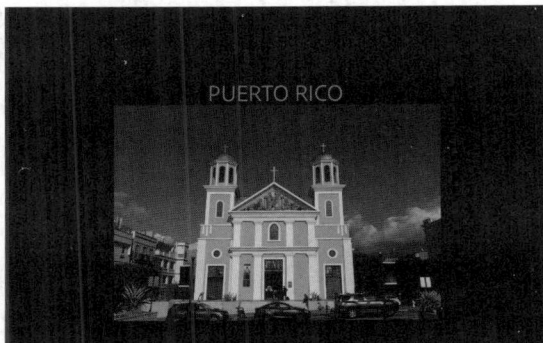

图 9-21

▍9.4 创建已存储的幻灯片

在【幻灯片放映】模块下，我们一直在处理的是未存储的幻灯片，幻灯片编辑器视图的左上角会显示"未存储的幻灯片放映"字样，如图 9-22 所示。

图 9-22

保存幻灯片之前，【幻灯片放映】模块看起来就像便笺簿。用户可以进入其他模块，甚至关掉 Lightroom Classic，当再次返回【幻灯片放映】模块或打开 Lightroom Classic 时，会发现所做的设置都保留着。但是，如果在【模板浏览器】面板中单击了新的幻灯片模板（包括当前选用的模板），那么所有设置都会随之消失。

把项目转换成已存储的幻灯片，不仅可以保留布局和播放设置，还可以把布局与设计中用到的照片链接在一起。Lightroom Classic 会把幻灯片保存成一种特殊的收藏夹（输出收藏夹），可以在【收藏夹】面板中找到它。不管清除幻灯片"便笺簿"多少次，只要单击幻灯片收藏夹，就可以立即找到所有用到的照片，并恢复所有设置。

使用【文本模板编辑器】对话框

在【幻灯片放映】模块下，可以使用【文本模板编辑器】对话框访问和编辑照片中的元数据、创建显示在幻灯片上的文本等。用户可以自定义文本，也可以在众多预设（例如，标题、题注、照片大小、相机信息等）中选择，然后把设置保存成文本模板预设，以便日后将其应用在类似的项目中。

在工具栏中单击【ABC】按钮，然后单击【自定文本】右侧的下拉按钮，在打开的下拉列表中选择【编辑】，如图 9-23 所示，打开【文本模板编辑器】对话框。

图 9-23

在【文本模板编辑器】对话框中可以创建包含一个或多个文本标记、占位符的字符串，如图 9-24 所示，它们代表要从照片元数据中抽取的信息项，这些信息项会显示在幻灯片中。

在对话框顶部的【预设】下拉列表中可以应用、保存、管理文本预设，以及根据不同用途定制的一系列信息标记。

在【图像名称】选项组中可以创建一个包含当前文件名、原始文件名、副本文件名或文件夹名称的字符串。

在【编号】选项组中可以设置幻灯片中的照片编号，以及以多种格式显示照片拍摄日期等。

在【EXIF 数据】选项组中可以选择要插入的元数据，包括尺寸、曝光度、闪光灯等多个属性。

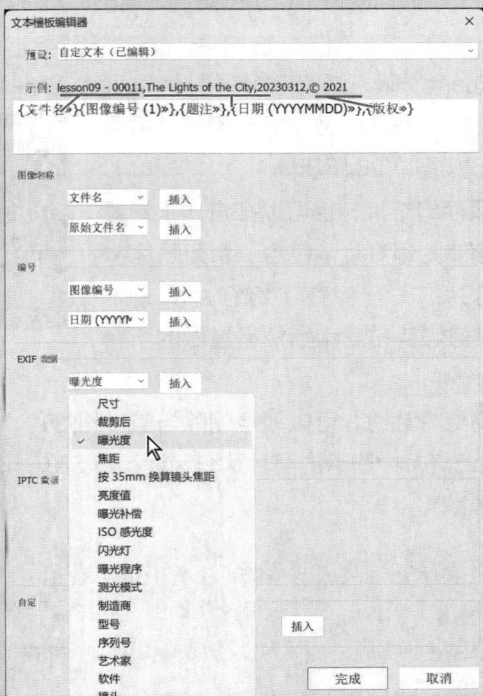

图 9-24

在【IPTC 数据】选项组中可以选择插入版权、拍摄者详细信息等大量 IPTC 相关数据。

❶ 在幻灯片编辑器视图右上角单击【创建已存储的幻灯片】按钮，或者在【收藏夹】面板标题栏右端单击加号图标（+），在弹出的菜单中选择【创建幻灯片放映】。

❷ 在打开的【创建幻灯片放映】对话框的【名称】文本框中输入"Hometown Slideshow"；在【位置】选项组中勾选【内部】复选框，并在其下拉列表中选择 Puerto Rico 收藏夹，然后单击【创建】按钮，如图 9-25 所示。

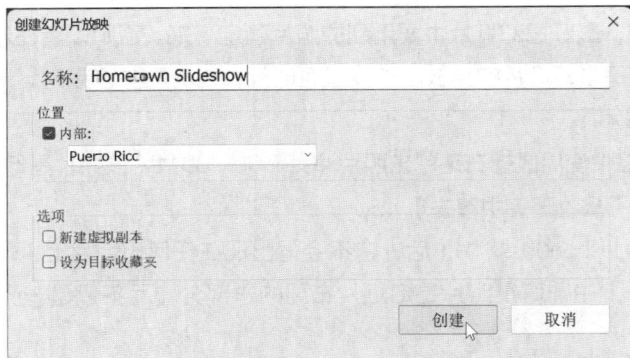

图 9-25

💡 **提示** 当希望向幻灯片中的所有照片应用某种设置（例如，修改照片预设）时，可在【选项】选项组中勾选【新建虚拟副本】复选框，这样，应用的设置不会影响到原始收藏夹中的照片。

此时，幻灯片编辑器视图上方的标题栏中显示的是已存储的幻灯片的名称，同时【创建已存储的幻灯片】按钮消失。

Lightroom Classic 会在 Puerto Rico 收藏夹中创建 Hometown Slideshow 幻灯片，幻灯片左侧会显示已存储的幻灯片图标，幻灯片右侧的数字表示幻灯片中用到了源收藏夹中的 11 张照片，如图 9-26 所示。

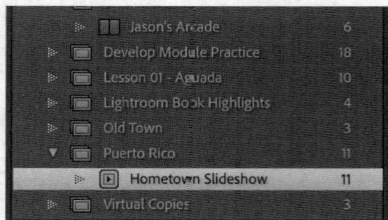

图 9-26

设计过程中，可以随时保存幻灯片，也可以在进入【幻灯片放映】模块后立即创建已存储的幻灯片（包含一系列照片），或者在设计完成后保存幻灯片。一旦保存了幻灯片，Lightroom Classic 就会自动保存对幻灯片布局和播放设置做的所有修改。

保存幻灯片之后，在精调幻灯片时，可以随意删除与重排幻灯片，这些操作不会影响到源收藏夹。Lightroom Classic 会把在幻灯片中删除的照片从 Hometown Slideshow 输出收藏夹中移除，但是它们仍然保留在 Puerto Rico 收藏夹中。

> 💡提示 用户可以向已存储的幻灯片中添加更多的照片，操作很简单，只需在【收藏夹】面板中把照片拖入幻灯片收藏夹中。在【收藏夹】面板中把鼠标指针移动到已存储的幻灯片上，单击数字右侧的箭头，如图 9-27 所示，可直接从【图库】模块进入【幻灯片放映】模块，并打开幻灯片。

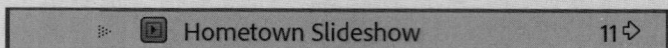

图 9-27

如果还打算使用 Puerto Rico 收藏夹中的照片进行打印或制作在线相册，上面这个功能会非常有用。源收藏夹中的照片始终保持不变，但每个项目的输出收藏夹中包含照片的不同子集，而且排列顺序也各不相同。

9.5 精调幻灯片内容

指定播放设置之前，最好把幻灯片中要用到的照片确定下来。否则以后在幻灯片中删除某张照片时，可能需要重新调整每张幻灯片的播放时长、过渡时间，在有同步音频时，还必须重新匹配幻灯片与音频，做起来会非常麻烦。

❶ 在胶片显示窗格中使用鼠标右键单击照片 lesson09 - 0011（该照片是幻灯片的背景照片），在弹出的快捷菜单中选择【从收藏夹中移去】。

请注意，移动照片 lesson09 - 0011 后，它不会再出现在任何幻灯片上，但是仍然会出现在【背景】面板的【背景图像】中。背景照片是幻灯片布局的一部分，而不只是一张要显示在幻灯片中的照片。

即使选择一组完全不同的照片放入幻灯片，背景照片也仍然会保持原样。保存幻灯片之后，Lightroom Classic 会保留一个指向背景照片的链接，而且这个链接与输出收藏夹及其父收藏夹无关。

在【收藏夹】面板中，Hometown Slideshow 输出收藏夹名称右侧显示的当前照片数目是 10，而它的父收藏夹（Puerto Rico）名称右侧显示的照片数目仍然是 11。

❷ 在胶片显示窗格中，按住鼠标左键把照片 lesson09 - 0007 拖动到照片 lesson09 - 0003 与 lesson09 - 0004 之间，当出现黑色插入线时，如图 9-28 所示，释放鼠标左键。

图 9-28

9.6 在幻灯片中添加声音与动画

如果希望幻灯片更动感，可以在幻灯片中添加视频，还可以为视频设置边框、阴影、叠加等，设置视频的方式和设置照片的方式类似。

即便是完全由静态照片组成的幻灯片，也可以通过添加音乐来烘托气氛，以让观者产生情感共鸣，或通过电影般的平移与缩放效果使照片变得生动、活泼。

lesson09 文件夹中有一个名为 pr-rc.mp3 的音乐文件。这段音乐有助于突显幻灯片生动、永恒的主题。不过，大家也可以从音乐库中选择其他音乐。此幻灯片中只包含 10 张照片，因此选时长短一点的音乐会更好。

❶ 在右侧面板组中展开【音乐】与【回放】两个面板。单击【音乐】面板标题栏左侧的开关按钮，开启声道。单击【添加音乐】按钮（加号图标），如图 9-29 所示，打开 LRC2024CIB\ Lessons\lesson09 文件夹，选择 pr-rc.mp3 文件，单击【选择】按钮。此时，音乐文件的名称和持续时间会在【音乐】面板中显示出来。

图 9-29

❷ 展开【标题】面板，勾选【介绍屏幕】复选框和【结束屏幕】复选框，取消勾选【添加身份标识】复选框。

接下来，根据音乐时长设置幻灯片的持续时间和过渡时间，调整好幻灯片的时间点。

❸ 在【回放】面板中单击【按音乐调整】按钮，如图 9-30 所示，观察【幻灯片长度】和【交叉淡化】值的变化情况。若弹出"幻灯片不适合音乐"的提示消息，减小【交叉淡化】值。调整时间以确保 10 张照片、两个标题屏幕与背景音乐的时长相匹配。

❹ 向右拖动【交叉淡化】滑块，把淡化过渡的时长延长一点，然后再次单击【按音乐调整】按钮，同时观察【幻灯片长度】值的变化。在这个过程中，Lightroom Classic 会重新计算幻灯片的时长，在淡化过渡时长增加的情况下，确保幻灯片与音乐文件相匹配。

❺ 在【回放】面板中取消勾选【重播幻灯片放映】复选框与【随机顺序】复选框。在胶片显示窗格中选择第一张照片，然

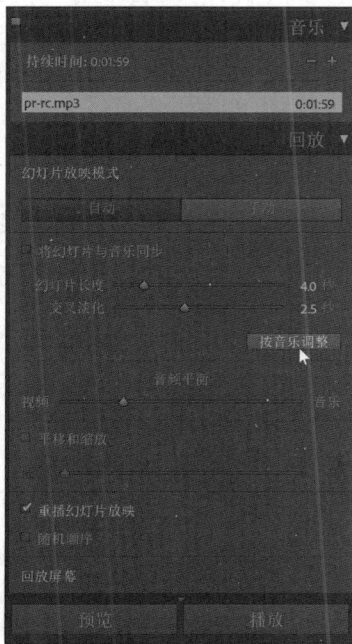

图 9-30

后在右侧面板组底部单击【预览】按钮，在幻灯片编辑器视图中预览幻灯片。预览完毕后，按 Esc 键停止播放。

在幻灯片中添加音乐能够增强幻灯片的叙事性。接下来再向幻灯片中添加动态效果，以告诉观者这不只是一个故事，还是一次旅行。

❻ 在【回放】面板中勾选【平移和缩放】复选框，拖动其下的滑块，设置效果级别，把滑块拖动到滑动条从左往右的大约三分之一处。【平移和缩放】滑块越往右，动态效果速度越快，力度越大；滑块越往左，动态效果速度越慢，力度越小。

❼ 在胶片显示窗格中选择第一张照片，然后单击右侧面板组下方的【播放】按钮，在全屏模式下观看幻灯片。播放过程中，可按空格键暂停播放与继续播放。播放完毕后，按 Esc 键结束幻灯片放映。

> 💡 提示　最多可向幻灯片中添加 10 段音乐，在【音乐】面板中拖动音乐文件，可改变音乐文件的播放顺序。

当幻灯片中用到的照片非常多时，可以使用【添加音乐】按钮添加多个音乐文件。当幻灯片中有多个音乐文件时，单击【按音乐调整】按钮，可使幻灯片、过渡时间与音乐持续时间相匹配。

勾选【将幻灯片与音乐同步】复选框，【幻灯片长度】【交叉淡化】【按音乐调整】都会被禁用，如图 9-31 所示。Lightroom Classic 会分析音乐文件，根据音乐节奏设置幻灯片的时间，并对音乐中突出的声音做出响应。

在【回放】面板中拖动【音频平衡】滑块，可以把音乐和幻灯片中视频的声音进行混合。

如果计算机连接了另一台显示器，【回放】面板底部会出现【回放屏幕】选项组。在这个选项组中可以选择全屏播放幻灯片时使用哪个屏幕，以及设置播放过程中另一个屏幕是否是空白的。

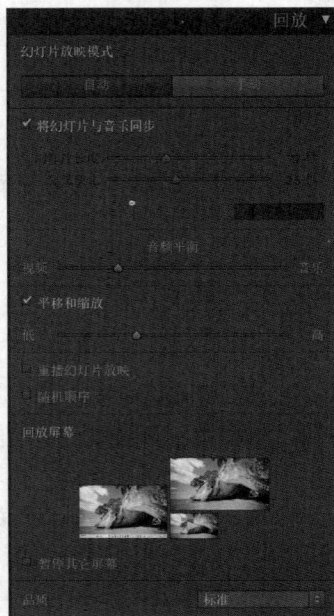

图 9-31

9.7　保存自定义的幻灯片模板

定制好幻灯片模板之后，我们应该把它保存下来，使其出现在【模板浏览器】面板中，供日后使用。这与之前幻灯片的保存不一样。前面说过，已存储的幻灯片本质上是输出收藏夹，里面存放着一组有特定顺序的照片，以及幻灯片设置。与此不同，已保存的自定义模板只记录幻灯片的布局和播放设置，而不会链接任何照片。

如果希望把相关幻灯片放在一起，或者想把模板用作新设计的起点，那么可以把自定义的幻灯片保存成模板，以节省大量时间。

默认设置下，Lightroom Classic 会把用户自定义的模板显示在【模板浏览器】面板的【用户模板】文件夹中。

❶ 使幻灯片处于打开状态，在【模板浏览器】面板的标题栏中单击加号图标（新建预设），或者在菜单栏中选择【幻灯片放映】>【新建模板】。

❷ 在打开的【新建模板】对话框中输入新模板的名称"Centered Title"，在【文件夹】下拉列表中选择【用户模板】作为目标文件夹，单击【创建】按钮，如图 9-32 所示。

💡提示　保存自定义模板时，最好起一个描述性的名称（即有意义的名称）。当【模板浏览器】面板中存在多个模板时，有一个有意义的名称有助于快速找到需要的模板。

此时，可以在【模板浏览器】面板的【用户模板】文件夹中看到新创建的自定义模板，如图 9-33 所示。

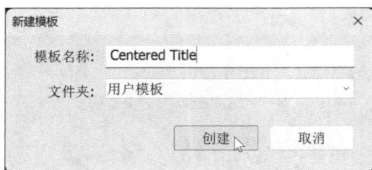

图 9-32

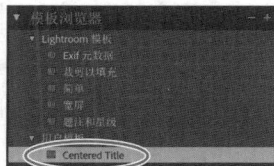

图 9-33

调整与组织用户模板

【模板浏览器】面板中有许多用来组织模板和模板文件夹的选项。

重命名模板或模板文件夹

在【模板浏览器】面板中无法重命名【Lightroom 模板】文件夹、内置模板，以及默认的【用户模板】文件夹，但是可以对自己创建的模板或模板文件夹进行重命名操作。在【模板浏览器】面板中使用鼠标右键单击某个模板或模板文件夹，然后在弹出的快捷菜单中选择【重命名】即可。

移动模板

在【模板浏览器】面板中，如果希望把一个模板移动到另外一个文件夹中，直接把该模板拖入其中即可。如果希望把一个模板移动到一个新文件夹中，请使用鼠标右键单击该模板，然后在弹出的快捷菜单中选择【新建文件夹】，Lightroom Classic 会新建一个文件夹，并把选中的模板放入其中。当试图移动一个模板时，Lightroom Classic 会把选择的模板复制到新文件夹中，但是原始模板仍然保留在【Lightroom 模板】文件夹中。

更新自定义模板设置

如果希望修改某个自定义模板，请在【模板浏览器】面板中选择它，然后使用右侧面板组中的各种控件做修改，再在【模板浏览器】面板中使用鼠标右键单击模板，在弹出的快捷菜单中选择【使用当前设置更新】。

创建模板副本

如果希望在现有模板文件夹中为当前选择的模板创建副本，请单击【模板浏览器】面板标题栏右侧的加号图标（新建预设），在打开的【新建模板】对话框中输入副本模板名称，在【文件夹】下拉列表中选择目标文件夹，单击【创建】按钮。如果希望在新文件夹中为当前所选模板创建副本，请单击【模板浏览器】面板标题栏右侧的加号图标（新建预设），在打开的【新建模板】对话框中输入副本模板名称，在【文件夹】下拉列表中选择【新建文件夹】，在打开的【新建文件夹】对话框中输入文件夹名，单击【创建】按钮，Lightroom Classic 会在新文件夹中创建所选模板的副本。

导出自定义模板

在【模板浏览器】面板中使用鼠标右键单击某个自定义模板，然后在弹出的快捷菜单中选择【导出】，可以将其导出，以便在另一台计算机的 Lightroom Classic 中使用它。

导入自定义模板

如果希望导入在另一台计算机的 Lightroom Classic 中创建的自定义模板，请使用鼠标右键单击【用户模板】或者【用户模板】文件夹中的任意一个模板，然后在弹出的快捷菜单中选择【导入】，再在打开的【导入模板】对话框中选择要导入的模板文件，单击【导入】按钮。

删除模板

在【模板浏览器】面板中使用鼠标右键单击某个自定义模板，在弹出的快捷菜单中选择【删除】，即可删除选定的自定义模板。此外，选择待删除的自定义模板，然后在【模板浏览器】面板的标题栏中单击减号图标（删除选定预设），也可以删除选定的自定义模板。请注意，无法删除【Lightroom 模板】文件夹中的模板。

新建模板文件夹

在【模板浏览器】面板中使用鼠标右键单击某个模板文件夹或模板，在弹出的快捷菜单中选择【新建文件夹】，即可新建一个空白模板文件夹，然后我们就可以把模板拖入其中了。

删除模板文件夹

要删除模板文件夹，首先需要删除文件夹中的所有模板（或者把模板全部拖入另外一个文件夹中），然后使用鼠标右键单击空白文件夹，在弹出的快捷菜单中选择【删除文件夹】。

9.8 导出幻灯片

为了把制作好的幻灯片发送给朋友、客户，或者在另一台计算机中播放、在网络上分享，我们可以把幻灯片导出为 PDF 文件或高品质视频。

❶ 在【幻灯片放映】模块下单击左侧面板组底部的【导出为 PDF】按钮。

❷ 在打开的【将幻灯片放映导出为 PDF 格式】对话框中浏览各个选项，要特别留意幻灯片尺寸与品质的设置，然后单击【取消】按钮，如图 9-34 所示。

> **💡注意** 使用 Adobe Reader® 或 Adobe Acrobat® 浏览导出的 PDF 文件时，幻灯片的过渡效果会正常发挥作用。但是在把幻灯片导出为 PDF 文件之后，原来幻灯片中的音乐、播放设置都会丢失。

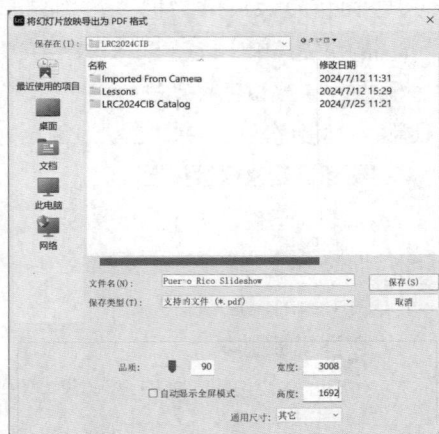

图 9-34

❸ 在左侧面板组下方单击【导出为视频】按钮，在打开的【将幻灯片放映导出为视频】对话框中浏览各个选项，了解【视频预设】下拉列表中有哪些选项，依次选择各个选项，阅读下方简短的说明，如图 9-35 所示。

以 MP4 格式导出幻灯片后，可以把视频上传到视频分享网站，或者对视频做进一步优化，以便在移动设备中播放。视频尺寸和质量有多种选择，例如 480×270（适用于私人媒体播放器和电子邮件）、1080p（高质量 HD 视频）。

❹ 在【将幻灯片放映导出为视频】对话框中为导出视频设置名称，指定目标文件夹，在【视频预设】下拉列表中选择视频预设，然后单击【保存】按钮。

此时，工作区的左上角出现一个进度条，显示导出的进度，如图 9-36 所示。

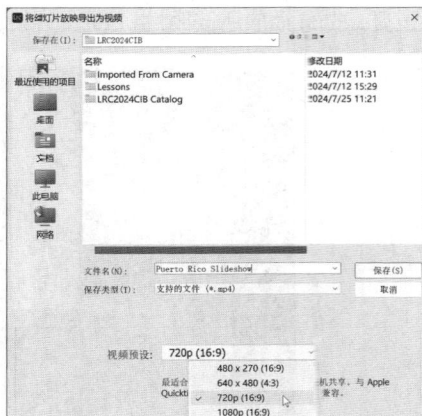
图 9-35

图 9-36

9.9 播放即席幻灯片

在 Lightroom Classic 中，即便在【幻灯片放映】模块之外，我们也可以轻松地播放即席幻灯片。例如，在【图库】模块下启动即席幻灯片放映，可以以全屏方式浏览导入的照片。

> 💡 提示　在【幻灯片放映】模块下的【模板浏览器】面板中使用鼠标右键单击某个模板，在弹出的快捷菜单中选择【用于即席幻灯片放映】，可以更改用于即席幻灯片放映的模板。

在 Lightroom Classic 中，不论在哪个模块下，都可以启动即席幻灯片放映。即席幻灯片的布局、时间安排、过渡效果由当前在【幻灯片放映】模块下设置的用于即席幻灯片放映的模板确定。若未设置，则 Lightroom Classic 会使用【幻灯片放映】模块中的当前设置。

❶ 进入【图库】模块。在【目录】面板中选择【上一次导入】文件夹。在工具栏中单击【网格视图】按钮，单击【排序依据】左侧的【排序方向】按钮，选择浏览照片的顺序。

❷ 在【网格视图】中选择第一张照片，然后按快捷键 Command+A/Ctrl+A，或者在菜单栏中选择【编辑】>【全选】，选择上一次导入的所有照片。

❸ 在菜单栏中选择【窗口】>【即席幻灯片放映】，或者按快捷键 Command+Return/Ctrl+Enter，启动即席幻灯片放映。

> 💡 提示　在【图库】与【修改照片】模块下，还可以单击工具栏中的【即席幻灯片放映】按钮来放映幻灯片，如图 9-37 所示。若工具栏中未显示【即席幻灯片放映】按钮，请单击工具栏右端的向下三角形，在弹出的菜单中选择【幻灯片放映】，将其显示出来。

图 9-37

❹ 在播放幻灯片的过程中，按空格键可暂停播放，再次按空格键可继续播放。Lightroom Classic

会重复、循环播放所选照片，如图 9-38 所示。按 Esc 键，或者单击屏幕，停止播放。

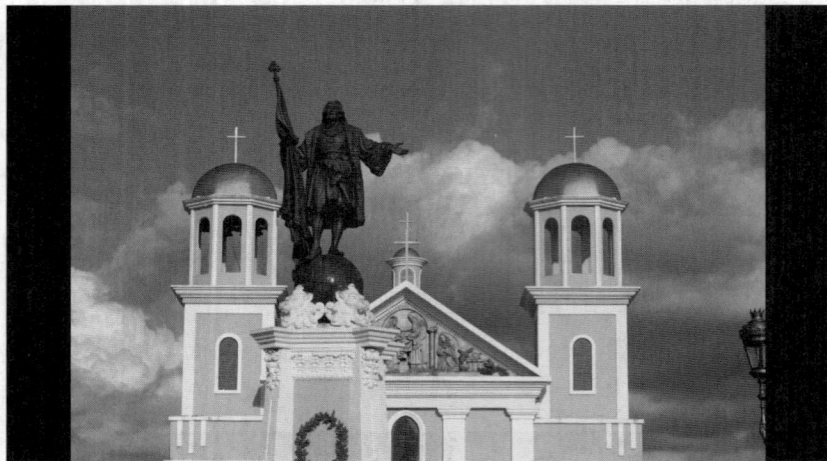

图 9-38

干得漂亮！恭喜你，至此又学完一课。这一课中，我们学习了如何创建具有个人特色的幻灯片，了解了【幻灯片放映】模块，以及如何使用各个面板中的控件来定制幻灯片模板。

第 10 课介绍有关打印照片的内容。学习第 10 课之前，大家还是先花点时间读一读我个人关于制作幻灯片的一些建议，然后再做一做复习题回顾一下本课内容吧！

▍9.10 一些个人建议

本课的主要目标是带领大家了解【幻灯片放映】模块下的功能。不过，请注意，虽然【幻灯片放映】模块下有各种各样的功能，但这些功能在制作幻灯片的过程中并非都会用到。笔者十分推崇简约，制作幻灯片时，只使用那些必要的功能，绝不滥用功能。在制作大量幻灯片之后，笔者有了一些心得、体会，下面笔者把这些心得、体会分享给大家，希望能给大家带来帮助。

> 💡**注意** 本节内容只是笔者个人的一些建议，并不是一定要采纳，读者可以把本节内容作为参考，以进一步完善自己的工作流程。

笔者希望自己的照片成为人们议论的焦点，所以一般都在【模板浏览器】面板中选择【简单】模板；在【布局】面板中把边距设置成 72 像素；在【选项】面板中把边框颜色设置成深灰色（R 为 20%、G 为 20%、B 为 20%），且把【宽度】设置成 1 像素；在【背景】面板中确保选择的是黑色背景颜色；取消勾选【叠加】面板中的所有复选框，如图 9-39 所示。

需要花时间做的是，在【标题】面板中添加【介绍屏幕】和【结束屏幕】，如图 9-40 所示。

在向一群人或一个客户展示幻灯片时，我们总是希望一开始就能产生很好的效果。在做好准备之前，笔者不希望幻灯片一开始就显示出第一张照片，可能想先讲一些话，例如介绍一下项目。

在【标题】面板的【介绍屏幕】选项组中，我们可以添加带有个人信息的身份标识。制作身份标识最简单的方法是：在身份标识显示区域中单击身份标识，在弹出的菜单中选择【编辑】，在打开的【身份标识编辑器】对话框中选择【使用样式文本身份标识】。这里把字体设置为 HelveticaNeue Condensed、粗体，然后输入公司名称，如图 9-41 所示。

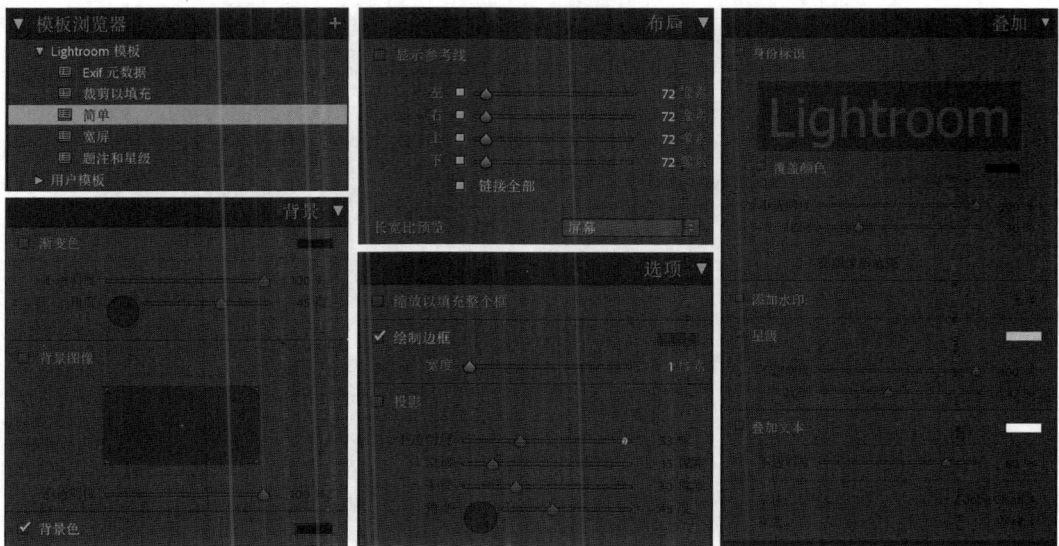

图 9-39

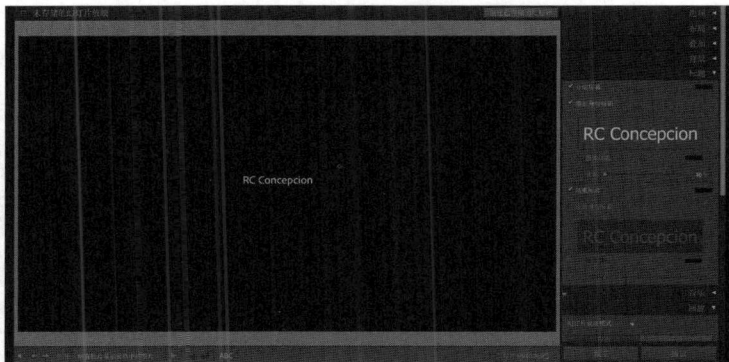

图 9-40

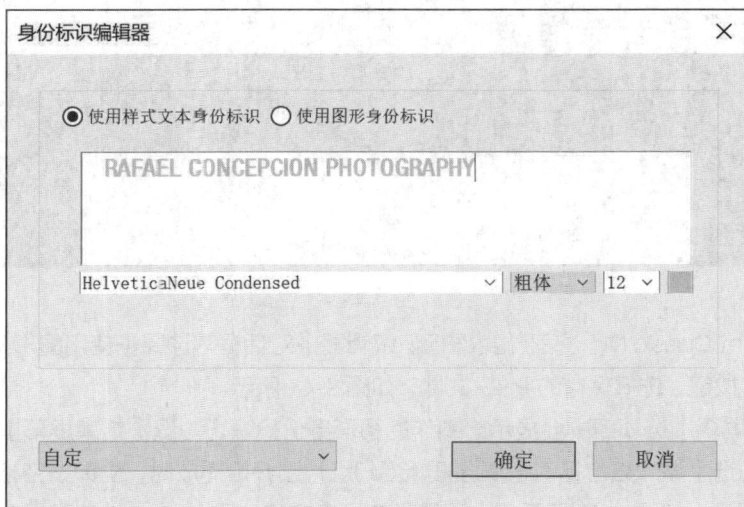

图 9-41

设置好身份标识后，在【标题】面板中拖动【比例】滑块，调整身份标识大小，如图 9-42 所示。除了使用纯文本身份标识之外，还可以使用图形身份标识，使身份标识更有个性。

图 9-42

如果你会使用 Photoshop，制作图形身份标识最好使用 Photoshop。在 Photoshop 中，笔者把自己的个性签名（使用平板计算机和触控笔绘制）添加到公司名称上，然后将图形身份标识保存成透明的 PNG 文件（背景透明，采用黑色填充只是为了更好地显示白色文字），如图 9-43 所示。

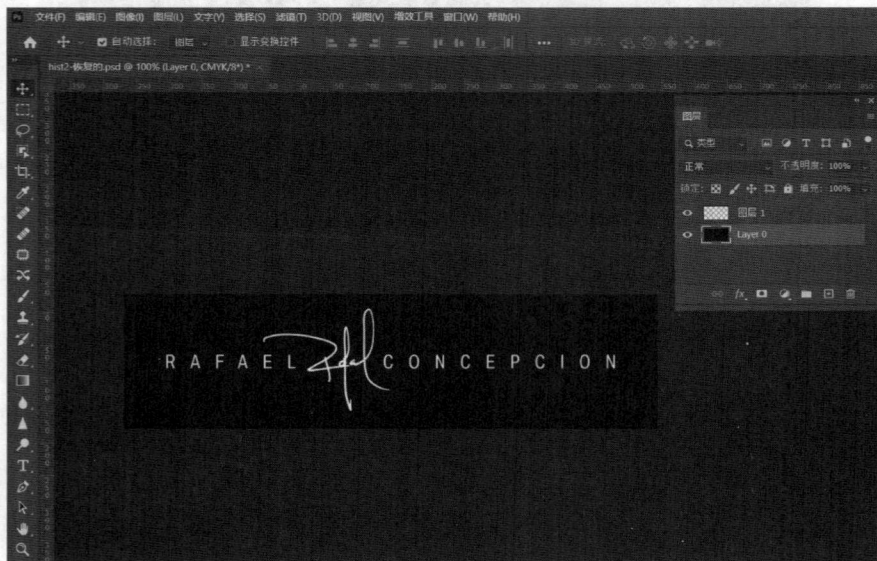

图 9-43

回到 Lightroom Classic 中，打开【身份标识编辑器】对话框，选择【使用图形身份标识】，然后单击【查找文件】按钮，选择保存的 PNG 文件，如图 9-44 所示。

此时，【介绍屏幕】选项组中会显示出制作的图形身份标识。勾选【结束屏幕】复选框，将其设置成黑色，取消勾选【添加身份标识】复选框。当幻灯片刚开始播放时，立即按空格键暂停播放，此时出现的是介绍屏幕，如图 9-45 所示。上面显示的是名字和公司 Logo，这时可以对自己或工作做简单的介绍，然后继续播放幻灯片。

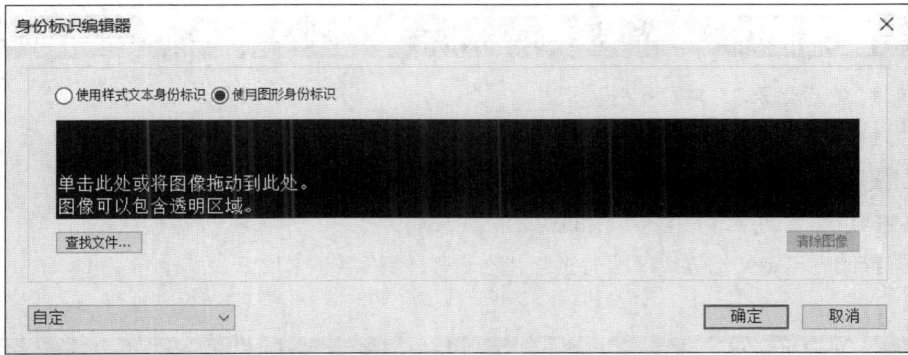

图 9-44

图 9-45

9.11　复习题

1. 如何改变即席幻灯片套用的模板？
2. 如果希望显示照片的元数据，应该选择哪个模板？
3. 定制幻灯片模板时，有哪些选项可用？
4. 为何带连线的文本有助于设计幻灯片页面布局？
5. 已存储的自定义幻灯片模板与已存储的幻灯片有何不同？

9.12　复习题答案

1. 在【幻灯片放映】模块下的【模板浏览器】面板中使用鼠标右键单击某个幻灯片模板，在弹出的快捷菜单中选择【用于即席幻灯片放映】。
2. 如果希望显示照片的元数据，可以在【Lightroom 模板】文件夹中选择【Exif 元数据】模板。该模板会把照片居中放置在黑色背景上，并显示照片的星级、EXIF 信息及身份标识。
3. 在右侧面板组中可以修改幻灯片的布局，添加边框和文本，为照片或文本添加阴影（目前只支持 macOS），更改背景颜色或添加背景照片，调整幻灯片的播放时长和过渡时间，以及添加音乐。
4. 带连线的文本会与幻灯片边缘上的参考点连接在一起，确保文本在每页幻灯片上的位置相同。带连线的文本也可以与照片边缘上的参考点连接在一起，确保各张照片上的文本出现在相同的位置上。
5. 已存储的自定义幻灯片模板只记录幻灯片的布局和播放设置，它就像空容器，不与任何照片关联。已存储的幻灯片本质上是输出收藏夹，里面包含一组有特定顺序的照片，还有幻灯片布局、叠加的文本及播放设置。

打印照片

课程概览

　　Lightroom Classic 的【打印】模块提供了各种与打印照片相关的工具。借助这些工具，我们可以快速地把要打印的照片准备好。我们可以打印单张照片，也可以在一张相纸上以不同尺寸打印同一张照片，还可以为多张照片创建吸引人的版面布局。在 Lightroom Classic 中，我们可以轻松地给照片添加边框、文本、图形，以及调整打印分辨率、设置锐化、修改纸张和做颜色管理。

　　本课主要讲解以下内容。

- 选择与自定义打印模板、创建自定图片包打印布局
- 添加身份标识、边框、背景颜色，根据照片元数据创建题注
- 保存自定义打印模板，把打印设置保存为输出收藏夹
- 指定打印设置，选择合适的配置文件

学习本课需要 **90**分钟

　　在 Lightroom Classic 中，借助【打印】模块，我们可以轻松地获得专业级的打印效果，还可以自定义打印模板，以便制作照片小样及艺术边框等。【打印】模块支持特定设备的软打样，可确保最终打印结果与屏幕上看到的颜色一样。

10.1 学前准备

导入照片前，请先检查是否已经创建好用于存放本书课程文件的 LRC2024CIB 文件夹，以及 LRC2024CIB Catalog 目录文件。具体操作方法请参见本书前言"课程文件"和"新建目录文件"板块中的内容。

> 💡 **注意** 学习本课内容之前，需要对 Lightroom Classic 的工作区有基本了解。如果对 Lightroom Classic 的工作区一点也不了解，请先阅读 Lightroom Classic 帮助文档或前面课程中的内容。

将下载好的 lesson10 文件夹放入 LRC2024CIB\Lessons 文件夹中，相关操作说明请阅读前言。

❶ 启动 Lightroom Classic。

❷ 在打开的【Adobe Photoshop Lightroom Classic - 选择目录】窗口中选择 LRC2024CIB Catalog.lrcat 文件，单击【打开】按钮，如图 10-1 所示。

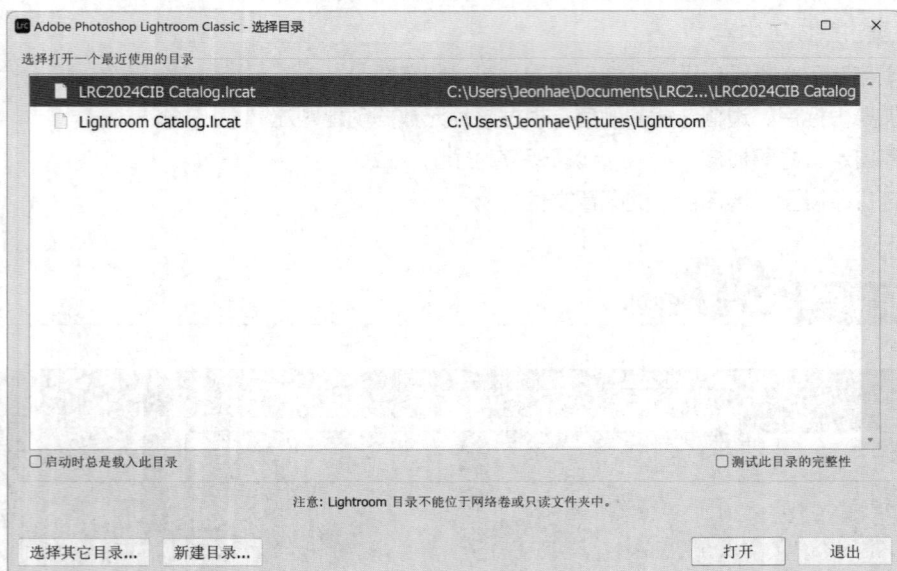

图 10-1

❸ 打开 Lightroom Classic 后，当前显示的是上一次退出软件时使用的屏幕模式和模块。若当前模块不是【图库】模块，请在工作区右上角的模块选取器中单击【图库】，切换至【图库】模块，如图 10-2 所示。

图 10-2

> 💡 **注意** 若用户界面中未显示模块选取器，请在菜单栏中选择【窗口】>【面板】>【显示模块选取器】，或者直接按 F5 键，将其显示出来。在 macOS 中，需要同时按 Fn 键与 F5 键，才能把模块选取器显示出来。如果你不想这样做，也可以在【首选项】中更改功能键的行为。

收集照片

前面课程中已经导入和处理过大量照片了。接下来，从那些照片中选择 11 张，放入收藏夹中，供本课学习使用。

❶ 在左侧面板组中找到【目录】面板，在其中选择【所有照片】文件夹，如图 10-3 所示。

❷ 单击【收藏夹】面板标题栏右端的加号图标（＋），在弹出的菜单中选择【创建收藏夹】，打开【创建收藏夹】对话框。在【名称】文本框中输入"Images to Print"，取消勾选【包括选定的照片】复选框，勾选【设为目标收藏夹】复选框，单击【创建】按钮，如图 10-4 所示。

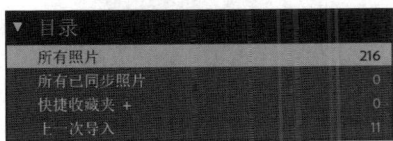

图 10-3

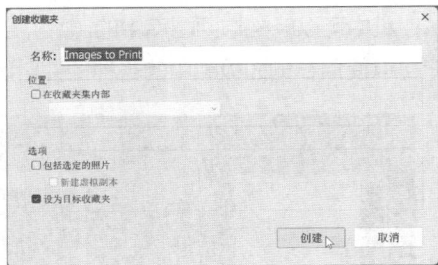

图 10-4

💡 提示　如果希望把某个现有收藏夹设为目标收藏夹，请使用鼠标右键单击该收藏夹，然后在弹出的快捷菜单中选择【设为目标收藏夹】。

❸ 在工具栏中把【排序依据】设置为【文件名】。在【网格视图】下浏览照片，寻找那些想打印的照片。看到想打印的照片时，直接按 B 键，即可将其添加到目标收藏夹（Images to Print）中。相比于把照片拖入目标收藏夹，使用快捷键 B 要方便、快捷得多。

❹ 大家可以根据自己的喜好把照片放入目标收藏夹中。这里选择的是 lesson03 - 019、lesson05 - 001、lesson05 - 002、lessor 05 - 011、lesson06 - 002、lesson06 - 017、lesson07 - 015、lesson07 - 020-Pano、lesson07 - 031-HDR、lesson08 - 0017、lesson08 - 0019 这 11 张照片。在【收藏夹】面板中单击 Images to Print 收藏夹，把【排序依据】设置为【文件名】，然后在右上角的模块选取器中单击【打印】，如图 10-5 所示，进入【打印】模块。

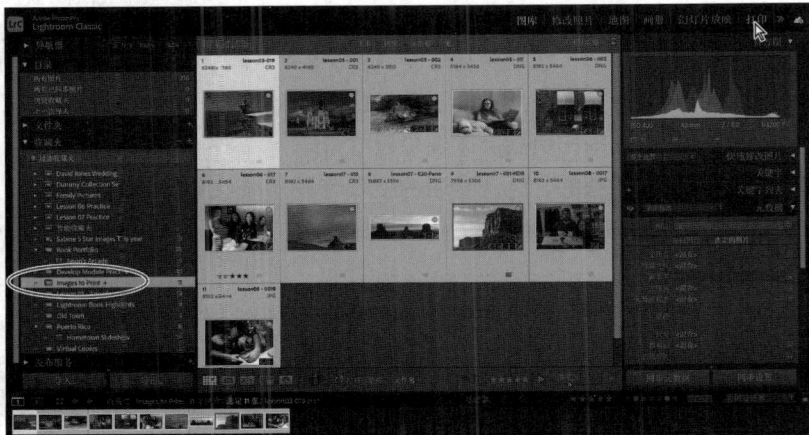

图 10-5

10.2 了解【打印】模块

【打印】模块下有许多应用在打印流程中的工具和控件。借助这些工具和控件，用户可以轻松地更改照片顺序，选择打印模板，调整版面布局，添加边框、文本、图形，调整输出设置。

左侧面板组中包含【预览】面板、【模板浏览器】面板、【收藏夹】面板。在【模板浏览器】面板中移动鼠标指针到某个模板上，可以在【预览】面板中看到相应模板的布局情况。在模板列表中选择新模板，打印编辑器视图（位于工作区中央）会更新，显示所选照片在新模板中的效果。

在胶片显示窗格中可以快速为打印作业选择和重排照片；单击胶片显示窗格顶部的标题栏，打开源菜单，在其中可以轻松访问图库中的照片，以及最近使用的源文件夹和收藏夹。

用户可以使用右侧面板组中的各种控件自定义打印模板，以及指定输出设置，如图 10-6 所示。

图 10-6

【模板浏览器】面板中包含 3 种不同类型的模板：图片包、单个图像 / 照片小样、自定图片包，如图 10-7 所示。

【Lightroom 模板】文件夹下的第一组模板（以小括号开头）是图片包，它们会在同一个页面上以不同尺寸重复显示单张照片。第二组模板是单个图像 / 照片小样，可用来在同一个页面上以相同尺寸打印多张照片，包括带有一个或多个单元格的照片小样。【Lightroom 模板】文件夹中还有自定图片包模板，使用这些模板，可以在同一页面上以任意尺寸打印多张照片。所有模板都是可以调整的，且调整后的模板可保存成用户自定义模板，它们显示在【模板浏览器】面板的【用户模板】下。

在【模板浏览器】面板中选择模板之后，右侧面板组顶部的【布局样式】面板中会显示当前使用的是哪类模板。选择的模板类型不一样，右侧面板组中显示的面板也不同，如图 10-8 所示。

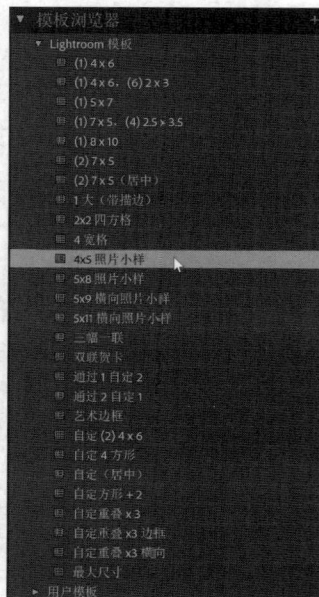

图 10-7

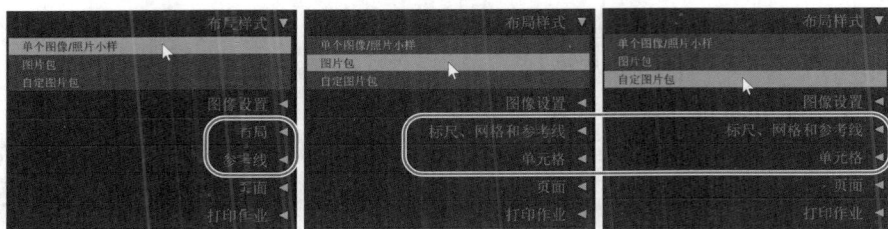

图 10-8

用户可以使用【图像设置】面板中的各种控件添加照片边框，以及指定照片适应照片单元格的方式。

选择【单个图像 / 照片小样】类型的模板后，可以在【布局】面板中调整边距、单元格大小、间隔，修改页面网格的行数和列数；可在【参考线】面板中选择显示或隐藏一系列布局参考线。选择【图片包】或【自定图片包】类型的模板后，可以在【标尺、网格和参考线】面板和【单元格】面板中调整布局，以及设置显示或隐藏各种参考线。在【页面】面板中可以轻松地在打印布局中添加水印、文本、图形、背景颜色。在【打印作业】面板中可以设置打印分辨率、打印锐化、纸张类型、色彩管理等。浏览完所有样式后，选择【单个图像 / 照片小样】类型。

10.3 布局样式与打印模板

【模板浏览器】面板中有大量打印模板，这些模板在基本布局上有差异，而且有些还包括各种设计特征，例如，边框、叠加的文本或图形等。不同模板在输出设置上也不一样，例如，照片小样的打印分辨率比用于生成最终印刷品的模板的分辨率要低。

有些现成的模板能满足我们的打印要求，设置打印作业时，直接选择这些模板，可以节省大量时间与精力。接下来介绍不同类型的模板，通过右侧面板组中的各个面板来了解每个布局的特点。

❶ 在左侧面板组中展开【预览】面板与【模板浏览器】面板。把胶片显示窗格的上边框往下拖，使【模板浏览器】面板显示出更多模板。在右侧面板组中展开【布局样式】面板，把其他面板折叠起来。

❷ 在菜单栏中选择【编辑】>【全部不选】，然后在胶片显示窗格中任选一张照片。Lightroom Classic 会立即更新打印编辑器视图（位于预览区中央），把选择的照片显示在当前布局中。

❸ 在【模板浏览器】面板中展开【Lightroom 模板】文件夹，把鼠标指针依次移动到各个模板上，在【预览】面板中观察每个模板的布局。

❹ 在【模板浏览器】面板中选择【(1)4×6，(6)2×3】模板。此时，在打印编辑器视图中，Lightroom Classic 会立即把所选模板应用到照片上。在右侧面板组的【布局样式】面板中可以看到当前所选模板是【图片包】类型。在【模板浏览器】面板中选择【(2)7×5】模板，【布局样式】面板中显示它也是【图片包】类型。

❺ 在【模板浏览器】面板中选择【双联贺卡】模板，【布局样式】面板中显示它是【单个图像 / 照片小样】类型，同时工作区中央的打印编辑器视图中会显示出新模板。

❻ 在【布局样式】面板中选择【图片包】类型，打印编辑器视图会立即更新，显示最近选择的模板【(2)7×5】。在【布局样式】面板中选择【单个图像 / 照片小样】类型，打印编辑器视图会立即显

示最近选择的【单个图像 / 照片小样】类型的模板（双联贺卡）。

　　在【单个图像 / 照片小样】与【图片包】两个类型之间切换时，右侧面板组中显示的面板略有不同。即便是两个类型中都有的面板，其显示的内容也不太一样。

❼ 在右侧面板组中展开【图像设置】面板。在【布局样式】面板中选择【图片包】类型，再次展开【图像设置】面板。在【图片包】和【单个图像 / 照片小样】类型之间切换，观察【图像设置】面板中的选项有何变化。

　　可以看到，在这些模板中，所选照片与照片单元格的适应方式不一样。在【图片包】类型模板【(2)7×5】的【图像设置】面板中，【缩放以填充】复选框处于勾选状态，Lightroom Classic 会缩放照片并进行裁剪，使之填满单元格，如图 10-9（a）所示。在【单个图像 / 照片小样】类型的模板（双联贺卡）的【图像设置】面板中，【缩放以填充】复选框处于禁用状态，宽幅照片被裁剪，如图 10-9（b）所示。请花一些时间了解一下在不同类型的模板下，【图像设置】面板有哪些不同。

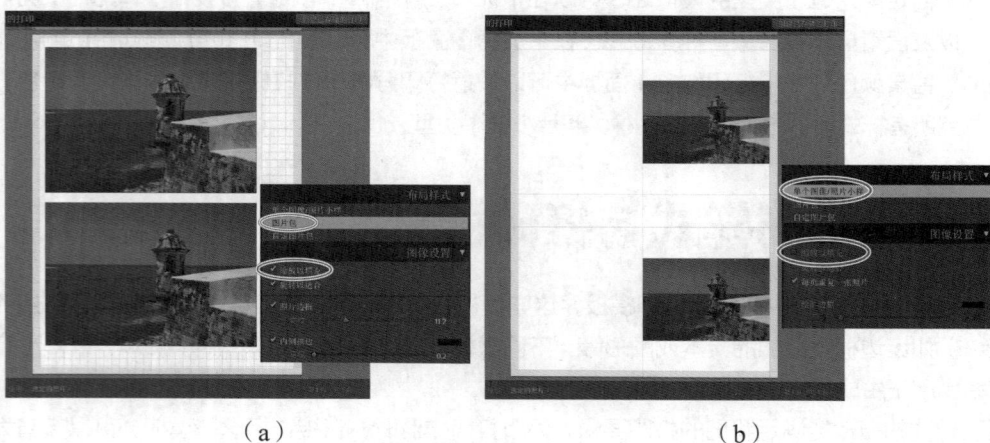

（a）　　　　　　　　　　　　　　　（b）

图 10-9

❽ 选择【单个图像 / 照片小样】类型。工具栏（位于打印编辑器视图下方）右端会显示页数：第 1 页（共 1 页）。按快捷键 Command+A/Ctrl+A，或者在菜单栏中选择【编辑】>【全选】，选中胶片显示窗格中的 11 张照片。此时，工具栏右端显示"第 1 页（共 11 页）"。把【双联贺卡】模板应用到 11 张照片上，得到 11 页打印作业。使用工具栏左端的导航按钮（左、右箭头），在不同页面之间切换，依次查看应用到每张照片上的布局。当在不同页面之间切换时，工具栏右端显示的页数也会发生相应的变化，如图 10-10 所示。

图 10-10

> 💡 提示　在多个页面之间切换时，除了使用工具栏中的导航按钮外，还可以使用 Home 键、End 键、Page Up 键、Page Down 键和左右箭头键，或者在菜单栏的【打印】菜单中选择相应的导航命令。

❾ 把【图像设置】面板折叠起来，展开【打印作业】面板。在【打印作业】面板中可以看到【双联贺卡】模板的【打印分辨率】是 240 像素 / 英寸。在【模板浏览器】面板中选择【4×5 照片小样】模板，此时在【打印作业】面板中，【打印分辨率】处于禁用状态，【草稿模式打印】处于启用状态。

10.4 选择打印模板

前面了解了【模板浏览器】面板，接下来选择一个模板，然后根据自身需要做一些修改。

> **提示** 默认设置下，每张照片都位于照片单元格中央。在照片单元格内拖动照片，可使照片单元格显示照片画面的不同部分。

❶ 在【模板浏览器】面板中选择【4 宽格】模板。在【页面】面板中取消勾选【身份标识】复选框，隐藏默认设置。稍后我们会自定义身份标识。

❷ 在菜单栏中依次选择【编辑】>【全部不选】。在胶片显示窗格中按住 Command 键 /Ctrl 键，单击照片 lesson07 - 015、lesson08 - 0017、lesson08 - 0019，同时选中它们。照片在模板中的排列顺序与其在胶片显示窗格中出现的顺序一样。拖动网格单元格内的照片，调整它们的位置，如图 10-11 所示。

图 10-11

指定打印机和纸张尺寸

自定义模板之前，需要为打印作业指定纸张尺寸和纸张方向。指定好纸张尺寸和方向后，就不用再调整布局了，这样会节省很多时间和精力。

> **提示** 根据指定的纸张尺寸，Lightroom Classic 会自动缩放打印模板中的照片。在【页面设置】/【打印设置】对话框中保持缩放设置为 100%（默认值），可使 Lightroom Classic 根据页面调整模板。此时，打印编辑器视图中显示的就是最终打印结果。

❶ 在菜单栏中选择【文件】>【页面设置】，或者单击左侧面板组底部的【页面设置】按钮。

❷ 在打开的【页面设置】/【打印设置】对话框的【名称】下拉列表中选择打印机，在【大小】

下拉列表中选择【 US Letter 】/【 Letter 】。在【 方向 】选项组中选中【 纵向 】，然后单击【 确定 】
按钮。

10.5 自定义打印模板

为打印作业创建好整体布局之后，可以继续使用【 布局 】面板中的各种控件来微调模板，以使照
片更好地适应页面。

10.5.1 修改单元格个数

默认模板布局下，页面中有 4 个单元格，下面我们把页面中的单元格个数改成 3。

❶ 在右侧面板组中展开【 布局 】面板。在【 页面网格 】选项组中向左拖动【 行数 】滑块，或者
在滑块右侧的输入框中输入 3，把页面中的单元格个数改成 3，如图 10-12 所示。

图 10-12

❷ 尝试调整边距、单元格间隔、单元格大小，每次调整之后，按快捷键 Command+Z/Ctrl+Z，
撤销操作。在【 单元格大小 】选项组中勾选【 保持正方形 】复选框，此时单元格宽度和高度相等。取
消勾选【 保持正方形 】复选框。

❸ 每张照片周围都有黑色线条，代表的是照片单元格边框，它们只是一些辅助线，不会出现在
最终打印结果中。调整照片单元格的尺寸和间隔时，这些辅助线很有用；
但是在向页面中添加可打印的边框时，这些辅助线又很碍眼。此时，展
开【 参考线 】面板（位于【 布局 】面板下方），取消勾选【 图像单元格 】
复选框，如图 10-13 所示，然后把【 布局 】面板和【 参考线 】面板折叠
起来。

图 10-13

💡 注意 若看不见参考线，请在【 参考线 】面板顶部勾选【 显示参考线 】复选框，将参考线显示出来。

调整打印模板的页面布局

不同类型的打印模板的布局控件

选择不同类型的打印模板，右侧面板组中显示的面板也不太一样。其中，【图像设置】面板、【页面】面板、【打印作业】面板这 3 个面板是所有模板都有的，但在不同类型的模板下，它们包含的用于调整页面布局的控件不一样。选择【单个图像 / 照片小样】类型的模板时，要使用【布局】面板和【参考线】面板来自定义布局；选择【图片包】类型的模板时，要使用【标尺、网格和参考线】面板和【单元格】面板来调整布局；选择【自定图片包】类型的模板时，要使用【标尺、网格和参考线】面板和【单元格】面板来调整布局，但此时这两个面板中的控件与选择【图片包】类型的模板时显示的控件有些不一样。

【图片包】和【自定图片包】类型的模板布局都不是基于网格的，用起来非常灵活，例如，在页面中移动照片单元格时，既可以直接在打印编辑器视图中拖动，也可以使用【单元格】面板中的控件。调整单元格大小时，既可以拖动【宽度】滑块和【高度】滑块，也可以拖动控制框上的控制点；向布局中添加照片时，既可以使用【单元格】面板中的控件，也可以按住 Option 键 / Alt 键拖动单元格进行复制或根据需要调整大小。

Lightroom Classic 提供了多种参考线来帮助调整布局。最终打印照片时，这些参考线不会被打印出来，它们只出现在打印编辑器视图中。借助【参考线】面板或【标尺、网格和参考线】面板中的【显示参考线】复选框，或者菜单栏中的【视图】>【显示参考线】命令（快捷键为 Command+Shift+G/Ctrl+Shift-G），可以显示或隐藏参考线。在【参考线】面板中，用户可以指定在打印编辑器视图中显示什么样的参考线。

> 💡 **注意** 【边距与装订线】参考线与【图像单元格】参考线（仅支持【单个图像 / 照片小样】类型的模板）都是交互式的。也就是说，用户可以直接在打印编辑器视图中拖动这两种参考线来调整布局，而且在移动这些参考线时，【布局】面板中的【边距】【单元格间隔】【单元格大小】滑块也会相应地移动。

使用【布局】面板调整【单个图像 / 照片小样】类型的模板的布局

标尺单位：用来为【布局】面板中的大多数控件及【参考线】面板中的标尺设置度量单位。单击【标尺单位】右侧的下拉按钮，在打开的下拉列表中可以选择【英寸】【厘米】【毫米】【磅】【派卡】等选项。默认是【英寸】。

边距：用来指定布局中照片单元格到页面四周的距离。许多打印机不支持无边距打印，边距最小值取决于打印机。即便打印机支持无边距打印，也必须先在打印机设置中打开这个功能，才能把边距设置为 0。

页面网格：用来指定布局中照片单元格的行数与列数。一个页面中至少有一个照片单元格（行数为 1、列数为 1），最多可有 225 个照片单元格（行数为 15、列数为 15）。

【单元格间隔】与【单元格大小】：这两个选项组是相互关联的，改变其中任意一个，另外一个也会随之发生变化。【单元格间隔】选项组用来设置照片单元格之间的水平间距与垂直间距，【单元格大小】选项组用来设置单元格的宽度和高度。勾选【保持正方形】复选框可把照片单元格的高度与宽度链接在一起，使照片单元格呈正方形。

使用【参考线】面板调整【单个图像 / 照片小样】类型的模板的布局

标尺：使标尺显示在打印编辑器视图的顶部与左侧。在【显示参考线】复选框处于勾选状态时，使用菜单栏中的【视图】>【显示标尺】命令（快捷键为 Command+R/Ctrl+R），也可以把标尺显示出来。在【布局】面板的【标尺单位】下拉列表中可以修改标尺单位。

页面出血：指页面中不可打印的边缘区域，由打印机设置指定。

边距与装订线：该参考线指示的是【布局】面板中的【边距】设置。在打印编辑器视图中拖动【边距与装订线】参考线时，【布局】面板的【边距】选项组中相应的边距值会随之发生变化。

图像单元格：勾选该复选框后，每个照片单元格周围都会出现一个黑色边框。当【边距与装订线】参考线未显示时，在打印编辑器视图中拖动照片单元格参考线，【布局】面板中的边距、单元格间隔、单元格大小会发生变化。

尺寸：勾选该复选框后，Lightroom Classic 会把照片的尺寸显示在左上角，照片尺寸的单位由【布局】面板中的【标尺单位】指定。

使用【标尺、网格和参考线】面板调整【图片包】类型的模板的布局

标尺单位：用来设置度量单位，它与选择【单个图像 / 照片小样】类型的模板时【布局】面板中的【标尺单位】一样。

网格对齐：用于在打印编辑器视图中准确对齐页面中的照片单元格。在【网格对齐】菜单中分别选择【单元格】【网格】【关闭】，拖动照片单元格时，单元格会彼此对齐或者根据网格对齐，或者关闭对齐功能。网格划分会受选择的标尺单位的影响。

> 💡 **注意** 当照片单元格重叠时，Lightroom Classic 会在页面右上角显示警告图标（！）。

【页面出血】和【尺寸】：这两个选项的功能与选择【单个图像 / 照片小样】类型的模板时【参考线】面板中这两个选项的功能一样。

使用【单元格】面板调整【图片包】类型的模板的布局

添加到包：以按钮的形式提供布局支持的 6 种照片单元格尺寸预设。单击某个按钮右侧的三角形图标，在打开的下拉列表中选择尺寸预设指派给当前按钮。默认预设值是标准的照片尺寸，但是可以根据需要做调整。

新建页面：用于向布局中添加页面，但在使用【添加到包】按钮添加多张照片且超出一个页面时，Lightroom Classic 会自动添加页面。在打印编辑器视图中单击某个页面左上角的 × 按钮，可删除相应页面。

自动布局：用于优化排列页面中的照片，以使裁剪量最小。

清除布局：用于从版面布局中移除所有照片单元格。

调整选定单元格：通过拖动滑块或输入数值，调整选定单元格的宽度与高度。

10.5.2　在打印页面中重排照片

在一个打印页面中放置多张照片时，Lightroom Classic 会根据照片在胶片显示窗格（或【图库】模块下的【网格视图】）中出现的顺序排列照片。

当照片源是收藏夹或者是不包含子文件夹的文件夹时，在胶片显示窗格中拖动各个照片缩览图，

改变它们的位置，这些照片在打印作业中的排列顺序也会随之发生变化。但是，如果照片源是【所有照片】或【上一次导入】文件夹，则无法通过拖动的方式来重排照片。

在胶片显示窗格中单击空白处，取消选择所有照片，然后调整照片顺序。调整好照片顺序之后，按住 Command 键 /Ctrl 键在胶片显示窗格中单击前 3 张照片，把它们选中，如图 10-14 所示。

图 10-14

10.5.3　创建描边和照片边框

选择【单个图像 / 照片小样】类型的模板时，【图像设置】面板中的部分选项会影响照片在照片单元格中的放置方式。下面为选中的 3 张照片添加边框，并且调整边框宽度。

❶ 展开【图像设置】面板。由于选择的是【4 宽格】模板，因此【缩放以填充】复选框处于勾选状态，如图 10-15 所示。也就是说，Lightroom Classic 会在垂直方向上裁剪照片，使其适应照片单元格的大小。

❷ 勾选【绘制边框】复选框，然后向右拖动【宽度】滑块，或者直接在滑块右侧的输入框中输入 1.0，设置边框粗细，如图 10-16 所示。英寸与点的换算关系是：1 英寸 =72 点（pt）。

图 10-15

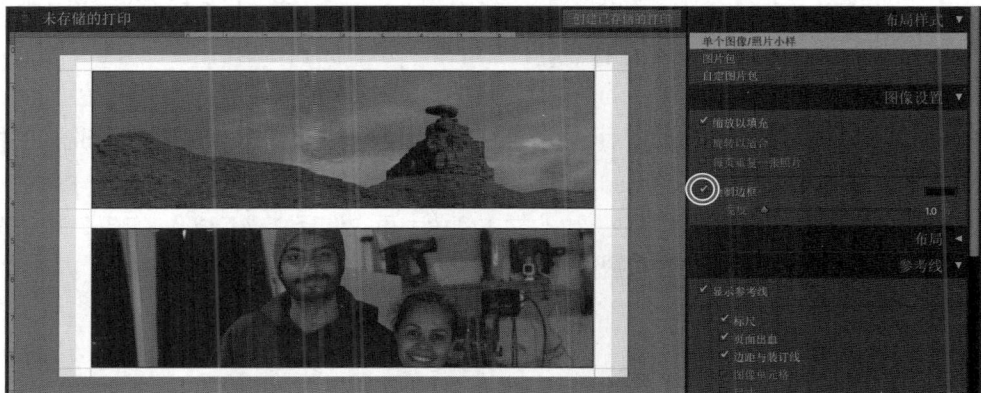

图 10-16

> 💡提示　单击【绘制边框】右侧的颜色框，从弹出的拾色器中选择一种颜色，可以修改边框的颜色。

❸ 在【布局样式】面板中选择【图片包】类型。在【标尺、网格和参考线】面板中勾选【图像单元格】复选框，显示出单元格边框。选择【图片包】类型的模板时，【图像设置】面板中有两个与边框相关的控件。其中【内侧描边】用来设置照片内边框的粗细，【照片边框】用来设置照片内边框外沿与照片单元格边沿之间空白框的宽度，如图 10-17 所示。

❹ 调整【内侧描边】和【照片边框】的值，如图 10-18 所示。

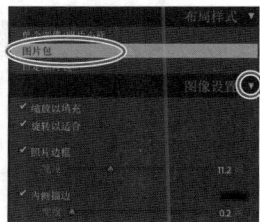

图 10-17

图 10-18

❺ 取消勾选【图像单元格】复选框。在【布局样式】面板中选择【单个图像 / 照片小样】类型，返回调整后的【4 宽格】模板。

10.5.4　自定义身份标识

在【页面】面板中，我们可以使用各种控件在打印页面中添加身份标识、裁剪标记、页码，以及照片元数据中的文本信息等。首先，根据页面布局编辑身份标识。

❶ 展开【页面】面板，勾选【身份标识】复选框。在 macOS 中，身份标识预览区中默认显示的是系统用户名。单击身份标识预览区右下角的三角形，在弹出的菜单中选择【编辑】，如图 10-19 所示。

❷ 在打开的【身份标识编辑器】对话框中选择【使用样式文本身份标识】，然后选择字体和字号，这里选择 HelveticaNeue Condensed、粗体、24 磅。在文本框中选择文本，单击字号右侧的颜色框，在打开的拾色器中选择一种颜色，更改文本颜色。再次选择文本，输入"RC CONCEPCION PHOTOGRAPHY"，然后单击【确定】按钮，如图 10-20 所示。

图 10-19

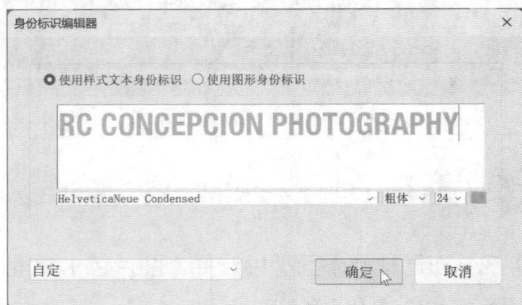

图 10-20

💡**提示**　若文本太长，无法在文本框中完全显示出来，可以调整对话框的大小或减小字号，编辑完成再改回来。

使用【旋转以适合】复选框

默认设置下，Lightroom Classic 放置照片时会让它们在照片单元格中保持垂直。在【图像设置】面板中勾选【旋转以适合】复选框可以改变这个默认行为，使照片随着照片单元格的朝向进行旋转。在展示页面布局中，我们通常不希望同一个页面中的照片有不同的朝向。但在有些情况下，这个复选框非常有用，而且还有助于节省昂贵的照片打印纸。当希望在同一个页面中以横向与纵向打印不同照片，而且希望最大限度地利用照片打印纸，把每张照片打印得最大时，勾选【旋转以适合】复选框会特别有用，如图 10-21 所示。

图 10-21

此外，打印照片小样时，也可能会用到【旋转以适合】复选框。勾选【旋转以适合】复选框后，不管照片朝向如何，所有照片都以同样的尺寸显示，如图 10-22 所示。

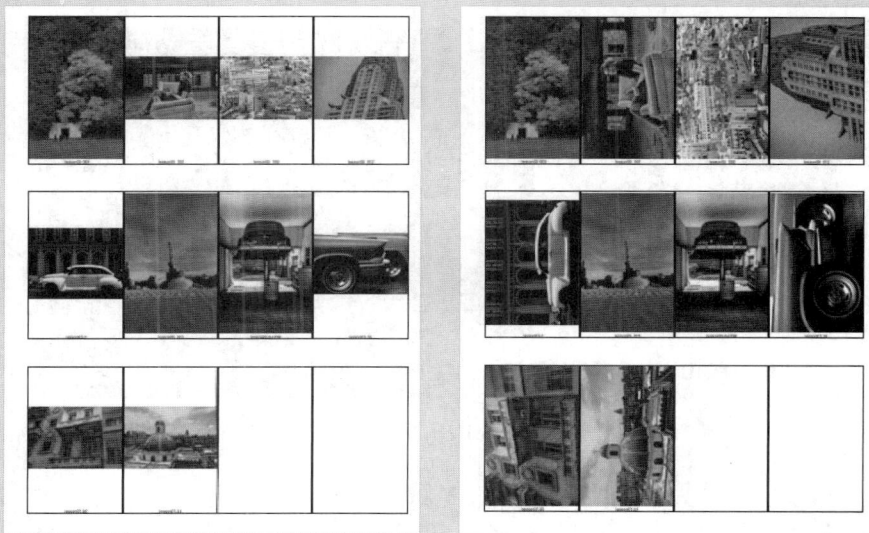

图 10-22

❸ 向右拖动【比例】滑块，使文本身份标识与照片一样宽，如图 10-23 所示。在打印编辑器视图中单击文本身份标识，其周围会出现控制框，拖动控制框上的各个控制点，可以调整身份标识的大小。

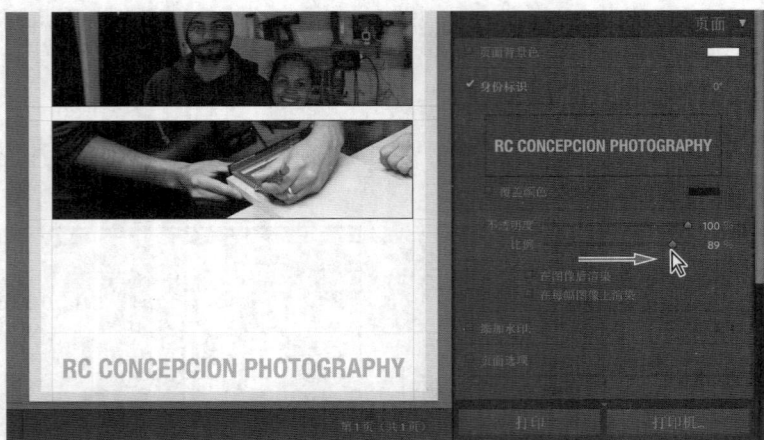

图 10-23

💡 提示 默认设置下，身份标识是水平放置的。此时，【页面】面板中的身份标识预览区的右上角会显示【0°】。单击【0°】，在弹出的菜单中选择【在屏幕上旋转 90°】【在屏幕上旋转 180°】【在屏幕上旋转 -90°】，可改变身份标识在页面中的朝向。在打印编辑器视图中直接拖动身份标识，可改变其在页面中的位置。

❹ 勾选【覆盖颜色】复选框，为身份标识设置颜色。该颜色设置只影响当前布局，不会对已经设置好的身份标识的颜色产生影响。

❺ 单击【覆盖颜色】右侧的颜色框，打开拾色器。设置 R、G、B 为 56%、7%、16%，如图 10-24 所示，然后关闭拾色器。此时，文本身份标识变成淡紫色。

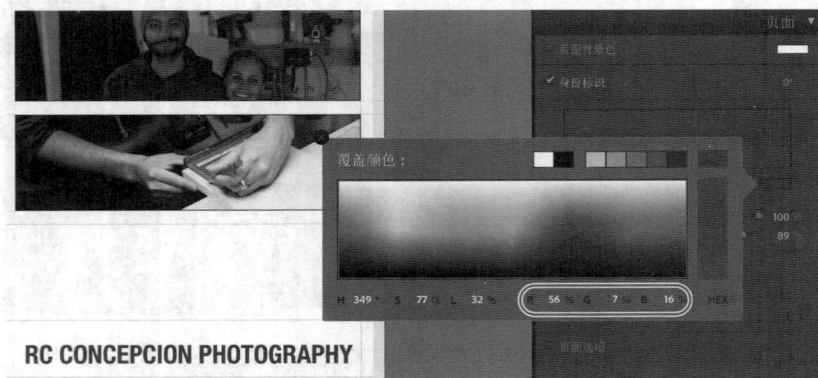

图 10-24

💡 注意 若拾色器右下角显示的是 HEX 值，而不是 RGB 值，请单击颜色滑块下方的【RGB】，切换成 RGB 值。

❻ 在【身份标识】选项组中拖动【不透明度】滑块，把身份标识的【不透明度】设置为 75%。设置不透明度值时，还可以直接在【不透明度】滑块右侧的输入框中输入"75"，如图 10-25 所示。当把身份标识放到某张照片上时，我们常会修改身份标识的【不透明度】。

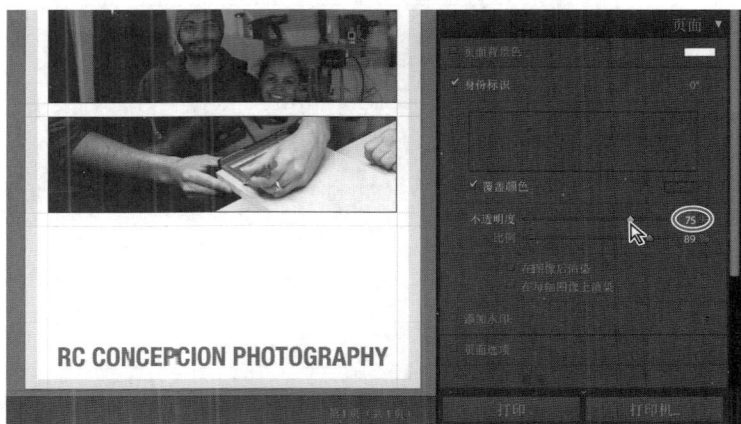

图 10-25

10.5.5　添加照片信息

接下来使用【页面】面板和【文本模板编辑器】对话框向页面中添加题注和元数据信息（这里指照片文本）。

❶ 在【页面】面板底部勾选【照片信息】复选框，然后在其下拉列表中选择【编辑】，如图 10-26 所示。【照片信息】下拉列表中大多数选项的值都是从照片现有元数据中获取的。

在【文本模板编辑器】对话框中可以把自定义文本和照片中内嵌的元数据组合在一起，然后把编辑后的模板存储为新预设，以便日后向其他打印页面中添加同样的文本信息。

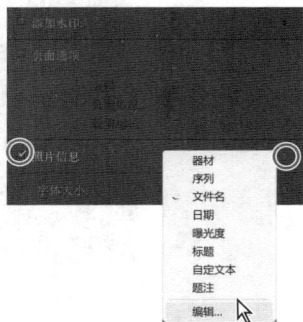

图 10-26

> 💡 提示　若想了解更多有关【文本模板编辑器】对话框的信息，请阅读第 9 课中"使用【文本模板编辑器】对话框"中的内容。

本课照片的描述信息已经存在于照片元数据的【题注】中，我们将以这个元数据为基础制作文本题注。

❷ 在【文本模板编辑器】对话框顶部的【预设】下拉列表中选择【题注】。

❸ 在【示例】文本框中的【题注】标记（左大括号）左侧单击，插入光标，输入"Print Portfolio:"，然后在文本和标记之间添加一个空格。

❹ 在【示例】文本框中的【题注】标记（右大括号）右侧单击，插入光标，输入一个空格、一个连字符，接着再输入一个空格，然后在【编号】选项组的第二个下拉列表中选择【日期（Month）】。若【日期（Month）】未显示在【示例】文本框中，单击下拉列表右侧的【插入】按钮进行添加。

❺ 在【日期（Month）】标记右侧添加一个空格，然后在【编号】选项组的第二个下拉列表中选

择【日期（YYYY）】。若【日期（YYYY）】未显示在【示例】文本框中，单击下拉列表右侧的【插入】按钮进行添加，如图 10-27 所示。单击【完成】按钮，关闭【文本模板编辑器】对话框。此时，打印编辑器视图中的照片下就有了题注和日期，如图 10-28 所示。

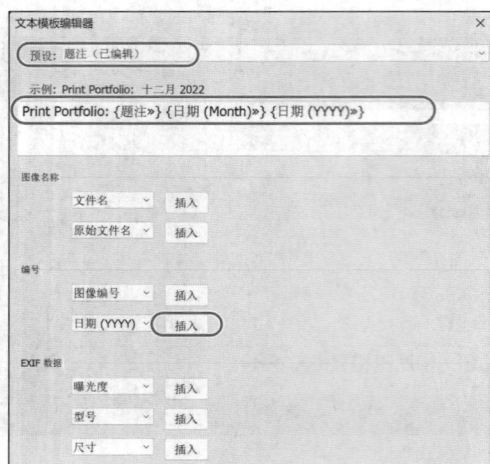

图 10-27

Print Portfolio: Measuring the edge profile of the board 十月 2023

图 10-28

❻ 在【页面】面板底部单击【字体大小】右侧的按钮，如图 10-29 所示，在打开的下拉列表中选择【12】，然后把【页面】面板折叠起来。

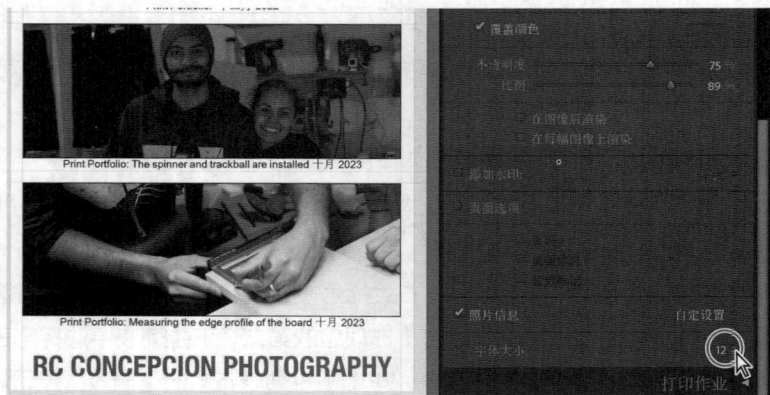

图 10-29

10.6 保存自定义的打印模板

选择打印模板后，可以调整页面布局，向照片添加边框、身份标识、题注文本，创建自定义页面布局。接下来将自定义页面布局保存起来，供日后使用。

❶ 在【模板浏览器】面板的标题栏中单击右侧的加号图标（新建预设），如图 10-30 所示，或者在菜单栏中选择【打印】>【新建模板】。

❷ 在打开的【新建模板】对话框的【模板名称】文本框中输入"RC 3 Wide Triptych"。默认设置下，Lightroom Classic 会把新模板保存到【用户模板】文件夹中。这里，在【文件夹】下拉列表中保持默认的【用户模板】（目标文件夹）不变，单击【创建】按钮，如图 10-31 所示。

图 10-30

图 10-31

❸ 此时，创建的模板（RC 3 Wide Triptych）会出现在【模板浏览器】面板的【用户模板】文件夹中，可以轻松地把它应用到一组新照片中。在【模板浏览器】面板中选择 RC 3 Wide Trip-tych 模板，如图 10-32 所示。在胶片显示窗格中，按住 Command 键 /Ctrl 键选择照片 lesson05 - 011、lesson07 - 020-Pano、lesson05 - 002。大家可以发现创建和使用自定义打印模板是非常容易的。

图 10-32

10.7 创建自定图片包打印布局

所有【单个图像 / 照片小样】类型的模板都是基于同等尺寸的照片单元格网格的。如果想要更自由地进行页面布局，或者希望从零开始创建页面布局（并非基于某个现成模板），可以使用【布局样式】面板中的【自定图片包】选项。

💡 提示　如果不想使用现成的模板，可先在【布局样式】面板中选择【自定图片包】类型，然后在【单元格】面板中单击【清除布局】按钮，再在胶片显示窗格中把照片直接拖入预览页面中。

❶ 在菜单栏中选择【编辑】>【全部不选】，或者按快捷键 Command+D/Ctrl+D。在【模板浏览器】面板的【Lightroom 模板】文件夹中选择【自定重叠 ×3 横向】模板，如图 10-33 所示。

❷ 在【标尺、网格与参考线】面板中勾选【显示参考线】复选框，保持【标尺】【页面出血】【页面网格】复选框处于勾选状态，取消勾选其他复选框。

自定图片包中的照片是可以重叠排列的。所选模板中包含 3 个在对角线方向上有重叠的照片单元格和一个占据大部分可打印区域的大照片单元格。

❸ 选择中间的照片单元格，然后使用鼠标右键单击单元格内部，在弹出的快捷菜单中，前 4 个命令用来改变照片单元格的叠放顺序。

❹ 在弹出的快捷菜单中选择【删除单元格】，如图 10-34 所示，把中间的照片单元格删除。此时，页面中有两个小的照片单元格和一个大的背景照片单元格。

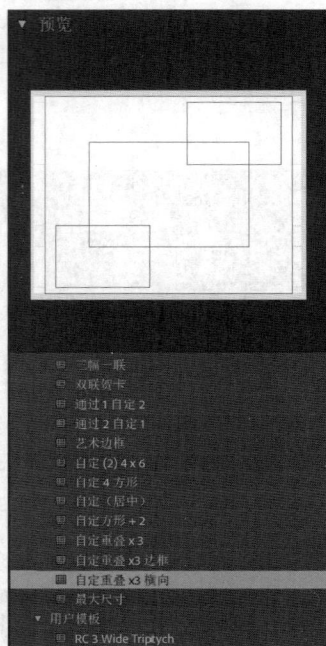

图 10-33

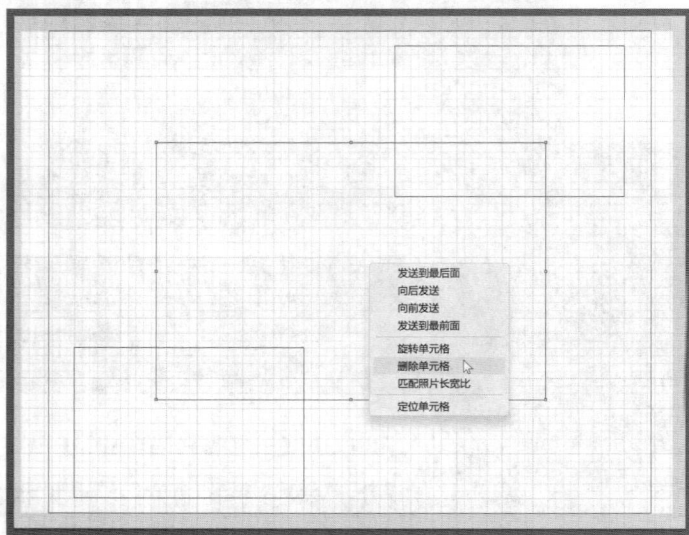

图 10-34

❺ 在【单元格】面板底部勾选【锁定到照片长宽比】复选框。从胶片显示窗格中把照片 lesson07‐031‐HDR 拖入右上角的小照片单元格中，把照片 lesson07‐020‐Pano 拖入大照片单元格中，如图 10-35 所示。

图 10-35

❻ 在大照片单元格之外单击，取消选择该照片，然后重新选择照片，使用【单元格】面板中的控件把【宽度】设置为 10.19 n。此时，【高度】值会自动发生变化，以保持照片的比例不变。

❼ 在【单元格】面板中取消勾选【锁定到照片长宽比】复选框，然后向下拖动大照片单元格控制框上边缘的控制点，同时观察【单元格】面板中的【高度】值，当它变为 3.00 in 时，停止拖动，如图 10-36 所示。取消勾选【锁定到照片长宽比】复选框之后，Lightroom Classic 会裁剪照片，以适应调整后的单元格长宽比。

图 10-36

❽ 在页面中选择小照片，在【单元格】面板中把【宽度】设置为 5.00in、【高度】设置为 4.75in。

删除页面左下角的小照片单元格，然后按住 Option 键 /Alt 键，拖动右上角的照片，将其复制一份。在胶片显示窗格中，把照片 lesson07 - 015 拖入复制出的照片单元格中，替换其中的照片。

⑨ 拖动 3 张照片，在页面中重新排列它们，如图 10-37 所示。调整照片位置时，请确保所有照片都在页面的可打印区域内，即在【页面出血】参考线所标识的灰色框线内。按住 Command 键 /Ctrl 键拖动照片，可调整其在照片单元格中显示的区域。

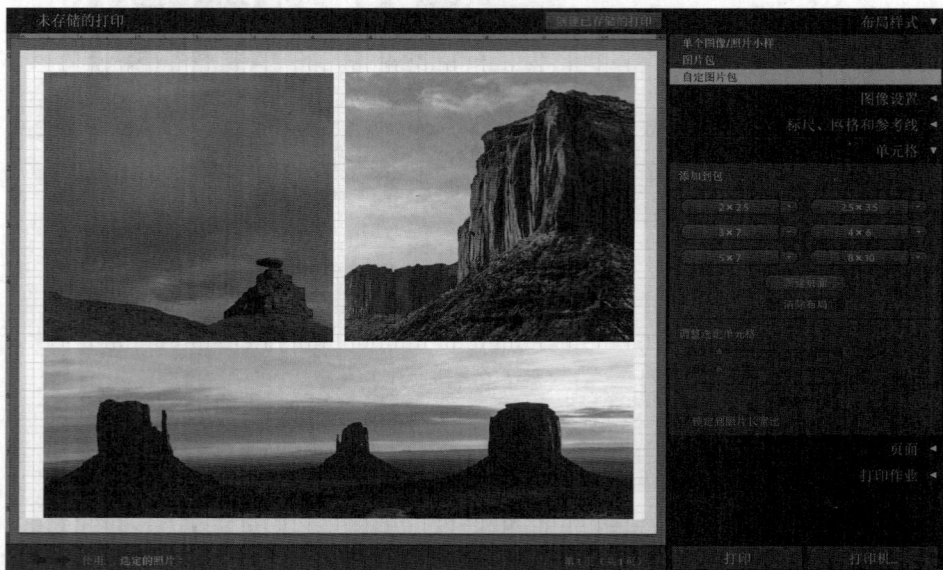

图 10-37

> **♀ 注意** 不同打印机的可打印区域（非出血区域）的设置不一样，有些打印机的可打印区域不在页面正中间。

更改页面背景颜色

❶ 在【图像设置】面板中勾选【内侧描边】复选框。拖动【宽度】滑块或者输入数值，把描边宽度设置为 1.0 磅，描边颜色保持默认设置（白色）不变。设置好背景颜色后，白色描边会显现出来。

❷ 在【标尺、网格和参考线】面板中取消勾选【显示参考线】复选框。

❸ 在【页面】面板中勾选【页面背景色】复选框，单击右侧颜色框，打开【页面背景色】拾色器。

❹ 在【页面背景色】拾色器中单击顶部的黑色，用吸管工具取样，如图 10-38 所示，然后单击左上角的【关闭】按钮，关闭拾色器。

此时，选择的颜色会出现在【页面背景色】右侧的颜色框中和打印编辑器视图的页面背景中，如图 10-39 所示。

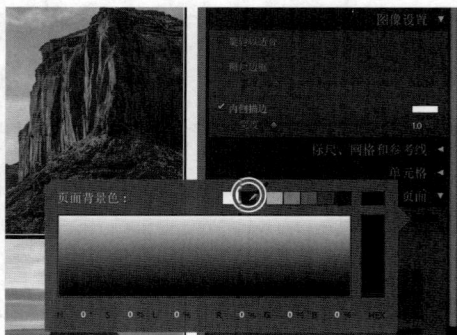

图 10-38

图 10-39

10.8 调整输出设置

打印之前的最后一步是在【打印作业】面板中调整输出设置。

❶ 在右侧面板组中展开【打印作业】面板。【打印作业】面板顶部有一个【打印到】下拉列表，在这个下拉列表中可以选择把打印作业发送给打印机或者生成 JPEG 文件（用来打印或者发送给专业打印机构）。在【打印到】下拉列表中选择不同的选项，【打印作业】面板中显示的控件略有不同。

> 💡 提示　"打印分辨率"和"打印机分辨率"这两个术语的含义不同。"打印分辨率"指的是每英寸打印的像素数；"打印机分辨率"描述的是打印机的打印能力，即每英寸打印的点数。特定颜色的打印像素是由几种墨水颜色的小点组成的图案。

❷ 在【打印作业】面板顶部的【打印到】下拉列表中选择【打印机】，如图 10-40 所示。

勾选【草稿模式打印】复选框后，其他选项都会被禁用。启用【草稿模式打印】后，打印速度快，但打印质量相对较低，非常适合用来打印照片小样。在进行高质量打印之前，可以使用照片小样来评估页面布局。进行【草稿模式打印】时，可以选用【4×5 照片小样】模板与【5×8 照片小样】模板。

为打印作业设置打印分辨率时，具体的值取决于打印尺寸、照片的分辨率、打印机的打印能力及纸张的质量。默认打印分辨率是240像素/英寸，在这个打印分辨率下，一般能得到不错的打印效果。根据经验，对于较小打印尺寸的作品，使用较高分辨率能够获得高质量的打印结果，例如，使用360像素/英寸的打印分辨率打印信件大小的照片；对于较大打印尺寸的作品，使用低一点的分辨率不会对质量产生太大影响，例如，使用 180 像素/英寸的打印分辨率打印尺寸为 16 英寸 ×20 英寸（1 英寸=2.54 厘米）的作品。

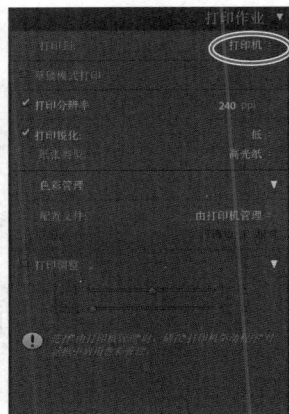

图 10-40

软打样

每种显示器和打印机都有自己的色域或色彩空间，它们定义了设备能够准确重现的色彩范围。默认设置下，Lightroom Classic 使用显示器的颜色配置文件（色彩空间的数学描述）来确保照片在屏幕中有最好的呈现。打印照片时，打印程序必须根据打印机的色彩空间重新解释照片数据，这个过程中有可能出现颜色与色调的偏移。

为避免这个问题，在进入【打印】模块之前，我们可以在【修改照片】模块下对照片进行软打样。通过软打样，我们可以预览照片的打印效果。我们可以让 Lightroom Classic 模拟打印机的色彩空间，以及选用的墨水和纸张，以便在正式打印之前对照片进行优化。

在【修改照片】模块下打开一张照片，在工具栏中勾选【软打样】复选框，如图 10-41 所示，按 S 键也可启用【软打样】。启用【软打样】之后，照片背景变成白色，同时预览区中间会出现【打样预览】字样。在工具栏中使用视图按钮，在【放大视图】和【修改前 / 修改后视图】之间切换。

图 10-41

启用【软打样】之后，【直方图】面板变成【软打样】面板，其中包含各种打样选项。选择不同的颜色配置文件，色调分布图会发生相应的变化。在图 10-42 中，【直方图】面板中显示的是图 10-41 中照片的直方图。对比【软打样】面板中的图形可知，打样预览的颜色相对暗淡一些。

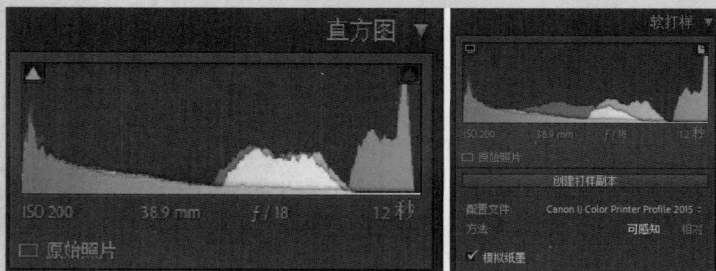

图 10-42

若想用另一台打印机对照片进行软打样，请在【软打样】面板的【配置文件】下拉列表中选择相应的颜色配置文件。若找不到需要的颜色配置文件，请选择【其他】，然后在打开的【选择配置文件】对话框的列表框中选择需要的配置文件，如图 10-43 所示。

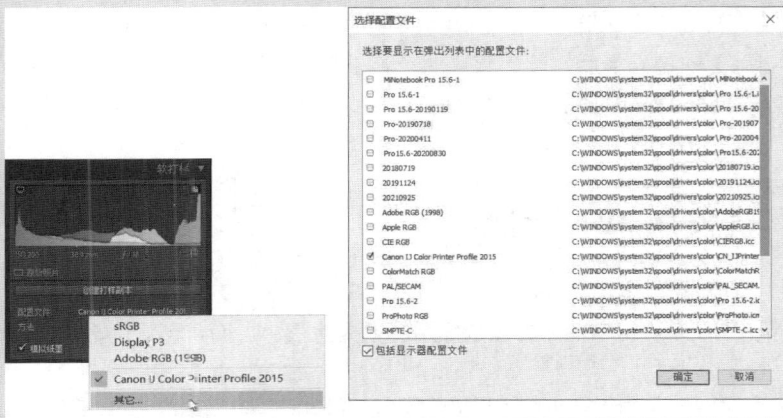

图 10-43

　　【方法】设置决定色彩对应方法，影响一个色彩空间如何转换成另外一个色彩空间。【可感知】色彩对应方法的目标是保持颜色之间的视觉关联，即使颜色值可能会发生变化，也要尽量确保颜色自然。【相对】色彩对应方法的目标是按原样打印色域内的颜色，同时把色域外的颜色转换成最近似的可打印颜色，以保留更多的原始颜色，但是其中一些颜色之间的关系可能会发生变化。

　　选择某个打印机配置文件后，【模拟纸墨】复选框就可用了。勾选【模拟纸墨】复选框，可模拟灰白色的纸张和深灰色的墨水。请注意，并非选择所有的配置文件后，【模拟纸墨】复选框都可用。

　　在【软打样】面板中，使用直方图上方左右两边的按钮，可检查照片中的颜色是否在所选配置文件和色彩对应方法的色域内。移动鼠标指针到直方图左上方的按钮（显示／隐藏显示器色域警告）上，在打样预览中，超出显示器显示能力的颜色会变成蓝色。移动鼠标指针到直方图右上方的按钮（显示／隐藏目标色域警告）上，在打样预览中，打印机无法打印的颜色会显示为红色。同时超出显示器和打印机色域的颜色会显示为粉色。直方图左上方和右上方的按钮是开关按钮，单击可开启，以持续显示色域警告；再次单击则关闭，隐藏色域警告，如图 10-44 所示。

图 10-44

单击【创建打样副本】按钮，Lightroom Classic 会生成一个虚拟副本，调整这个副本不会影响主设置。启用【软打样】后，调整照片时，若未事先创建虚拟副本，Lightroom Classic 会询问是否想为软打样创建虚拟副本或者把主照片用作打样。

在 macOS 上使用 16 位输出

如果使用的是 macOS 和 16 位打印机，可以在【打印作业】面板中启用【16 位输出】。启用【16 位输出】后，即使多次编辑照片，照片质量的损失也很小，而且色彩伪影明显减少。

💡 **注意** 当启用了【16 位输出】，但是选用的打印机不支持时，打印性能会下降，但打印质量不受影响。

有关【16 位输出】的更多内容，请阅读打印机的说明文档，或者向打印机构的工作人员咨询。

❸【打印分辨率】的取值范围是 72 像素 / 英寸 ~ 1440 像素 / 英寸。这里，在【打印分辨率】输入框中输入 "200"，如图 10-45 所示。

💡 **提示** 【修改照片】模块下的【锐化】功能用来提高原始照片的清晰度，而【打印】模块下的【打印锐化】功能用来提升照片在特定纸张上的打印清晰度。

图 10-45

照片打印在纸张上后，看起来往往不如在屏幕上那么清晰。此时，我们可以修改【打印锐化】选项，通过提高打印输出的清晰度进行弥补。【打印锐化】下拉列表中有【高】【低】【标准】3 个选项可选择，【纸张类型】下拉列表中有【亚光纸】【高光纸】两种纸张类型可选择。这些效果无法直接在屏幕上显现出来，只有通过打印才能观察到这些效果。

❹ 从【打印锐化】下拉列表中选择【低】，如图 10-46 所示。

图 10-46

10.9 使用【色彩管理】功能

打印照片不是一件简单的事，有时屏幕上显示的效果与纸张上的打印结果并不一致。Lightroom Classic 支持非常大的色彩空间，但是打印机支持的色彩空间往往很有限。

在【打印作业】面板中，我们可以指定是让 Lightroom Classic 做色彩管理，还是让打印机做色彩管理，如图 10-47 所示。

图 10-47

硬件建议：校色仪

走进某家大卖场的电视销售区域，可以看到墙上挂满了不同品牌的电视，这些电视都在播放相同的视频画面，但是它们所呈现的颜色并非一模一样，这就涉及所谓的颜色准确性问题。更为棘手的是，我们根本不知道哪款电视显示的颜色最接近或最能体现视频创作者的创作意图。

还有一种情况是，打算打印一张照片时，却发现这张照片在打印设备和自己的显示器中呈现的颜色不一样。这也说明不同的显示设备会产生不同的显示结果。

对摄影师来说，照片处理的绝大部分工作都是在显示器上完成的，只有显示器显示的颜色足够准确，才有可能得到令人满意的结果。因此，笔者建议大家购买一款好的校色仪，如 Calibrite 公司推出的 ColorChecker Display 校色仪，如图 10-48 所示。

当把校色仪挂到显示器上时，校色仪会读取显示器输出的颜色，并将读取的数据与校色仪内置的一组预设颜色做比较。然后，校色仪会针对当前显示器创建专属的配置文件，用于将当前显示器显示的颜色校正成其认为准确的颜色。

虽然笔者也想把自己喜欢的每一张照片都打印出来，但没有那么大的地方放，也没有那么多钱去打印。因此，笔者只能在一台校过色的显示器上把它们制作成幻灯片，想看的时候就打开看一看。

图 10-48

10.9.1　由打印机管理色彩

在【打印作业】面板中，默认的配置文件是【由打印机管理】。得益于打印技术的进步，选择该选项能够获得不错的打印结果，但也只是还不错而已。若想进一步控制打印结果，必须在【打印】对话框或打印机属性对话框中指定纸张类型、颜色管理等打印设置。在 Windows 系统的【打印】对话框中单击【属性】按钮，在打印机属性对话框中可进行更多打印设置，如图 10-49 所示。

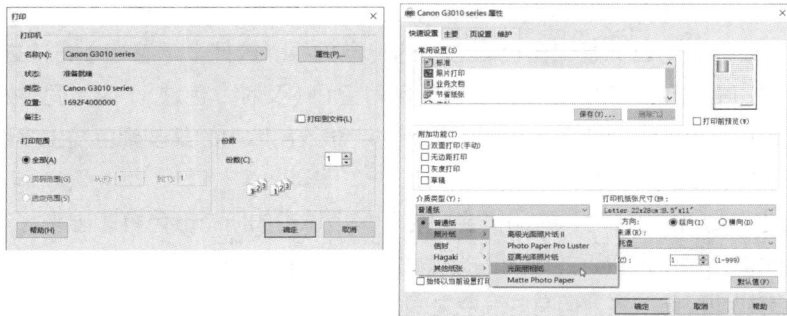

图 10-49

10.9.2　由 Lightroom Classic 管理色彩

一般情况下，由打印机管理色彩就够了，但如果想获得更好的打印结果，最好还是让 Lightroom Classic 来管理色彩。选择由 Lightroom Classic 管理色彩之后，可以为特定类型的纸张或自定义的墨水指定打印配置文件。

❶ 在【打印作业】面板的【色彩管理】选项组的【配置文件】下拉列表中选择【其他】，打开【选择配置文件】对话框，如图 10-50 所示。

图 10-50

当需要的配置文件不在【配置文件】下拉列表中时，请选择【其他】。此时，Lightroom Classic 会在计算机中搜索自定义的打印机配置文件。有些配置文件会随打印机软件一同安装到计算机中，有些配置文件需要自行下载并安装，例如，选用的特定纸张的配置文件。

❷ 根据使用的打印机和纸张选择一个或多个打印机配置文件。这里选择的是 Canon Pro 1000 的 3 个配置文件，它们分别使用不同的纸张。Lightroom Classic 会把选择的每个配置文件都添加到【色彩管理】选项组的【配置文件】下拉列表中，以便下次使用。

当在【打印作业】面板的【配置文件】下拉列表中选择打印机配置文件后，其下的色彩对应方法就可用了。屏幕色彩空间一般比打印机色彩空间大得多，这意味着打印机无法准确再现用户在屏幕上看到的颜色。打印机在尝试处理超出其色彩空间的颜色时会出现色调分离、颜色分层等问题。选择合适的色彩对应方法，可大大降低出现这些问题的可能性。Lightroom Classic 提供了如下两种色彩对应方法。

•　可感知：该方法的目标是保留色彩之间的视觉关系。选择【可感知】方法之后，Lightroom Classic 会把照片的全部颜色映射到打印机支持的色彩空间（又称"色域"）内，同时保留颜色之间的关系，但是在把色域之外的颜色变成可打印的颜色时会导致色域内的某些颜色发生偏移，所以打印出来的照片看起来不如屏幕上的鲜艳。

•　相对：选择该方法打印时，打印机会把位于其色域内的所有颜色打印出来，对于超出其色域的颜色，它会使用其色域中最接近的颜色进行替代打印。选择该方法后，Lightroom Classic 会把照片中的原始颜色尽可能地保留下来，但有些颜色之间的关系可能会发生变化。

大多数情况下，两种色彩对应方法的差异微乎其微。一般来说，如果照片中包含许多超出打印机色域的颜色，最好选择【可感知】方法。相反，如果照片中只有很少一部分颜色超出打印机色域，选择【相对】方法更好。不过，除非经验非常丰富，否则很难说出两种方法之间的差别。最好的办法还是直接在打印机上进行测试，即分别在两种方法下打印一张色彩丰富且鲜艳的照片及一张色彩比较柔和的照片。

❸ 这里选择【相对】方法。

10.9.3　手动调整打印颜色

有时，打印的照片中颜色的明亮度、饱和度与在屏幕上看到的不一样，即使专门花时间为打印作业做颜色管理，也无济于事。

导致出现这个问题的因素有很多，例如，打印机、油墨、纸张，以及未准确校准的显示器等。不管什么原因，用户都可以使用【打印作业】面板的【色彩管理】选项组中的【亮度】滑块和【对比度】滑块做一定的调整和修复，如图 10-51 所示。

图 10-51

> 💡 提示　由【打印调整】下方的滑块控制的色调曲线调整不会出现在屏幕预览中。只有多试验几次，才能找到最合适的打印机设置。

【打印调整】针对的是打印机、纸张、墨水的组合，只要一直用相同的输出设置，它们就会保持不变，而且会跟自定义模板、已存储的打印作业一同保存到 Lightroom Classic 的目录文件中。

10.10　把打印设置保存为输出收藏夹

在【打印】模块下，我们一直处理的是未存储的打印，此时，在打印编辑器视图的左上角显示着"未存储的打印"字样，如图 10-52 所示。

图 10-52

保存打印作业之前，【打印】模块看起来就像便笺簿。进入其他模块，甚至关掉 Lightroom Classic 后，当再次返回【打印】模块或打开 Lightroom Classic 时，会发现所做的设置都还保留着。但是，如果在【模板浏览器】面板中选择了一个新的布局模板（包括当前选用的模板），那么所有设置都会随之消失。

把打印作业转换成已存储的打印文件，不仅可以保留布局和输出设置，还可以把布局与设计中用到的照片链接在一起。Lightroom Classic 会把打印作业保存成一种特殊的收藏夹（输出收藏夹），可以在【收藏夹】面板中找到它。不管清除打印布局"便笺簿"多少次，只需要在【收藏夹】面板中单击，就可以立即找到所有用到的照片，并恢复所有设置。

> 💡 提示　一旦保存了打印作业，Lightroom Classic 就会自动保存对布局和输出设置做的所有修改。

❶ 在打印编辑器视图右上角单击【创建已存储的打印】按钮，或者在【收藏夹】面板的标题栏中单击加号图标（＋），然后在弹出的菜单中选择【创建打印】。

❷ 在打开的【创建打印】对话框的【名称】文本框中输入" Print Portfolio"。在【位置】选项组中勾选【内部】复选框，在其下拉列表中选择【Images to Print】收藏夹，然后单击【创建】按钮，如图 10-53所示。

此时，已存储的打印输出收藏夹（Print Portfolio）会出现在【收藏夹】面板中，而且名称左侧有一个打印机图标，以便将其与普通的照片收藏夹（带有堆叠照片图标）区分开。名称右侧的照片张数表示新的输出收藏夹中包含 3 张照片。打印编辑器视图上方的标题栏中显示的是已存储的打印作业名称，同时【创建已存储的打印】按钮消失，如图 10-54 所示。

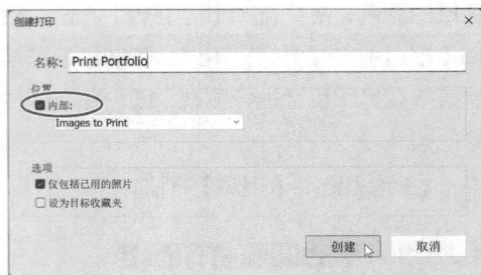

图 10-53

图 10-54

💡提示 把照片拖入【收藏夹】面板的打印输出收藏夹中，可向已存储的打印作业中添加更多照片。

用户可以根据个人习惯在调整布局的过程中随时保存打印作业，也可以在进入【打印】模块后立即创建已存储的打印（包含一系列照片），或者在布局调整完成后创建已存储的打印。

打印输出收藏夹不同于普通的照片收藏夹。照片收藏夹中包含一组照片，可以向这组照片应用任意模板或输出设置。输出收藏夹会把一个照片收藏夹（或者收藏夹中的一系列照片）与特定的模板、输出设置链接在一起。

另外，输出收藏夹与自定义打印模板也不一样。自定义打印模板中包含所有设置，但不包含照片，可以把模板应用到任意一组照片上。输出收藏夹会把模板及其所有设置与一组特定照片关联在一起。

启动打印作业

为了获得最佳打印结果，请定期校准颜色和配置显示器，并认真检查打印设置是否无误，以及选用的纸张是否满足要求。此外，试验也是必不可少的，尝试选用不同的设置和选项，然后从中选择最合适的一组设置。下面把打印作业发送到打印机。

❶ 在右侧面板组底部单击【打印机】按钮。

💡提示 若不需要检查打印设置，请直接单击右侧面板组底部的【打印】按钮，或者在菜单栏中选择【文件】>【打印】。

---

❷ 在打开的【打印】对话框中确认设置无误后，单击【打印】按钮/【确定】按钮，打印页面。或者单击【取消】按钮，关闭【打印】对话框，取消打印。

单击【打印】按钮（位于右侧面板组底部）后，Lightroom Classic 会直接把打印作业发送到打印机队列，而不会打开【打印】对话框。当使用相同设置重复打印，并且不需要在【打印】对话框中做任何改动时，可以直接单击【打印】按钮，启动打印作业。

本课中，我们了解了【打印】模块，学习了如何使用各个面板中的控件定制打印模板，如何调整页面布局和输出设置，以及如何向打印页面添加背景颜色、文本、边框与身份标识。

第 11 课将介绍如何备份与导出 Lightroom Classic 目录文件和照片。开始学习之前，我们花一些时间做几道复习题，再回顾一下本课学习的内容。

10.11　复习题

1. 如何快速浏览打印模板？如何查看照片在每种模板中的效果？
2. 打印模板类型有哪 3 种？如何判断当前选用的模板是哪一类模板？
3. 如何在打印布局中添加自定义文本和元数据？
4. 【草稿模式打印】复选框适合用来做什么？
5. 已存储的打印输出收藏夹、照片收藏夹、自定义打印模板之间有何区别？
6. 什么是软打样？

10.12　复习题答案

1. 把鼠标指针移动到【模板浏览器】面板中的每个模板上，可以在【预览】面板中看到每个模板的布局情况。在胶片显示窗格中选择照片，然后在模板列表中选择模板，打印编辑器视图中就会显示所选照片在所选模板中的效果。

2. 【单个图像 / 照片小样】类型的模板用来在同一个页面中以相同尺寸打印多张照片，包含带有一个或多个单元格的照片小样。【图片包】类型的模板用来在同一个页面上以不同的尺寸重复打印单张照片，其中单元格的位置和大小都是可调整的。【自定图片包】类型的模板不是基于网格的，用于在同一个页面上以任意尺寸打印多张照片，排列照片时，照片之间可以重叠。在【布局样式】面板中可以看到【模板浏览器】面板中当前选用的模板是哪种类型的。

3. 使用文本身份标识可以把文本添加到任意布局中。在【页面】面板中勾选【照片信息】复选框，可把自定义文本、元数据添加到【单个图像 / 照片小样】类型模板的布局中。在【照片信息】下拉列表中选择要在照片上显示的信息，或者选择【编辑】选项，在打开的【文本模板编辑器】对话框中编辑文本模板。

4. 勾选【草稿模式打印】复选框后，打印速度快，但打印质量相对较低，适合用来打印照片小样。在进行高质量打印之前，可以使用照片小样来评估页面的布局情况。照片小样模板适合用在【草稿模式打印】中。

5. 已存储的打印输出收藏夹把一组照片与特定模板、布局、输出设置链接在一起；照片收藏夹是照片的虚拟分组，可以向其应用任意模板或输出设置；自定义打印模板会保留自定义布局和输出设置，但不包含照片，可以把模板应用到任意一组照片上。

6. 软打样是在屏幕上模拟照片打印在纸张上的效果。Lightroom Classic 使用颜色配置文件模拟特定打印机使用特定油墨和纸张的打印结果（或把照片颜色保存为不同的色彩空间，就像在准备网络照片时所做的那样），使用户在导出照片副本或打印照片之前可以对照片进行适当的调整。

第 11 课
备份与导出照片

课程概览

　　在 Lightroom Classic 中，我们可以轻松备份与导出图库中的所有照片和数据，简化工作流程，最大限度地减小意外数据丢失产生的影响。导入照片的过程中，我们可以在外部存储器上为照片创建备份，对照片与修片设置做完全或增量备份，或者让 Lightroom Classic 自动备份。我们能以多种格式导出照片，包括为屏幕浏览而优化的照片，以及用作存档副本的照片。

　　本课主要讲解以下内容。

- 备份目录文件和图库
- 导出照片以供屏幕浏览或存档
- 使用导出预设
- 增量备份与导出元数据
- 导出照片以便在其他程序中编辑

学习本课需要 **90**分钟

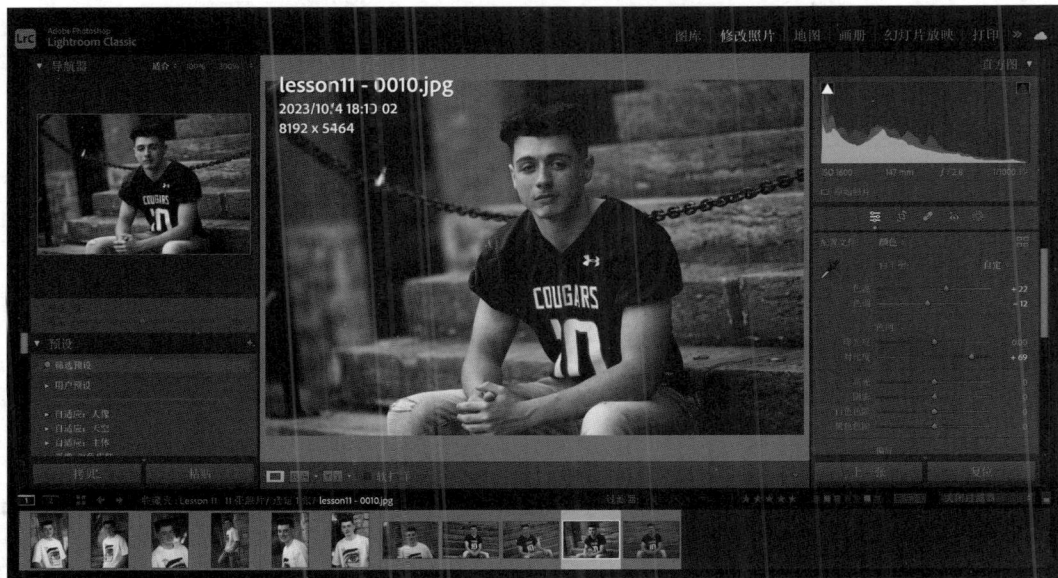

　　Lightroom Classic 内置了多个备份工具，借助这些工具，我们可以很好地保护照片和修片设置，防止照片意外丢失。备份时，一般只备份目录文件、图库，以及修片设置和主文件的副本。导出照片时，可选择以不同的文件格式导出照片。导出的照片可用在多媒体展示和电子邮件附件中，也可以导入其他外部程序进行进一步的编辑，还可以用作存档。

11.1 学前准备

导入照片前，请先检查是否已经创建好用于存放本书课程文件的 LRC2024CIB 文件夹，以及 LRC2024CIB Catalog 目录文件。具体操作方法请参见本书前言"课程文件"和"新建目录文件"板块中的内容。

将下载好的 lesson11 文件夹放入 LRC2024CIB\Lessons 文件夹中，相关操作说明请阅读前言。

❶ 启动 Lightroom Classic。

❷ 在打开的【Adobe Photoshop Lightroom Classic - 选择目录】窗口中选择 LRC2024CIB Catalog.lrcat 文件，单击【打开】按钮，如图 11-1 所示。

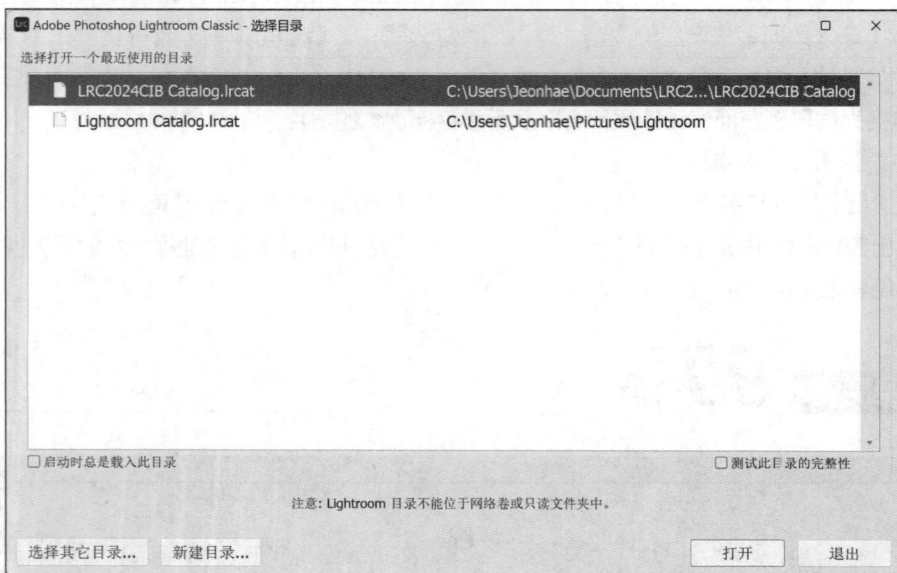

图 11-1

❸ 打开 Lightroom Classic 后，当前显示的是上一次退出软件时使用的屏幕模式和模块。若当前模块不是【图库】模块，请在工作区右上角的模块选取器中单击【图库】，切换至【图库】模块，如图 11-2 所示。

图 11-2

> **💡 注意** 若用户界面中未显示模块选取器，请在菜单栏中选择【窗口】>【面板】>【显示模块选取器】，或者直接按 F5 键，将其显示出来。在 macOS 中，需要同时按 Fn 键与 F5 键，才能把模块选取器显示出来。如果你不想这样做，也可以在【首选项】中更改功能键的行为。

把照片导入图库

学习本课之前，请先把本课用到的照片导入 Lightroom Classic 图库。

❶ 在【图库】模块下单击左侧面板组左下角的【导入】按钮，如图 11-3 所示，打开【导入】对话框。

❷ 若【导入】对话框当前处在紧凑模式下，请单击对话框左下角的【显示更多选项】按钮，如图 11-4 所示，使【导入】对话框进入扩展模式，显示所有可用选项。

图 11-3

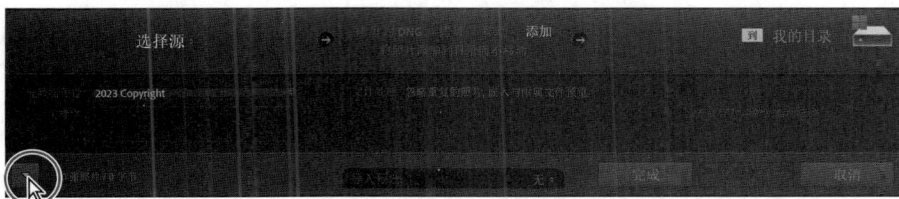

图 11-4

❸ 在左侧【源】面板中找到并选择 LRC2024CIB\Lessons\lesson11 文件夹。请确保 esson11 文件夹中的所有照片（11 张）处于选中状态。

❹ 在预览区上方的导入方式中选择【添加】，Lightroom Classic 只会把导入的照片添加到目录文件中，而不会移动或复制原始照片。在右侧【文件处理】面板的【构建预览】下拉列表中选择【嵌入与附属文件】，勾选【不导入可能重复的照片】复选框。在【在导入时应用】面板的【关键字】文本框中输入"Lesson 11"，如图 11-5 所示。确认设置无误后，单击【导入】按钮。

图 11-5

❺ 当从 lesson11 文件夹中把 11 张照片导入 Lightroom Classic 之后，就可以在【图库】模块下的【网格视图】和工作区下方的胶片显示窗格中看见它们了。创建一个名为 Lesson11 的收藏夹，把刚刚导入的照片全部放入其中。

11.2 防止数据丢失

数据丢失之后，我们往往才会真正认识到有好的备份策略是多么重要。如果现在计算机被盗了，会有多大损失？如果硬盘发生故障，会有多少文件无法恢复？处理这些"灾难"会耗费多少精力和金钱？我们无法阻止"灾难"的发生，但是我们可以采取一些办法降低风险及减少应对的花销。定期备份可有效地减小这些"灾难"的影响，为我们节省大量的时间、精力和金钱。

Lightroom Classic 提供了大量工具，这些工具能够帮助我们轻松地保护图库。对于计算机中的其他文件，我们应该准备好的备份策略，这样才能保护好它们。

▌ 11.3　备份目录文件

Lightroom Classic 的目录文件中存储着与图库中的照片相关的大量信息，包括照片文件的位置、元数据（标题、题注、关键字、旗标、标签、星级），以及照片的修改与输出设置。每次修改照片（如重命名、校色、润饰、裁剪照片）后，Lightroom Classic 都会把做的修改保存到目录文件中。此外，目录文件中还记录着照片在收藏夹中的组织方式和排序方式、发布历史、幻灯片设置、网络画廊设计、打印布局，以及定制的模板和预设。

除非备份目录文件，否则在出现硬盘故障、意外删除图库文件或图库文件损坏等情况时，即便已经把原始照片备份在了可移动设备上，花费了大量时间得到的工作成果也会付之东流。为防止出现这样的情况，我们可以主动设置 Lightroom Classic，使其自动定期备份目录文件。

❶ 在【Lightroom Classic】/【编辑】菜单中选择【目录设置】，打开【目录设置】对话框。在【常规】选项卡的【备份目录】下拉列表中选择【下次退出 Lightroom 时】，如图 11-6 所示。

❷ 单击【关闭】/【确定】按钮，关闭【目录设置】对话框，然后退出 Lightroom Classic。若弹出对话框，询问是否确认退出 Lightroom Classic，单击【是】按钮。

❸ 在打开的【备份目录】对话框中单击【选择】按钮，更改保存备份目录文件的文件夹。理想情况下，应该把备份目录文件保存到与原始目录文件不同的磁盘上。这里选择磁盘中的 LRC2024CIB 文件夹，在打开的【浏览文件夹】/【选择文件夹】对话框中选择 LRC2024CIB 文件夹作为存放备份目录文件的文件夹，单击【选择文件夹】按钮。

❹ 在【备份目录】对话框中勾选【在备份之前测试完整性】与【备份后优化目录】两个复选框。无论何时备份目录文件，最好都勾选这两个复选框，以确保原始目录文件没问题。这样备份目录文件才有意义。单击【备份】按钮，如图 11-7 所示。

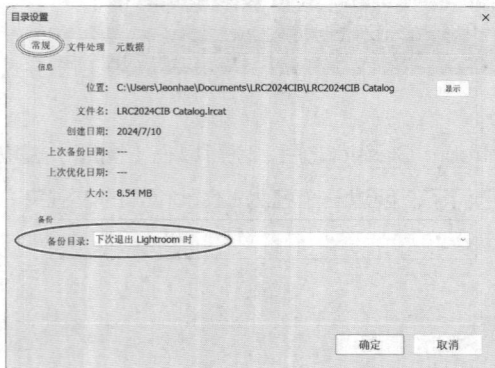

图 11-6

图 11-7

每次备份目录文件时，Lightroom Classic 都会在指定的文件夹中为目录文件创建一个完整的副本，并将其放入新文件夹中，新文件夹的名称由备份的日期和时间组成。为了节省磁盘空间，备份时，可以先删除旧备份目录文件，或者把备份目录文件压缩。目录文件的压缩率非常高，经过压缩，其大小一般只有原始文件的 10%。使用备份目录文件恢复目录时，先将备份目录文件解压缩。

> 💡 **注意** 在 Lightroom Classic 中，采用这种方式备份目录文件时，不会备份原始照片和工作区中的预览图。使用备份目录文件恢复时，Lightroom Classic 会为目录文件重新生成预览图，但是需要单独备份原始照片。

当目录文件被意外删除或损坏时，可以通过复制备份目录文件到目录文件夹或者新建一个目录文件夹并导入备份目录文件的内容来恢复它。为了避免无意中修改备份目录文件，最好不要直接在 Lightroom Classic 的【文件】菜单中打开它。

❺ 启动 Lightroom Classic。在打开的【Adobe Photoshop Lightroom Classic - 选择目录】窗口中选择 LRC2024CIB Catalog.lrcat 文件，单击【打开】按钮。

❻ 在菜单栏中选择【Lightroom Classic】>【目录设置】/【编辑】>【目录设置】。

❼ 在打开的【目录设置】对话框的【常规】选项卡中，根据需要在【备份目录】下拉列表中选择备份频率。

❽ 单击【关闭】/【确定】按钮，关闭【目录设置】对话框。

导出元数据

目录文件用来集中存储图库中的照片的相关信息。为减小目录文件丢失或损坏所产生的影响，另一个办法是导出和分散目录文件中的内容。实际上，我们可以把目录文件中每张照片对应的信息保存到硬盘上的各个照片文件中（可自动保持导出信息和目录文件同步），即对每张照片的元数据和修改设置做分布式备份。

当照片的元数据发生变化，但这些变化尚未被保存到原始照片文件中时（例如，在导入本课照片的过程中，向照片中添加关键字"Lesson 11"），在【图库】模块的【网格视图】与胶片显示窗格中，照片单元格右上方会出现【需要更新元数据文件】图标，如图 11-8 所示。

图 11-8

❶ 若【需要更新元数据文件】图标未显示在【网格视图】的照片单元格中，请在菜单栏中选择【视图】>【视图选项】，在打开的【图库视图选项】对话框的【网格视图】选项卡的【单元格图标】选项组中勾选【未存储的元数据】复选框，单击对话框右上角的【关闭】按钮，关闭【图库视图选项】对话框。

❷ 在【网格视图】中选择第一张照片，使用鼠标右键单击照片，在弹出的快捷菜单中选择【元

数据】>【将元数据存储到文件】，在确认对话框中单击【继续】按钮，如图 11-9 所示。经过一段时间之后，照片单元格右上方的【需要更新元数据文件】图标消失。

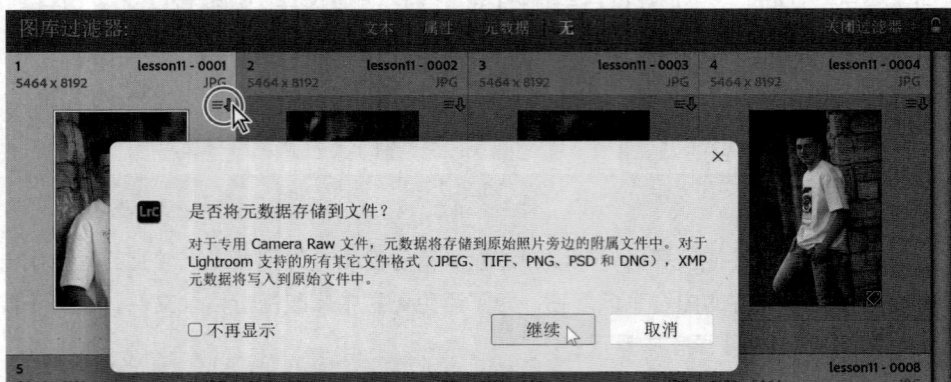

图 11-9

❸ 按住 Command 键 /Ctrl 键单击接下来的 4 张照片，把它们同时选中，然后在所选照片中单击任意照片右上角的【需要更新元数据文件】图标，在弹出的确认对话框中单击【存储】按钮，把更改存储到磁盘上。

经过一段时间后，所选照片单元格右上方的【需要更新元数据文件】图标消失。

在外部应用程序（例如，Adobe Bridge 或 Photoshop Camera Raw 插件）中编辑或添加照片元数据时，Lightroom Classic 会在【网格视图】的照片缩览图上方显示【元数据已在外部更改】图标。使用鼠标右键单击照片，在弹出的快捷菜单中选择【元数据】>【从文件中读取元数据】，可接受更改并更新目录文件；选择【元数据】>【将元数据存储到文件】，可拒绝修改元数据并使用目录文件中的信息覆盖它。

先选择待更新的多张照片或文件夹，再选择【元数据】>【将元数据存储到文件】，可为一批照片（或者为目录中的所有文件夹和收藏夹）更新元数据。

在过滤器栏中，可以使用【元数据】过滤器的【元数据状态】快速找到照片，如在外部程序中更改了元数据的照片、包含元数据冲突（自上次更新元数据以来，在 Lightroom Classic 中未保存和在其他程序中对元数据做了更改）的照片、在 Lightroom Classic 中做了更改但未保存的照片、带有最新元数据的照片，如图 11-10 所示。

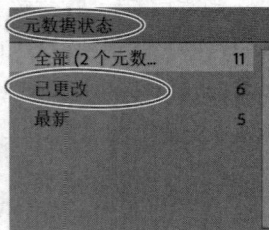

图 11-10

对于格式为 DNG、JPEG、TIFF、PSD 的照片（在文件结构中定义了空间，XMP 信息可以与图像数据分开存储），Lightroom Classic 会把元数据写入照片文件中。相反，对相机 RAW 图像做的修改会被写入单独的 XMP 文件中，其中记录了从 Lightroom Classic 导出至图像的元数据和修改设置。

许多相机厂商采用专用、未公开的 RAW 文件格式，随着新 RAW 文件格式的出现，旧的 RAW 文件格式就会被淘汰。因此，把元数据存储在单独的文件中是最安全的做法，这样可以避免损坏原始文件或丢失从 Lightroom Classic 中导出的元数据。

❹ 在【Lightroom Classic】/【编辑】菜单中选择【目录设置】，打开【目录设置】对话框。切换至【元数据】选项卡，勾选【将更改自动写入 XMP 中】复选框，如图 11-11 所示，当原始照片被更改时，元数据会自动导出，XMP 文件会始终与目录文件保持同步。单击【关闭】/【确定】按钮，关

闭该对话框。

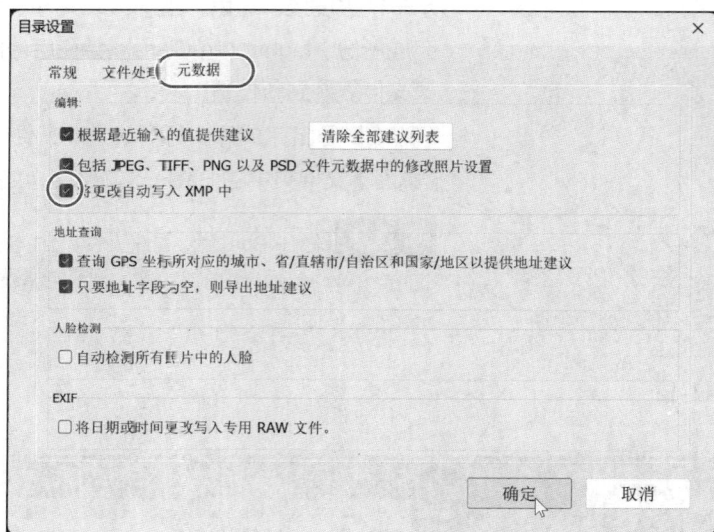

图 11-11

不过，这样导出的 XMP 文件中只包含照片的特定元数据，如关键字、旗标、标签、星级、修改设置等，而不包含与目录文件相关的高层数据，如堆叠、虚拟副本、幻灯片设置等信息。

11.4　备份图库

前面学习了如何备份目录文件（不含照片），还学习了如何用元数据和目录文件中的修改信息更新照片文件。接下来，学习如何导出 Lightroom Classic 图库，包括照片、目录、堆叠、收藏夹等。

把照片导出为目录文件

把照片导出为目录文件时，Lightroom Classic 会创建目录文件副本，并且我们可以选择是否同时创建主文件副本和照片预览。在以目录文件形式导出照片时，既可以选择导出整个图库，也可以选择只导出一部分照片。当希望把照片及相关目录信息从一台计算机转移到另外一台计算机时，建议采用这种方式导出照片。数据丢失之后，用户可以使用相同的方法通过备份目录文件恢复图库。

❶ 在【目录】面板中选择【所有照片】文件夹，如图 11-12 所示，然后在菜单栏中选择【文件】>【导出为目录】，打开【导出为目录】对话框。

按理说，我们应该把备份目录文件保存到另外一个磁盘上，该磁盘与保存目录文件和照片文件的磁盘不能是同一个。这里，我们把备份目录文件保存到桌面上就好。

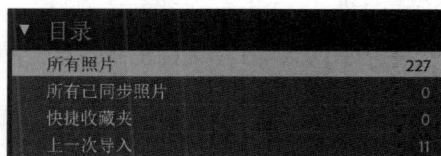

图 11-12

❷ 在【另存为】/【文件名】文本框中输入"Backup"，然后打开【桌面】文件夹。取消勾选【构建 / 包括智能预览】复选框和【仅导出选定照片】复选框，勾选【导出负片文件】复选框和【包括可用的预览】复选框。单击【导出目录】/【保存】按钮，如图 11-13 所示。

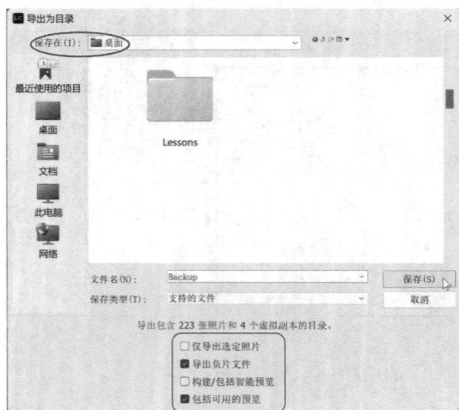

图 11-13

创建新目录文件的过程中，用户界面的左上角会显示一个进度条。这里，由于目录文件不大，只需几秒即可完成备份。Lightroom Classic 会在后台把照片文件及其目录文件复制到新位置。

❸ 导出完成后，打开访达 / 文件资源管理器，打开【桌面】文件夹中的 Backup 文件夹，如图 11-14 所示。

> 💡 **注意** 你在 Backup 文件夹中看到的子文件夹（学完的课程文件夹）可能和这里不一样，这要看现在大家已经跟学了多少课程。

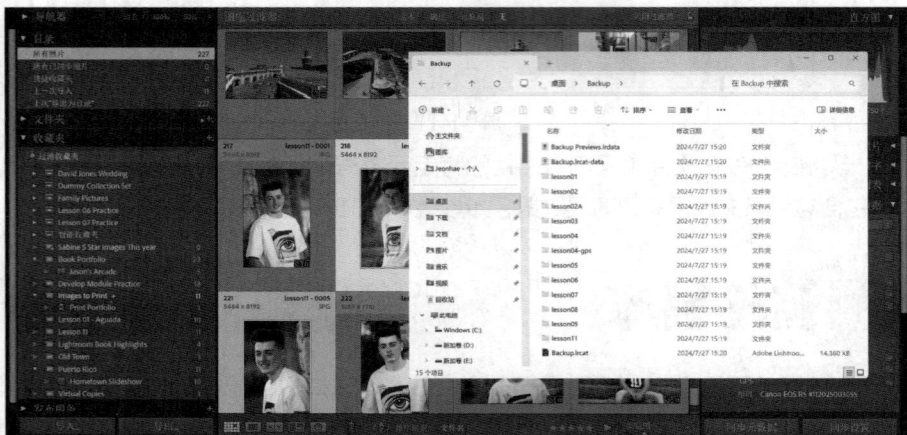

图 11-14

可以看到，Backup 文件夹中的文件夹结构与【文件夹】面板中的文件夹结构相同。Lightroom Classic 图库中的所有照片文件都被复制到了这些新文件夹中，Backup.lrcat 文件是原始目录文件的完整副本。

❹ 在菜单栏中选择【文件】>【打开目录】，在【打开】/【打开目录】对话框中选择 Backup 文件夹中的 Backup.lrcat 文件，然后单击【打开】按钮。此时，弹出【打开目录】对话框，询问是否重新启动 Lightroom Classic 以打开备份目录文件，单击【重新启动】按钮，Lightroom Classic 会打开备份目录文件。

❺ 除了显示在标题栏左侧的文件名不一样之外，备份目录文件与原始目录文件几乎一模一样，只有一些临时的状态信息丢失了，例如，在【目录】面板中，【上一次导入】文件夹是空的，【所有已同步照片】文件夹也是空的。只能在 Lightroom Classic 中同步一个目录文件，所以原始目录文件中所有同步过的收藏夹都不会在这里被标记成同步的。

❻ 在新目录文件中，有些设置会被重置为默认状态，这就与原始目录文件（LRC2024CIB）中的设置不一样了。在【Lightroom Classic】/【编辑】菜单中选择【目录设置】，打开【目录设置】对话框，在【常规】选项卡中可以看到备份频率已经被重置成默认选项。单击【关闭】/【取消】按钮，关闭【目录设置】对话框。

❼ 在菜单栏中选择【文件】>【打开最近使用的目录】>【LRC2024CIB Catalog.lrcat】，在打开的【打开目录】对话框中单击【重新启动】按钮。若弹出【备份目录】对话框，单击【本次略过】按钮。

11.5 导出照片

前面讲了一些备份技术，使用这些备份技术生成的备份文件只能被 Lightroom Classic 或者其他能够读取 XMP 文件的程序读取。如果想把照片发送给未安装 Lightroom Classic 的朋友，需要先将照片以合适的文件格式导出。这类似于把 Word 文档保存成纯文本文件或 PDF 文件，然后发送给别人，虽然这个过程中有些功能会丢失，但至少收件人可以看到其中的工作内容。选择什么样的文件导出格式，取决于照片的用途是什么。

· 若将照片作为电子邮件附件发送给对方，用于屏幕浏览，则导出照片时选择 JPEG 文件格式。这种格式可以降低分辨率和减小尺寸，从而大大减小文件大小。

· 若需要在其他程序中再次编辑照片，则在导出照片时应把格式设置为 PSD 或 TIFF，且以全尺寸方式导出。

· 若用来存档，则导出照片时选择原始格式或者 DNG 格式。

11.5.1 导出为 JPEG 文件供屏幕浏览

导出照片之前，使用现成预设来编辑它们，这样就能一眼看出修改设置是否已经应用到了导出的副本上。

❶ 在【收藏夹】面板中选择 Lesson 11 收藏夹，在菜单栏中选择【编辑】>【全选】。在【快速修改照片】面板的【存储的预设】下拉列表中选择【用户预设】>【Arcade Weekend】，如图 11-15 所示。

图 11-15

❷ 在 11 张照片仍处于选中状态时，在菜单栏中选择【文件】>【导出】，或者使用鼠标右键单击任意一张照片，在弹出的快捷菜单中选择【导出】>【导出】，如图 11-16 所示，还可以直接单击工作区左下角的【导出】按钮。

图 11-16

❸ 在打开的【导出 11 个文件】对话框的【导出位置】选项组的【导出到】下拉列表中选择【指定文件夹】，然后单击其下方的【选择】按钮；在打开的【选择文件夹】对话框中打开【桌面】文件夹，单击【选择】/【选择文件夹】按钮。

> 💡 **注意** 若 Lightroom Classic 询问是否要覆盖照片文件中的信息，单击【覆盖设置】按钮即可。

❹ 勾选【存储到子文件夹】复选框，输入子文件夹名称"export"。取消勾选【添加到此目录】复选框，如图 11-17 所示。

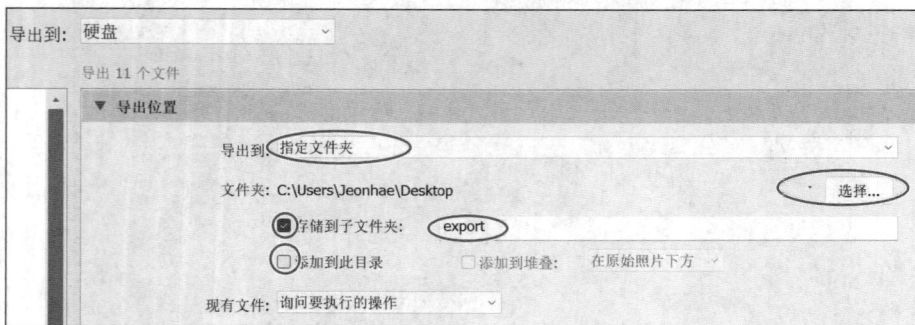

图 11-17

❺ 在【文件命名】选项组中勾选【重命名为】复选框，然后在下拉列表中选择【日期 - 文件名】。

❻ 在【文件设置】选项组的【图像格式】下拉列表中选择【JPEG】，把【品质】设置为 70 到 80 之间（在这个范围内，照片质量和文件尺寸有较好的平衡）。在【色彩空间】下拉列表中选择 sRGB，如图 11-18 所示。若照片要用于网络浏览，建议选择 sRGB。另外，当不知道该选择哪个色彩空间时，建议选择 sRGB。

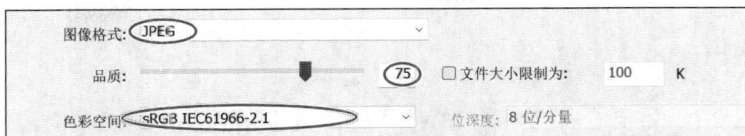

图 11-18

❼ 在【调整图像大小】选项组中勾选【调整大小以适合】复选框,在右侧的下拉列表中选择【宽度和高度】,分别在【宽度】输入框和【高度】输入框中输入"1500",在单位下拉列表中选择【像素】。这样会等比例缩放照片,照片的最长边是 1500 像素。本课照片都大于这个尺寸,所以不用勾选【不扩大】复选框,防止对尺寸较小的照片进行放大采样。把【分辨率】设置为 72 像素 / 英寸,如图 11-19 所示。在屏幕上显示照片时,分辨率设置一般都会被忽略。照片的总像素数减少,照片文件的大小也会减小。

图 11-19

❽ 在【输出锐化】选项组中勾选【锐化对象】复选框,在右侧的下拉列表中选择【屏幕】,把【锐化量】设置为【标准】。在【元数据】选项组的【包含】下拉列表中选择【仅版权】。在【元数据】选项组中还有一些其他选项,例如,选择【所有元数据】之后,可以勾选【删除位置信息】复选框,以保护隐私。取消勾选【水印】复选框。在【后期处理】选项组的【导出后】下拉列表中选择【在访达中显示】/【在资源管理器中显示】,如图 11-20 所示。

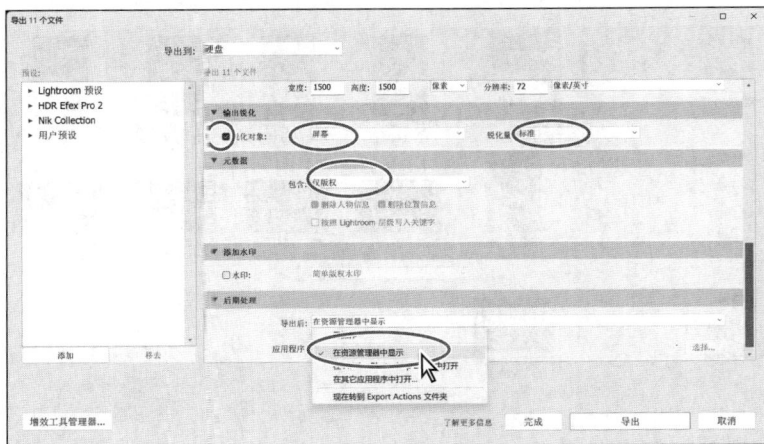

图 11-20

❾ 单击【导出】按钮,工作区左上角会出现一个导出进度条。导出完毕后,使用访达 / 文件资源管理器打开桌面上的 export 文件夹。

> ♀ 注意　在【首选项】对话框的【常规】选项卡的【结束声音】选项组的【完成照片导出后播放】下拉列表中选择一种声音。这样,照片导出完成后,Lightroom Classic 就会播放选择的声音进行提示。

使用导出插件

我们可以使用第三方插件来扩展 Lightroom Classic 的各项功能，包括导出功能。

有一些导出插件可以帮助我们从 Lightroom Classic 导出界面中把照片轻松地发送到特定的在线照片分享网站和社交平台，乃至其他应用程序中。例如，借助 Gmail 插件，我们能够创建即时 Gmail 信息，并在导出时附上照片。

还有一些插件可用来向过滤器栏添加搜索条件、自动压缩备份文件、创建照片拼贴或设计上传网络画廊、使用专业级效果和滤镜、在【修改照片】模块中使用 Photoshop 风格的图层等。

在导出对话框左下角单击【增效工具管理器】按钮，然后在打开的【Lightroom 增效工具管理器】对话框中单击【Adobe 插件】按钮，在线浏览第三方开发者提供的各种插件，这些插件会提供额外功能，或者帮助用户实现自动化、自定义工作流，以及创建样式效果。

我们可以按类别搜索可用的 Lightroom Classic 插件，浏览相机原始配置文件、修片预设、导出插件，以及网络画廊模板。

⓿ 在 Windows 的文件资源管理器中查看预览图，或者单击【放映幻灯片】按钮，查看 export 文件夹中的照片，如图 11-21 所示。在 macOS 的访达中，在列视图或画廊视图中选择一张照片进行预览。大家可以看到在导出之前 Arcade Weekend 预设已经应用到了本课照片的副本上。这些照片副本的宽度为 1500 像素，文件大小大大减小。

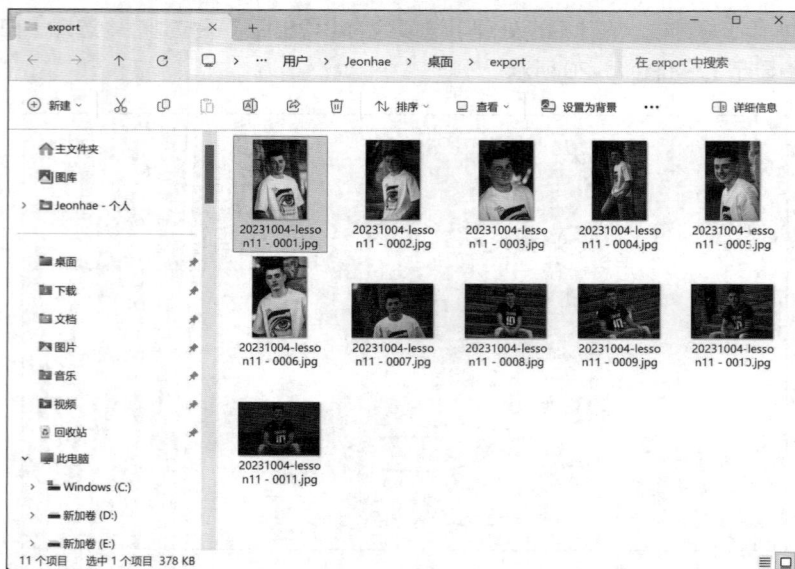

图 11-21

⓫ 删除 export 文件夹中的照片，返回 Lightroom Classic 中。在 11 张照片仍处于选中状态时，在菜单栏中选择【编辑】>【还原 Arcade Weekend】，把照片颜色恢复成原来的样子。

11.5.2 导出为 PSD 或 TIFF 文件供进一步编辑

接下来我们学习如何导出照片，以便在外部应用程序中进行进一步编辑。

❶ 在【网格视图】中，在菜单栏中选择【编辑】>【全部不选】，然后双击照片 lesson11 - 0008。在【快速修改照片】面板（位于右侧面板组中）的【存储的预设】下拉列表中选择【创意】>【不饱和对比度】，如图 11-22 所示。

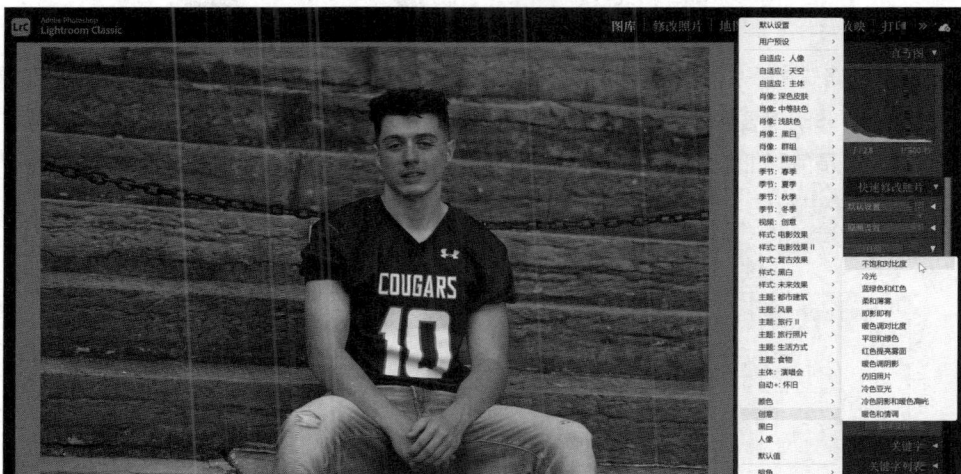

图 11-22

❷ 在菜单栏中选择【文件】>【导出】，打开【导出一个文件】对话框，可以看到上一小节中的所有设置仍然保留着。取消勾选【重命名为】复选框。

> 💡提示　在菜单栏中选择【文件】>【使用上次设置导出】，Lightroom Classic 会自动使用上一次的导出设置导出照片，同时不会打开【导出一个文件】对话框。

❸ 在【文件设置】选项组的【图像格式】下拉列表中选择【TIFF】。在以 TIFF 格式导出照片时，可以选择 ZIP 压缩（无损压缩方式）来减小文件大小。在【色彩空间】下拉列表中选择【Adobe RGB(1998)】，如图 11-23 所示。

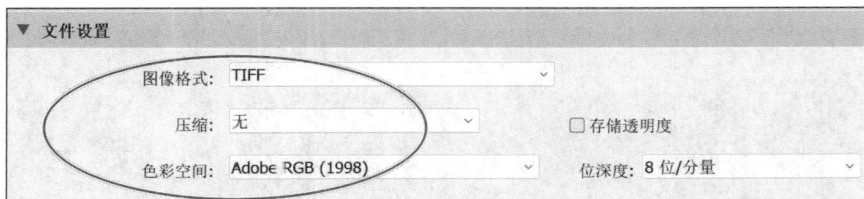

图 11-23

把照片从 Lightroom Classic 中导出后，如果还要在其他应用程序中编辑，强烈建议把【色彩空间】设置为 Adobe RGB (1998)，而不要设置为 sRGB。Adobe RGB(1998) 色彩空间要比 sRGB 大得多，使用这个色彩空间时，几乎不会有颜色被裁切掉。这样照片的原始颜色会被更好地保留下来。ProPhoto RGB 色彩空间比 Adobe RGB(1998) 还大，它能够表现原始照片中的所有颜色。为了在屏幕上正确显示使用 Adobe RGB(1998) 或 ProPhoto RGB 色彩空间的照片，我们需要能够读取这些颜色配置文件的外部编辑程序。此外，还需要开启颜色管理功能并校准计算机显示器。若不这样做，在 Adobe RGB(1998) 色彩空间下，照片在显示器中看起来会一团糟，使用 ProPhoto RGB 色彩空间会更糟。

Lightroom Classic 会以合适的文件格式导出照片，然后在外部编辑程序中打开它，同时把转换后的文件添加到 Lightroom Classic 图库中。在【首选项】对话框的【外部编辑】选项卡中可以选择外部编辑程序、文件格式、色彩空间、位深、压缩方式、文件命名方式。在菜单栏中选择【照片】>【在应用程序中编辑】，然后在子菜单中选择希望使用的外部编辑程序。

❹ 在【图像格式】下拉列表中选择【PSD】，在【位深度】下拉列表中选择【8 位 / 分量】，如图 11-24 所示。若非明确要求输出 16 位文件，则输出 8 位文件就够了。8 位文件更小，能兼容更多的程序和插件，但是色彩细节没有 16 位文件保留得多。事实上，在 Lightroom Classic 中处理照片是在 16 位色彩空间中进行的，当准备导出照片时，对照片的重要调整和校正都已经完成了。此时，把照片文件转换成 8 位导出，并不会明显降低编辑能力。这里，设置为 16 位。

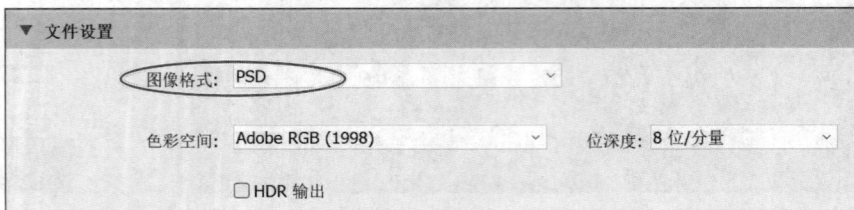

图 11-24

❺ 在【调整图像大小】选项组中取消勾选【调整大小以适合】复选框，把【分辨率】设置为 240 像素 / 英寸。如此设置后，照片将有足够的分辨率供进一步编辑，同时支持大尺寸打印。

❻ 保持【输出锐化】和【元数据】选项组中的设置不变。若计算机中安装了 Adobe Photoshop，请在【后期处理】选项组的【导出后】下拉列表中选择【在 Adobe Photoshop 中打开】，或者选择【在其他应用程序中打开】，然后单击【选择】按钮，选择要使用的外部编辑程序，单击【导出】按钮。

❼ 导出完成后，照片会在外部编辑程序（这里是 Adobe Photoshop）中打开。导出后的照片已经应用了【创意】中的【不饱和对比度】预设，而且照片尺寸与原始尺寸（"34"×"22"）一样，如图 11-25 所示。

图 11-25

❽ 退出外部编辑程序，在访达 / 文件资源管理器中打开 export 文件夹，删除照片，然后返回
Lightroom Classic 中。

11.5.3　以原始格式或 DNG 格式导出照片用于存档

按照如下步骤，以原始格式或 DNG 格式导出照片用于存档。

❶ 在【收藏夹】面板中单击 Lesson 01 - Aguada 收藏夹，在其中选择照片 lesson01-0003。

❷ 在菜单栏中选择【文件】>【导出】，在打开的【导出一个文件】对话框的【导出位置】选项
组中取消勾选【存储到子文件夹】复选框，把照片导出到桌面。

❸ 在【文件设置】选项组的【图像格式】下拉列表中选择【原始格式】。此时，【调整图像大小】【输
出锐化】选项组不可用，如图 11-26 所示，Lightroom Classic 会原封不动地导出原始照片数据。若选
择 DNG 格式，Lightroom Classic 会在照片中嵌入附属文件信息（XMP 文件）。

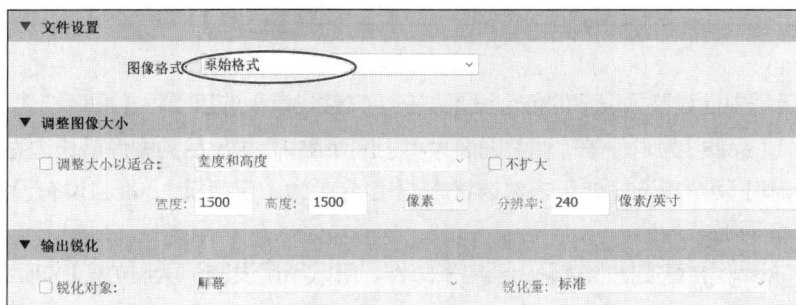

图 11-26

> **💡 注意**　以 DNG 格式导出照片时，虽然会有很多选项影响 DNG 文件的创建方式，但是原始照片数据保
> 持不变。

❹ 在【后期处理】选项组的【导出后】下
拉列表中选择【在访达中显示】/【在资源管理
器中显示】，单击【导出】按钮。

❺ 导出完成后，在访达 / 文件资源管理器
中打开【桌面】文件夹，会看到原始照片文件的
副本和一个 XMP 文件，如图 11-27 所示。XMP
文件中记录了对照片元数据（导入时添加的关
键字）的更改以及编辑历史（对照片的修改与
调整）。

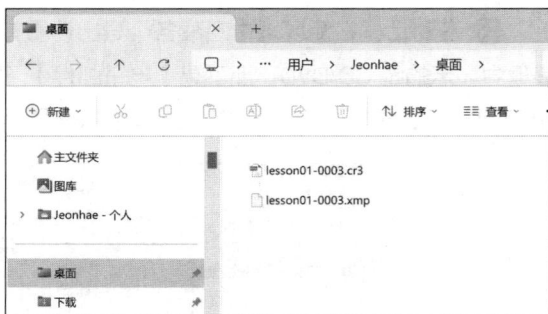

图 11-27

❻ 在访达 / 文件资源管理器中打开【桌面】文件夹，删除其中的两个文件，然后返回 Lightroom
Classic。

11.5.4　使用导出预设

针对常见的导出任务，Lightroom Classic 提供了一些预设。我们可以原封不动地使用这些预设，
也可以在这些预设的基础上创建自己的预设。

当某些操作需要反复执行时，可以考虑创建预设，把这个过程自动化。

❶ 进入【图库】模块，在【收藏夹】面板中选择 Lesson 11 收藏夹。在【网格视图】中选择任意照片，然后在菜单栏中选择【文件】>【导出】。

❷ 打开的【导出一个文件】对话框的左侧是【预设】列表框，在【Lightroom 预设】选项组中选择【适用于电子邮件】（请单击文字，而非勾选复选框），如图 11-28 所示。

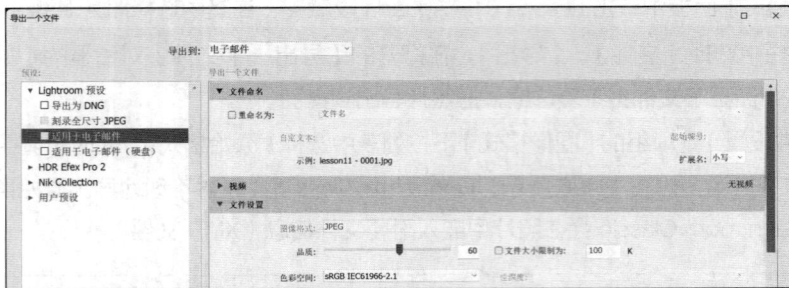

图 11-28

❸ 在右侧区域中检查该预设下的各个设置。在【文件设置】选项组中，【图像格式】为 JPEG，【色彩空间】为 sRGB，【品质】为 60。在【调整图像大小】选项组中，导出后的图像最长边为 500 像素。【锐化对象】和【水印】两个复选框处于未勾选状态，【包含】为【仅版权】，而且没有设置【导出位置】和【后期处理】选项组。

Lightroom Classic 会直接把照片导出至电子邮件，所以不用设置【导出位置】选项组。【后期处理】选项组也没必要设置，Lightroom Classic 会自动生成电子邮件，并添加上照片，然后在 Lightroom Classic 中把电子邮件发送出去，并不需要启动电子邮件客户端。

💡提示　有关把照片导出为电子邮件附件的更多内容，请阅读第 1 课中的"使用电子邮件分享作品"。

❹ 在【导出一个文件】对话框左侧的【预设】列表框中选择【刻录全尺寸 JPEG】。

❺ 在对话框右侧区域中观察各个导出设置有什么变化。首先，对话框顶部的【导出到】下拉列表框中显示的是 CD/DVD，而不是【电子邮件】（无【导出位置】选项组）；其次，【文件设置】选项组中 JPEG 的【品质】变成了 100，如图 11-29 所示。

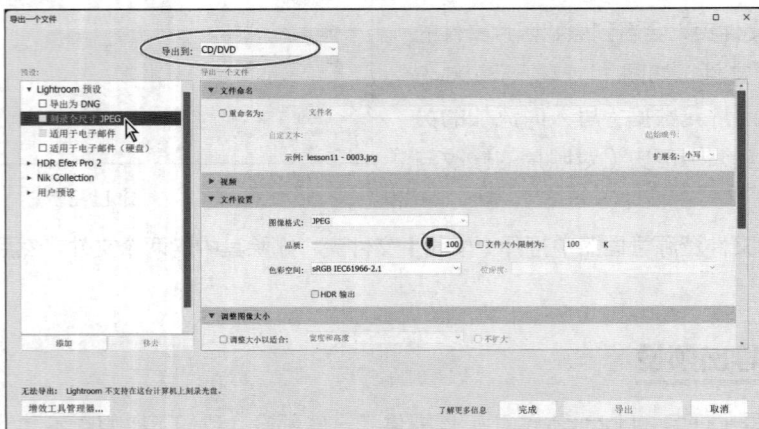

图 11-29

❻ 向下拖动对话框右侧的滚动条，查看该预设的其他设置。在【调整图像大小】选项组中，【调整大小以适合】复选框处于未勾选状态，【包含】被设置为【所有元数据】，【删除人物信息】和【删除位置信息】复选框处于勾选状态。

选择预设之后，可以根据需要调整预设中的设置，然后单击【预设】列表框下方的【添加】按钮，将调整后的预设保存成新预设。保存完成后，关闭对话框。

11.5.5　创建用户预设

自定义导出设置之后，可以把它保存成新的导出预设。可以在【文件】菜单中找到导出预设（【文件】>【使用预设导出】）。选择预设后，直接开始导出，而不用打开【导出一个文件】对话框。下面我们一起创建一个预设，这个预设会把照片导出到桌面上，照片的长边为 1400 像素、格式为 JPEG、品质是 100、色彩空间为 sRGB。

❶ 在 Lesson 11 收藏夹中选择照片 lesson11 - 0007，如图 11-30 所示。在【图库】模块左下角单击【导出】按钮。

图 11-30

❷ 在打开的【导出一个文件】对话框中进行如下设置，如图 11-31 所示。

- 导出到：指定文件夹。
- 文件夹：Desktop。
- 图像格式：JPEG。
- 品质：100。
- 色彩空间：sRGB。
- 调整大小以适合：长边。
- 像素：1400。
- 分辨率：72 像素 / 英寸。

其他所有选项保持默认设置。

❸ 单击对话框左下角的【添加】按钮，在打开的【新建预设】对话框中输入预设名称"Facebook Export 1400px"，单击【创建】按钮。此时，在【预设】列表框中的【用户预设】选项组中可以看到

刚刚创建好的预设，如图 11-32 所示，单击【取消】按钮，关闭对话框。

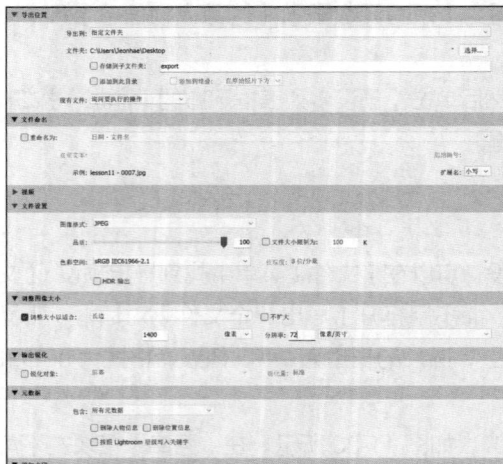
图 11-31

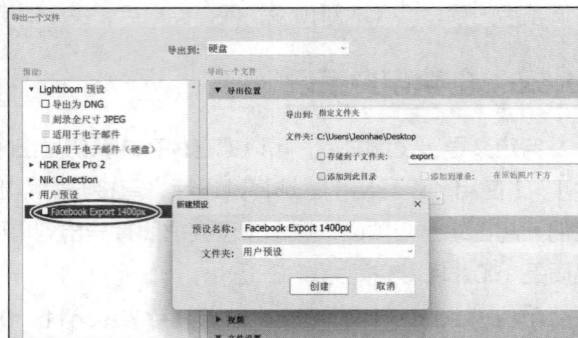
图 11-32

在照片 lesson11 - 0007 仍处于选中的状态下，使用鼠标右键单击它，在弹出的快捷菜单中选择【导出】>【Facebook Export 1400px】，如图 11-33 所示。每次导出需要上传到 Facebook 的照片时，只要选择【Facebook Export 1400px】预设，就可以快速、准确地导出照片。

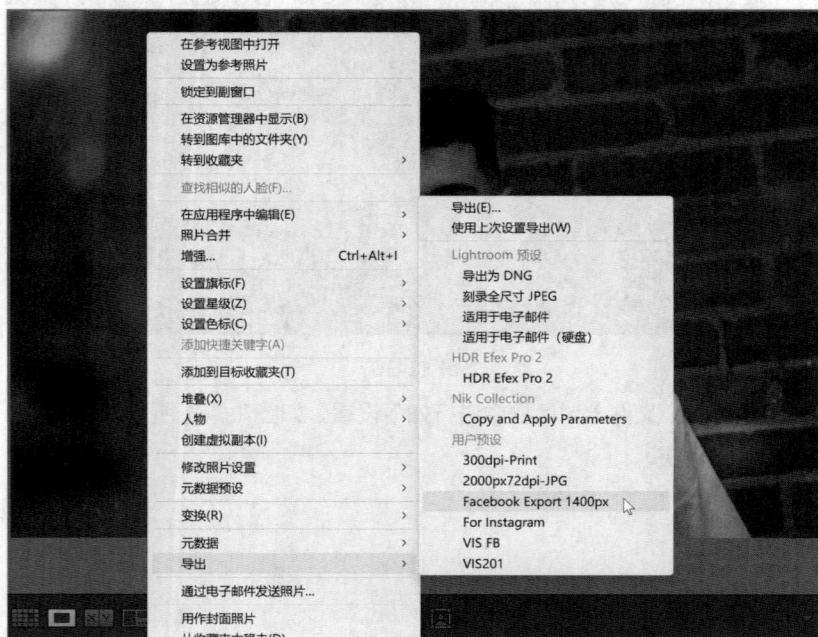
图 11-33

11.5.6　多版本导出

有时需要把一组照片导出为多个版本。例如，一个版本用来上传到社交平台，一个版本用来交付给客户（高分辨率版本），一个版本作为电子邮件附件发送给客户（低分辨率版本），一个版本用作备份（DNG 版本）。以前，要实现这个目标，我们必须先创建一系列导出预设，然后分别导出照片。而现在，我们可以使用不同预设同时导出一组照片，这真是摄影师的"福音"。

在【导出一个文件】对话框左侧的【预设】列表框中，每个预设左侧都有一个复选框，勾选要使用的预设的复选框，如图 11-34 所示，单击【导出】按钮，Lightroom Classic 会同时以多个预设导出照片。

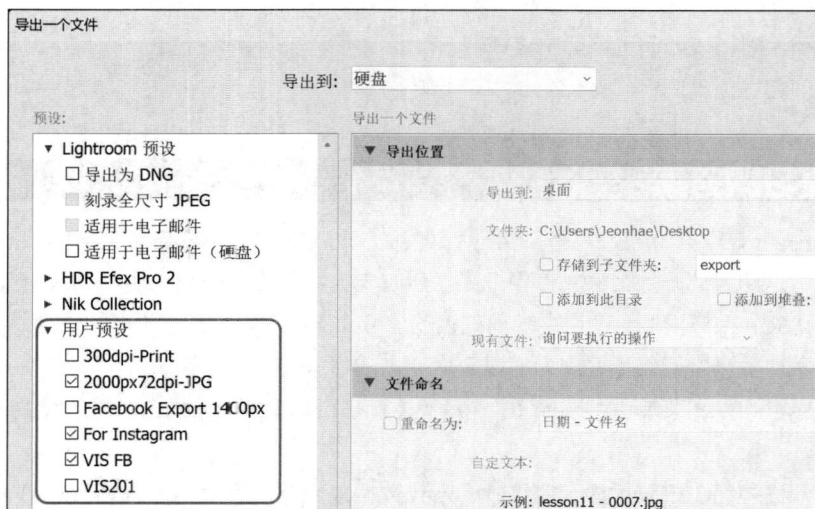

图 11-34

恭喜你！到这里，有关使用 Lightroom Classic 进行备份、导出照片的全部内容就学完了。本课学习了如何使用内置的目录备份功能，如何把元数据保存到文件中，学习了如何使用【导出为目录】命令备份所有照片，以及如何以不同格式导出照片，还学习了如何使用和创建自己的导出预设。为了回顾本课内容，下面准备了几道复习题，请大家认真作答，以更好地掌握和记忆前面学习的内容。

11.6　复习题

1. 备份图库时，需要备份哪些部分？
2. 如何把一组照片或整个图库连同目录信息转移到另一台计算机中？
3. 如何判断更新的元数据是否被保存到了文件中？
4. 导出照片时，该如何选择导出格式？
5. 如何创建导出预设？

11.7　复习题答案

1. 图库由两大部分组成，一是原始照片文件（又称主文件），二是目录文件。备份图库时需要备份这两大部分。目录文件中记录了所有元数据、图库中每张照片的编辑历史，以及有关收藏夹、用户模板、预设、输出设置的信息。
2. 在一台计算机中使用【导出为目录】命令创建目录文件、原始照片副本及预览图。在另一台计算机中，在菜单栏中选择【文件】>【打开目录】，找到导出的 LRCAT 文件，打开它即可。
3. 在【网格视图】或胶片显示窗格中，若元数据未保存，照片右上角就会出现【需要更新元数据文件】图标。在过滤器栏中使用【元数据】过滤器可以找到需要更新元数据的照片。
4. 导出照片时，选择什么样的导出格式，取决于照片的用途是什么。若要将导出的照片作为电子邮件附件发送给对方，用于屏幕浏览，则选择 JPEG 格式，它可使照片尺寸最小；若导出的照片还要在外部编辑程序中进行进一步编辑，则选择 PSD 或 TIFF 格式，而且以全尺寸方式导出；若导出的照片用来存档，建议选择原始格式或 DNG 格式。
5. 打开【导出一个文件】对话框，根据需要修改设置，然后单击对话框左下角的【添加】按钮，在打开的【新建预设】对话框中输入预设名称，单击【创建】按钮。